Basic Semiconductor Engineering

제 6 판

기초 반도체공학

윤현민 · 이윤섭 공저

B.C.Info

머리말

최근 들어 컴퓨터 및 정보통신의 발달은 첨단소재인 반도체 기술의 급격한 발전에 힘입어 이룩되었다 해도 과언이 아니다. 일반적으로 전자, 통신 공학 분야에 회로 동작을 이해하기 위해서는 반도체 소자의 물리적, 전기적 특성을 이해하는 것이 중요하다. 따라서 전자, 통신 계열 전문대학, 4년제 대학에서 고체의 물리적 현상, 양자역학적 현상 등을 단시간 내에 이해한다는 것은 매우 힘든 일이라 생각된다. 더욱이 수학적 기초가 부족한 학생들에게는 반도체 관련분야의 기존 교재들이 너무 수학적 해석에 촛점을 맞추어 반도체 분야의 기초 개념을 파악하기가 힘든 게 현실이다.

따라서 저자는 반도체 소자개발의 실무경험과 그동안 강의 경험을 통하여 얻은 지식을 기초로 물리학이나, 양자역학적 개념이 부족한 학생들도 회로에 적용되는 물리적 특성을 쉽게 이해하도록 설명 위주의 해석을 하였다. 그러므로 본 서는 전자, 통신 계열에 학문을 시작하려는 사람들에게 교재 및 참고 서적으로 알맞게 엮었다고 생각하며 다음 사항에 중점을 두었다.

첫째, 고체내의 양자역학적 현상의 수식을 피하고 필요한 개념만 설명하였다.
둘째, 반도체 기초이론의 물리적 특성을 이해하기 쉽게 설명하였다.
셋째, 다른 책에 비해 오늘날 반도체 기억소자로서 중요한 MOS-FET의 특성과 공정기술을 강조하였다.

아울러 책의 내용에 미진한 부분이 있으면 계속해서 독자 및 선배제현의 고견을 들어 시정할 것을 약속한다. 끝으로 이 책이 나오기까지 노고를 아끼지 않고 협조해 주신 복두출판사 송광헌 사장님과 직원 여러분에게 감사를 드리는 바이다.

2013년 2월
저자 씀

차 례

Chapter 01 입자의 기초이론

Chapter 02 고체 전자 이론

Chapter 03 반도체의 전기적 성질

Chapter
04 p-n 접합제작 및 기본이론

Chapter
05 p-n 접합 다이오드 특성

Chapter
06 바이폴라 트랜지스터

Chapter
07 전계효과 트랜지스터 이론과 특성

A 부록

CHAPTER

01

입자의 기초이론

본 장에서는 반도체 소자의 기초이론인 원자구조의 성질과 흐름 그리고 결정구조 및 반도체 특성에 매우 중요한 에너지 밴드구조 등에 관해서 설명하였다. 특히, 전자 하나를 가지고 있는 수소 원자는 다른 원자 구조의 기호가 되므로 보어(Bohr)의 모형을 기본으로 설명하였다.

1.1 소립자

일반적으로 전자의 성질 중에서 가장 기본적인 성질로서 전자 하나하나가 음의 전기를 띠고 있다는 것이다. 전자 한 개가 가지고 있는 이 음전기량은 일반적으로 e로 표시되며, 전자의 전하에 대한 정밀한 측정 결과, 전자는 일정한 최소 단위의 음전하 $-e$를 가진 소립자(elementary particle)임을 알 수 있고, 전하량은 다음과 같다.

$$e = 1.602 \times 10^{-19}[\mathrm{C}]$$

이것은 어떤 종류의 입자가 가지고 있는 전기량은 반드시 이 e값의 양 또는 음의 정수배로 되어 있다.

전자는 전기량 뿐 아니라 일정한 크기의 질량을 가지고 있는 소립자이며, 전자 한 개의 질량 m은 아주 작은 양이므로 직접 측정할 수는 없지만, 전자의 전하량 e와 질량 m의 비 e/m은 측정할 수 있다. 이 값을 비전하라 하며 실험에 의해 전자의 전하 e와 그의 정지 질량(rest mass) m_0와의 비인 비전하(specific charge)는 다음과 같이 나타낸다.

$$\frac{e}{m_0} = 1.759 \times 10^{+11} [\mathrm{Ckg^{-1}}]$$

또한 정지질량 m_0는

$$m_0 = 9.109 \times 10^{-31} [\mathrm{kg}]$$

으로 되며, 수소 원자 질량의 1/1836에 해당한다.

이와 같이 전자를 일정한 크기의 질량과 전기량을 가지는 입자로 묘사할 때 이를 고전적 모델(model)이라 하므로 전자가 중력이나 전자장 내에서의 운동을 뉴튼(Newton)의 운동 법칙으로 정확히 구할 수 있다.

진공관 내에서의 전자 궤도 등과 같은 거시적 현상에서는 전자의 고전론적 취급이 적당하나, 원자의 결정체 내의 전자와 같이 미시적 계에서는 뉴튼(Newton) 역학으로 묘사되는 고전론이 때때로 실험 결과와는 상당히 거리가 먼 결론을 얻어내므로 미시적 현상을 성공적으로 기술하기 위해서는 전자 운동의 묘사에 있어서의 엄밀성의 한계를 부가하는 파동적 성질을 전자가 갖고 있다고 생각할 필요가 생기게 되므로 이러한 전자의 파동역학적 모델이 형성되어야 한다.

일반적으로 물체의 질량은 아인슈타인(Einstein)이 제창한 특수 상대성 원리(special theory of relativity)에 의해 속도 v가 광속도 c에 접근함에 따라 크게 됨을 알 수 있다. 따라서 전자가 광속도에 대해 무시 못 할 만큼 빠르게 움직이는 경우의 질량은 $\beta = v/c$로 두면 속도 v때의 운동 상태에 있는 전자 질량 m은 다음 식으로 나타낸다.

$$m = \frac{m_0}{\sqrt{1-\beta^2}} = \frac{m_0}{\sqrt{1-\left(\frac{v}{c}\right)^2}} \tag{1-1}$$

따라서 전자가 빠른 속도로 운동하는 경우에는 질량으로서 식(1-1)을 이용해야 한다. 식(1-1)로부터 전자 속도가 크면 클수록 질량이 크게 된다는 것은 에너지와 질량이 같은 종류의 것이라는 것을 나타내고 있다. 지금 이 관계를 계산에 의해 유도하면 다음과 같다. 즉, 식(1-1)은 $v \ll c$라고 하고 이항정리에 의해 전개하여 제3항 이하를 무시하면 다음과 같은 근사식을 얻을 수 있다.

$$m \simeq m_0 + \frac{\frac{1}{2}m_0 v^2}{c^2} \tag{1-2}$$

여기서 $\{1/2\}m_0 v^2$은 속도 v로 운동하는 물체가 가지는 운동에너지이므로, 이것을 E로 나타내면,

$$m \simeq m_0 + \frac{E}{c^2} \tag{1-3}$$

로 된다. 운동에너지 E를 가지고 있기 때문에 그 물체의 질량도 E/c^2만큼 증가하고 있는 것이다. 따라서 질량을 측정하는 것은 그 물체의 에너지량을 측정하는 결과가 되며, 질량을 에너지의 단위로서 표시하면 다음과 같은 아인슈타인식이 유도된다.

$$E = mc^2 \tag{1-4}$$

예제 전자의 속도가 2.97×10^8[m/s]로 움직일 때 전자의 질량을 구하여라.

(풀이) $m = \dfrac{m^0}{\sqrt{1-\left(\dfrac{v}{c}\right)^2}}$ 이므로 이 식에 각각의 값을 대입하면

$$m = \frac{9.1 \times 10^{-31}}{\sqrt{1-\left(\dfrac{2.97 \times 10^8}{3 \times 10^8}\right)^2}} = 64.3 \times 10^{-31}[\text{kg}]$$

■

1.2 전자볼트(eV : electron Volt) 및 전계 내의 전자운동

1.2.1 전자볼트

에너지 단위로는 MKS 단위계의 Joule과 CGS 단위계의 erg를 사용하고 있다. 그러나 전자의 에너지는 매우 작은 양으로 이와 같이 큰 단위를 사용하면 불합리한 경우가 많다. 그러므로 전자에 대한 에너지 단위로 사용하기에 적절한 전자볼트(eV)라는 단위를 쓰고 있다.

1[eV]의 의미는 전자 한 개가 1[V]의 전압으로 가속되었을 때, 전자가 갖는 운동에너지를 뜻한다. 따라서,

$$\begin{aligned}1[\mathrm{eV}] &= 1.602\times10^{-19}[\mathrm{C}]\times1[\mathrm{V}] \\ &= 1.602\times10^{-19}[\mathrm{J}]\end{aligned} \tag{1-5}$$

이며, 다음 관계식도 성립한다.

$$1[\mathrm{J}] = 0.63\times10^{19}[\mathrm{eV}] \tag{1-6}$$

1.2.2 전계 내의 전자운동

(1) 전자의 가속도 운동

전계의 세기가 일정한 전계를 균등전계라 한다. 이러한 균등전계는 극판의 넓이에 비하여 두 극판 사이의 거리가 아주 작은 평행 평판 사이에 전압을 공급함으로서 얻을 수 있다.

이 균등 전계 내에서 운동하는 전자의 작용은 물리학에서 취급하는 지구 중력장 내의 낙하물체에 작용하는 것과 유사하다.

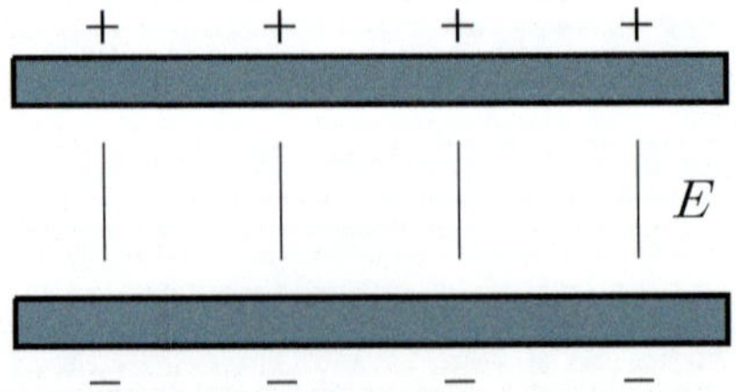

그림 1-1 평행 평판내의 전계

그림 1-1에서 나타낸 바와 같이 전계가 작용한 두 극판 사이에 정전하인 입자가 놓여 있을 때, 이 입자가 받는 힘 F는

$$F = eE \tag{1-7}$$

이며, 전자의 전하량 $-e$을 고려하면

$$F = -eE \tag{1-8}$$

가 된다. 여기서 Newton의 운동법칙을 적용하면 다음과 같다.

$$F = ma = -eE \tag{1-9}$$

여기서 m은 낙하물체의 질량이며, (-)는 힘 F와 전계 E의 방향이 반대임을 나타낸다. 따라서, 전자가 받는 가속도 a는

$$a = -\frac{e}{m}E[\mathrm{m/s^2}] \tag{1-10}$$

가 된다.

예제 전계의 세기가 $E = 10^4[\mathrm{v/m}]$의 균등자계 내에 놓여있는 전자의 가속도를 구하여라.

(풀이) 전계 E 내에 전자가 받는 힘 $F = eE = ma$

$$\therefore a = \frac{F}{m} = \frac{e}{m}E = \frac{1.602 \times 10^{-19} \times 10^4}{9.1 \times 10^{-31}}$$
$$= 1.75 \times 10^{15}[\mathrm{m/sec^2}]$$

■

(2) 전자의 등가속도 운동

균등 전계 E가 공급되어 있는 전장(電場)에서 전자의 운동은 시간 t와 위치 x에 따라 변하지 않으므로 식(1-10)의 가속도 a는 상수가 된다.

따라서, 이 균등전계 내에서 운동하는 전자는 등가속도 운동을 하게 된다.

이 때, 가속도 a가 시간의 함수이면 다음 식을 적분함으로써 속도 및 이동거리를 구할 수 있다.

$$a_x = \frac{dv_x}{dt}, \quad v_x = \frac{dx}{dt} \tag{1-11}$$

식(1-11)을 변형하여 다시 쓰면

$$-\frac{e}{m}E_x = \frac{dv_x}{dt} \tag{1-12}$$

이고, 양변에 $v_x \cdot dt$를 곱하여 적분한다.

$$-\frac{e}{m}\int_{x_0}^{x} E_x dx = \int_{v_{x_0}}^{v_x} v_x dv_x \tag{1-13}$$

식(1-13)의 좌변에서 전위의 정의에 따라 처음 위치 x_0와 이동거리 x 사이의 전위 V는 다음과 같다.

$$V = -\int_{x_0}^{x} E_x dx \tag{1-14}$$

식(1-13)과 식(1-14)에서

$$eV = \frac{1}{2}m(v_x^2 - {v_{x_0}}^2)[\text{J}] \tag{1-15}$$

이고, 초속도 $v_{x0} = 0$라고 가정하면

$$eV = \frac{1}{2}mv^2[\text{J}] \tag{1-16}$$

을 얻을 수 있다.

식(1-16)에서 전자의 이동속도 v는

$$v \fallingdotseq 5.93 \times 10^5 \sqrt{V}\ [\text{m/s}] \tag{1-17}$$

이다.

또한, 식(1-14)에서 전계와 전압과의 관계를 정리하면,

$$V = -\int_{x_0}^{x} E_x\, dx = -E_x(x - x_0)[\mathrm{V}] \tag{1-18}$$

$$E_x = -\frac{V}{x - x_0} \tag{1-19}$$

이고, 여기서 $x - x_0$가 두 평행 평판 간의 거리 d라 하면

$$E_x = -\frac{V}{d}[\mathrm{V/m}] \tag{1-20}$$

이고, 이를 전계 내 임의의 점에 있어서 전위경도(potential gradient)라 한다.

예제 초속도가 0인 1,000[eV]의 전압으로 가속될 때 전자의 운동 속도를 구하여라.

(풀이) $v = \sqrt{\dfrac{2eV}{m}} = 5.93 \times 10^5 \sqrt{V}$ 에서 $V = \sqrt{1000}$ 이므로

$= 5.93 \times 10^5 \times 31.62 = 1.87 \times 10^7[\mathrm{m/sec}]$ ■

1.3 원자 구조

어떤 물질을 세분하여 각자의 성질을 소유하는 최소단위를 분자(mole-cule)라고 하며, 이것을 다시 화학적으로 분해하면 수 개의 원자(atom)로 분류된다. 이들 원자는 물질의 성분으로서 그 종류는 현재 100여 종이 있고 그 종류명을 원소(element)라 한다.

이러한 원소는 원자번호가 증가함에 따라 핵 내의 양자, 중성자 및 핵외 전자의 수가 증가한다. 따라서 원자 번호 Z인 원자는 Z개의 양자를 가짐과 동시에 $+Ze$되는 전하를 가지며, 그 주위에는 Z개의 핵 외 전자가 가지는 총전하량 $-Ze$는 핵이 가지는 전하 $+Ze$와 상쇄되어 원자 자체는 전기적으로 중성이 된다.

또 원자량에 가까운 정수를 질량수(mass number) A로 표시한다. 질량수는 원자핵 내의 중성자와 양자수의 합으로 나타낸다. 그러므로 중성자의 수는 $(A-Z)$가 되며 Z가 같고 질량수가 다른 원자를 동위원소(isotope)라고 한다.

원자의 지름은 종류에 따라서 큰 차이가 없이 대개 10^{-10}[m], 즉 1[Å] 정도이며, 질량은

$10^{24} \sim 10^{-27}$[kg] 정도이다.

이러한 원자의 구조에 대한 최초의 실험적 확인은 1911년 러더포드(Rutherford)의 산란실험에서였다. 그는 원자핵이 원자질량의 대부분을 차지하면서 중심에 위치하여, 질량이 가벼운 전자와 무거운 원자핵 상의 전기적 인력으로 인해 원자핵은 거의 고정되어 있고 전자들이 핵 주위를 돌며 운동하고 있다는 것을 밝혔으며, 그 후 챠드위크(Chadwick)는 원자핵이 양자(proton)와 중성자(neutron)로 구성되어 있다는 것을 발견하였다.

원자를 구성하고 있는 원자핵과 전자 간의 coulomb 힘은 거리의 제곱에 반비례하므로 전자의 운동이 원이나 타원궤도 상을 회전하게 되는 것은 고전론적 역학으로 쉽게 설명된다. 즉, coulomb과 같이 거리의 제곱에 반비례하는 만유인력에 의하여 태양 주위를 공전하는 혹성들의 운동과 유사하기 때문이다.

따라서 전자가 가장 구조가 간단한 수소원자핵을 중심으로 원운동을 하고 있다고 가정하면, 수소원자의 핵과 전자 사이에 작용하는 정전인력 F[N]는 MKS 단위계를 적용하면,

$$F = -\frac{1}{4\pi\epsilon_0}\frac{e^2}{r^2} \tag{1-21}$$

가 된다. 이 때 ϵ_0는 진공의 유전율로,

$$\epsilon_0 = \frac{10^7}{4\pi c^2} = 8.854 \times 10^{-12}[\mathrm{F/m}] \tag{1-22}$$

이며, 여기서 r은 원궤도의 반경이다. 그러므로 전자는 그림 1-2와 같이 핵의 주위를 등속원운동을 하게 된다.

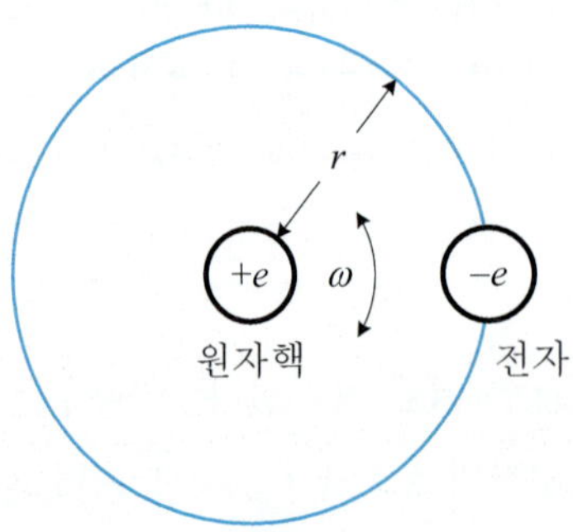

그림 1-2 수소원자 구조

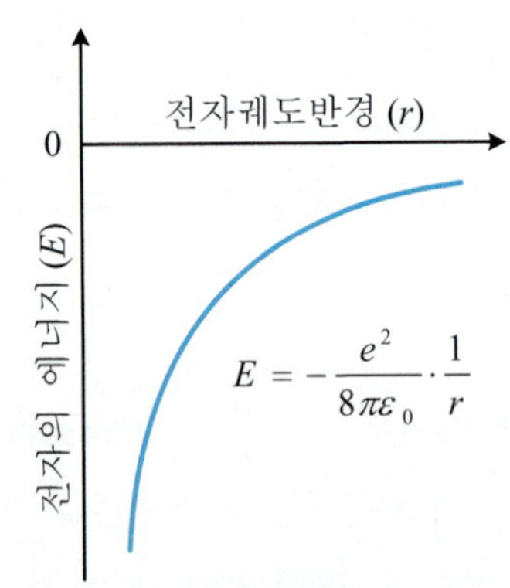

그림 1-3 전자에너지와 궤도반경과의 관계

이러한 정전인력은 전자가 등속원운동을 할 때 원심력이 균등하게 작용하므로 이 때의 전자 속도를 v_0, 각속도를 ω라 하면 다음 식이 성립됨을 알 수 있다.

$$\frac{mv^2}{r} = mr\omega^2 = \frac{1}{4\pi\epsilon_0}\frac{e^2}{r^2} \tag{1-23}$$

따라서 전자의 운동량 P는

$$P = m\omega r = mv \tag{1-24}$$

가 된다. 그리고 전자의 위치에너지를 V라 하면, 원자핵에서 임의의 r[m]만큼 떨어져 있는 전자의 위치에너지는

$$V = -\int_{\infty}^{r} F(r)dr = \int_{\infty}^{r} \frac{1}{4\pi\epsilon_0}\frac{e^2}{r^2}dr = -\frac{1}{4\pi\epsilon_0}\frac{e^2}{r} \tag{1-25}$$

이다. 전자의 총에너지 E는 운동에너지와 위치에너지의 합이므로 식(1-7)을 이용하면

$$E = \frac{1}{2}mv^2 + V = \frac{e^2}{8\pi\epsilon_0 r} - \frac{e^2}{4\pi\epsilon_0 r} = -\frac{e^2}{8\pi\epsilon_0}\cdot\frac{1}{r} \tag{1-26}$$

가 되어 전자의 총에너지 E와 전자의 궤도반경 r의 관계를 식으로 나타내었다.

식(1-26)에서 전자의 총에너지가 (-)로 나타난 것을 전위의 기준을 무한 원점으로 가정했기 때문이며 $E=0$의 경우는 궤도반경 r이 매우 커져서 전자가 핵으로부터 무한히 떨어져 있고 원자핵의 구 속에서 완전히 벗어나는 경우이다. (그림 1-2, 1-3 참조)

1.4 반도체의 종류

일반적인 개념으로 반도체는 전도체의 금속과 절연체의 중간 정도의 전기 전도도를 갖는 특정한 물질을 말한다. 전기의 전도도가 주변의 온도, 불순물 함유상태, 여기 상태에 따라 변화될 수 있다는 것은 매우 중요한 의미를 갖는다. 이와 같은 전기적 성질을 갖고 있기 때문에 반도체 재료가 오늘날 크게 발전할 수 있는 계기가 마련되었다. 반도체 재료는 주기율표 표 1-1의 4족 및 옆에 있는 물질들이며 4족에 속하는 반도체인 실리콘(silicon)과 게르마늄

(germanium)은 원소(elemental)반도체라 하며 단일 종류의 원자들로만 이루어져 있다.

이들 외에 주기율표 3족과 5족에 속하는 원자들의 화합물 혹은 2, 6족에 속하는 원자들의 화합물은 금속간 또는 화합물 반도체를 만든다(표 1-1 참조).

표 1-1 일반적인 반도체 종류

2족	3족	4족	5족	6족	3-5족	2-6족
	B	C			AlP	ZnS
	Al	Si	P	S	AlAs	ZnSe
	Ga	Ge	As	Se	AlSb	ZnTe
	In		Sb	Te	GaP	CdS
					GaAs	CdSe
					InP	CdTe
					InAs	
					InSb	

표 1-1에서 보는 바와 같이 반도체의 종류는 다양하며 광범위한 반도체는 상당히 여러 가지 종류의 특성을 나타내어, 소자 혹은 최초 기술자들이 전자적인 회로 기능을 설계함에 있어서 여러 가지 융통성을 주게 된다.

초기 반도체 재료로는 게르마늄이 많이 사용되었으나 현재에는 주로 실리콘을 많이 이용하고 있으며 특히 기억소자, 전류소자 등의 IC(integration circuit) 회로에 이용된다.

한편, 화합물 반도체는 고속 또는 빛을 방출, 흡수하는 소자에 널리 이용되고 있다. 3, 5족의 GaAs나 GaP는 주로 발광 다이오드(light-emitting diode)에 사용된다.

반도체를 도체 및 절연체로 구분할 수 있는 중요한 성질은 에너지 대역간격(energy band gap)이다. 이 개념은 다음에 자세히 다루기로 하고 이 성질은 반도체에서 흡수되거나 방출되는 빛이 파장을 결정하는데 중요한 역할을 한다. 예를 들어 GaAs의 대역간극은 1.43[eV]로 근적외선의 파장을 낸다. 반대로 GaP의 대역간격은 2.3[eV]로서 녹색 파장을 낸다. 다양한 반도체 대역간극으로 발광 다이오드나 레이저는 적외선으로부터 가시광선에 이르는 다양한 파장을 만들 수 있다.

반도체는 전자적, 광학적 성질이 불순물에 의하여 크게 영향을 받으며 이 불순물은 정밀하게 제어된 양으로 첨가된다. 이는 불순물이 반도체의 전도도를 광범위하게 변화시키고 심지어 음(negative)전하 캐리어(carrier)에 의한 것에서 양(positive)전하 캐리어에 의한 것으로 반도체의 전도 과정의 성질을 바꾸어 놓는다. 이와 같은 불순물 첨가를 도핑(doping)이라 한다.

이상과 같이 반도체의 유용한 특성을 검토함에 있어서 이들 물질 속에서 원자 배열을 알아야 하고 원래의 물질에 대한 사소한 불순물 함유량의 변화가 전기적 성질을 크게 변동시킬 수 있다면 각 반도체에 있어서 원자의 성질과 특수한 배열이 결정적으로 중요하다.

1.5 반도체의 구조 및 성질

1.5.1 보어(Bohr)의 가설

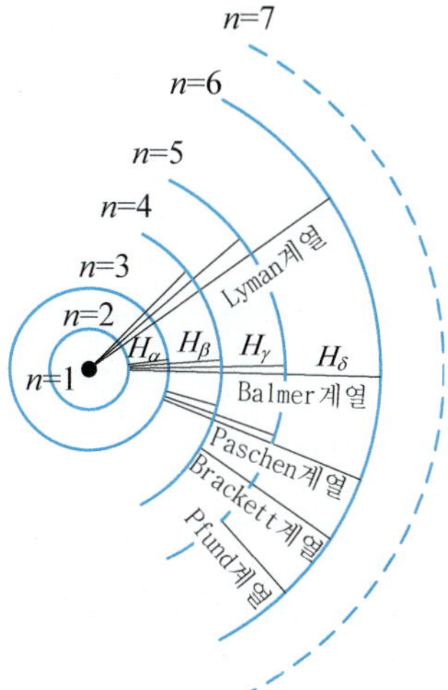

그림 1-4 수소원자의 전자궤도 및 스펙트럼

1900년 발머(Balmer)는 수소 기체를 가열했을 때 복사되는 빛의 분광으로 얻은 스펙트럼선에서의 규칙성을 알아냈다. 즉, 그는 스펙트럼(그림 1-4 참조)선의 간격으로부터 수소 기체에서 복사되는 빛의 파장들 간의 규칙 적인 배열을 찾아낸 것이다. 이 규칙성을 미시적인 원자 세계의 구조를 알려 주는 신호로 간파한 보어는 이를 설명하고, 위에서 언급한 고전론적 결론의 난점을 극복하기 위해서 다음 세 가지를 가정하여 제시하였다.

① 원자 내의 전자는 고전 역학적으로 가능한 임의의 에너지 값을 갖는 것이 아니고, 어떤 이산적인 에너지 값만을 가질 수 있다. 이러한 이산적인 에너지를 가진 전자는 에너지를 복사하지 않는다. 이 때 전자는 정상 상태(stationary)에 있다고 말한다.

② 한 정상 상태(에너지 E_1)에서 다른 정상 상태(에너지 E_2)로 천이할 때만 에너지 복사가 일어난다. 이 때의 복사 에너지(빛)이 진동수는

$$f = \frac{E_2 - E_1}{h} \tag{1-27}$$

와 같다. 여기서 h는 프랭크(Plank) 상수이고 그 값은 6.63×10^{-34}[J − sec]이다(에너지 E_1이 E_2보다 더 클 때는 반대로 식(1-27)의 진동수와 같은 에너지를 흡수하게 된다).

③ 정상 상태의 조건은 전자의 각운동량(angular momentum)이 $h/2\pi$의 정수배일 때 뿐이다. 즉,

$$mvr = \frac{nh}{2\pi} \quad (n = 1,\ 2,\ 3,\ 4,\ \cdots\cdots) \tag{1-28}$$

이와 같은 가정으로부터 각 정상 상태의 에너지 준위는

$$E_n = -\frac{me^4}{8h^2\varepsilon_0^2}\frac{1}{n^2} \tag{1-29}$$

의 식이 나오고 $n=1$인 상태를 기저 준위, 다른 정상적인 상태를 여기 준위라 하고 뉴튼 제2법칙을 이용하여 유도된 식(1-23)과 식(1-28)로부터 반지름 r을 구하면,

$$r_n = \frac{\varepsilon_0 h^2 n^2}{\pi m e^2} \quad (n = 1,\ 2,\ 3,\ 4,\ \cdots\cdots) \tag{1-30}$$

의 결과값이 나오고 이와 같이 연속적인 값을 갖지 않고 이산적인 값을 갖는 경우를 양자화 되었다고 할 수 있다.

아울러 광속을 C라 하면, 복사선 파장 λ는

$$\lambda = \frac{C}{f} = \frac{hc}{E_2 - E_1} \tag{1-31}$$

으로 되고 여기서 E는 총에너지를 의미하여 식(1-29)을 대입하여 파장을 구하면

$$\lambda = \frac{8h^3 c\varepsilon_0^2}{me^4}(n_2^2 - n_1^2) \tag{1-32}$$

여기서 $n_1 = 1, \quad n_2 = 2,\ 3,\ 4,\ \cdots\cdots$ Lyman 계열
$n_1 = 2, \quad n_2 = 3,\ 4,\ 5,\ \cdots\cdots$ Balmer 계열
$n_1 = 3, \quad n_2 = 4,\ 5,\ 6,\ \cdots\cdots$ Pashen 계열
$n_1 = 4, \quad n_2 = 5,\ 6,\ 7,\ \cdots\cdots$ Brackett 계열이다.

예제 $n=1$인 기저상태에서 운동하고 있는 수소원자의 전자를 전리시키는데 필요한 에너지를 구하여라.

(풀이) 전자가 안정상태에서 다른 안정상태로 변화하는 것을 여기라 하고, 전리는 전자가 원자핵의 구속력을 벗어나는 것을 의미한다. 그러므로

$$E_n = -13.58 \frac{1}{n^2}$$

$$\therefore\ E_\infty - E_1 = -\frac{13.58}{\infty^2} + \frac{13.58}{1^2} = 13.58[\text{eV}]$$ ■

1.5.2 원자의 전자적 모형

모든 물질의 기본이 되는 원자의 구조는 넓은 의미로 양(+)의 전하를 띠는 원자핵과 음(-)의 전하를 띠고 원자핵 주위를 도는 전자로 구성되었다고 볼 수 있다.(실제로 원자는 전자, 양자, 중성자 및 그 외의 여러 소립자들의 복합체라고 정의되고 있다).

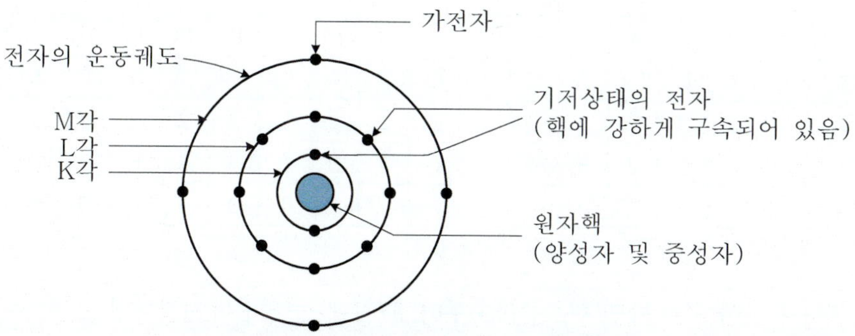

그림 1-5 Silicon 원자의 구조 개념도

이러한 원리는 마치 태양의 주위를 공전하는 행성의 운동과 유사한 것이다. (그림 1-5 참조)

(1) 주양자수와 전자수용 능력

원자의 전자는 허용된 궤도, 즉 에너지 준위에만 존재할 수 있으며 각 궤도가 수용할 수 있는 전자의 수도 제한되어 있는데 보어는 그 수가 $2n^2$ ($n=1, 2, 3, \cdots$; 주양자 수)개라고 했다.

따라서 $n=1$인 K각에는 $2(1)^2=2$개의 전자가 수용되며,

$n=2$인 L각에는 $2(2)^2=8$개의 전자가,

$n=3$인 M각에는 $2(3)^2=18$개,

$n=4$인 N각에는 $2(4)^2=32$개의 전자가 들어갈 수 있는 것이다.

⋮ ⋮ ⋮

(2) 원소의 화학적 주기성

원자의 화학적 성질은 최외각 전자(전자궤도의 제일 바깥 쪽 궤도에 존재하는 전자들로 화학결합에 있어서 원자가 결정함으로 이들을 가전자라 한다)의 수에 의해 나타나며 각 원자의 각껍질(shell)은 2, 8, 18, 32의 순으로 채워지는 까닭에 원소의 화학적 주기성이 나타나게 되는 것이다. 이를 원자번호와 관련시켜 생각해 보면 $Z=1$인 수소의 경우 전자는 1개이므로 기저상태의 K각에 수용되고, $Z=2$인 헬륨(He)은 전자 2개가 K각을 완전히 채우므로 안정된 전자구조를 가져서 화학적으로 불활성이 된다. $Z=3$인 리튬(Li)부터 전자는 L각에 들어가기 시작하여 $Z=10$인 네온(Ne)에 이르러 K각에 2개, L각에 8개의 전자가 가득차 다시 안정된 전자구조를 갖게 되어 화학적인 불활성이 되며, 이것은 헬륨 이후 8개의 원소를 지나 다시 화학적 불활성이 나타나는 주기성을 설명해 준다.

표 1-2 원자번호 18까지의 궤도 전자수

원자번호	1	2	3	4	5	6	7	8	9	10	11	12	13	14	15	16	17	18
원소기호	H	He	Li	Be	B	C	N	O	F	Ne	Na	Mg	Al	Si	P	S	Cl	Ar
K 준위	1	2	2	2	2	2	2	2	2	2	2	2	2	2	2	2	2	2
L 준위	-	-	1	2	3	4	5	6	7	8	8	8	8	8	8	8	8	8
M 준위	-	-	-	-	-	-	-	-	-	-	1	2	3	4	5	6	7	8

표 1-2에서와 같이 $Z=11$인 나트륨(Na)부터 M각에 들어가기 시작하면 $Z=18$인 아르곤(Ar)에 이르러 M각의 최대 전자수는 8개가 되고 다시 불활성이 나타난다. 그러나 M각의 최대 전자수는 18개이므로 M각에 18개의 전자가 모두 채워져야 불활성이 나타날 것으로 예상할 수도 있어서 Ar이 실제로 불활성을 나타내는 것은 모순처럼 보이나, 이것은 M각에서

8개의 전자만으로도 궤도 전부가 채워진 것 같은 효과를 나타내기 때문이며, 이것은 다음에서 설명하는 에너지 부준위와 관계가 있다.

(3) 에너지 부준위(energy subshell)

한 궤도에 수용된 전자라 할지라도 모두 같은 에너지를 갖는 것이 아니라, 몇 개의 에너지 준위로 나뉘어져 존재하는데 이것을 에너지 부준위라 한다. $Z=19$인 칼륨(K)의 경우 마지막 19번째의 전자가 M각의 9번째 전자로서 들어갈 것으로 예상할 수 있으나, 실제로는 그 다음 각인 N각에 들어감으로써 칼륨의 최외각 전자수는 1개가 되어 1족 원소가 된다. 이러한 현상은 M각과 N각의 궤도가 단일 껍질(shell)이 아니라 에너지 준위가 다른 여러 개의 부준위(subshell)로 나뉘어져 있기 때문이다.

원소에 전기장이나 자기장을 작용시키면 최초엔 하나이던 스펙트럼이 여러 개로 갈라지는데 그 선스펙트럼의 형태에 따라 에너지가 가장 낮은 것으로부터 s (sharp), p (principal), d (diffuse), f (fundamental)라고 부르는데 각각의 에너지 부준위가 수용하는 전자는 2, 6, 10, 14개이다.

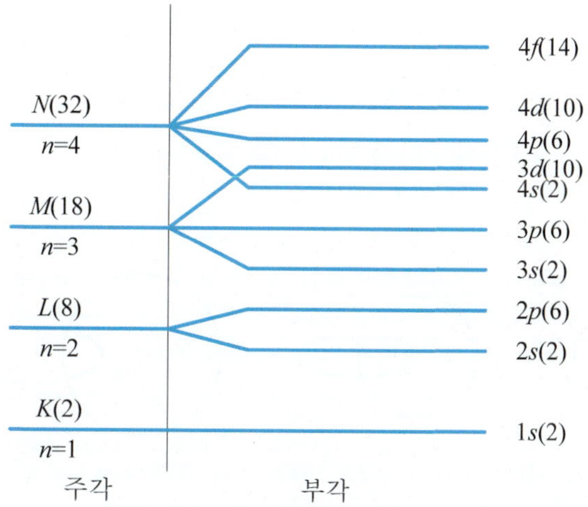

그림 1-6 에너지 부준위 도형

(괄호 안의 숫자는 수용가능한 전자의 수)

위 그림과 같이 에너지 부준위 배열에 있어서 순서가 뒤바뀌는 곳이 있다. 즉, $3d$ 궤도는 $4s$ 궤도보다 에너지 준위가 높기 때문에 전자는 $3p$ 궤도를 채운 후 $4s$를 채우게 되며, 2개의 전자가 $4s$를 채운 뒤에야 $3d$ 궤도에 채워지게 된다. 따라서 $Z=19$인 K의 경우 $1s^2$ $2s^2$ $2p^6$ $3s^3$ $3p^6$ $4s^1$이 되어 전자는 $4s$에 1개가 들어가게 되므로 최외각에 전자 1개를 가지는 알칼리족의 화학적 성질을 나타내는 것이다.

또한, $Z=18$인 Ar이 M각에 8개의 전자만으로 불활성을 나타나게 되는 것도 그림 1-5와 같이 $3p$ 궤도와 $4s$ 궤도의 에너지 차이가 현저하기 때문에 M각은 전자 8개만으로 안정구조를 취하기 때문임을 알 수 있다.

(4) 양자상태

양자상태란 전자가 그 궤도에 존재할 수 있는 상태를 파동역학적으로 정의한 것으로 아래의 4개의 양자수에 의해 규정된다.

① 주양자수 : n

주양자수 n은 전자의 주된 에너지 준위이며, $n=1,\ 2,\ 3,\ \cdots$의 정수값을 갖는다.

② 방위양자수 : l

방위양자수 l은 궤도함수의 모형을 표시하는 값으로 아래의 조건으로 제한된다.

$$0 \leqq l \leqq n-1$$

이것은 전자의 궤도가 타원이라고 했을 때, 타원의 이심율($\epsilon = \sqrt{1-\left(\frac{b^2}{a^2}\right)}$, a, b는 타원의 장축 및 단축의 길이)을 규정하는 양자수라고 할 수 있다.

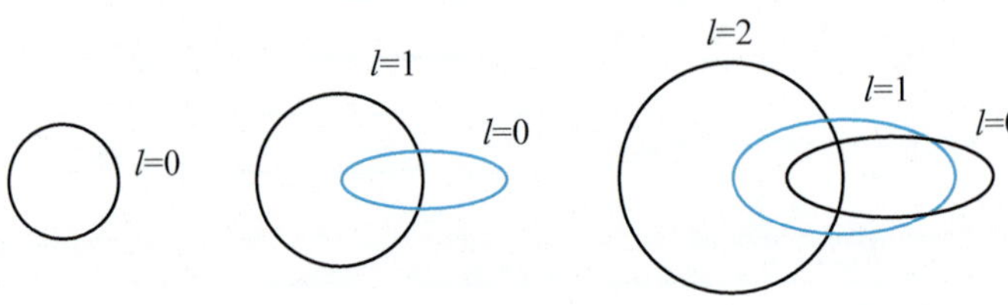

(a) $n=1$일 때 (b) $n=2$일 때 (c) $n=3$일 때

그림 1-7 원자의 전자궤도 모형

③ 자기양자수 : m_l

m은 외부자장에 대한 궤도면의 기울기를 규정하는 것으로 ±의 정수를 가지며 아래 조건으로 제한된다.

$$-l \leqq m_l \leqq l$$

④ 스핀양자수 : s, m_s

전자는 외부자장의 방향을 축으로 해서 시계방향 또는 반시계방향으로 자전한다. 이것을 나타내는 양자수가 스핀양자수 s로 이것은 단지 +1/2과 -1/2의 두 가지 값을 가진다. s가 +1/2일 때 전자의 자전방향은 공전방향과 일치하며 -1/2일 때 자전방향은 공전방향과 반대이다.

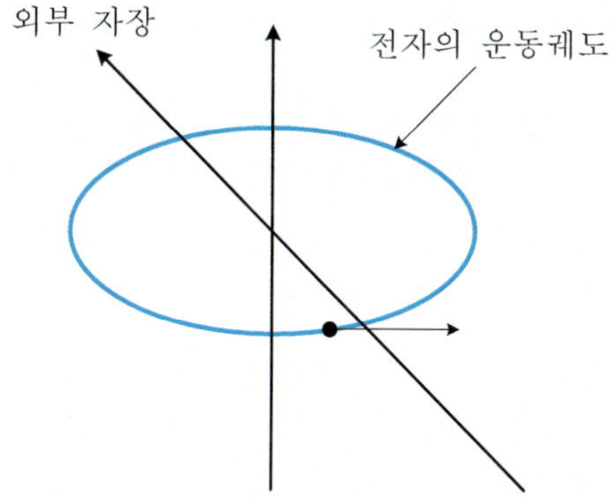

그림 1-8 외부자장과 궤도면의 기울기

1925년 파울리(Pauli)는 이렇게 얻어진 양자상태들로서 원소의 주기율표가 이론적으로 설명되어지기 위해서는 n, l, m, s의 조합으로 이루어지는 양자상태 혹은 에너지 준위에는 1개 이상의 전자가 존재할 수 없다. 이 조건을 파울리의 배타율(Pauli's exclusion principle)이라 하고 전자의 양자수와 양자상태를 표 1-3에 나타냈다.

표 1-3 전자각과 부전자각

각 n	K 1	L 2		M 3			N 4			
l 부각	0 s	0 s	1 p	0 s	1 p	2 d	0 s	1 p	2 d	3 f
전자의 수	2	2	6	2	6	10	2	6	10	14
	2	8		18			32			

파울리의 배타율이 어떻게 원소의 주기율성이 설명되어지는가를 보기 위해 먼저 원소의 전자배열을 보면, 전자 배열에서는 원자간의 영향은 고려되어서는 안되므로 원자는 이웃 원자로부터 멀리 떨어져 고립되어 있는 경우라고 생각하여야 한다. 이 때 원자 내의 전자 중 같은

주양자수 n의 값을 가질 때 이들은 같은 전자각에 속한다고 말한다. 전자각은 $n=1, 2, 3, 4, \cdots$의 값에 따라 각각 K, L, M, N각으로 표기한다. 한 전자각은 보양자수의 l의 값에 따라 각기 여러 부분으로 세분화되고 $l=0, 1, 2, 3, \cdots$에 따른 부각들을 s, p, d, f라 한다.

$n=1$인 K각에는 $l=0$, $m_l=0$, $m_s=\pm 1/2$의 두 개의 상태가 있으며 이를 $1s$ 상태라 한다. $n=2$, $l=0$, $m_l=0$, $m_s=\pm 1/2$에 대응되는 두 개의 상태는 $2s$라 하며 $n=2$, $l=1$, $m_l=-1, 0, 1$, $m_s=\pm 1/2$ $2p$ 상태는 6개가 있으므로 L각($n=2$)에는 전체 8개의 상태가 있고 최대 8개의 전자가 L각에 속할 수 있다.

동일하게 하여 d부각에는 10개의 상태, f부각에는 14개의 상태가 존재한다. 부각에 점유되는 전자의 개수를 멱수처럼 표시한다면 원자 번호 $Z=11$인 나트륨(Na) 원자의 전자 배열은 $1s^2 2s^2 2p^6 3s^3$로 표시된다. 이로써 나트륨 원자의 최외각 전자가 1개임을 알 수 있고, 이러한 성질은 모든 알칼리족 금속(Li, Na, K, Rb, Cs)에 공통되고, 화학적 성질이 비슷하게 되어 주기율표상의 동일족에 표시하게 된다. 전자 부각의 최대 허용 전자 개수로 꽉 찬 전자는 대단히 안정화 된다. 이러한 것으로는 He, Ne, Ar, Kr, Xe와 같이 이른바 불활성 기체라 불리는 원소들이 원소의 화학적 성질은 대개 그 최외각 전자의 개수로서 설명되어지므로 최외각 전자의 개수가 1인 원소를 1가원자 등으로 나타낸다.

원자들이 밀집된 고체의 물리적, 전기적 특성도 원자의 전자 배열로서 설명되어질 수 있으나 이 때에는 원자 간의 간격이 가깝기 때문에 고립 원자에서와 같은 전자 배열이 되지 못한다. 그러므로 주기율표 상에 동일족에 속하는 C, Si, Ge, Sn 등이 고립되어 있을 경우의 전자 배열은 표 1-4에서와 같아 모두 4가 원소이지만 실제로 결정체를 이룰 때의 성질은 서로 다르게 된다.

표 1-4 제IV족 원소의 전자 배열

원 소	원자번호	전 자 배 열
C	6	$1s^2\,2s^2\,2p^2$
Si	14	$1s^2\,2s^2\,2p^6\,3s^2\,3p^2$
Ge	32	$1s^2\,2s^2\,2p^6\,3s^2\,3p^6\,3d^{10}\,4s^2\,4p^2$
Sn	50	$1s^2\,2s^2\,2p^6\,3s^2\,3p^6\,3d^{10}\,4s^2\,4p^6\,4d^{10}\,5s^2\,5p^2$

이상과 같이 원자의 기본적 구조에 대해서 알아보았다. 이것은 원자의 모형과 전자의 상태를 이해함으로써 반도체의 여러 물리적, 화학적 성질을 이해하는 데 기본이 된다.

예제 전자의 주양자수가 n일 때 스핀(spin) 양자수가 몇 가지인가를 설명하여라.

(풀이) 전자는 어떤 상황에서나 스핀 양자수는 $\pm\frac{1}{2}$ 두 가지만 존재한다. ■

1.6 반도체 결정 구조

1.6.1 결정(crystal)

결정이란 원자 또는 이온이 어떤 물질을 이룸에 있어서 공간적으로 규칙성 있게 배열된 것을 말한다. 많은 경우 고체를 만들고 있는 원자들은 일정한 형태의 결정을 이루고 있으며, 물질전체가 하나의 결정들로 이루어져 있는 것을 단결정(single crystal) 구조라 하며, 비교적 작은 단결정들이 여러가지 방위로 모여서 된 것을 다결정(polycrystal) 구조라고 한다. 또한 액체 안의 원자 또는 분자와 같이 무질서하게 배열된 것을 무정형(amorphous) 고체 구조라고 한다.

원자가 모여서 결정을 이룰 때 원자의 배열은 각각의 원자가 요구하는 것을 최대로 만족시키도록 배열되며 이러한 요구조건은 원자의 가전자의 형태에 따라 다르다.

가전자(valence electron)란 전자가 각 궤도에 배열됨에 있어서 가장 바깥궤도인 최외각에 존재하는 전자들을 말하며 이 전자들은 핵과의 결합력이 비교적 약해서 어떤 조건(가열이나 충격 등)이 주어지면 원자로부터 쉽게 떨어져 나갈 수 있어 그 원자의 전기적, 화학적 성질을 결정하는 요인이 된다.

1.6.2 반도체 원소의 결정구조

반도체 물질로서 가장 많이 사용되는 Ge과 Si 원자의 결정구조는 다이아몬드(탄소의 결정)의 경우와 같으며 이 구조를 다이아몬드 결정이라 한다.

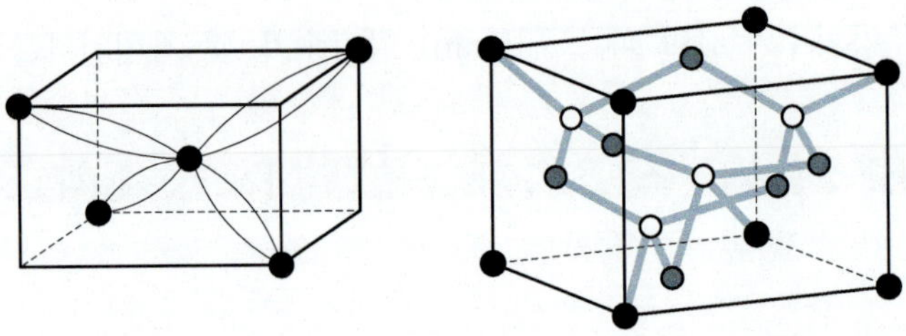

(a) 기본적 구조 (b) 다이아몬드 결정구조

그림 1-9 다이아몬드 결정구조

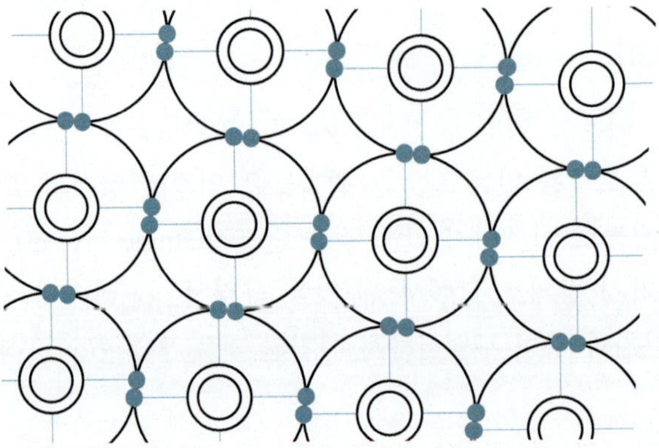

그림 1-10 Si 혹은 Ge 결정 원자의 2차원적 구조

이 구조에서 결정을 이루고 있는 각각의 원자들은 4개의 인접원자들과 공유결합이라고 하는 형식으로 결합되어 있다.(그림 1-9 참조)

공유결합이란 인접한 원자들이 최외각의 가전자들을 서로 하나씩 공동소유함으로써 이루어지는 결합이다. 4개의 가전자를 갖고 있는 반도체 원자는 서로 결합할 때 4개의 전자를 더 추가하여 최외각에 8개의 안정된 전자구조를 형성하는 성질이 있으므로 인접한 4개의 원자로부터 전자 1개씩을 서로 공유하는 형식을 취하게 되는 것이다. 공유결합으로 인한 반도체원자의 2차원적 구조를 그림 1-10에 나타내었다.

공유결합은 대단히 결합력이 강한 형식이며 결정의 방향성을 가지고 있는 것이 특징이다. 그러므로 공유결합으로 이루어진 결정은 대단히 단단하며 녹는점이 높다.

1.7 에너지밴드 구조

1.7.1 독립원자의 에너지 상태

원자의 전자적 구조에서 설명한 바와 같이 단독으로 존재하는 원자에 있어서는 전자들이 각각 허용된 에너지준위(허용 궤도)에만 존재함을 알았다. 이때의 에너지 상태를 원자핵으로부터의 거리의 함수로 나타내면 그림 1-11과 같다.

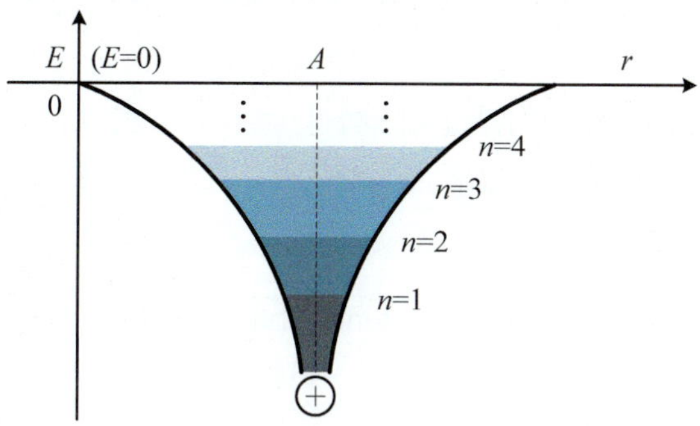

그림 1-11 전자의 에너지 준위도

그림 1-11에서 점 A는 원자핵의 위치를 나타내며 이 점에서 멀어질수록 전자의 에너지가 증가함을 알 수 있으며 $E=0$인 상태는 전자가 원자핵의 구속에서 완전히 벗어난 상태를 가리킨다. n은 주양자수(허용 에너지준위)를 나타내며 곡선은 전자의 전위 에너지($PE=-e^2/4\pi\varepsilon_0 r$) 분포를 나타낸다.

1.7.2 원자의 결합에 의한 에너지 밴드의 발생

두 원자가 결정을 이루기 위해 각각의 전자운동궤도에 상호 영향을 미칠 정도로 가까운 거리(Si의 경우 실내온도에서 최인접 원자간격은 2.35Å, 가전자궤도의 평균 지름은 약 2Å 정도이다)로 접근하게 되면 원자가 독립적으로 존재할 때와는 달리 궤도 전자의 운동 상태가 다른 쪽 원자의 영향 때문에 아래 그림과 같이 변화하게 된다. (그림 1-12 참조)

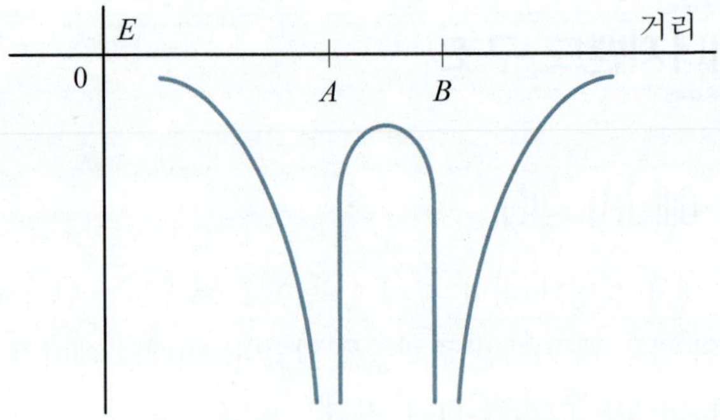

그림 1-12 수소분자에서 전자의 Potential energy 분포

(원자는 A점과 B점의 위치에 있다.)

이 그림에서 보면 두 원자핵 사이의 전위장벽이 낮아지고 있는데 이것은 두 원자핵에 의한 전위가 서로 중첩되었기 때문이다. (두 원자핵과의 거리가 각각 r_1, r_2 되는 점의 전위는 $e/4\pi\varepsilon_0 r_1 + e/4\pi\varepsilon_0 r_2$이다)

그러므로 두 원자핵 사이의 전위언덕(potential hill)보다 높은 에너지준위에 있는 전자는 두 원자핵 사이를 왔다 갔다 할 수 있게 된다. 이러한 전자는 각각의 원자핵에 구속되어 있는 것이 아니라 두 원자핵으로 이루어 진 원자계(또는 결정계)에 구속된 형태로 되며 두 원자를 결합시키는 역할을 하게 된다.

이러한 체계에 있어서 결정을 이루는 각각의 원자에 대한 전자의 운동궤도(에너지 준위)는 독립적인 원자로 존재할 때 같은 종류의 준위의 궤도에 존재했지만 결정을 이룬 다음에는 두 개의 전자가 같은 궤도를 차지할 수 없게 된다.(이것은 하나의 에너지준위에 한 개 이상의 전자가 존재할 수 없다는 파울리의 배타율(exclusion principle)에 의한 것이다) 그러므로 결합하는 원자의 수만큼 같은 준위가 여러 개로 나누어지게 되는 것이다. 일반적으로 말하면 N개의 원자가 결합된 결정 내에서의 에너지 구조는 각 원자가 단독으로 존재할 때의 에너지 준위가 각각 N개로 갈라진 모양이 된다.(한 예로 $2p$ 상태의 6개의 준위는 $6\times N$개의 준위로 갈라진다) 이와 같은 현상을 그림 1-13에 나타내었다.

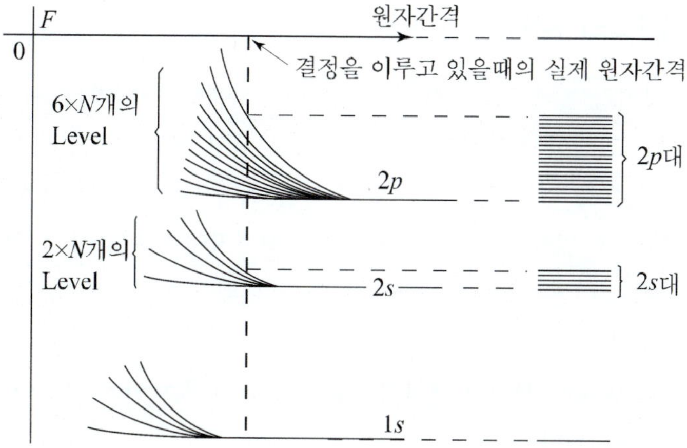

그림 1-13 에너지 준위의 갈라짐(N은 원자의 수효)

갈라진 에너지 준위 사이의 간격은 일반적으로 대단히 작다.(한 예로 1[eV]의 에너지폭이 10^{11}개의 준위가 분포하기도 한다)그러므로 이 경우 에너지 준위가 연속적으로 분포되어 있다고 볼 수 있는 것이다. 이와 같이 막대한 수효의 에너지 준위가 좁은 에너지 폭에 분포한 것을"에너지 밴드(energy band)"라고 한다.

그림 1-14는 Na$(1s^2 2s^2 2p^6 3s^1)$ 결정에서의 퍼텐셜 분포와 에너지밴드 구조를 나타내었다.

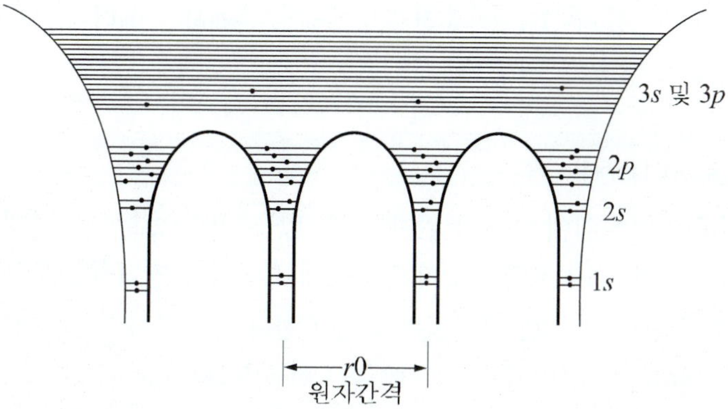

그림 1-14 Na 결정에서 전자의 에너지 분포와 에너지 밴드 구조

1.7.3 에너지 밴드의 종류

앞에서 언급한 것처럼 결정 내의 전자는 특정한 핵 뿐만 아니라 존재하는 전체의 핵의 영향을 받으며 원자의 간격이 가까워지면 이러한 다른 핵의 영향으로 전자에게 허용되는 에너지준위는 원자가 단독으로 있는 경우와는 달리 한 준위가 여러 준위로 갈라져 넓은 띠 구조(band structure)를 갖게 됨을 알았다. 이와 같은 에너지대는 다음과 같이 분류된다.

(1) 충만대(filled band)

허용궤도가 전자로 완전히 채워진 에너지대로 이곳의 전자는 안정된 상태에 있어서 전기의 전도에 참여할 수 없게 된다.

(2) 가전자대(valence band : 평형대)

원자들이 결합하여 결정을 이룰 때 결합에 직접 참여한 가전자들에 의해서 형성된 에너지대로 에너지대의 일부가 비어 있어 전자의 이동이 가능하게 되므로 이곳의 전자는 외부로부터의 힘을 받으면 쉽게 전기전도에 참여할 수 있다.

(3) 전도대(conduction band)

가전자대에 있던 전자가 외부의 힘(열에너지나 전장)을 받아 핵의 구속력으로부터 벗어나 결정 내를 자유로이 이동할 수 있는 자유전자의 상태로 존재하는 에너지대로 이곳의 전자들의 이동에 의해서 전류가 흐르게 된다.

(4) 금지대(forbidden band)

가전자대와 전도대의 사이에 전자가 존재할 수 없는 영역으로 이 금지대의 폭을 에너지갭(energy gap)이라 한다. 가전자대의 전자가 전도대로 올라가 전기전도에 참여하기 위해서는 이 금지대 폭을 뛰어 넘을 수 있는 에너지를 얻어야 한다. 즉, 금지대의 에너지 폭은 가전자가 원자간의 결합을 벗어나 자유전자가 되는데 필요한 에너지이다.

이러한 에너지 폭은 eV(전자볼트)의 단위로 표시되는데 1[eV]는 한 개의 전자가 1[V]의 전위차로 얻는 운동에너지로, $1[eV]=1.602\times10^{-19}[C]\times1[V]$이다.

일반적으로 도체(conductor)와 반도체(semiconductor) 및 부도체(insulator)를 이 금지대의 폭으로 구분할 수 있다. 절연체의 최외각 궤도는 전자로 완전히 채워져 있으며 금지대의 폭이 5[eV] 이상인 반면 반도체인 Si의 경우 금지대 폭은 1.1[eV], Ge의 경우는 0.7[eV]로 절연체보다 훨씬 작음을 알 수 있고, 도체의 경우에는 가전자대와 전도대가 일부 겹쳐있어 전기의 전도성이 우수한 것이다. (그림 1-15 참고)

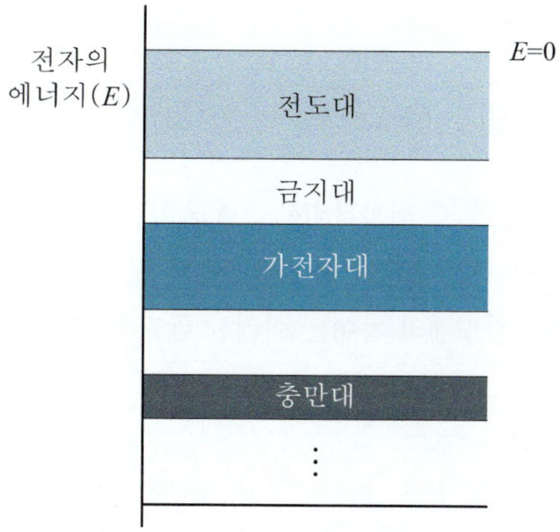

그림 1-15 에너지 밴드의 구조

1.7.4 반도체의 에너지 밴드 구조

그림 1-16는 절대온도 0[K]에서 Si($1s^2 2s^2 2p^6 3s^2 3p^2$)의 에너지대 구조를 나타낸 것이다. 이 때 가전자대는 $2N$개의 $3s$ 전자와 $2N$개의 $3p$ 전자로 완전히 채워져 있으며 그 위에 폭 1.2[eV]의 금지대를 두고 전도대가 형성되어 있다. 그러므로 절대온도 0[K]와 같이 충분히 낮은 온도에서 반도체는 전기를 통할 수 없는 절연체와 같다고 볼 수 있다.

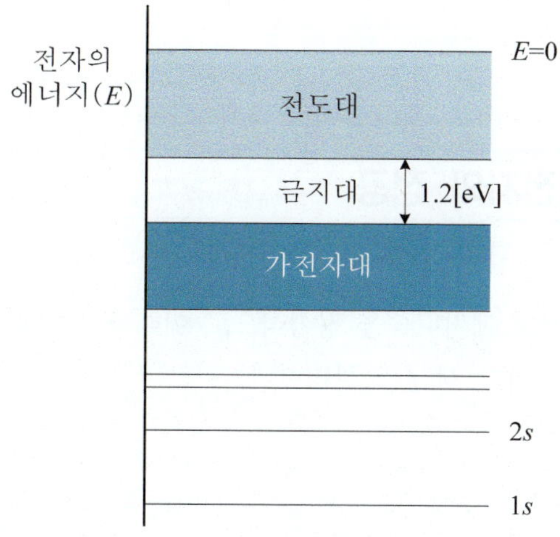

그림 1-16 Si의 에너지 밴드 구조

금지대 폭 E_g는 원자간격에 관련되어 있으므로 E_g가 온도에 관계됨을 알 수 있다. Eg는 온도에 따라 3.6×10^{-4}[eV/°K]의 비율로 감소한다는 것이 실험적으로 확인되었으며, 온도의 상승에 따라 가전자가 전자전도에 참여할 수 있음을 알 수 있다.

$$E_g = 1.21 - 3.6 \times 10^{-4}\, T[\text{eV}]\ (\text{Si}) \tag{1-33}$$

실내온도(300[K])에서 Si 결정의 원자간격은 2.35Å이며, $E_g = 1.1$[eV]이다.

다이아몬드(탄소화합물)의 금지대폭이 300[K]에서 5.2[eV]인데 비하여 Si 및 Ge의 금지대폭이 대단히 작다. 절연체와 반도체의 차이는 이러한 금지대폭의 크기에 기인함을 알 수 있는 것이다.

표 1-5 Ge 및 Si의 물리적 성질

물리적 성질	Silicon	Germanium
원자번호	14	32
원자량	28.1	72.6
격자상수(실내온도, Å)	5.43	5.65
최인접원자 간격(실내온도, Å)	2.35	2.44
원자수/cm^3	5.0×10^{22}	4.4×10^{22}
밀도(20℃, g/cm^3)	5.32	2.33
녹는점(℃)	1,420	936
금지대폭(0[K], eV)	1.21	0.875
금지대폭(300[K], eV)	1.10	0.72

1.8 자유전자와 정공

반도체 내에서의 전기전도 메커니즘을 정성적으로 이해하기 위해 결정 내에서의 자유전자(free electron)와 정공(hole)의 생성을 설명한다.

1.8.1 자유전자

그림 1-17에서 (a)는 공유결합에서 가전자의 결합상태를 0[K]에서 2차원적으로 표시한 것으로 Ge 또는 Si의 완전한 결정 상태를 표시한다. 여기서 모든 가전자는 고유결합의 테두리에 속박되어 결정은 완전한 절연체의 상태이다.

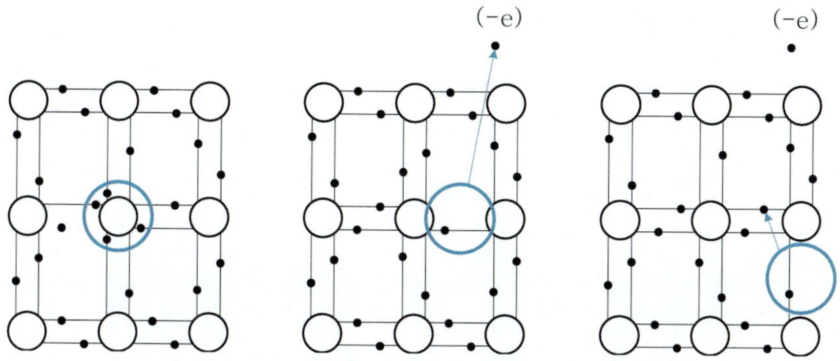

(a) 0[K]에서의 가전자 결합 (b) 전도전자와 홀의 생성 (c) 홀의 열운동

그림 1-17 자유전자(전도전자)와 정공

그러나 온도가 높아지면 결정 내 원자의 열진동 때문에 (b)와 같이 가전자가 방출될 수 있다. 이와 같이 공유결합을 깨뜨리기 위해서 필요한 에너지 E_g는 본질적으로 이온화 에너지로 원자가 결정을 이루지 않고 단독으로 있을 때의 이온화 에너지보다 작다. 실내온도에서 Si 결정 내에서의 자유전자의 생성은 Si 원자 10^{12}개의 1개의 자유전자가 생성된다. 공유결합을 이루는 주기율표이 4족 원소들의 경우 원자번호가 낮을수록 그 결합력이 강한데, 이 결합력은 결정원자의 개수당 생성되는 자유전자의 수효와 관계있다(Ge의 경우는 10^9개의 원자당 1개의 자유전자가 생성됨).

1.8.2 정공

반도체에 있어서 금속에서 볼 수 없는 특이한 성질은"결합전자가 자유전자로 되어 빠져나간 자리에 남은 공유 결합의 공백(vacancy of covalent bond)이 (+)의 전하를 가지며 전자와 비슷한 질량을 가진 자유입자처럼 행동한다."이러한"가상적 입자"는 이론적으로만 유도되는 것으로 정공(hole)이라고 한다.

정공의 이동은 (c)에서와 같이 인접 원자의 가전자가 원자의 열진동에 의해 결합을 이탈하여 (b)의 빈 자리를 채우게 되면 이것은 마치 (b)의 정공이 (c)의 정공의 위치로 옮긴 것 같은 현상을 설명할 수 있다.

1.8.3 에너지 밴드 구조에서의 전자와 정공

그림 1-18에서와 같이 0[K]에서 가전자대를 완전히 채웠던 전자들이 온도의 상승에 따라 원자의 열진동에 의해 금지대폭 E_g에 해당하는 에너지를 얻게 되면 가전자대의 결합전자가 전도대로 올라가 자유전자가 됨을 알 수 있다.

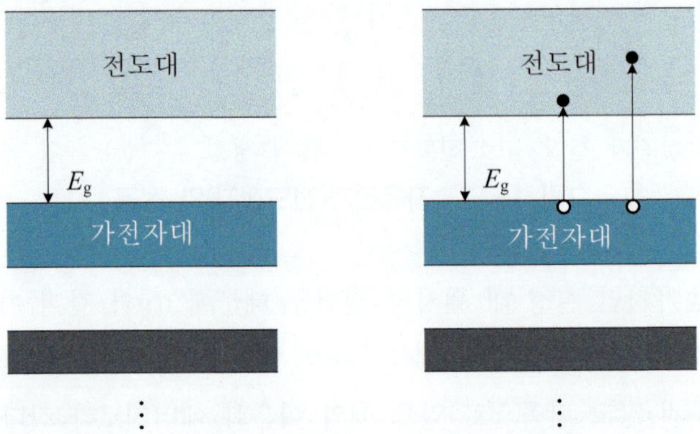

(a) $T = 0$[K]에서의 반도체　　(b) 자유전자와 정공의 생성

그림 1-18 에너지 밴드 구조에서의 전자와 정공

(b)에서와 같이 가전자대의 전자가 전도대로 이동함에 따라 가전자대의 일부가 비어있게 되는데 이것이 전기전도에 기여할 수 있게 되는 것으로 이것은 곧 정공에 의한 전기전도를 의미하는 것이다.

여기서 전도대의 전자와 가전자대의 정공은 전류를 운반하는 역할을 하므로 이들을"자유 캐리어(free carrier)"라고 한다.

연 습 문 제

1-1 원자의 구조에 대하여 설명하라.

1-2 보어(Bohr)의 원자 모형 및 기저상태에 대하여 설명하라.

1-3 파울리(Pauli)의 배타율에 대하여 설명하라.

1-4 반도체 재료에 대하여 설명하라.

1-5 에너지 밴드에 대하여 설명하라.

1-6 1-5에서 절연체, 반도체, 도체의 차이점을 설명하라.

1-7 전자의 질량이 정지질량의 2배가 될 때의 전자속도를 구하라.

1-8 전위차가 200[V]인 두 점 간을 전자가 운동하였을 때 속도와 운동에너지를 구하라.

1-9 Ne을 파울리(Pauli)의 배타율로 표현하라.

CHAPTER

02

고체 전자 이론

본 장에서는 고체 내의 전자의 에너지준위를 설명하기 위하여 고체의 구조와 에너지상태를 설명한다. 고체전자는 일반적으로 고체의 전기전도가 주가 되나 전자가 통과되는 고체 속의 전자배열에도 관계된다. 그러므로 고체 내의 전자에너지 분포를 해석하므로 캐리어의 설명이 가능하다. 아울러 금속 내의 도전 현상도 설명할 것이다.

2.1 고체 내의 결합력

일반적으로 고체의 인접된 원자의 전자 상호간의 작용은 결정체를 한데 뭉쳐있게 하는 매우 중요한 기능을 나타낸다. 예를 들어, NaCl과 같은 알칼리의 할로겐 화합물(alkali halide)은 이온결합(ionic bonding)을 대표한다. NaCl 격자에서 각 Na 원자는 6개의 가장 인접된 Cl 원자로 둘러싸여 있고, 또 반대로 Cl 원자가 Na 원자에 의하여 둘러싸여 있다. 가장 인접되어 있는 4개의 원자는 그림 2-1에서 보인 2차원적 표시에서 분명하다. Na($Z=11$)의 전자구조 [Ne]$3s^1$, Cl($Z=17$)은 [Ne]$3s^23p^5$의 구조를 가지고 있다. 이 격자에서 각 Na 원자는 그의 바깥쪽의 $3s$ 전자를 Cl 원자에 주어, 이 결정은 불활성원소 원자인 Ne와 Ar(Ar은 [Ne]$3s^23p^6$의 전자구조를 가짐)의 전자구조의 이온(ion)으로 되어 있게 된다. 그러나 이 전자교환 후 이온들은 실질적인 전하를 가지고 있다. 전자 하나를 잃은 Na^+이온은 실질적인 양전하를, 전자 하나를 얻은 Cl^-이온은 실질적인 음전하를 갖고 있다.

그림 2-1 NaCl 격자 이온결합 구조

각 Na^+이온은 그의 6개의 인접 Cl^-에 정전적 인력을 미치며 또 그 반대방향의 작용도 있다. 이 Coulomb의 힘은 격자를 서로 잡아당겨 반발력(척력)과 평형을 이루게 된다. 이들 이온은 강구가 서로 잡아당긴다고 생각하여 상당히 정확한 원자간극의 계산을 할 수 있다.

NaCl 구조에서 중요한 것은 모든 전자가 원자들에게 단단하게 속박되어 있다는 것이다. 일단 Na와 Cl 사이에서 전자의 교환이 이루어져 Na^+와 Cl^-이 이루어지면, 모든 전자의 바깥쪽 궤도는 완전히 채워진다. 이들 이온은 불활성 원소의 원자 Ne와 Ar의 폐쇄된 외각 원자배열을 이루기 때문에 전류 흐름에 참여하는 느슨하게 속박된 전자는 하나도 없다. 따라서, NaCl은 좋은 절연체가 된다.

금속원자에서는 전자가 차지할 외각은 부분적으로만 채워져 있으며 보통 세 개 이상의 전자는 없다. 이미 우리는 알칼리금속(즉, Na)이 바깥쪽 궤도에 단 하나의 전자가 있다는 것을 알고 있다. 이 전자는 약하게 속박되어 있어 쉽게 떨어져 이온을 형성한다. 이것이 알칼리금속이 전도도가 클 뿐만 아니라 화학적 활성도 큰 이유이다. 이 금속의 경우는 각 알칼리금속 원자의 바깥쪽 궤도의 전자가 전체적으로 결정구성에 기여하며, 이 결정격자를 그 상태로 유지하는 힘은 양(positive)이온의 중심체(core)와 그들 주위의 자유전자들 사이의 상호작용으로부터 생긴다. 이것은 금속결합(metallic bonding)의 일종이다. 분명히 각종 금속의 결합력에는 복잡한 차이가 있으며, 이것은 융점이 광범위하다는 것으로 분명하다. 하지만 금속원자들은 전자의 바다를 공유하고 있으며, 이 전자들은 전계의 영향 아래 결정 주위를 자유롭게 움직일 수 있다.

결합의 제3의 형태는 다이아몬드 격자의 반도체가 나타내고 있는 것이다. Ge, Si 또는 C의 다이아몬드 격자에서의 각 원자는, 바깥쪽 궤도에 각기 4개의 전자를 갖고 있는 4개의 가장 가까이 있는 인접원자들로 둘러싸여 있다. 이 결정에서는 각 원자들은 그의 4개의 인접원자들과 가전자들을 공유하고 있다(그림 2-2 참조). 가장 가까이 있는 인접원자들 사이의 결합은 다이아몬드 격자의 그림에서 명시되어 있다. 이 결합력은 공유된 전자들 사이의 양자역학적 상호작용으로부터 생긴다. 이것은 공유결합(covalent bonding)으로 알려져 있으며 각 전자의 쌍이 공유결합수를 구성한다. 즉, 공유하는 과정에서는 어느 전자가(결합을 이루는 두 원자 중의) 어느 특정된 원자에 소속되는가를 묻는 것은 더 이상 의미가 없다. 왜냐하면 두 개가 모두 그 결합에 소속한다. 이 두 개의 전자는 그들이 파울리의 배타원리를 충족시키게끔 서로 반대되는 스핀을 가져야 한다는 것을 제외하면 그들은 식별할 수 없다. 공유결합은 또 H_2와 같이 일부 분자에서도 발견된다.

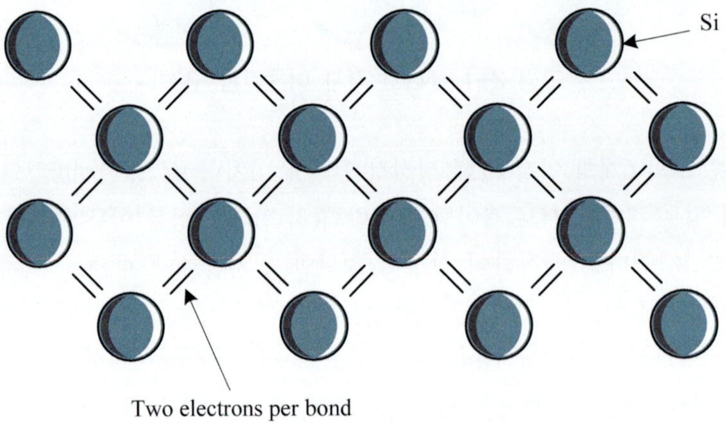

그림 2-2 Si 결정의 공유결합 구조

이온결정의 경우에서와 같이 그림 2-2의 공유결합 다이아몬드 구조의 격자에서는 이용할 수 있는 자유전자가 하나도 없다. 이 때문에 Ge와 Si도 절연체이어야 할 것이다. 그러나 이 그림은 0[K]에서의 이상적인 격자를 그린 것이다. 후에 나오는 각 절에서 알게 될 것이지만, 전자는 열적으로 또는 광학적으로 여기되어 공유결합을 이탈하고, 따라서 자유롭게 되어 전도에 기여할 수 있다. 이것은 반도체의 중요한 특색의 하나이다.

GaAs와 같은 화합물 반도체는 이온 및 공유결합 양쪽의 힘이 다같이 참여하게 되는 혼합된 결합을 이루고 있다. 주기율표에서의 Ga와 As원자의 자리가 다르기 때문에 GaAs와 같은 결정에서는 어떤 이온결합을 예측할 수 있는 것이다. 이와 같은 결합의 이온결합적인 특성은 2, 4족 화합물에서와 같이 주기율표상에서 화합물의 원자가 서로 멀리 떨어져 있을수록 더욱 중요하게 된다.

2.2 에너지 밴드 구조

서로 떨어져 있는 원자를 접근시켜 고체를 형성하게 함에 따라, 앞 절에서 기술한 것들을 포함하여 서로 인접된 원자들 사이에서는 여러 가지 상호작용이 발생한다. 원자사이의 인력(attraction force)과 척력(repulsion force)이 결정의 적절한 원자간 거리에서 평형을 이룰 것이다. 이 과정에서 핵외전자의 에너지준위 배열에 중요한 변화가 생기며, 이 변동으로 고체의 변화된 전기적 성질이 나타나게 된다.

정성적으로 원자를 서로 접근시킴에 따라 파울리의 배타원리의 적용이 중요하게 됨을 알 수 있다. 두 개의 원자가 서로 완전히 떨어져 있어, 그들 사이에서는 전자의 파동함수의 상호작용이 없다면 그들 원자는 똑같은 전자구조를 가질 수 있다. 그러나 이 두 개의 원자간의 거리가 작아질수록 전자의 파동함수는 중첩하기 시작한다. 배타원리는 주어진 상호작용의 시스템에서는 어느 두 개의 전자들도 같은 양자상태를 취할 수 없을 것임을 지시하고 있다. 따라서 독립된 원자의 불연속적인 에너지준위가 개개의 원자들에게보다는 이 전자의 쌍에 속한다고 볼 수 있는 새로운 준위로 분할되어야 할 것이다.

고체의 경우는 여러 개의 원자가 서로 접근되어 있다. 이 분할된 에너지 준위는 본질적으로 연속적인 에너지의 대역(band)을 형성한다. 예를 들어, 그림 2-3은 독립된 탄소원자로부터 다이아몬드 결정을 가상적으로 형성시키는 것을 보인 것이다. 각 독립된 탄소원자는 기저상태에서 $1s^2 2s^2 2p^2$인 전자구조를 가지고 있다. 각 원자는 핵외 전자가 점유할 수 있는 두 개의 $1s$ 상태, 두 개의 $2s$ 상태, 6개의 $2p$ 상태, 그리고 이들보다 높은 에너지 상태를 가지고 있다. 따라서 N개의 원자를 생각하면 $1s$, $2s$, $2p$ 형태로 각각 $2N$, $2N$ 및 $6N$개의 상태가 있을 것이다. 원자간의 간극이 감소됨에 따라 이들 에너지준위는 분할되어 대(band)로 되며 이것은 외각($n=2$)서부터 시작한다. $2s$와 $2p$에 대응하는 대역이 점차 그 폭이 벌어짐에 따라 그들은 합쳐져서 에너지준위의 혼합으로 이루어지는 단일 대역이 된다. 이 $2s-2p$ 준위의 혼합체로 이루어지는 대는 $8N$개의 핵외전자가 점유할 수 있는 에너지 상태를 포함하고 있다. 원자간의 거리가 다이아몬드 결정의 평형된 원자간 간극에 접근함에 따라 이들 대는 에너지 간극(energy gap) E_g만큼 떨어져 있는 두 개의 대로 분할된다. 이 때 위쪽 대역(전도대(conduction band)라 함)은 $4N$개의 에너지상태를 포함하고 있고, 또 아래쪽 대역(가전자대(valence band))도 $4N$개의 상태를 함유한다. 이리하여 아래쪽에 있는 원자핵에 강력하게 속박되어 있는"$1s$"준위들과 떨어져서 다이아몬드 결정은 E_g만한 폭의 에너지 간극만큼 떨어져 있는, 핵외전자가 점유할 수 있는 에너지준위는 하나도 없다. 이 간극(gap)을 때로는"금지대"(forbidden band)라 하는데 그것은 완전한 결정에서는 이 대가 전자의 에너지상태를 하나도 포함하지 않기 때문이다.

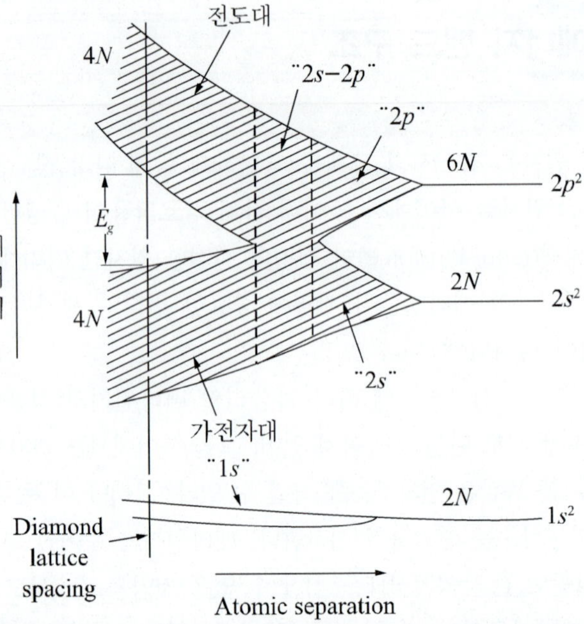

그림 2-3 독립된 탄소원자를 서로 접근시켜 다이아몬드 결정을 형성할 때의 에너지 밴드의 구조

다음 전자수를 계산해 보면 아래쪽 $1s$은 $2N$개의 전자로 채워져 있는데, 이들은 원래 독립된 원자의 집합적인 $1s$ 상태에 있던 것들이다. 그러나 원래 독립된 $n=2$인 외각에는 $4N$개의 원자가 있다($2s$ 상태에 $2N$개, $2p$ 상태에 $2N$개). 이들 $4N$개의 전자가 이 결정의 가전자대와 전도대에 있는 에너지상태를 점유하여야 한다. 0[K]에서는 전자들은 그들이 점유할 수 있는 가장 낮은 에너지상태를 취할 것이다. 다이아몬드 결정의 경우, 가전자대에는 $4N$개의 전자에 대하여 점유할 수 있는 정확히 $4N$개의 에너지상태가 있다. 따라서 0[K]에서는 가전자대에 있는 모든 에너지상태가 다 차 있으나, 전도대는 완전히 전자가 비어 있다. 후에 알게 되겠지만, 이와 같이 완전히 채워져 있고 또 비어 있는 에너지 밴드의 배치는 고체의 전도에 중요한 영향을 끼치고 있다.

2.3 금속, 반도체, 절연체 에너지 밴드

모든 고체는 그들 각자 고유의 에너지 밴드 구조를 가지고 있다. 이 밴드 구조의 변화는 여러 가지 물질에서 관측되는 광범위한 전기적 특성의 원인이 된다. 예를 들어, 그림 2-3의 다이아몬드 밴드 구조는 격자의 탄소가 좋은 절연체를 이루는 이유를 잘 묘사할 수 있다.

이와 같은 결론을 내리기 위해서는 전류 전도과정에서의 완전히 충만된 것과 완전히 빈 에너지 밴드의 성질을 검토하여야 한다.

고체에서의 전류의 흐름에 대한 기구를 검토하기에 앞서, 여기서 전자들이 인가전계에서 가속되기 위해서는 새로운 에너지상태로 옮겨져 갈 수 있어야 한다는 것을 알 수 있을 것이다. 이것은 이들 전자가 점유할 수 있는 빈 상태(아직은 전자가 점유하고 있지는 않으나 그들이 점유할 수 있는 에너지상태)가 존재하여야 한다는 것을 암시한다. 예를 들어, 비어 있어야 할 에너지 밴드에 비교적 적은 수의 전자가 머물러 있다면, 아직 채워지지 않은 많은 에너지상태들은 그곳으로 전자들이 이동하여 채워질 수 있다. 한편, 다이아몬드 구조에서 가전자대는 0[K]에서 전자들로 완전히 채워지고 전도대는 비워져 있다. 전자가 이동하여 들어갈 수 있는 빈 상태가 하나도 없기 때문에 가전자대 내에서는 전하의 전송이 있을 수 없다. 전도대에 전자가 하나도 없어서 전하의 전송이 역시 생길 수 없다. 따라서 다이아몬드 구조의 탄소는 절연체의 대표적인 고저항을 갖는다.

0[K]에서의 반도체 물질은 근본적으로 절연체와 같은 에너지 밴드 구조를 가지고 있다. 즉,(전자가 하나도 없이) 빈 전도대로부터 허용된 에너지상태가 하나도 포함되어 있지 않은 대역 간극만큼 떨어져서 전자로 충만된 가전자대역이 있다. 다만 차이는 밴드 E_g의 크기에 있으며 절연체에서보다는 반도체에서 훨씬 작다. 예를 들어, 다이아몬드는 5[eV]인데 비하여 반도체 Si는 약 1.1[eV]이다. 이와 같이 반도체의 비교적 작은 에너지 밴드 간극으로 말미암아, 적당한 크기의 열적 또는 광학적 에너지로서 낮은 가전자대로부터 높은 전도대로의 전자의 여기가 허용된다. 예를 들어, 실온에서 1[eV]의 밴드 간극을 가진 반도체는 상당한 수의 전자가 열적으로 여기되어 에너지간극을 넘어 전도대로 가는데 반하여, $E_g = 10$[eV]인 절연체는 이상과 같은 여기된 것의 수는 무시할 수 있을 정도이다. 따라서 반도체와 절연체와의 중요한 차이는 전도에 기여할 수 있는 전자수가 반도체에서는 열적 또는 광학적인 에너지로 크게 증가될 수 있다는 것이다.

금속체에서는 이 에너지 밴드들이 중첩되거나 부분적으로 충만되어 있다. 따라서 금속내에서 전자와 (전자가 점유하지 않고 있는) 빈 에너지 상태가 서로 혼합되어 있어서, 전자들은 외부 전계의 영향 아래서 자유롭게 이동할 수 있다.

2.4 금속결정체

금속이나 반도체와 같은 결정체는 원자들의 최외각 전자 이른바 가전자들의 교환으로 결정체가 이루어져 있으므로 이들 가전자들을 어떤 특정 원자에 속해 있다고 보지 말고 결정체 내에 있다고 보는 것이 타당하다.

특히 금속의 경우에는 가전자대(valance band)는 충만되지 않았으며, 어떤 금지 준위도 없으므로 가전자들은 그들의 개별성을 상실하고 금속 내부의 양이온 사이를 무질서하게 배회하게 된다.

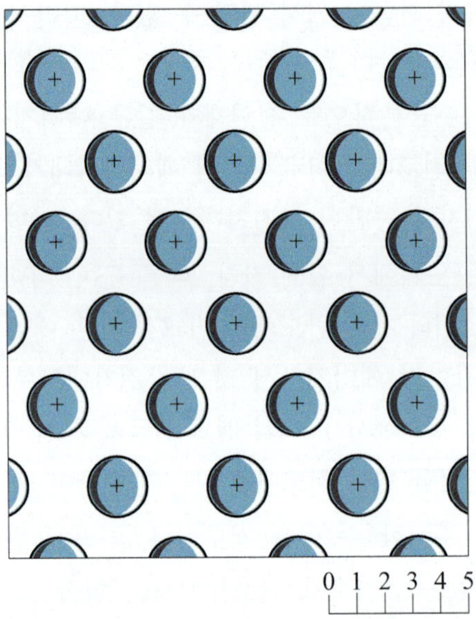

그림 2-4 금속 결정체의 전하 분포 (Å units(Na의 경우))

그러므로 금속 결정은 그림 2-4와 같이 자유롭게 움직이는 전자군(그림의 흰 부분) 속에 원자핵에 강하게 속박된 전자들로 이루어진 무겁고 고정된 양이온(그림의 그늘진 부분)들이 3차원적으로 규칙적인 배열을 하여 스며들어 있는 것으로 모델(model)화 할 수 있다.

2.4.1 금속 내 전자의 위치 에너지

금속 내에 전계를 형성하는 이온들은 3차원적 격자로 구성되어 있으므로 금속 내의 일점에 놓여 있는 전자의 위치 에너지는 이들 각 이온들에 의한 위치 에너지의 총합이 되겠으나 편의상 1차원적 이온 배열만 고찰하기로 하고, 고찰하는 점에서 멀리 떨어진 이온들에 의한 위치

에너지는 매우 작으므로 무시하고 가까이 있는 이웃 두 이온들에 의한 위치 에너지만 합해서 구하기로 하자. 먼저 원자번호 Z인 고립된 한 원자핵으로부터 거리 r[m] 떨어진 점에 놓여 있는 전자의 위치 에너지 U는

$$U = qV = -eV \tag{2-1}$$

그런데 전위 V는

$$V = -\int_{\infty}^{r} E dr = -\int_{\infty}^{r} \frac{Ze}{4\pi\epsilon_0 r^2} dr = +\frac{Ze}{4\pi\epsilon_0}\frac{1}{r} \tag{2-2}$$

그러므로,

$$U = \frac{-Ze^2}{4\pi\epsilon_0 r} \tag{2-3}$$

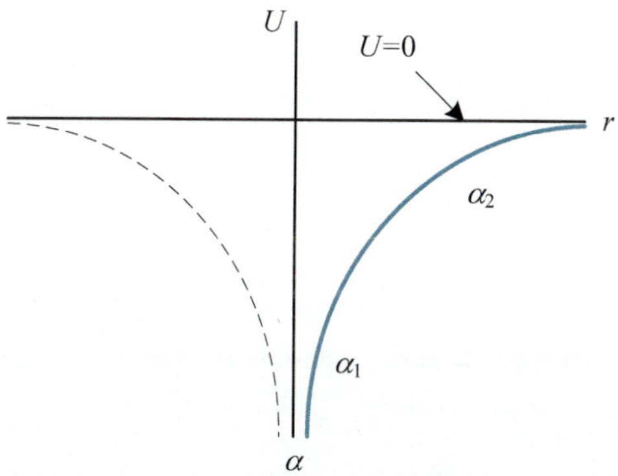

그림 2-5 위치 에너지를 거리의 함수로 표시한 그래프

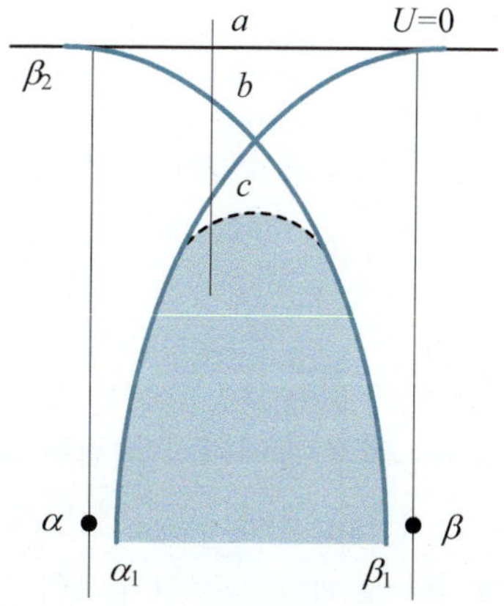

그림 2-6 위치 에너지의 합성

위치 에너지 U를 거리 r의 함수로 나타낸 그래프가 그림 2-5에 도시된 바와 같게 되므로, 이웃 두 원자핵에 의한 위치 에너지를 합성한 것은 그림 2-6과 같게 된다.

그러므로 금속 내이 1차원 격자로 배열된 원자핵에 의한 위치 에너지 분포는 그림 2-6을 반복되게 그리면 되나, 표면에서는 표면 밖에 원자핵이 없으므로 합성되지 못하고, 그림 2-7의 오른쪽 부근과 같이 언덕을 이루게 된다. 이를 금속 표면의 위치에너지 장벽이라 한다.

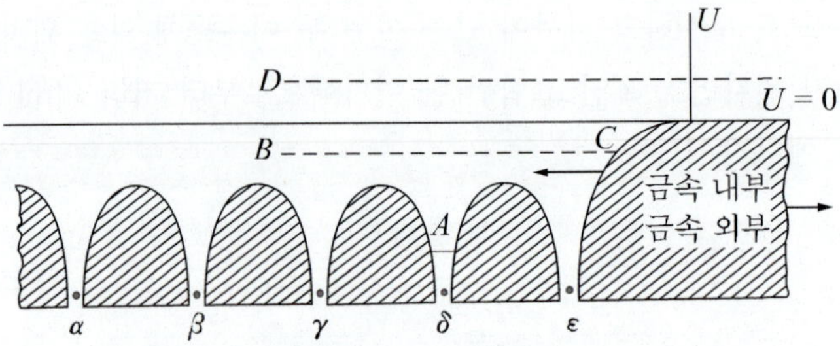

그림 2-7 금속 표면의 위치에너지 장벽 상태

2.4.2 속박전자와 자유전자

역학적 총에너지는 운동에너지와 위치에너지의 합이므로, 즉

$$E = \frac{1}{2}mv^2 + U \tag{2-4}$$

이고, 다음 식과 같이 된다.

$$\frac{1}{2}mv^2 = E - U \geqq 0 \tag{2-5}$$

그러므로 위 식으로부터 입자의 총에너지가 위치에너지보다 작지 않을 경우에만 입자의 운동이 가능하다. 이 개념을 금속 내 전자에 도입하면 금속 내 전자 운동의 윤곽을 얻어낼 수 있다. 먼저 총에너지 준위가 그림 2-7의 A인 전자는 점 a와 b 사이만을 운동할 수 있다. 이러한 전자는 특정 원자핵에 속박되어 있으므로 속박 전자(bound electron)라 부른다.

그러나 총에너지 준위가 B인 전자는 금속 내를 자유롭게 운동할 수 있는 자유 전자(free electron)가 된다. 그러나 이 전자도 금속 표면 밖으로는 운동할 수 없고, 금속 표면에 도달하면 위치 에너지 장벽을 넘지 못하고 다시 금속 내부로 되돌아간다. 에너지 준위가 D인 전자는 금속 표면을 뚫고 쉽게 금속 밖으로 이탈할 수 있다.

속박 전자는 외부 전계의 인가에도 전기전도에 기여하지 못하므로 우리의 관심 밖으로 몰아내고 금속 내 자유 전자만 고찰한다면 금속 내에서의 위치 에너지는 표면을 제외하고는 대체로 균일하다고 볼 수 있다. 또 한 위치에너지는 그 차만이 물리적 의미를 가지므로 0준위는 임의로 택해도 된다.

2.5 전자방출

금속 내부의 자유전자들은 에너지를 공급하면 금속 밖으로 튀어 나오게 된다. 이러한 현상을 전자방출(electron emission)이라 한다.

이는 전자에 공급되는 에너지의 형태에 따라 열전자방출, 광전자방출, 2차전자방출, 전계방출 등으로 구분할 수 있다.

2.5.1 열전자 방출

금속 내의 자유전자의 에너지 분포는 Fermi-Dirac 분포에 따르며 온도가 상승함에 따라 보다 큰 에너지를 갖는 전자들이 증가하여 결국 전위 장벽보다 높은 에너지 준위로 올라가 금속의 결합으로부터 튀어 나갈 수 있게 된다. 이러한 현상을 열전자 방출(thermionic electron emission)이라 한다.

금속 표면의 단위면적당 단위시간에 방출되는 열전자방출 전류 i_{th}는

$$i_{th} = SAT^2 e^{-e\varphi/kT} \tag{2-6}$$

여기서 A : 금속의 종류에 따라 결정되는 상수
T : 절대온도[K]
φ : 일함수[eV]
k : Boltzmann 상수(1.38×10^{-23}[J/K])
S : 열전자 방출의 면적

이고, 이를 Richardson-Dushman 식이라 한다.

이 식에서 온도가 높을수록 열전자 전류는 증가하며, 온도를 일정하게 유지할 때 일함수가 작을수록 열전자 전류는 커진다.

2.5.2 광전자 방출

진동수(주파수)가 f인 광자는 hf의 에너지를 갖고 있다. 따라서 빛을 고체에 비출 때 이 빛에너지가 고체에 전달되어 전자가 방출된다. 이 현상을 광전자방출(photo-electron emission)이라 한다.

광의 진동수가 낮아서 $hf < e\phi$인 경우는 광전자 방출이 일어나지 않으며, 임계주파수

(threshold frequency) 이상일 때 광전자 방출이 일어난다.

임계주파수를 f_t라 하면

$$f_t = \frac{e\phi}{h}$$

이며, 임계파장 λ_t는

$$\lambda_t = \frac{c}{f_t} = \frac{ch}{e\phi} \fallingdotseq \frac{12,400}{\phi}[\text{Å}] \quad (2\text{-}7)$$

이다.

2.5.3 전계방출

금속 표면에 강 전계를 가하면 금속 표면의 전위 장벽이 낮아지고, 또한 그 폭도 좁아져 낮은 온도에서도 Tunnel 현상에 의해 전자가 방출된다. 이러한 현상을 전계 방출이라 한다.

2.5.4 2차 전자방출

금속에 전자를 가속하여 충돌할 때 자유전자가 방출되는 현상을 2차전자방출(secondary electron emission)이라 한다.

방출되는 2차전자의 수와 1차전자의 수와의 비로서 정의되는 2차전자 방출비 δ는

① 1차전자의 속도
② 입사각
③ 표면 상태
④ 재료의 종류

등의 요인들과 관계된다.

2.6 페르미 다이락 분포함수

금속 내부에서의 자유전자의 운동을 통계학적으로 취급한 어떤 에너지 E 준위 내에 전자가 존재할 확률함수 $f(E)$는 페르미 다이락(Fermi-Dirac) 분포 함수에 의하여

$$f(E) = \frac{1}{1+e^{\frac{E-E_f}{kT}}} \quad (2\text{-}8)$$

이 된다. $E=E_f$이면

$$f(E) = \frac{1}{1+e^{\frac{0}{kT}}} = \frac{1}{1+1} = \frac{1}{2} \text{ (단, } T>0[\mathrm{K}]) \quad (2\text{-}9)$$

따라서 Fermi 준위란 0[K] 이상에서 절대온도 T에 관계없이 전자의 점유 확률이 1/2인 에너지 준위이다.

$E>E_f$이면,

$$f(E) = \frac{1}{1+e^{+\infty}} = 0 \text{ (단, } T=0[\mathrm{K}]) \quad (2\text{-}10)$$

즉, $T=0$[K]에서 Fermi 준위 이상에서는 전자가 발견될 확률이 없음을 의미한다.

$E<E_f$이면,

$$f(E) = \frac{1}{1+e^{-\infty}} = 1 \text{(단, } T=0[\mathrm{K}]) \quad (2\text{-}11)$$

즉, $T=0$[K]에서 Fermi 준위 이하는 전자로 충만되어 있는 상태를 의미한다.(그림 2-8 참조)

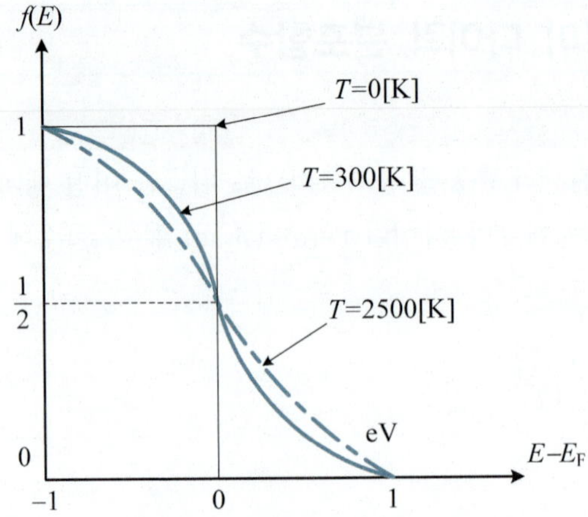

그림 2-8 온도에 따른 페르미 준위

예제 상온에서 페르미 준위보다 0.1[eV]만큼 낮은 에너지 준위에 전자가 점유할 확률을 구하여라.

(풀이) $f(E) = \dfrac{1}{1 + e\times p\left(\dfrac{E - E_f}{kT}\right)}$ 에서

$E - E_f = -0.1[\text{eV}]$, $kT = 0.026[\text{eV}]$이므로

$\therefore f(E) = \dfrac{1}{1 + e\times p(-3.87)} \fallingdotseq 0.98$

즉, 전자가 점유할 확률은 98%이다. ■

2.7 금속의 도전 현상

금속이 도전성을 갖는 이유는 에너지 Band의 금지대 폭 $E_g = 0$이므로 가전자대 전자가 곧바로 전기전도에 기여하기 때문이다.

금속도체에 외부전계가 작용하면 금속내부의 자유전자가 쉽게 이동하여 전기전도현상이 일어나게 된다. 외부 전계가 작용하지 않을 때는 임의 방향으로 열운동을 하며 자유전자 전체의 방향과 속도를 평균하면 0이므로 외부전류는 존재하지 않는다.

2.7.1 금속 전기저항

예를 들어 길이가 l[m]인 금속도체에 V[V]의 전압을 공급하면 도체 내부에는

$$E = \frac{V}{l}[\text{V/m}]$$

의 전계가 발생하며, 이 전계에 따라 자유전자는 힘 F를 받게 된다.

$$F = eE = ma \tag{2-12}$$

이 힘 F를 받은 전자들은 결정격자 및 원자 사이를 충돌과 재결합 등의 작용을 하면서 전계의 방향과 반대로 이동하여 어떤 속도를 갖게 되며 이 속도를 드리프트 속도(drift velocity)라 한다.

전자가 결정격자와 충돌하여 다음 충돌 때까지의 평균거리를 평균자유행정(mean free path), 이 때의 평균시간을 평균자유시간(mean free time)이라 한다.

충돌 전후의 속도를 각각 v_0, v_t라 하고, 이 때의 시간을 t, 드리프트 속도를 v_d, 평균자유시간을 τ_e라 하면 식(2-12)에서

$$\begin{cases} v_d = \dfrac{v_0 + v_t}{2} = \dfrac{eEt}{2m}[\text{m/s}] \\ \tau_e = \dfrac{t}{2}[\text{sec}] \end{cases} \tag{2-13}$$

이고, 식(2-13)에서 드리프트 속도 v_d를 다시 쓰면

$$\begin{cases} v_d = \dfrac{e\tau_e E}{m} = \mu_n E[\text{m/s}] \\ \mu_n = \dfrac{e}{m}\tau_e[\text{m}^2/\text{V}\cdot\text{s}] \end{cases} \tag{2-14}$$

로 주어진다. 여기서 μ_n은 자유전자의 이동도(mobility)이다. 그림 2-9와 같이 길이 l [m], 단면적 $A[\text{m}^2]$, 전류밀도 $J[\text{A/m}^2]$인 금속도체에 흐르는 전류 I[A]는

$$I = J \cdot A\,[\text{A}] \tag{2-15}$$

이며, 전류밀도 J는

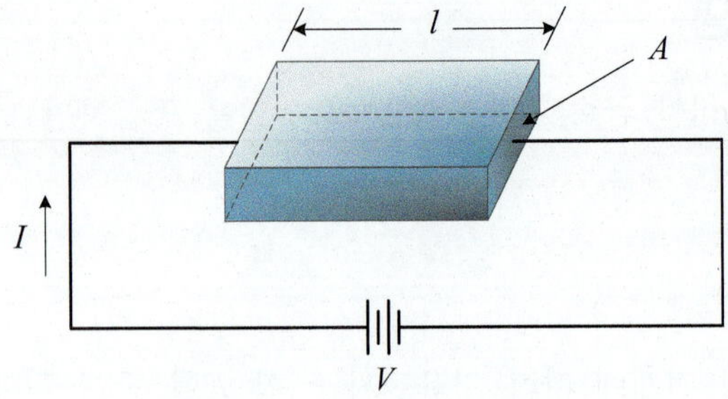

그림 2-9 금속의 전기전도

$$J = nev_d \,[\mathrm{A/m^2}] \tag{2-16}$$

이다. 따라서 전류 I는

$$I = \frac{ne^2\tau_e A}{ml} V \,[\mathrm{A}] \tag{2-17}$$

이며, Ohm의 법칙에 따른 저항 $R[\Omega]$은

$$R = \frac{V}{I} = \frac{ml}{ne^2\tau_e A} = \rho\frac{l}{A} \,[\Omega] \tag{2-18}$$

이다. 즉, 금속도체 내부의 전기적 저항 R은 도체의 길이에 비례하고 단면적 A에 반비례한다는 것이다. 여기서 $\rho[\Omega\text{-m}]$는 도체의 종류에 따라 결정되는 상수로서 저항율(resistivity)이라 하며, 이 저항율의 역수를 도전율(conductivity) σ라 한다.

$$\sigma = \frac{1}{\rho} \,[\mho/\mathrm{m}] \tag{2-19}$$

식(2-18)에서 저항율 ρ는

$$\rho = \frac{1}{\sigma} = \frac{m}{ne^2\tau_e} \,[\Omega\text{-m}] \tag{2-20}$$

으로 나타낼 수 있다.

금속 내부에 전계가 공급되어 많은 전자들이 다른 자유전자 또는 결정격자와 충돌하면서 갖고 있던 에너지를 잃게 된다. 이 때 자유전자 1개가 자신이 갖고 있던 전체 에너지를 충돌 상대입자에게 전달하였을 경우, 이 에너지는 $v_d = eEt/m$와 식(2-13)에서

$$\frac{1}{2}mv_d^2 = \frac{2e^2\tau_e^2}{m}E^2 \tag{2-21}$$

이다. 이 전자들의 충돌은 1개 전자가 τ_e[s] 동안 1회 충돌을 하므로 단위 시간당 충돌횟수는

$$\frac{1}{t} = \frac{1}{2\tau_e}$$

이 된다. 따라서 금속도체의 단위체적 [1m³]당 전자수를 n 이라 하면 1[s] 동안의 충돌에 의한 전체에너지 소모량 W는

$$W = \frac{2e^2\tau_e^2 E^2}{m} \cdot \frac{nAl}{2\tau_e} = \frac{ne^2\tau_e AlE^2}{m}[\mathrm{J}] \tag{2-22}$$

이고, 식(2-18)과의 관계에서

$$W = \frac{V^2}{R} = I^2 R\,[\mathrm{J}] \tag{2-23}$$

로 되며, 이를 Joule의 법칙이라 한다. 식(2-23)에서 알 수 있는 바와 같이 전자의 충돌량은 외부공급전압의 제곱에 비례하여 많아지며, 이는 격자의 열진동을 유발하여 도체 내의 온도를 상승시키는 요인이 된다. 온도의 상승은 금속도체의 저항을 증가시킨다.

지금 전자의 평균 자유행정을 l_e라 하면

$$l_e = 2\tau_e v_d = \frac{k}{T}$$

이므로 식(2-20)에서 저항율 ρ는

$$\rho = \frac{2mv_d}{ne^2k}T \propto T \tag{2-24}$$

이다. 온도가 t_0[℃]에서 t_t[℃]로 상승하였을 때의 저항을 각각 R_0, R_t라 하면 실험적으로 R_t는

$$R_t = R_0[1+\alpha_0(t_t - t_0)]\,[\Omega] \tag{2-25}$$

이 성립한다. 여기서 α_0는 t_0[℃]때의 저항온도계수이며 이는 온도가 1[℃] 증가함에 따라 증가하는 저항의 비율이다.

예제 가전대의 전자 밀도가 $10^{25}[\mathrm{m}^{-3}]$인 금속에 전류 밀도가 $10^5[\mathrm{A/m^2}]$인 전류가 흐른다면 드리프트의 속도를 구하여라.

(풀이) $J = nev_d$에서

$$\therefore v_d = \frac{J}{en} = \frac{10^5}{1.602\times10^{-19}\times10^{25}} = 6.24\times10^{-2}[\mathrm{m/s}]$$ ■

2.7.2 자유전자와 저항률

금속이 전도체인 이유는 금속 내 자유전자의 이동에 근거한 것이며 일반적인 전류의 흐름은 전계작용에 의한 자유전자의 이동이다.

지금 어떤 금속에 전계 E가 가해진 경우를 생각한다. 금속 내의 자유전자는 전계로부터 에너지를 얻어 전계 방향과는 반대 방향으로 이동하며 전기 전도에 기여하여 이른바 전도율을 가진다. 그러나 금속 내 전자가 전계에 의하여 무제한으로 가속되면 금속은 무한히 큰 도전율을 가지게 된다. 그러나 실제로 전자의 속도는 일정값으로 나타나고 도전율은 유한이다. 전자의 밀도가 무한으로 되지 않는 것은, 간단히 말하면 전자가 금속의 결정격자에 충돌하여 그 운동이 방해되기 때문이다.

금속의 양단에 전압을 가하면 전자는 전계에 가속함에 따라 얻은 에너지 일부를 격자에 주며, 그 열진동을 가속시킨다. 이것이 주울열(Joule heat)이다. 이와 같은 격자의 열진동은 온도가 낮아짐에 따라 저하하며, 따라서 절대온도 부근에서는 저항이 0으로 된다. 이것을 초전도(super conductivity)라 한다. 이 현상은 전자와 격자 상호 작용에 의하여 일어나는 것으로 해석되며, Ga, Al, Pb, Hg 등에 이러한 성질이 있다. 전자는 가속에 의하여 얻은 에너지를 격자에 주고 지그재그 운동을 하면서 전계와 역방향으로 주행한다. 전계에 의해서 일어난 운동을 이동(drift)이라 하고, 전계 방향에의 평균 속도를 이동 속도(drift velocity)라 한다.

이동 속도 v_d는 전계의 세기 E에 비례한다.

$$v_d = \mu E \tag{2-26}$$

이 비례 정수 μ를 이동도(mobility)라 한다. 이동도는 단위 전계의 세기당의 속도이다.

다음에 캐리어(carrier)의 이동도에 대하여 대략의 계산을 하면 다음과 같다.

일반적으로 캐리어가 결정 격자로부터 다음의 결정격자에 충돌하는 시간의 평균, 이것을 평균 충돌 시간(mean collision time) 또는 평균 자유 행정시간(mean free path time)이라 하고 τ라 한다.

전계 방향의 속도에 대해서, 출발할 때의 초속도가 0이고 전계에 의해 가속되어 Δv의 속도를 얻어 격자에 충돌하여 또다시 속도가 0으로 된다고 가정하면 τ시간 내에서 전계 방향의 속도 변화는,

$$\Delta v = \frac{\tau e E}{m^*} \tag{2-27}$$

단, m^*는 캐리어의 실효 질량(effective mass)인데, m^*에 대해서는 제3장에서 설명할 것이다.

평균 속도, 즉 평균 이동 속도 v_d는

$$v_d = \frac{eE}{2m^*}\tau \tag{2-28}$$

로 된다. 따라서

$$\mu = \frac{e\tau}{2m^*} \tag{2-29}$$

전계가 적은 영역에서는 V_d는 E에 비례하고, μ는 일정하나 전계가 강해지면 $E^{1/2}$에 비례하게 된다.

금속내 자유 전자 밀도를 n이라 하고, 전계 E를 가할 때 전계와 반대 방향으로 전자가 이동 속도 v_d로서 이동하고 있다고 하면 전류 밀도 J는 다음 식으로 주어진다.

$$J = env_d = en\mu E \tag{2-30}$$

전계가 균일하다고 하면 J/E는 단위 단면, 단위 길이당의 콘덕턴스, 즉 도전율(conductivity)이므로, 이것을 σ로 표시하면,

$$\sigma = \frac{J}{E} = \frac{en\mu E}{E} = en\mu \tag{2-31}$$

로 이 식이 바로 오옴(Ohm)의 법칙이다. 또 σ의 역수가 저항률로서

$$\rho = \frac{1}{\sigma} = \frac{1}{en\mu} \tag{2-32}$$

로 된다.

그런데 일반적으로 금속은 온도가 높아짐에 따라 각 원자의 진동진폭이 커져서 그 때문에 운동 전자와 원자와의 충돌 확률이 증가하고, 전자의 평균 자유 행정(mean free path : 충돌하지 않고 자유로이 주행할 수 있는 평균거리) l은 감소하며, 저항률은 증가한다. 따라서 도전율은 감소한다.

예제 전자의 이동속도가 $\mu_n = 5 \times 10^{-4} \left[\mathrm{m^2/V}\right]$인 도체에 전계 $E = 1$[V/m]을 가했을 경우 전류 밀도를 구하여라. 단, 전자밀도 $n = 8.5 \times 10^{28} \left[개/\mathrm{m^3}\right]$

(풀이) $J = nev_d = ne\mu_n E = 1.602 \times 10^{-19} \times 8.5 \times 10^{28} \times 5 \times 10^{-4} \times 1$

$= 68 \times 10^5 [\mathrm{A/m^2}]$ ■

연 습 문 제

2–1 격자구조의 종류를 나타내고 설명한다.

2–2 공유결합과 이온결합의 차이점을 설명하라.

2–3 속박전자와 자유전자의 차이점을 설명하라.

2–4 Fermi 준위와 Fermi-Dirac 분포함수 F(E)에 관하여 설명하라.

2–5 페르미 다이락(Fermi-Dirac) 분포를 여러 온도에서 변화상태를 도시하라.

2–6 상온에서 페르미준위보다 0.1[eV]만큼 높은 에너지 준위에 전자가 존재할 확률을 구하라.

2–7 일함수에 대하여 설명하라.

2–8 전자방출의 종류를 열거하고, 그 특성을 설명하여라.

2–9 가전자대의 전자밀도가 $10^{25}[m^{-3}]$인 금속에 전류밀도 J가 $10^{6}[A/m^{2}]$인 전류가 흐르면 이 때의 드리프트 속도는 몇 [m/s]인가?

2–10 전계의 세기가 $10^{4}[V/m]$인 곳에 놓인 가전자 밀도가 $10^{28}[m^{-3}]$이고, 평균 충돌 시간(평균 자유행로)이 $10^{-14}[s]$인 금속의 전류밀도는?

CHAPTER

03

반도체의 전기적 성질

본 장에서는 자유전자와 정공의 운동을 상세히 관찰하여 캐리어의 드리프트(Drift), 확산(Diffusion), 재결합(Recombination)의 현상을 설명하고 이는 트랜지스터(Transistor)를 포함한 반도체소자의 전기적 특성을 이해하는 데 도움이 될 것이다.

3.1 전계 내 캐리어 운동

3.1.1 전자 및 정공의 열운동

절대온도 0[K]에서 안정된 상태에 있던 반도체에 열에너지를 가하게 되면 열에너지에 의해 원자의 열진동이 일어나고 이 때 가전자에 가해진 힘은 전자를 가전자대에서 전도대로 올라오게 하고 정공을 남긴다는 사실을 앞에서 설명하였다.

이런 현상으로 인해 자유전자와 정공인 두 종류의 캐리어가 생성되며, 이러한 전자와 정공을 열적으로 생성되었다고 한다. 이와 같이 열적으로 생성된 전자-정공상은 계속적인 랜덤(random) 운동을 하게 되며, 결정구조를 통해 운동하는 자유전자는 정공과 만나 다시 재결합하기도 한다.

전자-정공쌍이 열적으로 생성되는 율은 온도와 결정체의 금지대폭의 크기에 의존하며, 생성률과 재결합률이 동등할 때 그 물질은 열적 평형상태(thermal equilibrium condition)에 있다고 한다.

그림 3-1은 온도 T[K]에서 열평형상태에 있는 실제의 결정 안에서의 전자의 운동을 상상한 그림이다.

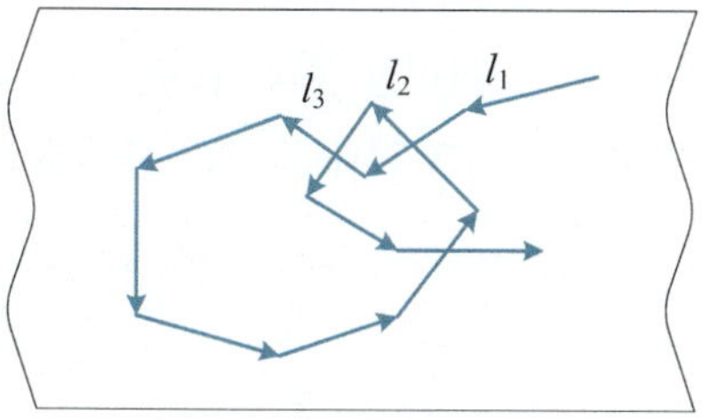

(a) 열평형 상태에서의 운동

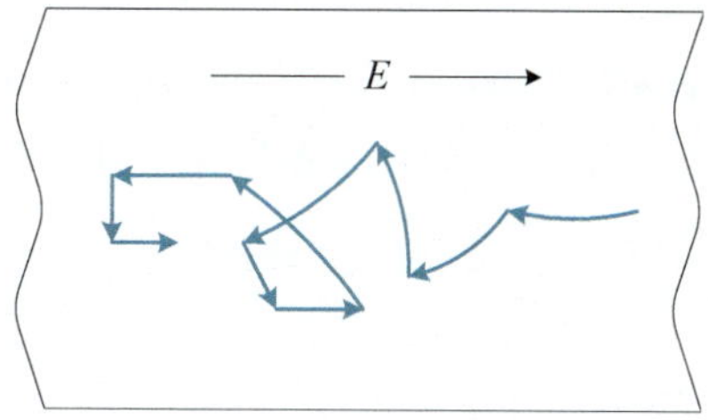

(b) 외부전장이 가해졌을 때의 운동

그림 3-1 결정 내에서의 전자의 운동

전자의 이러한 상황은 본질적으로 불규칙한 랜덤열운동(thermal random motion)을 하고 있으며 평균적인 전자의 변위는 0이 되어 결과적으로 전류의 흐름은 없는 셈이다.

그림 3-1(a)에서 충돌점 사이에서 일련의 직선운동을 하고 이 때 직선 길이를 l_1, l_2, l_3, $\cdots$, l_n라 하고 이들 평균길이를 l이라 하며 l을 평균 자유행정(mean free path)이라 한다. 또한 직선 길이 l_1, l_2, l_3, $\cdots$, l_n을 통과하는데 걸리는 시간을 t_1, t_2, t_3, $\cdots$, t_n이라 하고 이들 시간의 평균을 t라 하며 t를 평균자유시간(mean free time)이라고 한다.

그림 3-1(a)은 외부에서 어떤 전계도 인가되지 않은 고립된 결정체에서 어떠한 입자의 평균 이동변위는 거의 0일 것이다. 이러한 전자들은 각자 유행정당 $(3/2)kT$만큼의 에너지를 얻는다. 통계 열역학에 의하면 온도 T[K]에서 열평형 상태에 있는 입자들은 질량에 관계없이 평균적으로 $(3/2)kT$의 열에너지를 가지고 있고 이에 대한 각 자유행정당 평균 열적속도는 다음과 같다.

$$\frac{1}{2}m^* {V_T}^2 = \frac{3}{2}kT$$

$$V_T = \sqrt{\frac{2\left(\frac{3}{2}\right)kT}{m^*}} \tag{3-3}$$

여기서 m^*은 캐리어의 유효질량, k는 볼츠만(boltzmann)의 상수, V_T는 상온에서 $10^6 \sim 10^7$[cm/sec] 사이를 가지고, T는 절대온도이다.

3.1.2 전계 내 드리프트(drift) 운동

물체에 외부전장 E가 가해진 경우 전자는 그 방향의 가속을 받게 되므로 운동 궤도는 그림 3-1(b)와 같이 포물선운동을 한다. 충돌한 전자는 전과 같이 열속도로 새로운 자유행정을 비행하기 시작하는데, 인가된 전압에 의해 전자는 양(+)의 전극으로, 정공은 음(-)의 전극으로 이동하려는 성질이 있어 전자는 평균적으로 전장의 방향으로 이동하게 되는 것이다. 이러한 전자의 전장방향으로의 이동을 드리프트 운동이라고 하며 이러한 효과가 전류를 형성하는 것이다. 이와 같이 캐리어의 운동이 전압의 영향 하에 있을 때 그 결과로 생긴 전류를 드리프트 전류라 한다.

(1) 이동도(mobility)

이동도는 물질 내에서 캐리어가 움직이기 쉬운 정도를 나타내는 것으로 단위전계당 캐리어의 속도로 측정된다. 이동도는 물질의 고유 저항을 조사하는 데 큰 역할을 하고 있으며 이동도가 크다는 것은 그만큼 전류를 잘 흘릴 수 있다는 것으로 반도체 장치의 동작에 매우 중요한 역할을 하게 된다.

캐리어의 이동도에 영향을 주는 것은 여러 가지 요인이 있지만, 주된 요인은 결정체의 결정구조이다. 불순물이 들어 있거나 결정구조가 불완전하면 이는 캐리어의 운동을 방해하는 결과가 된다. 완전한 결정구조는 모든 원자들이 그들의 적합한 위치에 있게 하며 과잉 원자가 발생치 않게 되어 캐리어가 결정체 내를 쉽게 운동할 수 있게 함으로 이동도가 높아진다.

그러므로 반도체 제조과정 중에서 중요한 단계 중의 하나가 이러한 결합이 적은 완전한 결정체를 만드는 것이다.

또한 온도도 이동도에 영향을 주는 작은 요인이 된다. 결정체에서 가해진 열에너지의 일부는 원자핵에 가해져 원자핵의 진동이 발생하게 되며 이러한 원자핵의 진동은 캐리어의 운동에 방해를 주는 것이다. 그러나 이러한 진동은 정상온도 범위에서는 아주 적기 때문에 반도체 장치의 정상 동작범위에서는 크게 영향을 주지 않는다.

3.1.3 캐리어 이동도(carrier mobility)

전장의 세기가 아주 미약할 때 마구잡이 운동에 미치는 영향이 매우 적을 때 전자의 평균자유시간은 $E=0$일 때의 값 t_n과 같다고 할 수 있다. 그래서 전장 E로 인하여 생기는 전장방향의 평균속도, 즉 드리프트 속도 V_n는 다음과 같다.

$m_n{}^* V_n =-(1/2)eEt_n$이라 할 때

$$V_n = -\frac{e t_n}{2{m_{nE}}^*} \tag{3-4}$$

식(3-4)의 (-)는 전자의 드리프트 운동이 전장과 반대방향임을 표시하고 이 때 비례계수를

$$\mu_n = \frac{e t_n}{2{m_n}^*} \tag{3-5}$$

이라 할 때, 이 때 μ_n은 전자의 이동도가 되고 드리프트 속도는

$$V_n = -\mu_n E \tag{3-6}$$

마찬가지로 정공의 이동도 μ_p는

$$\mu_p = \frac{e t_p}{2{m_p}^*} \tag{3-7}$$

로 주어진다. 여기서 $m_p{}^*$ 및 t_p는 각각 정공의 실효질량 및 평균자유시간이고 정공의 드리프트 속도는 $\mu_p E$로 주어진다.

3.1.4 도전율(conductivity)

도전율은 어떤 물질이 전류의 흐름을 허락해 주는 정도를 나타내는 것으로 전류의 흐름을 막는 정도를 나타내는 고유저항(specific resistance)과 반대의 개념이다.

전류의 흐름을 막는 정도가 높은 물질은 높은 고유저항을 갖게 되며 이와 같은 물질은 낮은 도전성을 갖게 된다.

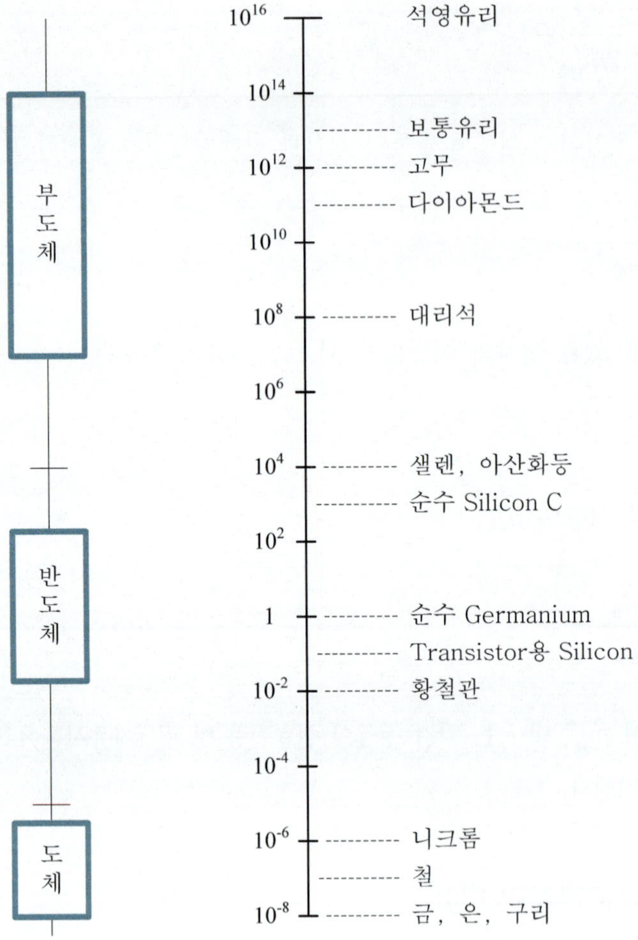

그림 3-2 각종 물질의 저항율 분포

그림 3-2는 각종 물질의 저항을 분포를 나타낸 것으로 절연체(부도체)는 비금속으로서 보통 $10^4 \sim 10^{16}[\Omega \cdot \mathrm{m}]$ 저항율을 가지며 도체는 보통 금속으로 그 저항율은 거의 $10^{-8} \sim 10^{-5}[\Omega \cdot \mathrm{m}]$로 분포한다. 이 중간, 즉 $10^{-5} \sim 10^4[\Omega \cdot \mathrm{m}]$에 존재하는 물질은 Si, Ge 외에 셀렌(Se)이나 금속의 황화물, 산화물 등이며 중간저항율을 지니기 때문에 반도체라고 한다.

반도체의 전도율은 캐리어(전자와 정공)의 전하 밀도와 캐리어가 움직일 수 있는 이동도에 의존한다. 그러므로 이들의 값을 높여줄 필요가 있는 것이다.

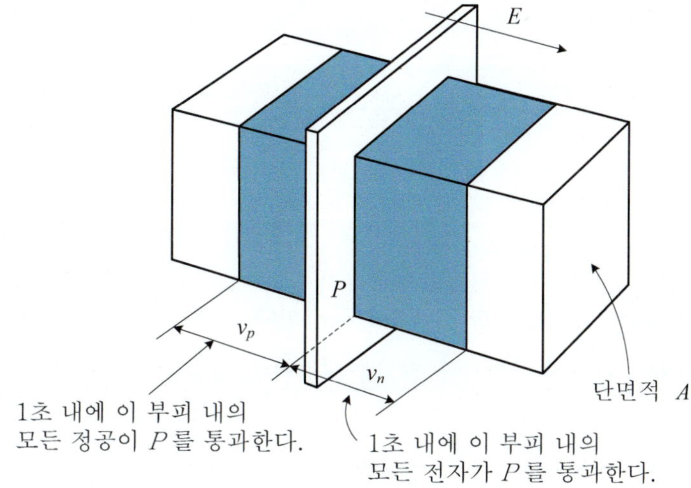

그림 3-3 도전율 계산을 위한 그림

그림 3-3은 단면적 A, 단위체적당 전자수 n, 단위체적당 정공의 수를 p라 하고 전계 E가 그림의 방향으로 향한다고 할 때, 정공과 전자는 서로 반대 방향으로 움직이고 전하가 부(-)이기 때문에 전체전류는 전자전류와 정공전류를 합한 것이다. 즉, 1초에 p면을 횡단하는 전자의 수는 $A \cdot n \cdot v_n$이 된다. 그러므로 p면의 전자전류 밀도는

$$J_n = \frac{I_n}{A} = env_n = en\mu_n E \tag{3-8}$$

이 때 p면에서 정공전류 밀도는

$$J_p = \frac{I_p}{A} = epv_p = ep\mu_p E \tag{3-9}$$

그러므로 전체전류밀도 J는 두 전류의 밀도를 합한

$$J = J_n + J_p = e(n\mu_n + p\mu_p)E \tag{3-10}$$

이고 도전전류의 전계는 다음과 같다.
즉 $J = \sigma E$, 여기서 σ는 도전율이므로

$$\sigma = e(n\mu_n + p\mu_p) \tag{3-11}$$

고유저항율(resistivity)은 저항율의 역이므로

$$\rho = \frac{1}{\sigma} = \frac{1}{e(n\mu_n + p\mu_p)} \tag{3-12}$$

이 된다.

예제 실온에서 Ge의 고유 저항은 47[Ω · m]이다. 이때 전자, 정공의 이동도를 각각 $\mu_n = 3{,}600$, $\mu_p = 1{,}700$이라 할 때 캐리어 밀도를 구하여라.

(풀이) 고유저항 $\rho = \frac{1}{en\mu} = \frac{1}{n_i e(\mu_n + \mu_p)}$에서

$$n_i = \frac{1}{\rho e(\mu_n + \mu_p)} = \frac{1}{47 \times 1.602 \times 10^{-19}(3{,}600 + 1{,}700)}$$

$$= 2{,}506 \times 10^{13}[\text{개}/\text{cm}^3]$$ ■

3.2 확산운동

앞에서 외부전장으로 인해 캐리어가 이동하여 전류를 흘리게 하는 형상을 설명 하였다. 그러나 전압이 인가되지 않았을 때에도 반도체 내에 캐리어의 농도의 기울기(gradient)가 존재할 경우 전하의 이동에 의한 전류가 흐를 가능성이 있다. 이러한 전하의 이동에 의해 생긴 전류를 확산전류(diffusion current)라 한다.

확산은 물 위에 잉크를 떨어뜨릴 경우에 잉크는 옆으로 퍼져나가 결국 물 위의 잉크의 농도가 균일하게 분포하게 되는 것과 같은 것으로 이러한 현상은 입자들이 농도가 높은 곳에서 낮은 곳으로 이동하여 균일하게 분포하려는 경향에 기인한 것이다.

확산에 의한 캐리어의 흐름은 트랜지스터 및 다이오드에 있어서 기본적인 중요성을 갖는다. 입자의 확산은 그들의 불규칙적인 랜덤 열운동으로 인하여 나타나는 현상이며 전자가 확산되는 율, 즉 확산 전류는 캐리어 밀도의 기울기와 캐리어의 이동도에 의존한다.

즉, 전압이 인가되지 않았을 경우 농도의 기울기(gradient)가 반도체 내에 존재하면 반도체 내에서 전하의 이동에 의한 전류가 흐를 수 있다. 확산 전류는 전자, 정공, 이온, 원자, 분자의 구별없이 밀도가 높은 쪽에서 낮은 쪽으로 입자가 흐르고 또는 2종의 혼합입자가 서로 그 밀도를 일정하게 하려는 현상이라 할 수 있다.

지금 x 방향으로 $-dn/dx$ 되는 밀도 기울기가 있을 때 x축에 수직으로 취한 단위면적을 통하여 1초 간에 이동하는 입자의 수 N은

$$N = -D\frac{dn}{dx} \tag{3-13}$$

으로 나타내고 부호가 (-)는 밀도가 감소하는 방향으로 이동이 일어나며 D는 확산계수(diffusion coefficient)라 하고 입자가 결정 내를 확산할 때 그 용이도를 표시하는 것으로 이 확산계수에 그 장소에서의 기울기를 곱한 것이 그 곳에서의 확산속도 V_D가 된다. 즉, $N = nV_D$이므로

$$V_D = -\frac{D}{n} \cdot \frac{dn}{dx} \tag{3-14}$$

으로 나타내고 전자정공의 확산밀도를 V_{Dn}, V_{Dp}, 확산계수를 D_n, D_p라 하면 전자, 정공에 대한 확산 전류밀도는 다음과 같이 나타낸다.

$$J_{D_n} = (enV_{D_n}) = eD_n\frac{dn}{dx} \tag{3-15}$$

$$J_{D_p} = (epV_{D_p}) = -eD_p\frac{dp}{dx} \tag{3-16}$$

으로 된다.

확산전류와 드리프트 전류가 동시에 존재할 때 두 전류를 합한 것이 전체전류밀도가 된다.

$$J_n = en\mu_n E + eD_n\frac{dn}{dx} \tag{3-17}$$

$$J_p = ep\mu_p E - eD_p\frac{dp}{dx} \tag{3-18}$$

따라서 전자와 정공의 동시에 확산할 때 반도체의 전체전류밀도는

$$J = J_n + J_p = eE(n\mu_n + p\mu_p) + e\left(D_n\frac{dn}{dx} - D_p\frac{dp}{dx}\right) \tag{3-19}$$

로 되고 이 때 확산이나 이동도는 어느 것이나 통계 열역학적 현상으로 서로 독립적일 수는 없고 이들 사이에 특정한 관계가 있다. 그러므로 이동도와 확산정수 사이에는 다음과 같은

관계식이 성립한다.

$$\frac{D_p}{\mu_p} = \frac{D_n}{\mu_n} = \frac{kT}{e} \tag{3-20}$$

(D_p : 정공의 확산정수, D_n : 전자의 확산계수, μ_p : 정공의 이동도, μ_n : 전자의 이동도, k : 볼쯔만 상수, T : 온도, e : 전자의 전하량)

식(3-20)을 Einstein의 관계식(Einstein's Relation)이라 한다.

예제 실온에서 Ge 자유전자의 확산 정수를 구하여라. 단, Ge 내의 자유 전자 밀도는 25×10^{19}, 이동도는 0.37이다.

(풀이) 확산 정수 $D = \frac{\mu kT}{e}$ 이므로

$$D = \frac{\mu_n kt}{e} = \frac{0.37 \times 300 \times 1.38 \times 10^{-23}}{1.602 \times 10^{-19}} = 0.96 \times 10^{-2} [\mathrm{m^2/s}]$$ ■

3.3 재결합

반도체 안의 많은 자유전자와 정공들은 모두 불규칙적인 열운동을 하고 있으므로 이들이 서로 마주치는 경우도 생각할 수 있다. 본래 정공은 공유결합에 참여하고 있던 가전자가 빠져나간"결합의 공백(vacancy)"을 의미하므로 자유전자와 정공이"마주친다."는 것은 자유전자가"결합의 공백"을 메꾸어서 공유결합을 복구하는 것을 의미한다. 이러한 과정을 재결합(recombination)이라 한다.

단위 시간에 단위 부피 안에서 발생하는 재결합의 수효를 재결합율(recombination rate)이라 하며 이것은 전자의 농도와 정공의 농도에 비례한다. 또 자유전자와 정공이 재결합을 하여 소멸될 때 이들이 가지고 있던 에너지는 열에너지 또는 빛에너지의 형태로 방출된다.

재결합의 현상은 반도체에서의 캐리어의 운동에 직접 관련되는 것은 아니지만 결과적으로는 캐리어의 흐름을 결정하는 데 중요한 역할을 한다.

3.3.1 열생성과 재결합과의 평형

공유결합에 구속되어 있던 가전자가 열에너지를 얻어 자유전자로 해방됨으로써 한 쌍의 자유전자와 정공이 생성되는데 열평형상태에서 열생성률과 재결합률은 같게 된다. 열평형상태에 있는 반도체에 있어서 열생성률과 재결합률은 캐리어의 농도를 결정하는 데 중요한 역할을 하게 되는데 이것은 반도체에 일정한 전장을 가할 때 흐르는 전류는 캐리어의 농도에 비례하기 때문이다.

그림 3-4는 열생성과 재결합이 평형을 이루고 있는 모양을 나타낸 것으로 위로 향한 화살표는 열생성, 아래로 향한 화살표는 재결합을 표시한다.

단위 체적당 열적 생성률(thermal generation rate)을 g라는 기호로 표시하면 주어진 물질의 단지 온도만의 함수로 표시하면,

$$g \approx g(T) \tag{3-21}$$

과 같이 나타내고 가전자대와 전도대 사이의 금지대의 에너지 갭(gap)이 $E_g(eV)$인 반도체에서 캐리어를 p, n이라 하면,

$$p \cdot n = n_i^2 = \frac{g(T)}{r} \tag{3-22}$$

여기서 n_i는 진성반도체의 캐리어 밀도, r은 전자와 정공의 비례상수로

$$g(T) = rn_i^2$$

되고 단위체적당 자유전자와 정공이 재결합하는 율을 재결합률이라 하며 전자와 평균의 밀도에 비례한다.

이 때 재결합률 R은

$$R = rnp \text{ [쌍/m}^3\text{-sec]} \tag{3-23}$$

로 나타내고 재결합이 일어나는 확률보다 재여기가 일어나는 확률이 클 때를 포획 혹은 포획중심(trap center)이라 하고 이 에너지 준위를 트랩준위라 하고 일단 전자가 들어가 다시 정공이 잡혀 재결합이 일어나고 이 트랩을 재결합중심(그림 3-4, 3-5 참조)이라 하고 이 때 재결합중심이 있는 때의 캐리어 수명(life time)이라 하고 식 (3-24)으로 나타낸다.

$$\tau = \frac{{n_i}^2}{g(p+n)} \tag{3-24}$$

여기서 g는 캐리어 발생도이고 진성, N형, p형의 반도체 수명은 다음과 같다.

$$n = p = n_i \text{에서 } \tau_i = \frac{{n_i}^2}{2g} \text{(진성 반도체)}$$

$$p = 0 \text{에서 } \tau_n = \frac{{n_i}^2}{gn} \text{(n형 반도체)}$$

$$n = 0 \text{에서 } \tau_p = \frac{{n_i}^2}{gp} \text{(p형 반도체)}$$

이므로 진성일 때 수명이 가장 길고 불순물이 증가되면 거의 반비례하여 수명이 짧아지고, 불순물 밀도가 충분히 높으면 일정하게 된다.

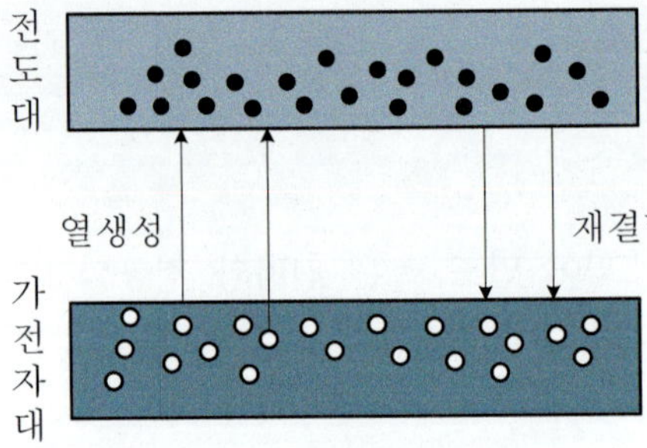

그림 3-4 열생성 및 재결합

3.3.2 재결합 메커니즘

전자와 정공이 재결합을 일으키는 가장 단순한 메커니즘을 전자가 직접 정공으로 빠지는 과정이며 이것을 직접재결합(direct recombination)이라고 한다. 직접재결합이 발생할 경우 캐리어의 나머지 에너지는 광자(photon)로 방출되며 이것은 결정 안에서 다시 흡수되어 새로운 한 쌍의 전자와 정공을 생성케 하든지 또는 밖으로 방출된다. 실제로 직접재결합이 발생할 가능성은 매우 희박하다. 왜냐하면 통계학적으로 전자와 정공이 재결합하리만큼 가까운 거리 $(\approx(\approx 10^{-11}[\mathrm{m}])$에 놓일 확률이 적기 때문이다.

재결합을 일으키는 또 다른 메커니즘은"재결합 중심(recombination center)에 의한 재결합"이다. 결정구조에 결함이 있는 곳은 이 근처를 지나는 전자(또는 정공)를 잡아(trap) 재결합의 대상이 올 때까지 강하게 구속해 두는 작용을 한다. 이것은 전자와 정공이 서로 움직일 때보다 하나가 한 곳에 머물러 있으므로 해서 재결합의 가능성이 훨씬 높아진다.

재결합중심의 원인이 될 결정구조의 결함에는 금, 산소와 같은 불순물이 함유되거나 공격자점(vacancy : 결정격자의 위치에 원자가 들어있지 않는 경우)의 존재 등이 있으며 재결합중심에 의한 재결합의 경우 캐리어의 나머지 에너지는 열에너지의 형태로 결정에게 주어지는 것이 보통이다(양자 역학에 의하면 입자가 그 에너지를 순식간에 상실할 때 그 에너지는 빛의 형태로 발산되고, 입자의 에너지가 서서히 단계적으로 상실될 때 그 에너지는 열의 형태로 발산된다).

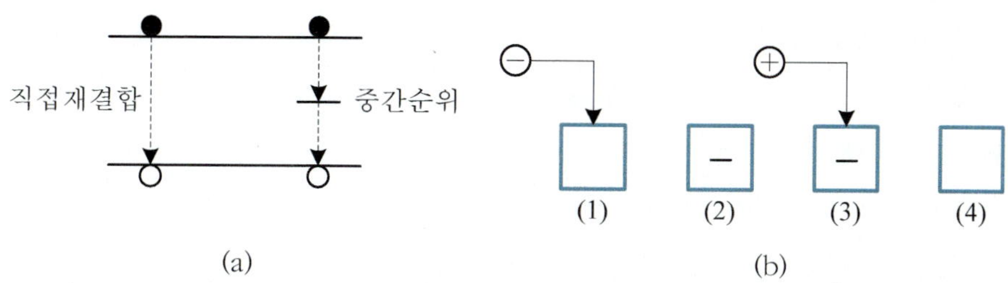

그림 3-5 직접재결합 및 재결합 중심에 의한 재결합

그림 3-5는 재결합중심에 의한 재결합의 메커니즘을 에너지대구조 및 재결합의 과정으로 나타낸 것으로 (a)는 재결합 중심으로 인하여 금지대 안에 중간준위가 형성되어 있음을 나타낸 것이다. 이러한 중간 준위는 비어 있을 때 전자를, 채워져 있을 때 정공을 잡을 수 있으며 이 과정을 그림 (b)에 나타내었다. 처음에 재결합 중심은 정공트랩(trap)으로 변화되어 그 후 정공이 가까이 오면 (3) 잡혀 있던 전자와 재결합한다 (4). 이러한 과정으로 한 쌍의 전자-정공이 소멸되는 것이다.

3.3.3 광전효과

지금까지는 열에너지에 의해서 자유전자와 정공이 생성되는 경우만을 취급했으나 이와 비슷한 현상이 빛의 에너지에 관련하여 발생할 수도 있다.

(1) 임계 주파수(critical frequency)

임의의 파장의 빛을 반도체의 물체에 비출 때 어떤 주파수의 범위에서 이 빛이 반도체에 크게 흡수되는 현상을 관찰할 수 있는데, 이와 같이 흡수되기 시작하는 주파수를 임계주파수라 한다.

가전자대에 있는 결합전자가 전도대로 올라가려면 적어도 금지대폭 만큼의 에너지가 필요하다. 또한 금지대 안의 에너지 범위는 전자들에게 허용될 수 없으므로 금지대 폭보다 적은 빛의 에너지 범위는 전자들에게 허용될 수 없으므로 금지대 폭보다 적은 빛의 에너지를 흡수하여 보다 높은 에너지 범위의 주파수의 빛은 반도체에서 흡수되지 않고 그대로 통과하게 되며 임계 주파수는 금지대폭과 관련하게 된다.

이와 같이 가전자대의 전자가 빛의 에너지를 흡수하여 전도대로 올라감으로써 한 쌍의 자유전자와 정공이 생성되는 현상을 광생성(photo gene-ration)이라 한다.

(2) 광도전(photoconduction)

반도체에 빛을 비출 때 빛의 주파수가 흡수되는 주파수의 범위에 있을 때 반도체의 전도율이 증가하는데 이것은 광생성으로 인하여 캐리어의 농도가 증가한 데 기인한 것이다. 이러한 현상을 광도전이라고 하며, 광도전체(photoconductor)는 빛의 세기에 따라 도전률이 변화하는 것을 이용한 반도체 소자이다.

3.4 순수 반도체와 불순물 반도체

3.4.1 순수반도체(intrinsic Semiconductor 또는 진성반도체)

순수반도체란 실리콘 반도체에서 실리콘 원자로만, 게르마늄 반도체에서 게르마늄 원자로만 구성된 반도체를 말하는 것으로, 모체로 되어 있는 반도체 결정의 원자에서 공급되는 자유전자 및 정공에 의해서만 전기전도가 이루어지는 반도체이며 불순물 원자의 영향이 무시될 수 있는 것을 말한다. 일반적으로 반도체 원자 10^{10}개에 대하여 불순물 원자 1개 이하인 높은 순도를 가진 것을 실질적인 순수반도체로 보고 있으며 순수반도체의 캐리어인 전자와 정공의 농도는 같게 된다. 또한 실내온도에서 캐리어의 농도는 실리콘의 경우 $1.5\times10^{10}/m^3$, 게르마늄의 경우 $2.4\times10^{19}/m^3$로 Si의 캐리어 농도가 Ge의 약 1/1,000 정도이며, Si 결정의 원자밀도는 $5\times10^{28}/m^3$로 Si 원자 10^{12}개당 1개의 캐리어가 생성되고, Ge 결정의 원자밀도는 $4.4\times10^{28}/m^3$로 Ge 원자 10^9개당 1개의 캐리어가 생성되는 셈이다.

순수반도체에서 도전율은 캐리어의 농도와 똑같은 모양으로 온도에 따라 지수함수적으로 변화되며, 이 때 온도변화에 따른 이동도의 변화는 무시될 수 있다.

이와 같이 순수한 반도체의 중요한 특성은 온도의 증가에 따라 많은 자유전자와 정공이 발생하여 그들의 저항이 온도증가와 더불어 감소한다는 것이다.

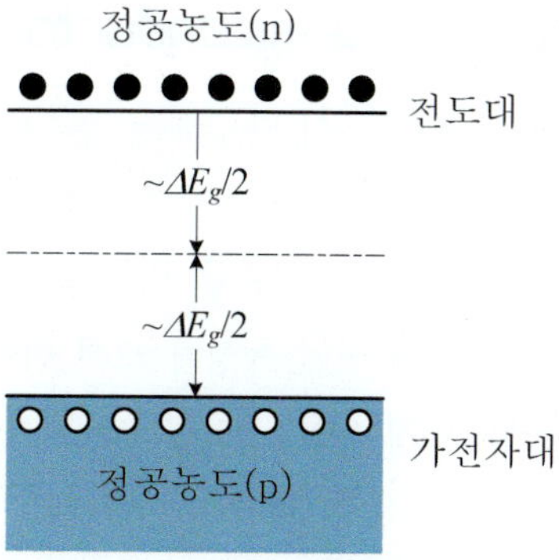

그림 3-6 진성반도체

그림 3-6에서와 같이 페르미준위 E_F가 금지대 내에 오므로 전류는 흐를 수 없다. 그러나 온도 T가 높아짐에 따라 전자 중에는 에너지 갭 ΔE_g보다 더 큰 열에너지를 받아, 공유결합에서 벗어나서 그림 3-6과 같이 가전자대에서 전도대로 올라가는 것이 생긴다. 전자가 나가버린 자리에는 전자공백(electron vacancy)이 생겨 중성이었던 그 원자는 외부에 대해 정전하로 행세하며, 이 전자공백을 정공(positive hole ; hole)이라고 한다. 그래서 정공부근에 있는 전자는 인력을 받아 공유결합을 벗어나 먼젓번의 정공을 메꾸는 동시에 다른 정공을 남겨 놓는다. 이와 같은 반응이 계속 일어나고 전계 하에서는 전자와 정공을 남겨 놓는다. 이와 같은 반응이 계속 일어나고 전계 하에서는 전자와 정공의 이동은 방향성을 갖는다. 이 때 전자는 (-) 전하를 가지고 있는 것이므로 전계의 방향과 반대 방향으로 움직이고, 정공은 전계 내에서 정전하와 같은 성격을 갖는다.

그러므로 반도체에서는 전자뿐만 아니라 정공도 전기전도에 기여하고 이들을 모두 캐리어(carrier)라 부른다.

이상에서 진성반도체에서는 전자의 수와 정공의 수가 같다는 것을 알 수 있다. 즉, 전자의 농도를 n, 정공의 농도를 p라 하면,

$$n = p = n_i \tag{3-26}$$

이고, 여기서 n_i는 진성캐리어 농도(intrinsic carrier concentration)라고 한다.

3.4.2 불순물 반도체(extrinsic semiconductor 또는 외인성 반도체)

실제로 전자소자로 사용되고 있는 대부분의 반도체는 순수반도체가 아니라, 지극히 순수한 반도체 재료에 약간의 특정한 불순물원자를 의도적으로 넣는 것이며 전기적 성질이 불순물의 종류 및 농도로 결정된다. 이러한 반도체를 불순물 반도체라 하며 반도체의 중요한 특징은 이와 같이 미세한 불순물의 투입으로 전기적인 특성이 크게 변화될 수 있다는 데 있는 것이다.

Si 및 Ge을 모체로 한 불순물반도체에 사용되는 불순물원자로서 관심의 대상이 되는 것은 원자가가 3가 및 5가의 원자들이다. 불순물 원자들이 Si 결정 내에서 Si 원자와 공유결합을 이룰 때 5가의 원자들은 4가인 Si 원자와 전자 1개씩을 공유하고 나머지 1개의 전자는 자유전자의 상태로 남게 되어 반도체 물질 내에 자유전자를 제공(donate)하는 역할을 하므로 도우너(donor)불순물이라 불린다.

한편, 3가의 원자들은 Si과 결합할 때 1개의 전자가 모자라는 형태가 되어 이러한 빈 곳은 결국 정공으로 남게 되므로 반도체 물질 내에 정공을 만드는 역할을 하므로 억셉터(acceptor)불순물이라고 불린다.

일반적으로 사용되는 도우너원자는 인(P), 비소(As) 및 안티몬(Sb) 등이며 억셉터 원자는 붕소(B), 알루미늄(Al), 갈륨(Ga) 및 인듐(In) 등이다.

표 3-1 Ge, Si의 전기전도를 제어하는데 사용되는 불순물의 성질

원소	가전자수	원자번호	결정 내에서의 지름 [Å]	작 용	다수 캐리어	캐리어를 만들기 위한 이온화 에너지 [eV] Ge에서*	Si에서*	전도형
B	3	5	0.81	억셉터	정공	0.0104	0.045	p형
Al	3	13	1.26	억셉터	정공	0.0102	0.057	p형
Ga	3	31	1.26	억셉터	정공	0.0108	0.065	p형
In	3	49	1.44	억셉터	정공	0.0112	0.16	p형
P	5	15	1.13	도우너	전자	0.0120	0.044	n형
As	5	33	1.13	도우너	전자	0.0127	0.049	n형
Sb	5	51	1.36	도우너	전자	0.0096	0.039	n형
Si	4	14	1.17	결정구성원자		$1.21\text{-}3.6\times10^{-4}T[K]$		진성
Ge	4	32	1.22	결정구성원자		$0.785\text{-}2.23\times10^{-4}T[K]$		진성

반도체 결정안으로 불순물을 넣는 과정을 도핑(doping)이라고 하며 실제의 불순물 반도체에 있어서 불순물원자 농도의 대표적 값은 반도체 원자(Si 또는 Ge) 10^7개에 대하여 불순물 원자

1개꼴이 된다. 이와 같이 불순물원자의 농도의 반도체원자의 주기적인 결정구조에 본질적인 영향을 줄 만큼 커서는 안되며 전자 및 정공들이 서로 상호작용을 미칠 만큼 캐리어의 농도가 커서도 안된다.

(1) n형 반도체

5가의 도우너 불순물을 넣은 것을 n형 반도체라 하는데 이것은 도우너 원자들이 제공하는 자유전자들이 전기전도에 있어서 주동적 역할을 하기 때문이다.

도우너원자는 최외각 궤도에 5개의 가전자를 가지고 있으며 4개의 가전자를 가진 반도체원자와 공유결합을 이룰 때 다섯 번째 전자는 도너 원자를 떠나 자유전자로 남게 된다. 이 때 1개의 전자를 잃은 도우너 원자는 이온화되어 $+e$로 대전된다. 이러한 도우너 이온은 강력한 공유결합의 힘으로 결정격자의 위치에 고정되어 움직이지 못한다. 그러므로 도우너 이온은 공간적으로 고정된 전하, 즉 공간전하(space charge)를 형성할 뿐이며 전기전도에 직접적으로 기여하지 않는다. 그림 3-7에 n형 Si 반도체의 에너지대 구조를 나타낸다.

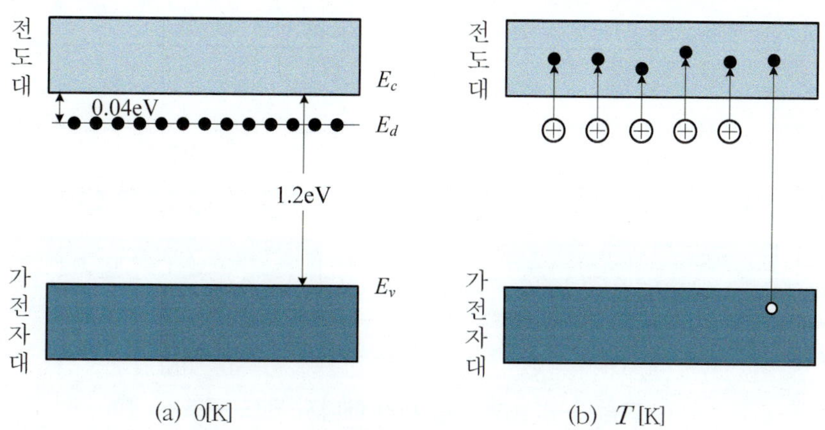

그림 3-7 n형 반도체의 에너지 밴드 구조

절대온도 0[K](-27.3[℃])에서는 가전자대는 전부 채워져 있고 전도대는 완전히 비어있게 된다. 그리고 도우너원자의 다섯 번째 전자(불순물 투입으로 생성된 자유전자)들은 전도대보다 약 0.04[eV](Ge에서는 약 0.01[eV])만큼 낮은 레벨에 자리잡고 있다. 이 레벨을 도우너 준위(doner level)라고 하며, Si 결정 내에 도우너 불순물을 넣으면 Si의 금지대 안에 도우너원자의 수효만큼 새로운 에너지준위가 형성됨을 의미한다.

실내온도에서 도우너준위의 전자들은 거의 다 전도대로 올라가서 자유전자로 되며 아주 적은 수의 가전자대의 전자가 전도대로 올라가서 한 쌍의 캐리어를 형성한다.(그림 3-7(b)

참조)

보통 n형 반도체에서 정공의 수효는 대단히 적으며 전기전도는 주로 전자의 운동에 의해서 이루어진다. 그러므로 전자를 다수 캐리어(majority carrier)라고 한다.

(2) p형 반도체

p형 반도체는 3개의 억셉터원자를 넣은 반도체를 말하며, 3개의 가전자를 가진 억셉터원자가 4개의 반도체원자와 공유결합을 이룰 때 결합의 공백(vacancy)이 생기게 된다. 이러한 결합의 공백이 정공을 의미하며 실내온도에서 정공들은 반도체 결정 안에서 자유롭게 움직일 수 있는 자유캐리어(free carrier)가 되어 전기전도에 기여하게 된다.

그림 3-8에 p형 Si 반도체의 에너지대 구조를 나타낸다. 이 그림에서와 같이 Si 안에 억셉터 불순물을 넣으면 Si의 금지대 안에 가전자대보다 0.05[eV](Ge의 경우 0.01[eV])만큼 높은 새로운 에너지준위인 억셉터준위가 생기며 억셉터준위의 수효는 억셉터원자의 수효와 같다.

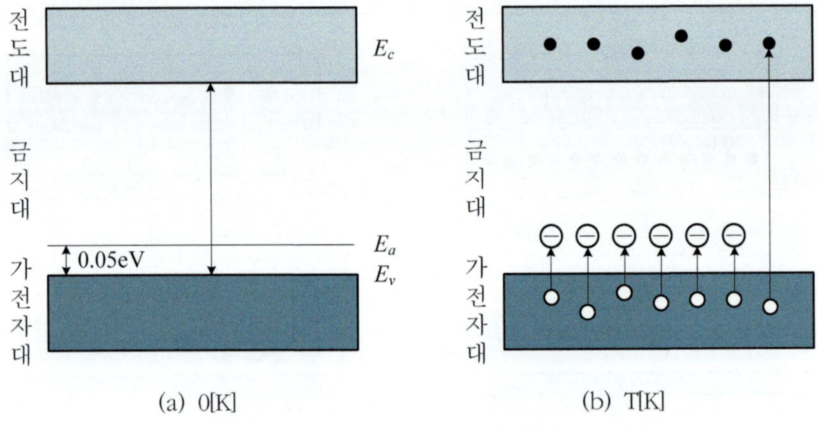

그림 3-8 p형 반도체의 에너지 밴드 구조

0[K]에서 가전자대는 완전히 채워져 있으며 전도대 및 억셉터 준위는 전부 비어있다. 실내온도에서는 억셉터원자는 전부 음(-)으로 대전하여 공간적으로 고정된 공간전하를 형성하고 있으며, 억셉터 원자의 수효만큼 정공이 생긴다고 볼 수 있다. 그림 (b)는 이와 같은 모양을 나타낸 것이다.

p형 반도체에서는 정공이 다수캐리어, 자유전자가 소수캐리어로 된다. 이와 같이 불순물의 투입으로 생성된 전자 및 정공은 반도체의 전기전도에 기여하게 된다.

3.5 홀 효과(Hall effect)

전류가 흐르고 있는 반도체에 자계를 가하면 전자, 정공의 운동방향이 구부러진다. 자계는 운동방향에 직각인 힘을 미치므로 원궤도와 같이 된다.

그림 3-9와 같이 전류를 x방향으로 공급하고 직각인 y축에 자속밀도 B를 가한다. 우선 자계를 가하지 않은 상태에서 z축 방향의 상, 하의 등 전위의 두 지점에 도선을 연결한다.

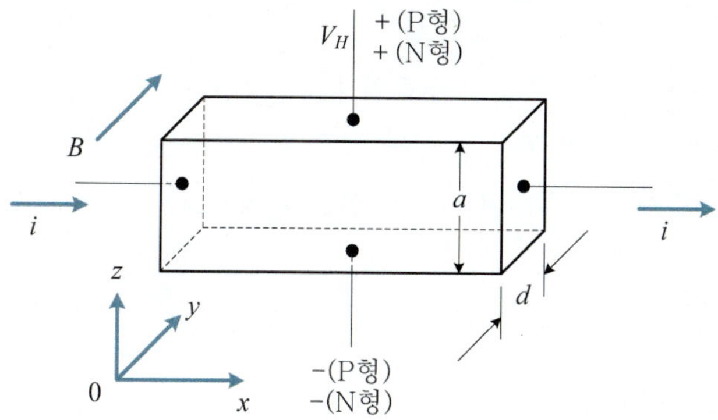

그림 3–9 Hall 효과 측정법

이제 자계를 가하면 전류가 구부러지므로 등전위가 되지 않고 전압 V_H가 발생한다. 이와 같이 자계에 의하여 전압 V_H가 발생하는 현상을 홀 효과(Hall effect)라 한다.

이 때 V_H는 다음 식으로 나타낼 수 있다.

$$V_H = R\frac{iB}{d} \tag{3-27}$$

여기서 d는 자계방향의 두께, i는 전류이다. R은 Hall 계수로서, 재료의 종류에 의해 결정되는 상수이다.

그림 3-9와 같이 p형 반도체인 경우 V_H는 정(+), n형인 경우는 부(-) 값을 갖는다.

p형 반도체인 경우를 생각하여 보자.

그림 3-10과 같이 정공이 전계 E_x에 의해 이동속도 v_d로 흐를 때 자속 B에 의하여 발생한 전자력 $e \cdot v_d \cdot B$의 영향을 받아 위쪽으로 구부러진다.

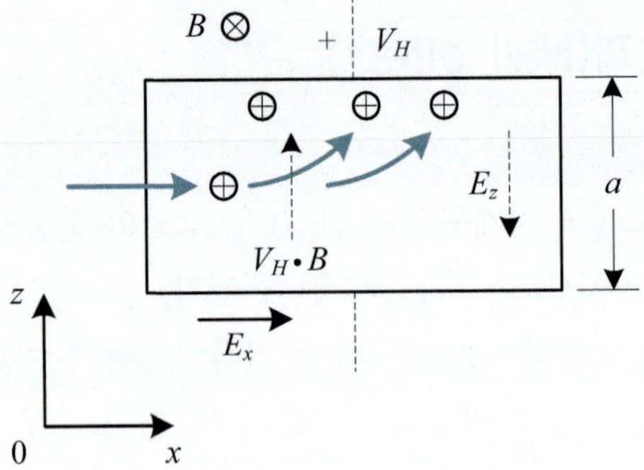

그림 3-10 p형 반도체의 전압

정공은 윗면으로 향하여 밑면과의 사이에 전압이 발생한다. 이것이 Hall 전압(Hall voltage) V_H이다. 정상상태에 도달하면 흐르고 있는 정공에 작용하는 z방향의 힘이 0으로 된다. 이것은 V_H에 의한 전계 E_z가 전자력 ev_dB와 평형상태로 되는 것을 의미하므로

$$eE_z + ev_dB = 0, E_z = -v_dB$$

z방향의 두께를 a라 하면

$$V_H = -aE_z = v_d aB \qquad (3\text{-}28)$$

이고, 전류밀도를 J_p, 정공밀도를 p라 하면

$$J_p = pev_d, \quad i = J_p \cdot ad = pe a d v_d$$

이것을 식(3-28)에 대입하면

$$V_H = \frac{1}{p \cdot e}\frac{iB}{d} = R_H \cdot \frac{iB}{d} \qquad (3\text{-}29)$$

로 된다. 여기서 R_H는 Hall 정수이다.

$$R_H = \frac{1}{p \cdot e}[\mathrm{m^3/C}] \qquad (3\text{-}30)$$

n형 반도체의 전자는 자계에 의해서 위로 향하므로 V_H는 정공과 반대 방향이 된다. 전자 밀도를 n이라 하면 식(3-30)을 이용하여

$$R_H = \frac{1}{n \cdot e}[m^3/C] \qquad (3\text{-}31)$$

이다. Hall 전압 V_H의 측정에 의하여 반도체가 p형 혹은 n형의 구별을 결정할 수 있다.

또, R_H 값으로부터 Carrier 밀도가 구하여 진다. 식(3-31)의 Hall 계수는 실질적으로 다음의 값을 갖는다.

$$R_H = -\frac{3\pi}{8} \times \frac{1}{n \cdot e} \qquad \text{(n형 반도체)}$$

$$= \frac{3\pi}{8} \times \frac{1}{p \cdot e} \qquad \text{(p형 반도체)}$$

$$= 0 \qquad \text{(진성 반도체)}$$

예제 폭 1[mm], 두께 0.1[mm]의 Si가 있다. Si의 x방향으로 1[mA]의 전류를 흘리고 이에 수직인 z방향에 -1[wb/m^2]의 자장을 가할 때 Hall 전압 -1[mA]가 발생하였다. 1[m^3]당 전자 밀도를 구하여라.

(풀이) $V_H = R_H \cdot \frac{I \cdot B}{d} = \frac{1}{en} \times \frac{I \cdot B}{d}$ 에서

$$\therefore\ n = \frac{IB}{eV_Hd} = \frac{1 \times 10^{-3} \times 1}{1.602 \times 10^{-19} \times (-1 \times 10^{-3}) \times 0.1 \times 10^{-3}}$$

$$= -6.25 \times 10^{22}[m^{-3}]$$

■

연 습 문 제

3-1 실온에서 도전도 $\sigma = 10[\Omega/\text{m}]$의 p형 Ge가 있다. 실온에서의 이 p형 Ge 중의 전자 및 정공의 농도를 구하라.

3-2 전자밀도 $n = 10^{25}[\text{개}/\text{m}^3]$인 도체에 전류밀도 $J = 10^5[\text{A}/\text{m}^2]$이었다. 이때의 드리프트 속도를 구하라.

3-3 전자의 이동도 $\mu_n = 5 \times 10^{-3}[\text{m}^2/\text{v} \cdot \text{s}]$인 도체에 전계 $E = 2[\text{V}/\text{m}]$를 가하였을 때 전류밀도 및 도체의 고유저항을 구하라. 단, 전자밀도 $n = 8.5 \times 10^{28}[\text{개}/\text{m}^3]$이다.

3-4 p형, n형 반도체에 대하여 설명하라.

3-5 진성반도체에 대하여 설명하라.

3-6 상온에서 진성 Si 반도체의 도전율 및 저항률을 구하라. 단, 이동도 값은 $\mu_n = 1350$ $[\text{cm}^2/\text{v} \cdot \text{sec}]$, $u_p = 450[\text{cm}^2/\text{v} \cdot \text{sec}]$이다.

3-7 전계의 세기가 $10^4[\text{v}/\text{m}]$인 곳에 놓인, 가전자 밀도가 $10^{30}[\text{m}^{-3}]$이고 평균 충돌시간이 $10^{-14}[\text{S}]$일 때 금속의 전류밀도를 구하라.

3-8 확산 전류밀도에 대하여 설명하라.

3-9 상온에서의 자유전자의 평균속도를 구하라.

3-10 홀(hall) 효과에 대하여 설명하라.

3-11 Si 결정에서 전자와 정공의 이동도는 실온(300[K])에서 $0.12[\text{m}^2/\text{V} \cdot \text{sec}]$이다. 같은 온도에서 캐리어의 확산계수는 얼마인가?

CHAPTER

04

p-n 접합제작 및 기본이론

일반적으로 반도체 소자는 p형과 n형 사이에 한 개의 접합면(Junction)을 가지고 있고 이들 p-n 접합은 스위칭, 증폭, 정류, 검파 등의 기능으로 회로에서 동작한다. 그러므로 본 장에서는 접합 제작 평형상태, 바이어스(Bias) 인가시의 접합의 특성에 대해서 고찰할 것이다.

4.1 p-n 접합 제작

반도체(Si 또는 Ge) 결정 내의 한 쪽 부분에 p형 불순물을 도핑(doping)하고 나머지 부분에 n형 불순물을 도핑하면 한 결정 안에 p형 반도체와 n형 반도체가 형성된다. 그림 4-1은 이러한 상태를 나타낸 것이다.

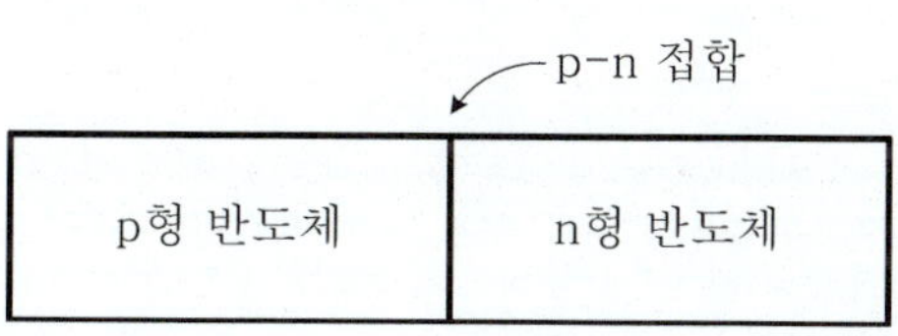

그림 4-1 한 결정 안에 만들어진 p형 및 n형 반도체

여기서 p형 반도체와 n형 반도체와의 금속학적 경계면을 p-n 접합(p-n junction)이라고 한다. 이와 같이 p형 반도체와 n형 반도체가 얇은 경계층을 사이에 두고 인접해 있는 구조는 트랜지스터나 다이오드의 기본적 구조이며 이들 전자소자들의 전기적 특성은 p-n 접합 부근에서의 물리적 현상과 직접적으로 관련되어 있다. 그러므로 p-n 접합에 관해 철저한 이해는 다이오드 및 트랜지스터를 이해하는데 있어서 필수적이다.

여기서는 p-n 접합에 관련된 여러 가지 물리적 현상을 고찰한다.

4.1.1 p-n 접합의 제조

p-n 접합은 그 제조 방법에 따라 합금접합, 성장접합, 확산접합이 있다.

(1) 합금접합(alloyed junction)

그림 4-2에 합금접합을 만드는 간단한 과정을 나타내었다.

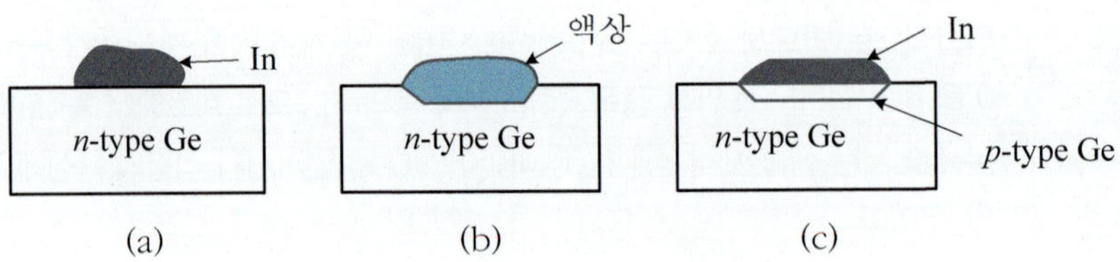

그림 4-2 합금접합법

n형 Ge 단결정 위에 인듐(indium : In)의 작은 알갱이를 올려 놓고(그림a) 500℃ 정도로 가열하면, In이 용해되어(그림 b) Ge과의 경계면에서 n형 Ge과 합금을 이룩된다. 이것이 냉각되어 굳어질 때 합금된 부분은 용해하지 않은 n형 Ge 결정과 연속적으로 결정구조를 이루면서 p형 Ge 결정을 형성하게 된다(그림 c).

합금접합의 제조과정을 적당히 조절하면 p형에서 n형으로 넘어가는 간격을 0.01[μm] 정도로 할 수 있는데 이 간격은 대단히 작기 때문에 실제적으로 그림 4-3과 같이 p형에서 갑자기 n형으로 변화한다고 볼 수 있다. 이와 같이 이상화한 것을 계단형접합(step junction)이라고 한다.

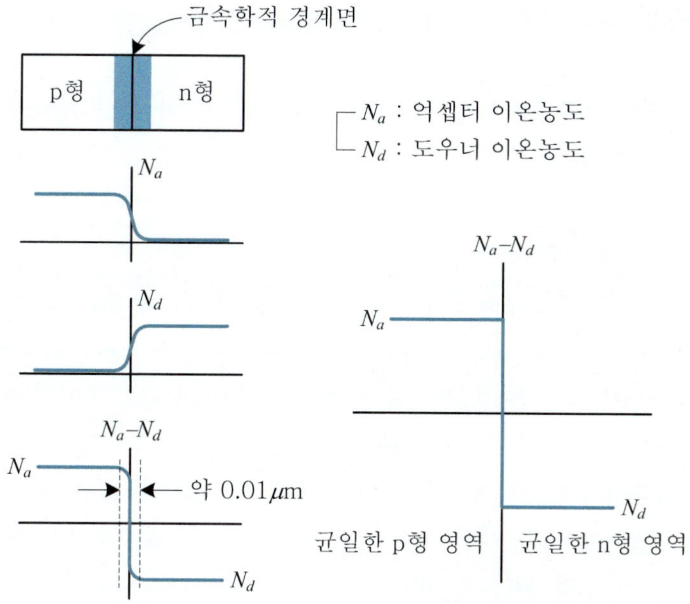

(a) 불순물 농도분포　　(b) 계단형 접합

그림 4-3　합금접합에서의 불순물농도 분포

(2) 성장접합(grown junction)

인상법에 의한 단결정 성장과 같은 단결정 성장과정에서 p형 및 n형 불순물을 차례로 넣어주면 그림 4-4의 (a)와 같이 p형에서 n형으로 점차적으로 변하는 p-n 접합을 만들 수 있다. 이러한 방법으로 만들어진 접합을 성장접합이라고 한다.

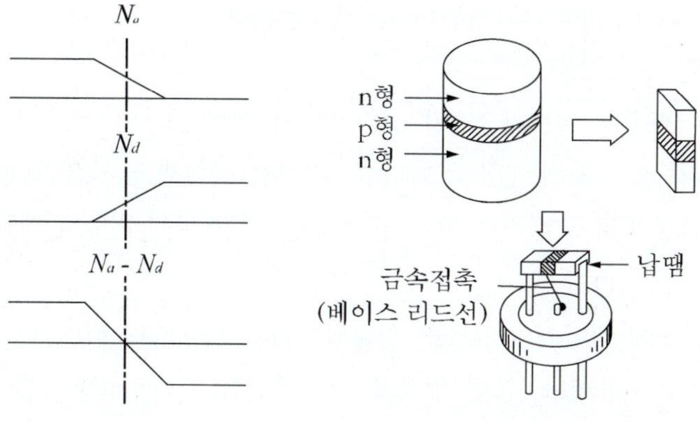

(a)　　(b)

그림 4-4　경사형 접합

그림 (b)는 이 방법으로 2개의 p-n 접합을 만들어 적당히 잘라서 n-p-n 성장접합형 트랜지스터를 만드는 과정을 나타낸 것이다.

성장접합에서와 같이 접합 근처에서의 불순물 농도분포가 점차적으로 변화하는 것을 경사형 접합(graded junction)이라고 한다.

(3) 확산접합(diffused junction)

이것은 반도체 결정표면으로부터 불순물 원자를 결정 안으로 확산(diffusion)시켜주는 방법으로 그림 4-5(a)와 같은 확산로(diffusion furnace) 내에 Si 웨이퍼(wafer)를 넣고 800~1,200℃ 정도로 가열한다. 이러한 높은 온도에서 불순물 원자들은 기체상태로 되어 있어 반도체 웨이퍼를 둘러싸며 그 안으로 확산하여 들어간다.

그림 (b)는 이 상태에서 반도체 원자들도 크게 자극되어 있으며, 많은 원자들이 결정격자를 빠져나가 결정 안에서 또는 표면에서 새로운 위치에 자리잡게 됨으로 확산해 들어온 불순물 원자들이 빈 격자를 채우게 되는 것이다.

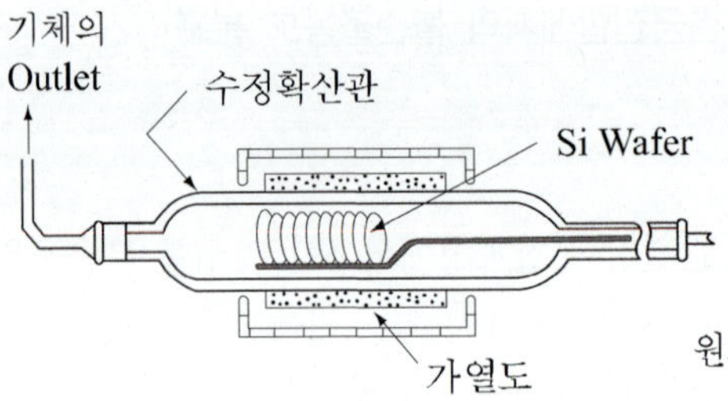

(a) 확산로

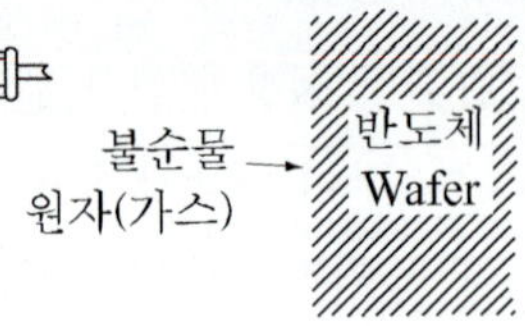

(b) 불순물 확산

그림 4-5 확산접합법

다음 그림 4-6은 도우너 농도가 Nd인 n형 반도체 웨이퍼의 표면에서부터 p형 불순물을 확산시킬 때 억셉터 농도 Na의 분포를 나타낸 것이다. 확산해 들어간 억셉터의 농도분포가 확산시간(t_1, t_2, t_3)에 따라 달라지며 확산시간을 길게 함으로써 처음의 계단형에서 경사형의 형식으로 됨을 알 수 있다.

일반적으로 Si 반도체 웨이퍼의 제조는 성장접합법을 이용하며 웨이퍼 위에 소자를 만들 때에는 확산접합법을 이용한다. 또한 앞으로 계단형접합(step junction)을 주 논의대상으로 삼겠는데 그 이유는 p-n 접합의 본질적인 특징을 강조할 수 있기 때문이다. 그리고 계단형접합에서 다음과 같은 이상적 1차원 모델을 가정한다.

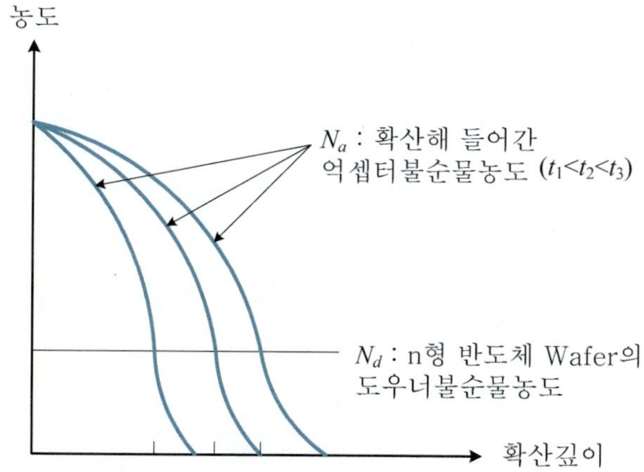

그림 4-6 확산접합시 불순물 농도 분포

4.2 p-n 접합

일반적으로 p-n 접합은 p영역과 n영역이 서로 접촉하여 불순물 도핑(doping)하였을 때를 p-n 접합(p-n junction)이라고 한다. 이 접촉면을 기준으로 하여 불순물 이온들이 갑작스런 변화를 하는 것을 계단접합(step junction) 이라 하나 불순물 농도는 어느 정도 기울기를 갖고 변화하는 것이 일반적이다.

이 절에서는 주로 계단접합에 관해서 알아보면 그림 4-1은 물리적 형태의 구조를 나타낸 것이다.

p-n 접합에서 p형 영역에 있는 억셉터 불순물은 전자 밀도보다 많은 정공 밀도를 만든다. 즉, p형 반도체는 상온에서 다수의 정공과 소수의 전자를 가지고 있는 것이다. 이들 정공의 대부분은 가전자 대의 전자가 억셉터 준위로 이동하는 것에 의하여 생긴 것이고, 극히 소수의 정공이 가전자대의 전자가 금지대를 넘어 전도대역으로 이동함으로써 생긴 것이다. 따라서 p형 반도체에서는 정공을 다수 캐리어(majority carrier)라고 하고, 전자는 소수 캐리어(minority carrier)가 된다.

또, n형 영역의 도우너 불순물은 그 곳에서 전자밀도가 우세하게 된다. 즉, n형 반도체에서는 상온에서 다수의 전도 전자를 가지는데, 이 전자는 대부분 도우너 준위에서 전도대역으로 이동한 것이고, 소수의 전자는 가전자 대역에서 금지대를 넘어 전도대로 이동한 것이다. 그러므로 n형 반도체는 전자가 다수 캐리어이고 정공이 소수 캐리어이다.

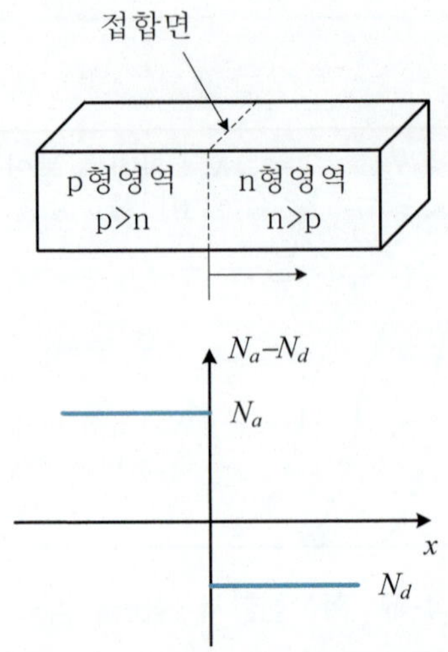

그림 4-7 물리적 형태의 구조

p-n 접합에서 정공밀도와 접합면 가까이에 있는 전자밀도 사이에서 밀도기울기가 생겨 정공들은 p형 영역에서 n형 영역으로 확산(diffusion)하고, 전자들은 n형 영역에서 p형 영역으로 확산하려고 한다. 즉, p측의 홀 밀도는 n측의 홀 밀도보다 커서 홀은 접합면을 통하여 p측에서 n측으로 확산하여 가고, n측의 전자밀도는 p측의 전자밀도보다 커서 전자는 n측에서 p측으로 확산하여 가는 것이다.

확산이 이루어지기 전까지의 상태는 p측이나 n측은 모두 드리프트(drift)와 확산을 합한 전체의 홀과 전자의 흐름이 없는 상태, 즉 평형상태이므로 전기적으로 중성이지만, 홀이나 전자가 확산하게 되면 접합면 부근에서는 정공과 전자가 결합하여 p측은 음(-)으로 대전되고, n측은 양(+)으로 대전된다. 따라서 접합면 부근에서는 n측에서 p측으로 향하는 전계가 생기게 된다. 이 전계는 정공이나 전자에 대하여 확산을 방해하는 방향으로 힘이 작용하게 되므로 전계가 충분히 크게 되면 정공이나 전자의 실효적인 확산은 0으로 되어 평형상태가 이루어진다.

이와 같이 접합면에서 다음의 정공이나 전자의 흐름을 방해하도록 형성되는 전계를 전위장벽(potential barrier)이라고 한다. 결국 캐리어 확산운동은 접촉 전위차(contact potential difference)에 의한 전위장벽 때문에 억제된다. 대개의 p-n 접합에서 접촉전위차는 0.1[V]의 수배 정도이지만, 접합면이 매우 좁으므로(약 0.5[μm]) 접합 근처의 전계는 10^6[V/m] 정도로 매우 강하게 작용한다. 이와 같이 p-n 접합에서 전계가 생긴 접합 영역을 공간전하영역(space charge region), 공핍(depletion layer) 또는 천이영역(transition region)이라고 한다. 이 영역은 p형 물질의 정공이 접합면을 건너서 확산되어온 전자와 결합하여 소멸되고, 접합면 근처의 n형 물질 내의 전자도 p형 물질로부터 접합면을 건너 확산되어온 정공과 결합해서 소멸되므로 이 공간전하 영역 내에서는 이동캐리어가 결핍되어 있다. 여기서 캐리어가 재결합하기 전에 진행한 평균거리를 확산거리(diffusion length)라 한다.

4.3 열평형상태에서의 p-n 접합

일반적으로 물질의 모든 부분이 균일한 온도로 되어 있으며 빛 또는 바이어스(bias) 전압과 같은 외부로부터의 자극(disturbance)이 없을 때 이 물질은 열평형 상태에 있게 된다. 이러한 상태에서 전자 및 정공의 운동은 불규칙적인 랜덤(random) 운동을 하므로 전자의 운동에 기인한 전자전류(electron current) 및 정공의 운동에 기인하는 정공전류(hole current)는 각각 반도체 안의 모든 점에서 0이 되어야 한다.

또한 동일한 양의 양전하(+성분)와 음전하(-성분)를 가지고 있는 물질은 전기적 중성에 있다고 하는데, 전기적 중성에 있는 물질은 전하를 끌어당기지 못한다. 이러한 전기적 중성인 물질의 원자가 전자를 잃었을 때 그 원자는 양전하를 띠게 되는데 이것을 양이온(positive ion)이라 하며, 이와 반대로 원자가 외부에서 전자를 얻으면 그 원자는 음전하를 가지게 되는데 이것을 음이온(negative ion)이라 한다.

n형 Si 반도체를 생각해 보면, 각 Si 원자는 +4의 양전하를 가진 원자핵과 각각 -1의 음전하를 띤 4개의 가전자로 이루어져 있으므로 Si 원자는 중성이다. 여기에 n형 불순물원자(도우너 원자)를 넣게 되면 도우너 원자는 +5의 양전하를 갖는 원자핵과 -1의 음전하를 가진 5개의 가전자로 이루어져 있어서 Si 원자와 결합할 때 단지 가전자 4개만이 결합에 기여하고 나머지 한 전자는 자유전자로서 주위를 자유롭게 돌아다닌다. 이러한 전자가 도우너 원자의 궤도에서 이탈되어 나오게 되면 도우너 원자의 +1의 양이온은 Si 원자와의 강한 결합력으로 인해 움직일 수 없다. 이 때 도우너 원자를 떠난 자유전자가 반도체 물질의 외부로 빠져나가지 않는 한 이 물질은 결국 전기적인 중성의 성질을 그대로 유지한다고 볼 수 있다.

그러므로 n형 반도체는 고정된 양도우너(positive donor) 이온과 움직일 수 있는 음전자(negative electron)로 되어 있으며, 비슷한 방식으로 p형 반도체를 생각하면 고정된 음 억셉터(negative ion)이온과 움직일 수 있는 양 정공(positive hole)으로 이루어진 중성물질로 간주될 수 있다.

각각의 p형과 n형 반도체에서 전하 분포를 기하학적으로 나타낸 것이 그림 4-8이다. 여기서 Si 원자의 형태는 나타나 있지 않지만 물질 전체에 연속적인 결정을 이루고 있다고 보면 된다.

이 그림에서와 같이 고정된 이온은 규칙적으로 결정체 내에 분포되어 있고, 자유롭게 움직일 수 있는 정공과 전자는 순간순간에 따라 랜덤(random)운동을 하게 된다.

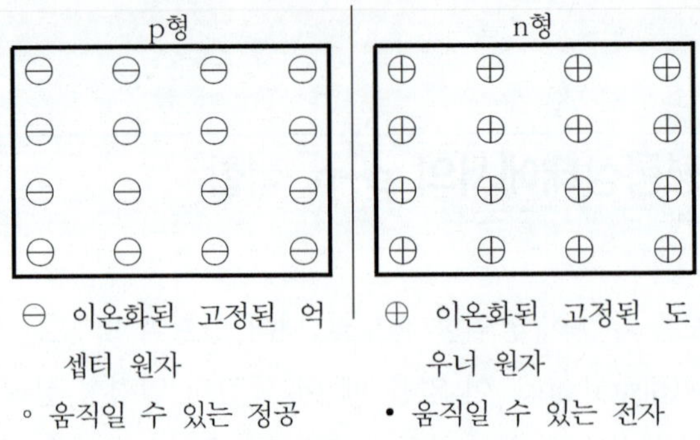

그림 4-8 p형과 n형 반도체에서 전하 분포

이제 p형과 n형 반도체가 서로 연속적인 결정체로 함께 결합할 때 어떤 현상이 일어나는지를 고찰해 본다.

4.3.1 공간전하영역(Space-charge region) 또는 공핍층(Depletion region)

p형 및 n형 반도체의 캐리어 농도에 있어서 정공농도는 p형 쪽이 n형 쪽보다 훨씬 크며, 전자농도는 n형 쪽이 p형 쪽보다 훨씬 크다. 그러므로 이들이 서로 p-n 접합을 이룰 때 이들 농도의 기울기에 의해 정공은 접합을 건너서 p형 쪽에서 n형 쪽으로 확산하려 하며, 전자는 n형 쪽에서 p형 쪽으로 확산하려 한다. 그림 4-9에 이러한 상태를 나타내었다(이 그림은 도우너 농도가 억셉터 농도의 2배인 경우를 예상하여 그린 것이다).

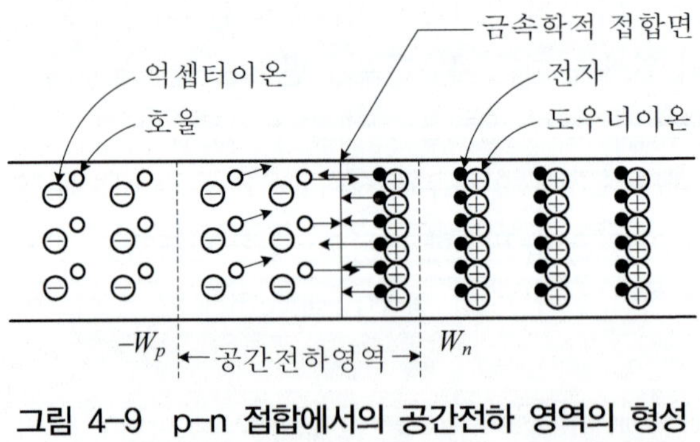

그림 4-9 p-n 접합에서의 공간전하 영역의 형성

정공이 떠나간 자리에는 (-)로 대전된 억셉터 이온이 남게 되며, 전자농도가 높은 n형 쪽으로 들어간 정공은 곧바로 전자와 재결합하여 소멸된다. 이 때 재결합으로 전자를 잃은 도우너 원자는 (+)로 대전하게 된다. 또한 n형에서 p형 쪽으로 확산해 가는 전자의 경우도 떠나간 자리에 (+)로 대전된 도우너 이온을 남기게 되며, p형 영역에서 정공과 결합하여 (-)로 움직일 수 없는 억셉터 이온이 남으므로 접합면 근처에는 ±의 공간전하에 기인한 전장이 발생하게 된다((+)인 n형 쪽에서 (-)인 p형 방향으로). 이 전장은 결국 정공과 전자의 확산을 억제하는 방향에 있다. 이러한 전장의 세기는 접합을 건너서 확산해 가려는 캐리어의 수효가 많을수록 강해진다. 이리하여 캐리어 농도의 기울기로 인하여 확산해 가려는 경향과 확산운동을 억제하려는 전장의 효과가 균형을 유지하는 상태에서 평형이 이루어지는 셈이다.

다시 말하면, 접합을 건너서 확산해 가는 캐리어의 이동은 자기 제어적과정이다. 왜냐하면 전하의 이동에 의해 발생된 전장은 이것을 발생케 한 원인이 해소되리만큼 증가하기 때문이다. 예를 들면 온도의 증가로 캐리어의 농도가 커지면, 접합을 건너서 이동하는 캐리어의 수효가 증가하게 되며 이에 따라 이들의 이동을 억제하는 전장의 세기를 증가하여 새로운 평형상태를 이루게 되는 것이다.

이리하여 p-n 접합반도체는 다음의 세 가지 영역으로 구분된다.

① 캐리어 농도의 기울기가 있는 영역이며 공간전하의 전기적 이중층((+) 전하와 (-)전하가 존재)으로 인하여 전장이 발생하는 영역으로 이것을"공간전하영역"이라고 한다. 이 영역의 캐리어 농도는 대단히 작기 때문에 이 영역을"공핍층"이라고 부르기도 하며, 또 천이영역(transition region)이라고 하기도 한다.
② 접촉면으로부터 충분히 떨어진 p형 반도체 안의 전기적 중성영역이다.
③ 접촉면으로부터 충분히 떨어진 n형 반도체 안의 전기적 중성영역이다.

4.3.2 접촉전위차 및 전위장벽

공간전하 영역의 전계로 인하여 p형 및 n형 반도체 사이에 전위차가 생기게 되는데 이것을 접촉전위차(contact potential difference) 또는 내부전압(built-in voltage)이라고 한다. 결과적으로 캐리어의 확산운동은 이 접촉 전위차로 인한 전위장벽(potential harrier) 때문에 억제되는 셈이다.

그림 4-10은 공간전하 영역의 일반적 특징을 나타낸 것이다.

(1) p-n 접합에서 p형 및 n형 영역에 대한 캐리어 농도 계산

금속학적 접합으로부터 충분히 떨어진 균일한 p형 및 n형 영역에서의 전자 및 정공 농도는 억셉터 및 도우너 농도에 의해 결정된다.

p형 쪽의 억셉터 농도 N_a 및 n형 쪽의 도우너 농도 N_d가 각각

$$N_a = 3.3\times10^{18}/\text{cm}^3,\ N_d = 1.6\times10^{15}/\text{cm}^3$$

로 도우핑 되어 있는 계단형 Si p-n 접합을 예를 들때 각 영역에서의 캐리어 농도는 실내온도에서 다음과 같이 계산된다.

억셉터 농도가 N_a인 p형 영역의 정공농도 P_{p0}와 정공농도 N_{p0}는

$$P_{p0} = N_a, \quad N_{p0} = \frac{n_i^2}{N_a} \tag{4-1}$$

마찬가지로 도우너 농도가 N_d인 n형 영역에서 전자농도 N_{n0}와 정공 농도 P_{n0}는

$$P_{p0} = N_a, \quad N_{p0} = \frac{n_i^2}{N_d} \tag{4-2}$$

(여기서 n_i는 순수반도체의 캐리어 농도로 순수 반도체에서는 정공농도와 전자농도가 같으므로 캐리어 농도는 $n_i^2(N_pP_p = N_nP_n = n_i^2)$이 된다)

실내온도에서 n_i는

$$n_i(300\,^\circ K) = 1.5\times10^{10}/cm^3\,(Si)$$
$$= 2.5\times10^{13}/cm^3\,(GE)\text{이므로}$$
$$\text{p형 쪽 } p_{p0} = 3.3\times10^{18}, \quad N_{p0} = 1.9\times10^{8}$$
$$\text{n형 쪽 } p_{n0} = 3.9\times10^{11}, \quad N_{n0} = 1.6\times10^{15}$$

이 되어 Si의 경우와 비교해 보면 다수캐리어(p형 쪽에서는 정공, n형 쪽에서는 전자)의 농도는 똑같으나 소수캐리어(p형 쪽에서는 전자, n형 쪽에서는 정공)의 농도는 Ge 쪽이 훨씬 큼을 알 수 있다. Si 소자와 Ge 소자의 차이가 여기서부터 시작되는 셈이다.

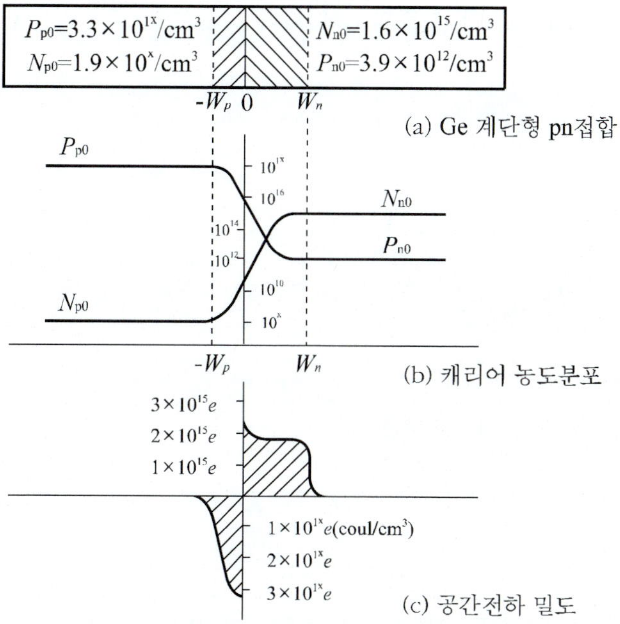

그림 4-10 실내온도에서 평형상태에 있는 Ge p-n 접합

예제 순수 Ge 전자밀도가 상온에서 2.5×10^{13}[개/cm^3]이다. 이때 B를 넣어 B의 밀도가 10^{17}[개/cm^3]이 되면 이 반도체에서 전자의 밀도를 구하여라.

(풀이) $n_p=\dfrac{N_i^2}{N_a}=\dfrac{(2.5\times10^{13})^2}{10^{17}}=6.25\times10^9[개/cm^3]$ ■

4.3.3 전위분포(potential distribution)

p-n 접합 반도체의 단면적이 A일 때 접합면으로부터 x거리의 단면에서의 전계를 $E(x)$, 정공밀도를 $p(x)$라 하면 (+)의 x방향으로 흐르는 정공 드리프트 전류를 i_p라 하고 정공확산전류를 $i_p{}'$라 할 때 다음 식으로 표현된다.

$$i_p=eA\mu_pE(x) \qquad (4\text{-}3)$$

$$i_p{}'=-eAD_p\frac{dp}{dx}(x) \qquad (4\text{-}4)$$

열평형 상태에서의 정공(hole)의 흐름은 0이 되어야 하므로 $i_p + i_p{}' = 0$ 에서

$$\mu_p p(x) E(x) - D_p \frac{dp(x)}{dx} = 0 \tag{4-5}$$

이고 공간전하 영역에서 전위분포를 $V(x)$라 하면, $E(x) = -dV(x)/dx$가 되므로

$$dV(x) = -\frac{D_p}{\mu_p}\frac{dp(x)}{p(x)} \tag{4-6}$$

가 되고 양변을 적분하면 식(4-7)이 된다.

$$V(x) = \frac{D_p}{\mu_p}(-\ln p(x) + c) = \frac{D_p}{\mu_p}\ln\frac{K}{p(x)} \tag{4-7}$$

식(4-7)에서 공간전하 영역과 p형 중성 영역과의 경계면에 전위를 0으로 하면 중성영역의 정공밀도는 $p = p_{p0}$라 하고 이 식을 식(4-7)에 대입하면 $K = P_{P0}$이므로,

$$V(x) = \frac{D_p}{\mu_p}\ln\frac{p_{p0}}{p(x)} \tag{4-8}$$

가 된다. 공간전하 영역과 n형 중성영역과의 정공밀도는 P_{n0}이므로 이 경계면의 전위를 φ라 하면 식(4-8)으로부터,

$$\phi = \frac{D_p}{\mu_p}\ln\frac{p_{p0}}{p_{n0}} \tag{4-9}$$

가 되고 이 식이 접촉전위차, 즉 열평형상태에서의 전위장벽을 나타내는 식이고 Einstein의 관계식

$$\frac{D_p}{\mu_p} = \frac{D_n}{\mu_n} = \frac{kT}{e}$$

를 이용하면 식(4-9)는,

$$\phi = \frac{kT}{e}\ln\frac{p_{p0}}{p_{n0}} \tag{4-10}$$

이 되고, 이 식은 $p_{p0} \simeq N_a$, $p_{n0} \simeq \frac{n_{iN_d}^2}{N_d}$을 이용하면

$$\phi = \frac{kT}{e}\ln\frac{N_a N_d}{{n_i}^2} \tag{4-11}$$

가 된다.

예제 계단 접합의 Si p·n 접합에서 p영역과 n영역의 불순물 농도가 각각 10^{17}, 10^{16}일 때 상온에서 접촉 전위차를 구하여라. 단, 진성 캐리어 농도는 1.5×10^{10} [개/cm^3]이다.

(풀이) $$\varphi = \frac{kT}{e}\ln\frac{N_a N_d}{{n_i}^2} = 0.0259\times\ln\frac{10^{17}\times10^{16}}{(1.5\times10^{10})^2}$$

$$= 0.0259\ \ln\frac{10^{33}}{2.25\times10^{20}}$$

$$= 0.754\,[\mathrm{V}]$$

■

4.4 p–n 접합 바이어스 전압효과

열적평형상태에 있는 p-n 접합은 외부에서 어떤 에너지원을 인가하지 않는 한 영원히 평형상태에 머물러 있어 접합 양단의 망적(net) 전류는 0이 된다.

외부의 전압원(voltage source)이 반도체의 p-n 접합에 인가될 때 접합은 바이어스(bias) 되었다고 하며, 이 때의 인가전압을 바이어스 전압(bias voltage)이라고 한다.

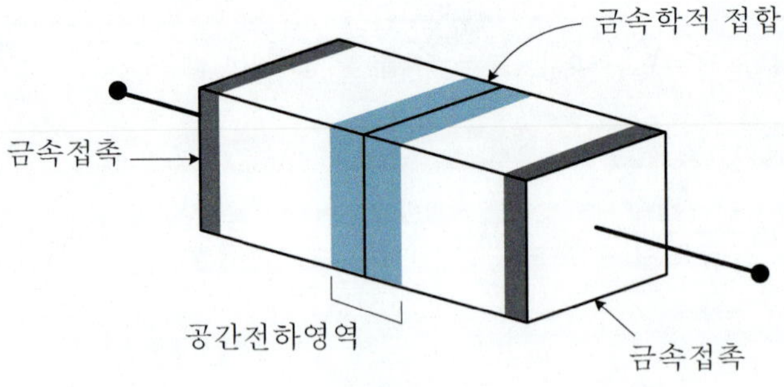

그림 4-11 금속접촉을 가진 p-n 접합

p-n 접합에 바이어스 전압을 가하려면 그림 4-11과 같이 금속전극을 우선 반도체에 접촉시켜야 한다. p-n 접합의 경우와 마찬가지로 금속-반도체 접촉에 있어서도 공간전하 영역에 의한 접촉전위차가 발생하며, 그 크기는 금속 및 반도체의 종류와 접촉면을 흐르는 전류에 따라 다르다. 그러나 실질적으로 전류의 방향이나 크기에 관계없이 접촉전위차가 일정한 경우도 있는데 이러한 금속-반도체 접촉을 오옴 접촉(ohmic contact)이라고 한다.

4.4.1 p-n 접합의 정(正) 바이어스

정바이어스(또는 順바이어스)는 전원의 플러스(+)단자를 p형 쪽에 연결하고, 마이너스(-)단자를 n형 쪽에 연결함으로써 p-n 접합에 전압이 인가되는 경우를 말한다. 이러한 정바이어스의 예를 그림 4-12에 나타내었다.

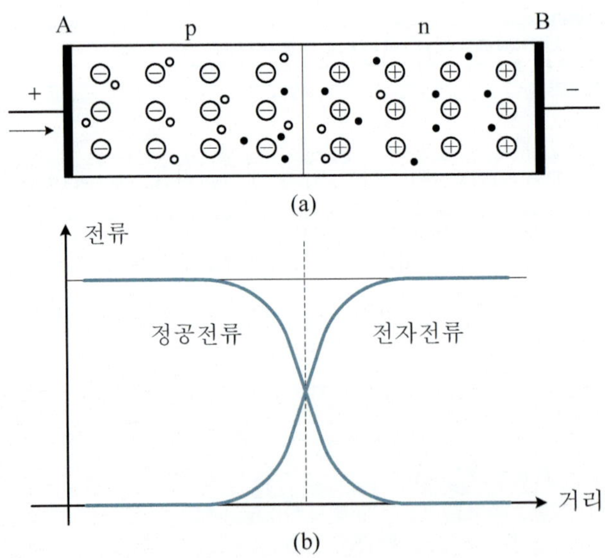

그림 4-12 정바이어스 전압이 걸린 p-n 접합

정바이어스의 전압이 영(zero)에서 점차 증가될 때 p형 쪽의 정공은 전극A에 있는 양전하에 의해 접합면 쪽으로 밀리며 n형 쪽의 전자는 마찬가지로 전극 B에 있는 음전하에 의해서 접합면 쪽으로 밀려나게 된다. 정바이어스 전압이 더 증가하게 되면, 접합장벽을 횡단하여 움직여서 p형으로 흐르는 전자는 p형의 정공과 재결합하고 n형 쪽으로 흐르는 정공은 n형 쪽의 전자와 재결합할 것이며 이렇게 하여 접합 양단에는 전류가 흐르게 된다.

이러한 전류는 정바이어스 전압이 조금만 증가해도 급격히 증가하며, 이와 같이 정바이어스 전압이 인가될 때 흐르는 전류를 정방향전류(forward current)라 한다. 이 정방향 전류는 전압 양쪽에서 접합을 횡단하는 다수 캐리어의 흐름에 의해 형성된다.

전극 A에서부터 전극 B로 p-n 접합을 통해 흐르는 전류의 성질을 보면, 전극 A에 가까이 있는 p형 영역에서의 전류는 정공의 흐름으로 구성되며, 전극 B에 가까이 있는 n형 영역에서의 전류는 전자로 구성된다. 그림 (b)에서와 같이 전극 A에 가까이 있는 p형 쪽의 모든 정공으로부터 전극 B 가까이에 있는 n형 쪽의 모든 전자에 이르기까지 점진적인 비례관계를 갖게 되며 접합 부근에서는 정공과 전자의 동시적 흐름에 의해 전류가 형성된다. p형 쪽의 정공은 접합면에 접근할 때 전자와의 재결합에 의해 줄어들다가 n형 쪽의 어느 정도 거리에서 모든 정공은 재결합에 의해서 사라진다. 마찬가지로 n형 쪽의 전자의 흐름도 결국 p형 영역의 어느 정도 거리에서 영(zero)으로 떨어질 것이다(전체적인 전류는 이 반도체 내의 모든 점에서 외부 전류 I와 동등해야 한다).

4.4.2 p-n 접합의 역바이어스

역바이어스는 전원의 플러스(+)단자를 n형 쪽에 연결하고, 마이너스(-)단자를 p형 쪽에 연결하여 전압을 인가하는 형태를 말한다.(그림 4-13 참조)

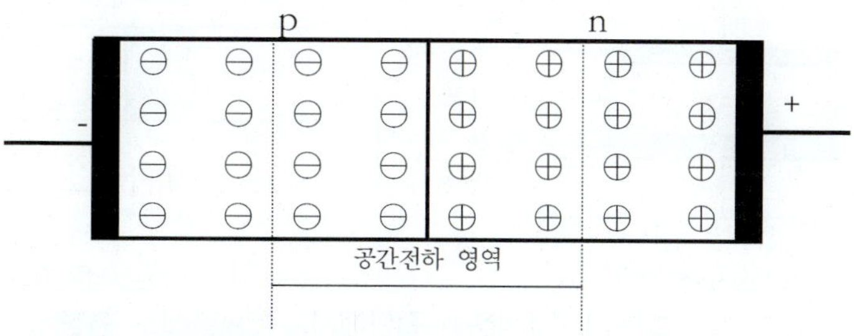

그림 4-13 역바이어스 전압이 걸린 p-n 접합

이러한 방식으로 p-n 접합에 바이어스가 걸리게 되면 n형 반도체의 자유전자는 플러스(+)단자로 끌리게 되며, p형 반도체의 정공은 마이너스(-)단자로 끌리게 되어 다수 캐리어가 접합으로부터 멀어지게 된다.

이들 다수캐리어가 두 전극 쪽으로 이동하여 접합면으로부터 멀어지게 되면 접합면 근처에는 고정된 도우너(donor)이온과 억셉터(acceptor)이온이 생성되어 공간전하영역을 더 넓게 하며 결국 접합장벽의 크기를 높게 하는 효과가 있다.

이러한 결과로 생긴 접합장벽은 실제로 어떤 다수캐리어도 도저히 넘을 수 없을 정도로 높게 된다. 그러므로 역바이어스 전압 인가시에는 다수 캐리어에 의한 전류는 흐를 수가 없다.

이러한 역바이어스 전압은 소수 캐리어(p형 쪽의 전자와 n형 쪽의 정공)에 대해서는 반대의 효과를 가져다 준다. 역바이어스가 증가하면 소수캐리어에 의해 형성되는 전류는 증가된다. 그런데 접합 근처에서 생기는 소수캐리어는 단지 열에너지에 의해 생성되는 비율에 의존하므로 열적으로 생성된 소수캐리어가 전부 접합면을 횡단하여 소수캐리어에 의한 전류를 형성한다 할지라도 아주 적은 양에 불과하다. 실제적으로 소수캐리어에 의한 전류는 역바이어스가 증가하여도 상수(constant)의 값을 유지한다.

이와 같이 소수캐리어에 의한 전류를 역포화 전류(reverse saturation current)라 한다. 만약 온도가 증가하여 더 많은 소수캐리어가 열적으로 생성되어 역포화 전류가 증가될 것이지만, 실제로 실리콘 장치(silicon device)에 있어서 이러한 전류는 상온에서 수 nA (1[nA]=10^{-9}[A])로 아주 작은 값이다.

4.4.3 역바이어스 전압이 걸린 p-n 접합에서의 용량

두 개의 도체가 하나의 절연체에 의해서 분리되어 있을 때 하나의 커패시터가 형성된다는 사실을 기초로 하여 역바이어스가 걸린 p-n 접합을 고찰해 본다.(그림 4-14 참조)

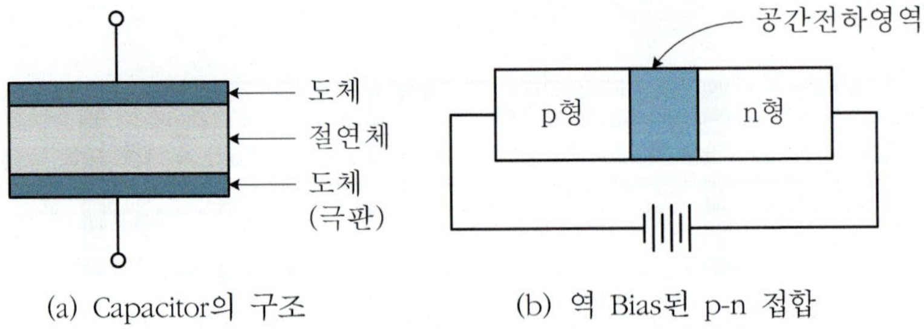

그림 4-14 p-n 접합에서의 Capacitor 형성

역바이어스가 걸린 p-n 접합의 공간전하영역에서는 움직일 수 있는 캐리어가 하나도 없으므로 이 영역의 고유저항은 아주 높다. 그러므로 이 영역을 하나의 절연체로 볼 수 있다.

이러한 절연체 영역의 양쪽(p형과 n형 반도체)에는 움직일 수 있는 캐리어가 존재하는 높은 전하 밀도를 가지고 있는 도체영역이 있다. 이러한 사실은 한 절연체 영역을 사이에 두고 양쪽에 두 도체 영역이 존재하여 하나의 커패시터가 구성됨을 알 수 있다. 근본적으로 커패시터의 용량값은 극판 사이의 거리에 의존하여, 극판 사이가 멀어지면 용량이 감소하게 된다.

이러한 관계식을 다음에 나타내었다.

$$C = \frac{\varepsilon S}{d} \quad \begin{cases} \epsilon : \text{두 극 사이의 유전율} \\ S : \text{극판 면적} \\ d : \text{두 극 사이의 거리} \end{cases} \tag{4-12}$$

p-n 접합 커패시터(p-n junction capacitor)의 극판 사이의 거리는 공간전하 영역의 폭(Width)에 의하여 결정되므로 역바이어스가 걸린 p-n 접합은 역바이어스 전압이 증가할 때 용량이 감소하는 커패시터를 가지고 있다.

4.5 p–n 접합의 전기적 특성

p-n 접합에 대한 전형적인 전압, 전류 특성을 그림 4-15에 나타내었다.

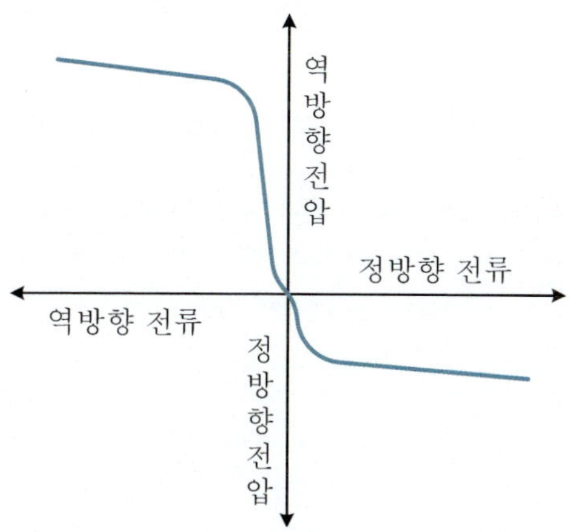

그림 4-15 p–n 접합의 전기적 특성

이 그림에서 보면 정바이어스 전압이 경우 바이어스 전압이 접합장벽과 동일할 때까지 정방향 전류가 아주 조금씩 증가하나, 접합장벽보다 커지는 순간부터는 바이어스 전압이 조금만 증가해도 급격한 전류의 증가를 보인다.

역바이어스에 대해서는 바이어스 전압이 증가하여도 역방향 포화전류는 적은 값으로 일정하게 유지되다가 역바이어스 전압이 절연파괴전압(reverse breakdown voltage)값에 도달하면 급격히 증가하게 된다. 이것은 아주 높은 역바이어스 전압에 의해 소수캐리어의 속도가 크게 증가하며, 이들 고속 소수캐리어는 반도체의 결정원자와 충돌하여 결정원자의 고유결합을 깨뜨려서 더 많은 캐리어를 생성시키기 때문이다. 이와 같은 절연파괴를 사태절연파괴(avalanche break down)라고 하며, 역바이어스에 의한 절연파괴가 일어날 때 역방향 최대 전류를 일정 값으로 제한시키지 않으면 역방향 전류가 너무 커서 반도체 장치를 파손시키게 된다.

이상과 같이 p-n 접합은 접합을 형성하는 여러 가지 방법에 의해, 그리고 p형과 n형 영역의 상대적인 불순물 농도에 의해, 또는 여러가지 반도체 물질을 이용함으로써 얻는 특성을 이용 반도체 장치의 기본으로서 사용된다.

연 습 문 제

4-1 p-n 계단접합에서 p영역과 n영역의 불순물 밀도가 각각 10^{16}[개/cm^3], 10^{17}[개/cm^3]일 때, 상온에서의 접촉전위차를 구하라. 단, 상온에서 진성 캐리어밀도 $n_i = 1.5 \times 10^{10}$ [개/cm^3]이다.

4-2 p-n 접합 다이오드에 역방향 전압 V를 인가하면 에너지 준위가 어떻게 변화하는가를 설명하라.

4-3 p-n 접합에서 공간전하영역의 의미를 설명하라.

4-4 p-n 접합의 접촉전위차를 수식으로 표현하라.

4-5 p-n 접합에 정바이어스가 가해졌을 때 p-n 양단에 일어나는 현상에 대해서 설명하라.

4-6 에피택셜(Epitaxial) 성장에 대해서 설명하라.

4-7 p-n 접합의 제조방법의 종류를 들고 설명하라.

4-8 열평형 상태인 p-n 접합 다이오드에서 p영역의 전자밀도를 n_{p0}라 하면 n영역의 전자농도 n_n를 구하라. 단, 전위장벽은 V_0이다.

4-9 p-n 접합의 단면적이 0.7[mm^2]이고 공간전하 영역폭이 5×10^{-5}[cm]일 때의 공간전하 용량을 구하라. 단, 공간 전하층의 비유전율은 12이다.

4-10 Ge의 p-n 접합에서 n영역의 다수 캐리어와 p영역의 소수캐리어의 농도를 각각 1.75×10^{23}[개/m^3], 1.75×10^{17}[개/m^3]이라고 할 때 열평형시(300[K])의 접촉 전위차를 구하라.

4-11 열적 평형 상태에 있는 페르미 준위(E_f)에 대하여 설명하라.

4-12 p-n 접합 다이오드에 순 bias를 인가하였을 때 p형 영역의 정공이 접합면을 지나 시영역에 주입되는 과잉 소수캐리어에 대하여 설명하라.

4-13 p-n 접합에서 접촉전위차에 영향을 주는 인자에 대하여 설명하라.

CHAPTER

05 p–n 접합 다이오드 특성

하나의 p–n 접합으로 구성되어 있는 반도체 소자(Semiconductor Device)를 p–n 다이오드라 하는데 그 간단한 형태는 이미 앞장에서 설명하였다. 본 장에서는 앞에서와 마찬가지로 p–n 접합의 단순한 1차원 모델인 계단형 접합의 이상적 p–n 다이오드를 예로 들어 일반적인 특성을 고찰하였다. 또한 응용 다이오드인 터널, 항복, 가변 용량 다이오드에 대한 동작원리를 제시하고 아울러 금속과 반도체 접합 특성을 설명하였다.

5.1 이상적 p–n 다이오드 동작

앞에서 논의한 바와 같이 p-n 접합의 양단에 순방향의 바이어스를 걸어주면 접합면을 통한 과잉캐리어의 이동으로 쉽게 전류가 흐르며, 이와 반대로 역방향 바이어스일 때는 정상적인 범위 내에서 전류가 흐를 수 없음을 알았다. 그러므로 p-n 접합은 한 방향으로는 전류가 통하기가 쉽고 다른 한 방향으로는 통하기가 어려운 정류성(整流性)을 나타내는데, 다이오드는 이러한 특성을 이용한 소자이다. 이와 같이 다이오드의 한 방향으로만 전류를 흐르게 하는 특성을 이용하면 교류를 직류로 바꿀 수도 있고 방송전파를 검파할 수도 있게 된다.

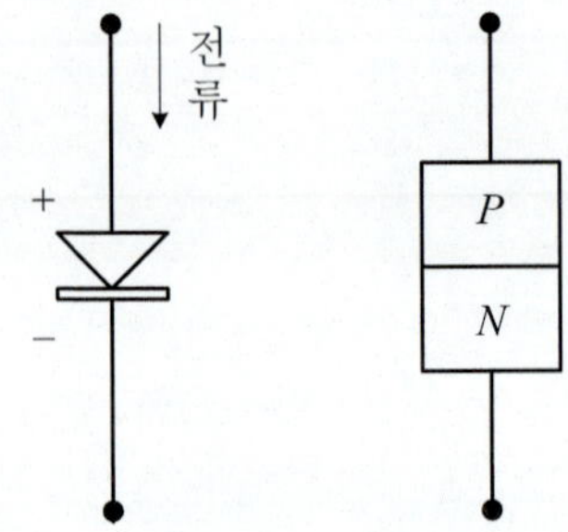

그림 5-1 다이오드의 기호 및 p–n 접합

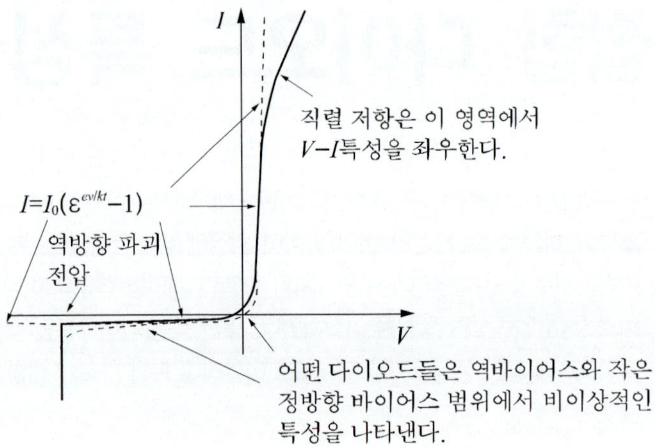

그림 5-2 p–n 접합 다이오드 I–V 특성

그림 5-1에서 전류가 화살표 방향으로 흐르도록 다이오드가 바이어스(bias) 되었을 때 다이오드는 정방향 바이어스가 가해진 것이다. 바이어스가 화살표 방향과 반대방향으로 전류가 흐르도록 되었을 때 다이오드는 역바이어스 되었다고 한다. 그림 5-2는 일반적인 다이오드 I-V 특성을 나타낸 그림으로 대부분 접합 다이오드에 대한 실험적 특성은 다이오드 전압 V와 전류 I 사이에 관계식은 다음과 같다.

$$I = I_0(e^{eV/kT} - 1) \tag{5-1}$$

5.1.1 순 바이어스

앞에서 논의한 바와 같이 순바이어스 전압을 걸면 공간전하영역의 전위장벽이 낮아지고 p형의 다수캐리어인 정공이 공간전하영역을 건너서 n형 중성영역으로 흘러 돌아간다. 이 과정을"소수캐리어의 주입(injection)"이라고 한다.

n형 영역으로 주입된 과잉정공(excess hole)들은 n형 영역 안으로 확산해 가면서 이 영역의 다수캐리어인 전자들과 재결합한다. 그러므로 정공농도는 n형 영역 안으로 들어감에 따라 점차 감소해갈 것이며 경계면에서 어느 정도 떨어진 곳에서는 평형상태일 때 n형 영역의 정공 농도(P_{n0})인 평형 농도까지 떨어질 것이다.

그림 5-3에 n형 영역에서의 정공농도(P_n)가 변화하는 모양을 나타내었다.

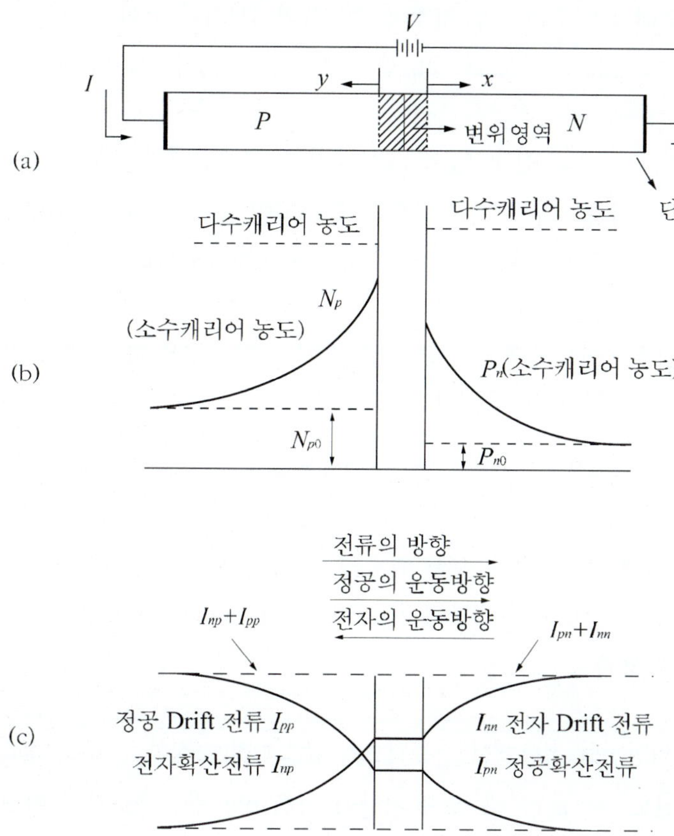

그림 5-3 순바이어스시 이상적 p-n 다이오드 캐리어 농도 및 전류분포

정공들의 확산운동에 따르는 정공확산 전류 I_{pn}는 정공농도 P_n에 비례한다. 이것을 그림 (c)에 나타내었다(이상적 p-n 다이오드에서는 공간전하영역에서의 캐리어의 열생성 및 재결합이 무시되는 것으로 가정한다.)

n형에서 p형으로 넘어가는 전자들의 흐름에 대해서도 역시 똑같이 말할 수 있다. 즉, p형 중성영역으로 주입된 전자들은 이 영역에서의 소수캐리어인 전자농도를 높이며 전자의 확산전

류를 일으킨다(전자들이 확산운동은 Y 방향이므로 전자확산 전류는 Y 방향임). 이와 같이 공간전하 영역을 서로 반대 방향으로 운동하는 정공 및 전자들의 흐름이 이 영역을 지나는 전류를 형성하는 것이다.

이와 같은 상황에서 n형 영역을 볼 때 재결합에 의해서 소멸되는 과잉전자 농도와 p형으로 넘어가는 전자들을 보충하기 위해서는 외부로부터의 전자의 공급이 필요하게 된다(평형상태를 유지하려는 성질 때문에). 이러한 전자의 공급은 전원으로부터 전극을 거쳐 n형 영역으로 들어오는 전자들에 의해서 이루어지며, 이것이 n형 영역에서의 전자의 흐름을 형성하는 셈이다. 이러한 전자들의 흐름은 드리프트(drift) 운동에 기인한 것이므로 이것을 전자 드리프트 전류라고 한다.

위의 그림 (c)에 전자드리프트전류 I_{nn}을 표시하였다. 경계면에서 충분히 떨어진 곳에서는 다이오드 전류가 거의 전자드리프트전류만으로 형성되어 있음을 알 수 있다.

p형 중성영역에서의 다수캐리어인 정공의 움직임에 대해서도 위의 사실을 똑같이 설명할 수 있다.

그림 5-3에서와 같이 다이오드에 정방향 전압 V가 인가되었을 때 접합의 법칙에 의해서 변위영역 양단에 소수 캐리어 밀도는 다음 식과 같이 지수함수적으로 증가한다.

$$p_{(x=0)} = p_n e^{eV/kT}, \quad n_{(y=0)} = n_p e^{eV/kT} \qquad (5\text{-}2)$$

지금 바이어스에 의해 $x=0$에서 정공 밀도는 P_n보다 더 크게 되었으므로 n형 물질의 내부로 정공이 확산할 수 있도록 밀도 기울기를 일으킨다. n형 반도체 내로 정공이 확산되면 다음과 같은 두 가지 효과를 일으킨다.

① $x=0$인 변위 영역의 n형 첨단에서 정공밀도가 감소하려는 경향이 있다. 그러므로 정공은 $x=0$에서 정공밀도 $p=p_n e^{eV/kT}$를 유지하기 위해 p형 반도체로부터 변위영역을 통해 흐를 것이다.

② 공간전하(空間電荷) 중성이 n형 내의 모든 점에서 유지되도록 n형 내에서 전자의 순간적인 흐름을 일으킨다. 이런 식으로 정방향 바이어스가 이와 비슷한 과정에 의해 정공을 p형 반도체에서부터 n형 반도체로 흐르도록 한다. 이러한 과정을 정공이 n형 반도체 내로 주입되었다고 한다. 전자는 또한 p형 내로 주입될 것이다. 어떤 주어진 바이어스에 대해 흐르는 전류의 실제적인 양은 얼마나 빨리 이러한 주입 캐리어가 접합면을 떠나는가에 달려 있다. 이것은 소수 캐리어의 흐름이 중요시된다는 것을 의미한다. 그러므로 다이오드의 중성 영역에서 소수 캐리어의 생존 시간이 중요시된다. 또한 소수 캐리어의 흐름은 단지 확산에 의하여 행해진다는 사실도 중요하다.

정공이 접합으로부터 확산되는 율을 결정하는 것은 $x=0$에서 정공밀도에 대한 곡선의 기울기이다. 그러므로 $x=0$에서 어떤 요구되는 값의 과잉 정공 밀도를 유지하기 위해 정상 상태에 정공전류가 변위 영역을 통해 공급되어야 한다. 전압이 인가되었을 때 n형 내에서 과잉 정공 밀도 분포 곡선에 대한 수학적인 표현을 찾아보자. n형 영역으로 주입된 정공 전류를 알려면 $x=0$에서 위에서 설명한 곡선의 기울기가 계산되어야 한다. 이러한 해석적 결과는 n형 영역에서 정공 밀도분포가 다음과 같이 주어진다는 것이다.

$$p(x) = [p_E(x=0)]e^{-x/Lp} + p_n \tag{5-3}$$

$$= [p_n(e^{eV/kT}-1)]e^{-x/Lp} + p_n$$

여기서 $p_E(x=0)$는 $x=0$에서 과잉 정공 밀도이다. 그리고 L_p는 확산 거리이다.

$$L_p = \sqrt{D_p \tau_p} \tag{5-4}$$

이러한 분포를 그림 5-3에서 보여 준다. x와 더불어 정공 밀도의 감소는 정공이 n형 영역으로 확산될 때 그들의 밀도가 재결합에 의해 감소될 것이라는 물리적 사실을 반영시킨다. p-n 접합으로부터 충분히 멀리 떨어진 거리에서($x > L_p$) 정공 밀도는 본질적으로 P_n이다.

$x=0$에서 정공밀도의 기울기가 식(5-3)에서

$$\left.\frac{\partial p}{\partial x}\right|_{x=0} = -\frac{p_n}{L_p}(e^{eV/kT}-1) \tag{5-5}$$

식(5-5)로부터

$$i_p(x=0) = -eAD_p\left.\frac{\partial p}{\partial x}\right|_{x=0} = \frac{eAD_pP_n}{L_p}(e^{eV/kT}-1) \tag{5-6}$$

이와 비슷한 단계를 거쳐 n형 영역으로 주입된 전자 전류는

$$i_n(y=0) = \frac{eAD_nn_p}{L_n}(e^{eV/kT}-1) \tag{5-7}$$

결과적으로 접합을 횡단하여 흐르는 전체 전류는

$$I = i_p + i_n = I_0(e^{eV/kT} - 1) \tag{5-8}$$

이것은 이상적 다이오드(ideal diode)에 대한 기본 전류-전압 법칙이다. 이러한 법칙은 정바이어스와 역바이어스에 대하여 동시에 적용될 수 있다.

5.1.2 역방향 바이어스

다이오드에 역바이어스를 걸어주면 전위장벽이 높아지므로 다수캐리어의 확산이 평형상태($V=0$)의 경우보다 감소하며, 전위장벽이 충분히 높아지면 완전히 차단된다. 그러므로 충분히 높은 전압으로 역바이어스된 다이오드의 전류는 소수캐리어(p형 쪽의 전자 및 n형 쪽의 정공)만으로 구성된다.

그림 5-4에 역바이어스시 소수캐리어의 농도분포를 나타낸다.

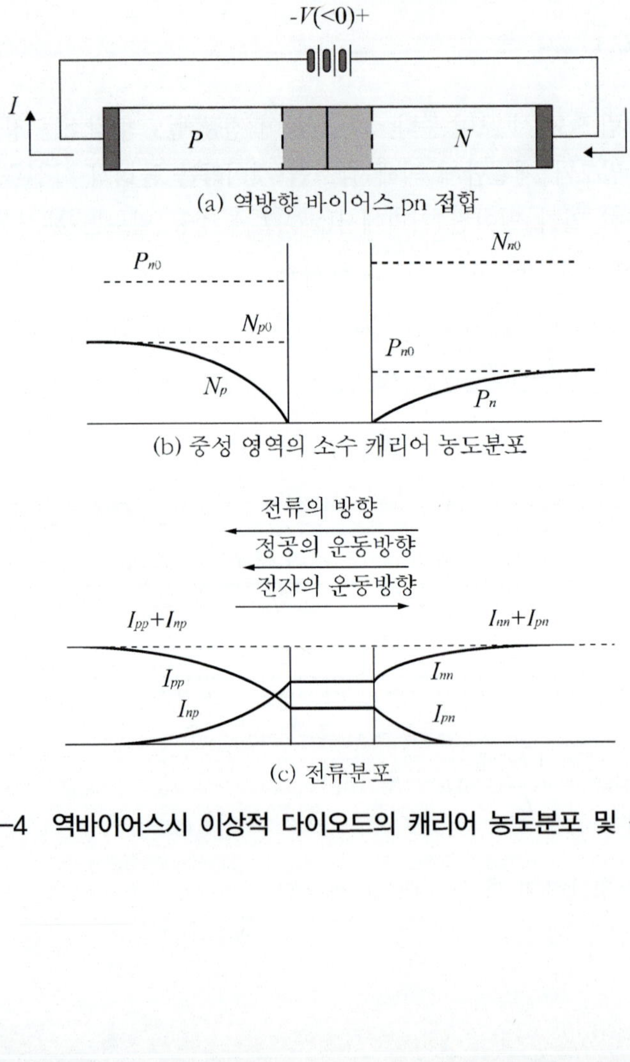

그림 5-4 역바이어스시 이상적 다이오드의 캐리어 농도분포 및 전류분포

공간전하영역과의 경계면에서는 열생성되는 소수캐리어들이 바로 공간전하영역을 건너가기 때문에 그들의 농도는 평형농도(N_{p0})보다는 적어진다. 그러므로 접합 근처에서는 소수캐리어 농도의 기울기가 생기며 소수캐리어의 확산전류 I_{pn} 및 I_{np}가 흐르게 된다. 이와 같이 역바이어스시 접합을 흐르는 전류가 접합 근처의 중성영역에서 열생성된 소수캐리어들의 이동으로 형성되기 때문에 역바이어스 전류를 열생성전류(thermal generated current)라고 부르기도 한다.

한편 접합 근처의 중성영역에서 열생성된 다수캐리어는 접합면을 건너지 못하기 때문에 전극 쪽으로 빠져나가는데 이러한 다수캐리어들의 움직임이 다수캐리어의 드리프트 전류 I_{nn} 및 I_{pp}를 형성하게 된다.

5.2 p-n 다이오드 특성

5.2.1 이상적 다이오드 정특성

이상적 p-n 다이오드에 바이어스 전압 V를 걸 때 다이오드에 흐르는 전류 I에 대한 이론적 관계식은 다음과 같다.

$$I = I_0(e^{eV/kT} - 1) \tag{5-9}$$

I_0 : 온도, 불순물 농도, 접합구조 등에 따라 정해지는 상수

e : 지수 함수

e : 전자와 전하량($1.602 \times 10^{-19} coul$)

V : 인가전압(순방향일 때 +, 역방향일 때 -값)

k : 볼쯔만 상수(1.380×10^{-23}[J/K])

T : 절대온도($T = 0$[K] $= -273$[℃])

이 식의 일반적인 모양을 그림 5-5에 나타내었다.

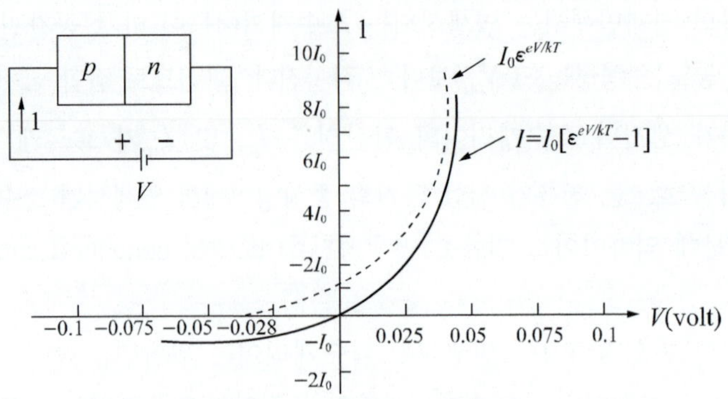

그림 5-5 이상적 다이오드의 정특성(T= 300[K])

이 식으로부터 $V > 0$인 순방향 바이어스의 경우 전류 I는 바이어스 전압 V의 증가에 따라 급속히 증가한다. V가 kT/e의 값(실내온도인 300[K]일 때 $kT/e = 0.026[\mathrm{V}]$)보다 훨씬 클 때 위의 둘째 항은 무시될 수 있으므로

$$I \approx I_0 e^{eV/kT} \tag{5-10}$$

따라서 전류는 전압에 따라 지수함수적으로 증가함을 알 수 있다.

한편, $V < 0$인 역방향 바이어스의 경우 인가전압의 절대값인 $|V|$가 kT/e에 비해 훨씬 클 때 위 식의 지수함수항이 1에 비해 무시될 수 있으므로

$$I \approx -I_0 \tag{5-11}$$

따라서 충분히 큰 역바이어스 전압을 걸어줄 때 전류는 바이어스전압에 관계없이 일정하게 포화상태를 나타내며 이때의 I를 역바이어스 포화전류(reverse-bias saturation current)라고 한다.

5.2.2 실제의 p-n 다이오드의 정특성

실제의 p-n 다이오드는 이상적 다이오드와 비슷한 정특성(static characteristics)을 가지고 있으나, 세부적인 점에서는 많은 차이를 보인다.

(1) 중성영역에서의 전압강하

순바이어스 전류가 대단히 클 때 중성영역에서의 전압강하를 무시하지 못한다. 이러한 전압강하를 고려해 넣으려면 이상적 다이오드에 직렬저항이 접속되어 있는 것으로 생각하면 된다.

(2) 공간전하영역에서 캐리어의 열생성과 재결합

이상적 다이오드를 특징을 결정하는 가정의 하나는 공간전하 영역에서의 캐리어의 열생성과 재결합을 무시할 수 있으며, 따라서 공간전하영역을 흐르는 전자전류 및 정공전류는 이 영역 전역에 걸쳐서 일정하다는 것이다.

지금까지 다이오드의 중성 영역 내에서의 소수캐리어의 분포에 대하여 공부하였다. 소수캐리어는 단지 확산에 의해서 흐른다는 가정을 함으로써 중성 영역의 각 점에서 소수캐리어 전류를 구할 수 있다.

$$i_p(x) = -eAD_p\frac{dp}{dx} = -eAD_p\frac{dp_E}{dx} \tag{5-12}$$

$$= \frac{eAD_p p_E(x)}{L_p}\ (0 \leqq x \leqq \infty)$$

$$i_n(y) = +eAD_n\frac{dn}{dy} = +eAD_n\frac{dn_E}{dy} \tag{5-13}$$

$$= \frac{eAD_n n_E(y)}{L_n}\ (0 \leqq y \leqq \infty)$$

식(5-12), (5-13)은 소수캐리어 전류가 다이오드 내의 각 점에서 과잉 소수캐리어 밀도에 직접 비례한다는 아주 중요한 사실을 말해 주고 있다. 다이오드 내에서 확산법칙이 전류와 소수 캐리어 밀도와의 관계를 구하는 데 사용된다는 사실로부터 이러한 비례 관계를 얻는다.

이상적인 접합 다이오드의 I-V 특성의 모든 비선형성은 변위 영역의 첨단(edge)에서의 접합 전압과 소수캐리어 밀도 사이에 비선형적인 관계로부터 일어난다는 것이다. 지금 전체 다이오드 전류를 계산하기 위해서는 다이오드의 어떤 주어진 평면 내에 정공전류와 전자전류의 합을 알아야만 한다. 이것은 실제로 알 수 없으나 아무튼 변위 영역($x=0$) 한 쪽에서 정공 전류와 다른 쪽($y=0$)에서 전자 전류를 알고 있다. 그러므로 만약 변위 영역에서 재결합을 무시하면 $y=0$에서 변위 영역으로 들어가는 정공 전류가 $x=0$에서 변위 영역으로부터 흘러나오는 정공 전류와 동일한 것이다. 또한 전자 전류에 대해서는 이와 비슷한 것이 성립할 것이다. 결과적으로 전체적인 전류는 다음과 같이 쓸 수 있다.

$$I = i_p(x=0) + i_n(y=0) = \frac{eAD_p p_E(0)}{L_p} + \frac{eAD_n n_E(0)}{L_n} \tag{5-14}$$

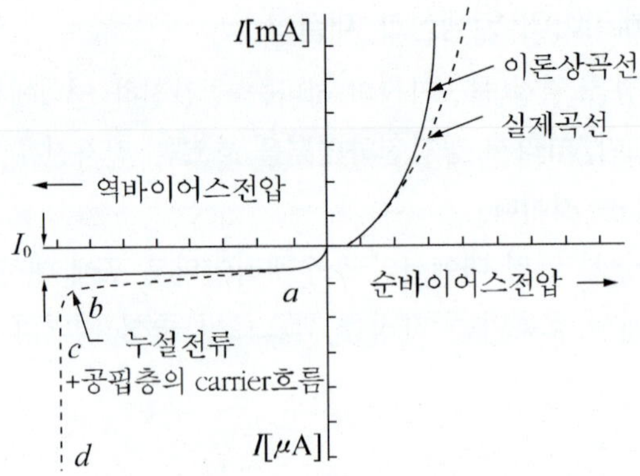

그림 5-6 실제적인 게르마늄 p-n 접합 다이오드의 특성곡선

이 식에서 앞의 항은 정공전류 성분, 뒤의 항은 전자전류 성분이다.

$$I_{p0} = \frac{eAD_pP_n}{L_p} \tag{5-15}$$

$$I_{n0} = \frac{eAD_nn_n}{L_n} \tag{5-16}$$

로 정의하면 식(5-14)은 다음과 같이 나타낸다.

$$I = I_{p0}\frac{p_E(0)}{p_n} + I_{n0}\frac{n_E(0)}{n_p} \tag{5-17}$$

$$= (I_{p0} + I_{n0})(e^{eV/kT} - 1) = I_0(e^{eV/kT} - 1)$$

식(5-17)에서 실제로 I_0의 값은 그림 5-6에서 파선으로 표시한 것과 같이 순·역바이어스 전압에 대하여 이론값과는 많이 달라진다. 그 이유는 첫째, p형 또는 n형 중성 영역에서 순바이어스 전류가 클 때는 전압강하가 커서 이를 무시할 수 없게 되고, 이 때의 저항 성분이 등가적으로 다이오드에 직렬 저항으로 들어간 결과가 되기 때문에 순방향 전류를 감소시킨다. 둘째, 지금까지의 해석에서는 공간전하 영역에서의 열적 생성과 재결합은 무시하였지만 원래 공간전하 영역은 소량의 가동전하를 포함하므로 이 영향을 고려할 때는 전류의 식(5-17)은 다음과 같이 수정되어야 하기 때문이다. 즉,

$$I = I_0(e^{eV/\eta kT} - 1) \tag{5-18}$$

여기서, η는 정수이다. Ge 다이오드는 $\eta=1$, Si 다이오드는 $\eta=2$ 정도이다.

(3) 역바이어스 전류

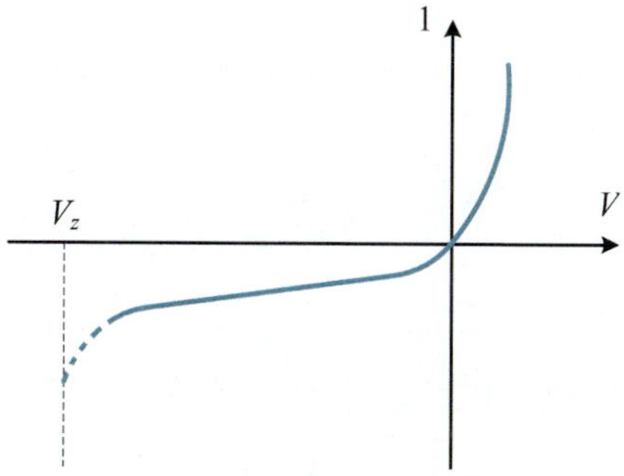

그림 5-7 역바이어스 특성의 예

실제의 많은 다이오드에 있어서 그 역방향 전류는 역방향전압의 크기에 관계없이 이상적 다이오드의 경우와 똑같이 일정한 값을 가진다.

그러나 한편으로는 그림 5-6과 같이 역전류가 역전압에 따라 두드러지게 증대하는 것도 적지 않다. 이러한 현상의 주요한 원인은 다이오드 표면을 흐르는 누설전류(Leakage current)가 전압에 비례해서 증대한다는 데 있다.

(4) 접합의 항복

그림 5-7에서 점선으로 나타낸 부분과 같이, 역바이어스 전압이 어떤 임계값 V_z에 가까워지면 전류가 갑자기 증대한다. 이러한 현상을 접합의 항복(breakdown)이라고 하며, 이러한 임계적인 바이어스 전압 V_z를 항복전압(breakdown voltage)이라고 한다.

이와 같은 현상이 발생하는 원인은 두 가지가 있는데, 하나는 p-n 접합에 고전압이 걸리면 결정을 구성하고 있는 가전자가 이 고전압 에너지에 의해 원자와 분리되어 많은 전자와 정공을 만들기 때문이다. 이 현상을 제너 항복(Zener breakdown)이라고 한다. 또 하나는 제너 현상에 유발되어 생긴 소수캐리어가 고전압에 의해 가속되어 결정의 가전자와 충돌하여 새로운 전자와 정공쌍을 만들어내기 때문에 일어난다. 이 현상은 방전관의 방전현상과 같은 애벌런치(avalanche) 증배작용이므로 애벌런치 브레이크다운(avalanche breakdown)이라고 한다.

5.3 p–n 접합의 역방향 파괴현상

다이오드의 중성 영역에서 소수 캐리어의 흐름에 기여할 수 있는 p-n 다이오드의 V-I 특성 부분에 주로 관심을 기울여 보자. 다이오드 전류 I와 전압 V 사이에는 다음과 같은 관계가 있다.

$$I = I_0(e^{eV/kT} - 1) \tag{5-19}$$

실제 다이오드 동작과 이상 다이오드 동작 사이의 가장 중요한 차이점은 역방향 바이어스 조건 하에서 일어난다. 식(5-19)에서 V가 음(negative)일 때 $I = -I_0$임을 예상할 수 있다. 최대 역방향 전압 V_B까지는 이러한 조건이 성립하나 그 이상에서는 다이오드 전류가 급격히 증가하기 시작한다. 그림 5-8에서 보여 주고 있는 현상을 역방향 파괴(reverse breakdown)라 한다. 그림 5-8은 역방향 파괴 현상을 설명하기 위해 도시한 것이다. 이 그림은 공간 전하 영역과 변위 영역을 확대하여 그린 것이다. n형 쪽보다 p형 쪽에 불순물 농도를 훨씬 높게 도핑(doping)한 계단형 접합을 가정하였다. 그림에서 보여 주는 바와 같이 3각형 하부 면적이 각각의 경우에 있어서 인가 전압과 동일하도록 공간 전하 영역의 두께와 전계의 최대값의 크기는 인가 전압의 평방근에 비례하여 증가하며 여기서 M은 증배계수를 의미한다.

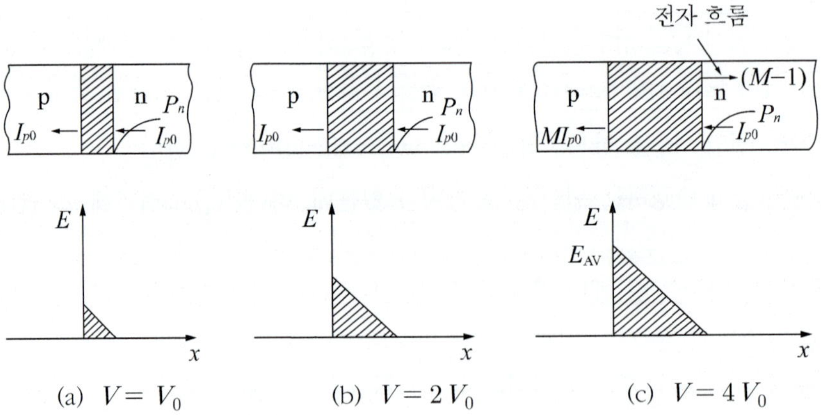

그림 5-8 역바이어스된 p-n 접합에서 공간 전하층

5.3.1 사태 절연 파괴 전압과 불순물 농도 사이의 관계

사태 절연 파괴 전압에서 흥미있는 것은 접합의 파괴 전압이 공정과정에서 시료를 변화시킴으로써 아주 광범위하게 변화될 수 있다는 것이다. p-n 접합에서 최대 전계 E_p는 역방향 인가 전압 V와 n형 반도체의 불순물 농도(doping level) N_d에 따라 변화한다는 것을 이미 알고 있다.

$$E_p \sim \sqrt{VN_d} \tag{5-20}$$

사태 절연 파괴 현상의 토의는 근사적으로 사태 이온화가 충분히 큰 최대 전계가 접합에서 존재할 때 중요하게 된다는 것을 말함으로써 요약될 수 있다. 이것은 다음과 같은 것을 암시해 준다.

$$V_B N_d \sim \text{const}, \qquad V_B \sim \frac{1}{N_d} \tag{5-21}$$

E_{AV}는 N_d가 증가하면 약간 증가하기 때문에 V_B는 거의 $(1/N_d)^{2/3}$에 비례한다. 불순물 농도를 조절함으로써 아주 정확히 접합 다이오드의 파괴 전압을 조절할 수 있다. 실리콘 p^+n 다이오드에 대한 사태 절연 파괴 전압을 대략 6[V]에서 약 1000[V]까지 변화한다.

5.4 다이오드 스위칭 동작

그림 5-9(a)와 같이 다이오드와 저항 R과의 직렬회로에 있어서 그림 (b)와 같이 입력신호가 $-V'$에서 $+V$로, 또는 그와 반대 방향으로 순식간에 스위칭(switching)되었다고 할 때 다이오드 전류는 그림 (c)와 같은 모양으로 변화한다.

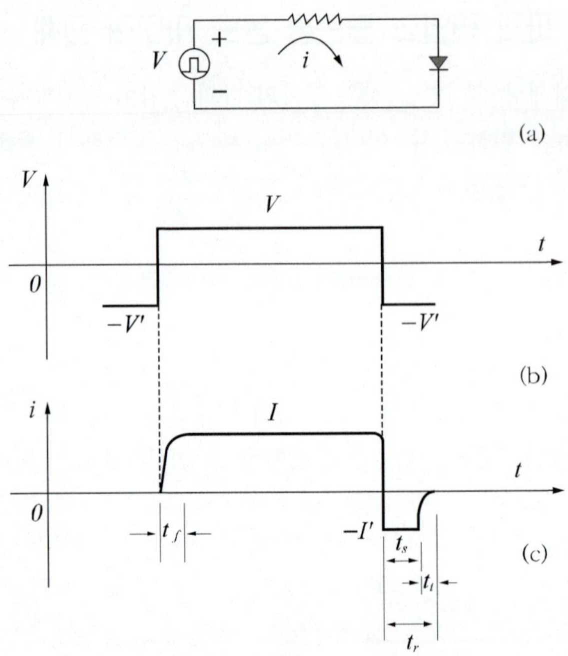

그림 5-9 다이오드의 스위칭 동작

이것은 다이오드 전류가 입력신호의 급격한 변화에 충실하게 따르지 못하고 어느 정도의 시간지연(time delay)이 생기는 것임을 나타내는 것이다.

그림 (c)에서와 같이 역방향에서 순방향으로 스위칭되는 경우 전류는 비교적 빠르게 새로운 정상값 I까지 증가한다. 이러한 과도적인 시간 t_f를 순방향 회복시간(forward recovery time)이라고 한다. 그러나 순방향에서 역방향으로 스위칭되는 경우에는 약간 복잡한 현상이 나타나는데, 스위칭 직후 역전류 $-I'$가 상당한 시간 t_s 동안 일정하게 흐른다. 이 시간 t_s를 축적시간(storage time)이라고 한다. 축적시간이 지난 후 역전류는 서서히 감소하여 새로운 정상상태($i=0$)로 들어가게 된다. 이 기간 t_t를 이전시간(transition time)이라고 한다. 그리고 축적시간과 전이시간의 합인 $t_r(=t_s+t_t)$을 역방향 회복시간(reverse recovery time)이라고 한다.

일반적으로 순방향 스위치 시간 t_f는 역방향 스위칭시간 t_r보다 훨씬 작으므로 t_r로서 다이오드의 스위칭 동작의 지연시간을 평가하는 것이 보통이다. t_r은 다이오드의 동작조건에 관련되며 스위칭 동작을 위해서 제조된 스위칭 다이오드에서는 t_r의 값이 1[nsec] 이하인 것도 있으며, 대전류 스위칭을 위한 다이오드에서는 1[μsec]에 이르는 것도 있다. 그림 (c)에 나타난 스위칭 과도현상은 다이오드 내부의 공간전하층 및 중성영역에 축적된 과잉전하가 변화하는 과정과 관련되어 하나의 정상상태에서 새로운 정상상태로 갑자기 바뀔 때의 물리적 상태의 변화 과정이다.

5.5 터널 다이오드

보통의 p-n 다이오드에서 불순물 농도는 반도체 결정원자 10^8개당 1개 꼴 정도이다. 이 정도로 도핑되어 있는 경우 공간전하영역의 폭은 5[μm] 정도인데, 만일 불순물 농도를 대단히 크게 하면(예를 들면 10^4개당 1개꼴) 공간전하영역의 폭은 100[Å](0.01[μm])으로 줄어들어 터널 효과를 나타낼 뿐만 아니라, p-n 소자의 성격이 완전히 달라진다. 그림 5-10에 이러한 p-n 소자의 특성을 나타내었으며 이러한 특성을 나타내는 새로운 p-n 다이오드를 터널 다이오드(tunnel diode)라고 한다.

이 그림에서와 같이 전압을 높이면 전류가 오히려 감소하는 부분이 있음을 알 수 있다. 이것을 부저항특성이라 하며, 터널 다이오드의 특징은 다음과 같다.

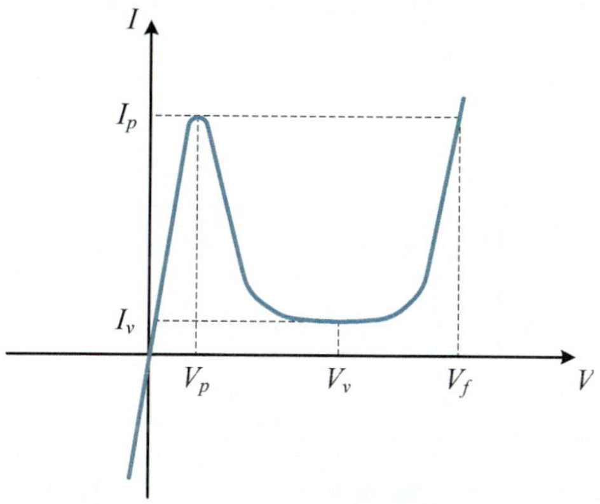

그림 5-10 터널 다이오드의 특성

① 역바이어스 상태에서 저항은 대단히 작다.
② 작은 정바이어스 상태에서 저항은 대단히 작다.
③ 피크전류 I_p의 상태를 지나면, 전압의 증가에 따라 전류가 오히려 감소한다.
④ 전류가 최소치로 되는 점에서의 전류 I_v 및 전압 V_v를 각각 Valley 전류 및 Valley 전압이라 하는데 이 동작점을 지나면 다시 $dv/d_I > 0$ 되며 전압에 따라 전류가 급속히 증가한다. 이 때 전류가 다시 I_p로 되는 전압 V_f를 피크 순전압이라고 한다.
⑤ I_p에서 I_v까지의 전류범위에서, 한 전류값에 세 가지의 전압값이 대응되는데 이러한 특성이 터널 다이오드를 특징짓는 중요한 특성이며 펄스회로에서 유익하게 응용되는 이유이다.

터널 다이오드는 고속스위칭(very high speed switching)회로와 마이크로 웨이브 발진기(microwave oscillator)에 응용되고 있다.

5.6 항복 다이오드

접합의 역방향 바이어스 항복전압은 접합의 도핑농도 선정에 따라 변동될 수 있다. 이 항복기구는 극히 높은 농도의 도핑으로 된 계단형 접합(abrupt junction)에서는 제너효과(터널링)이다. 그러나 더욱 일반적인 항복은 에벌란시(즉, 충돌이온화)이며, 저농도로 도핑이 이루어지거나 또는 경사형 접합(graded junction)의 경우가 그 대표적 예이다. 도핑을 변화시켜서 1[V] 이하에서 수 100[V]에 이르는 범위의 특정된 항복전압을 갖는 다이오드를 만들 수 있다. 이 접합이 잘 설계되면 이 항복은 급격하게 이루어지며, 항복 후의 전류는 본질적으로 전압에서 무관할 것이다(그림 5-11 참조).

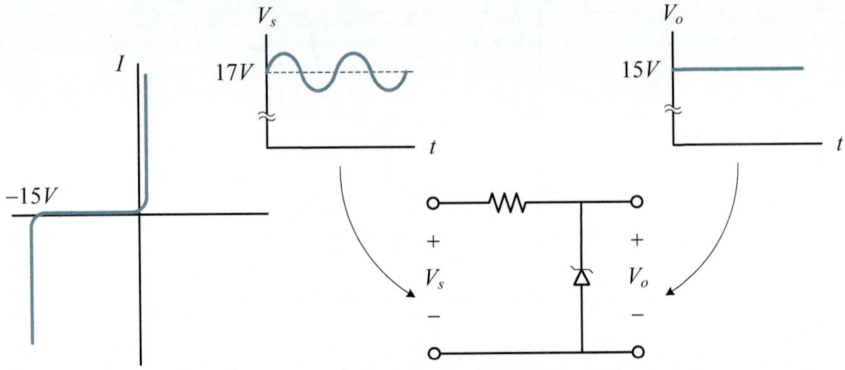

(a) I-V 특성 (b) 전압 조정소자로서의 응용

그림 5-11 항복다이오드

한 다이오드가 특정된 항복전압으로 설계될 때 이것을 항복 다이오드(breakdown diode)라 한다. 이와 같은 다이오드는 또한 실제적인 항복 기구가 보통 애벌란시 효과임에도 불구하고 제너 다이오드(Zener diode)라고도 한다. 술어상의 이 착오는 p-n 접합 항복의 처음 관측을 확인하는 데 있어서의 초기의 착오에 의한 것이다.

항복 다이오드는 변동하는 입력을 갖는 회로에서의 전압조정소자(voltage regulator)로서 쓸 수 있다. 그림 5-11의 15[V] 항복 다이오드는 입력전압이 15[V] 이상의 전압에서 변동하는 동안 이 회로의 출력전압 V_0는 15[V]로 일정하게 유지한다. 예를 들어, V_s가 17[V]의 직류성분과 17[V] 위아래로 1[V]의 리플(Ripple) 변동으로 구성된, 정류되고 필터링된 신호라면 출력전압 V_0는 15[V]로 일정하게 머물러 있을 것이다. 더욱 복잡한 전압조정회로를 항복 다이오드를 써서 설계할 수 있는데, 그것은 조정할 신호의 형태와 출력부하의 성질에 따른다. 비슷한 응용으로서 이와 같은 소자는 기준 다이오드(reference diode)로 쓸 수가 있다. 특정된 다이오드의 항복전압은 알려져 있기 때문에, 항복 중에 그의 양단간의 전압은 이미 알고 있는 전압값이 필요한 회로에서의 기준으로서 쓸 수 있다.

5.7 가변용량 다이오드

버랙터(varactor)라는 용어는 역방향으로 바이어스된 p-n 접합의 전압가변 정전용량을 말하는 가변(variable) 리액터(reactor)의 준말이다. p-n 다이오드에서 때로는 일정한 역방향 바이어스를 걸어준 접합을 고정된 값의 정전용량으로 사용할 수 있을 것이다. 좀더 일반적으로는 버랙터 다이오드는 접합 정전용량의 전압 가변성을 개발 이용토록 설계된다. 예를 들어, 버랙터(또는 한 세트의 버랙터)는 덩어리가 큰 가변 평판형 커패시터를 대치하기 위하여 라디오 수신기의 동조단에 쓸 수 있다. 그 결과 회로의 크기는 크게 감소될 수 있으며 종종 그의 신뢰성도 개선된다. 버랙터의 또 다른 응용에는 고주파 발생, 마이크로파 주파수의 증배(multiplication) 및 능동필터 등에서의 이용이 포함된다.

p-n 접합이 계단형이면 그의 정전용량은 역방향 바이어스 V_r의 제곱근에 따라 변한다. 그러나 경사형 접합에서 정전용량은 보통

$$C_j \propto V_r^{-n} \ (V_r \gg V_0 \text{때}) \tag{5-22}$$

의 형식으로 쓸 수 있다. 예를 들어 선형으로 경사된 접합에서 지수 n이 1/3이다. 따라서 C_j의 전압감도는 선형경사형(linearly graded) 접합에서보다는 계단형(abrupt) 접합에 대한 것이 더욱 크다. 그래서 버랙터 다이오드는 흔히 합금법, 에피택셜 성장법 또는 이온주입법 등으로 만들어진다. 에피택셜층과 기판의 도핑 단면분포상태를 식(5-22)의 지수 n이 1/2 이상이 되는 접합이 이루어지도록 설계할 수 있다. 이와 같은 접합을 초계단형 접합(hyperabrupt junction)이라 한다.

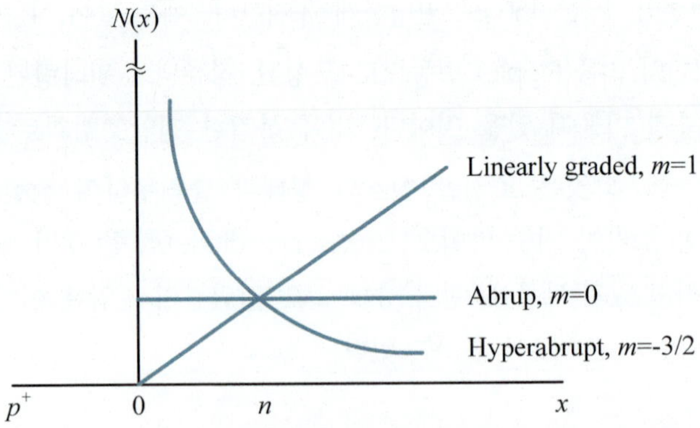

그림 5-12 경사형 접합 단면분포도, 선형경사형, 계단형, 초계단형

그림 5-12에 보인 일군의 도핑의 단면분포상태(profile)에서는 접합이 P^+-n형이라 가정하고 있어 공핍층의 폭 W는 주로 n쪽으로 퍼져 있다. n형 쪽의 세 가지 형식의 도핑단면분포상태를 보인 것으로 도너의 분포 $N_d(x)$는 Gx^m로 주어져 있다. 여기서 G는 상수이며 m은 0, 1, 또는 -3/2이다. 식(5-22)의 지수 n은 P^+-n형 접합에서는 $1/(m+2)$이 됨을 증명할 수 있다. 따라서 그림 5-12의 단면분포상태의 경우 n이 계단형 접합일 때는 1/2 이고 선형경사형 접합일 때는 1/3이다. $m=-3/2$인 초계단형은 이 경우에는 $n=2$이며 정전용량이 V_r^{-2}에 비례하기 때문에, 일부 버랙터 응용에 대하여 특히 흥미로운 것이다. 이와 같은 커패시터를 인덕터(inductor) L과 함께 공진회로에 쓸 때는 공진주파수는 버랙터에 인가한 전압에 따라 선형으로 변화한다. 즉,

$$\omega_r = \frac{1}{\sqrt{LC}} \propto \frac{1}{\sqrt{V_r^{-n}}} \propto V_r \quad (n=2\text{일 때}) \tag{5-23}$$

도핑 단면분포상태의 선정으로써 얻을 수 있는, C_j 대 V_r 간의 의존성의 광범위한 변화 때문에 버랙터는 특정한 응용을 위하여 설계할 수 있다. 일부 고주파수 응용을 위하여 버랙터는 순방향으로 바이어스된 전하축적 정전용량을 이용할 수 있도록 설계할 수 있다.

5.8 금속과 반도체 접촉

금속과 반도체를 서로 접촉시키면 물질의 종류에 따라 접촉은 정류성 혹은 오옴(ohm)성으로 된다.

5.8.1 정류성 접촉

에너지 준위가 높은 전자들이 n형 반도체 쪽에 많기 때문에 반도체 쪽에서 금속 쪽으로 전자의 확산이 일어나며 금속 쪽으로 이동한 전자들은 도너 이온을 반도체에 남기므로, p-n 접합의 경우와 마찬가지로 접촉면에서 가까운 반도체 안에 공간전하영역이 형성된다. 또한 금속 안에 들어간 과잉전자들은 경계면에 분포하며 표면전하를 형성하므로 전기적 이중층으로 인한 전위장벽이 생기게 된다. 여기에 순방향의 전압을 걸어주면 반도체에서 금속으로의 전자이동이 V에 따라 급격히 증가할 것이며, 역방향의 전압을 걸어주면 금속으로의 전자이동이 차단되게 된다. 이리하여 p-n 접합의 경우와 같이 전압 V의 극성에 따라 전류는 큰 차이를 보이게 된다. 이러한 접촉을 정류성(rectifying)접촉이라 한다.

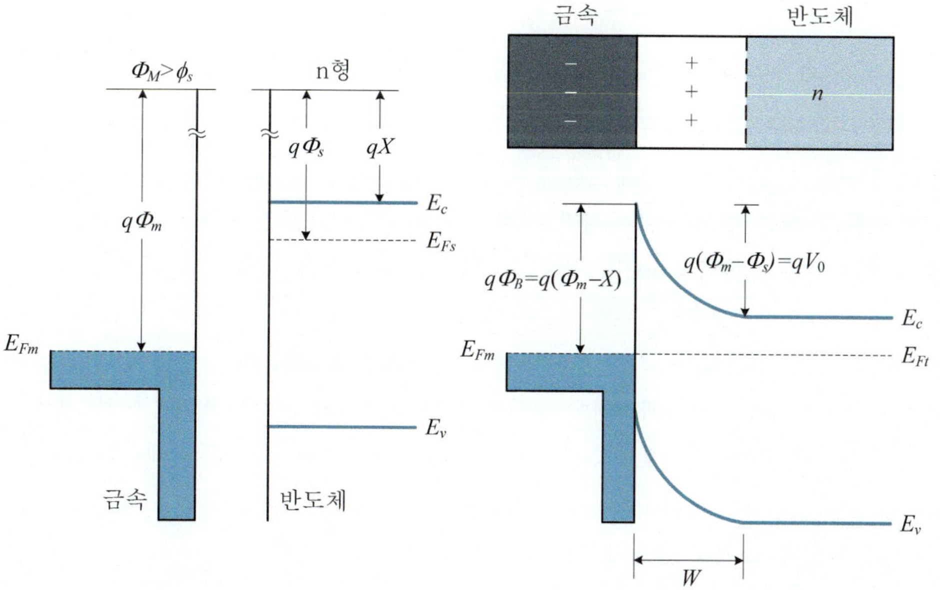

(a) 접합을 이루기 전의 금속과 반도체의 대역도　　(b) 접합에 대한 평형상태의 대역도

그림 5-13　n형 반도체를 보다 큰 일함수를 갖는 금속과 접속시켜 형성한 Schottky 장벽

그림 5-13(b)의 쇼트키(schottky)장벽에 순방향 바이어스 전압을 인가하면, 접촉전위차는 V_0에서 $V_0 - V$로 감소된다.(그림 5-14(a) 참조) 그 결과 반도체의 전도대역의 전자는 공핍영역을 가로질러서 금속 쪽으로 확산할 수 있다. 이로써 접합을 통하여(금속에서 반도체쪽으로) 순방향전류가 생긴다. 반대로 역방향 바이어스는 장벽을 $V_0 + V_r$로 증가시키면 반도체에서 금속으로의 전자의 흐름은 무시할 수 있게 된다. 어느 경우나 금속에서 반도체로의 전자의 흐름은 장벽 $\Phi_m - X$에 의하여 저지된다. 그 결과 다이오드 방정식은 그림 5-14(c)가 예시하듯이 p-n 접합에 대한

$$I = I_0(\epsilon^{qV/kT} - 1) \tag{5-24}$$

과 형식이 비슷하다. 이 경우 역방향 포화전류 I_0는 p-n 접합에 대한 것과 같이 간단히 유도되지 않는다. 그러나 직관적으로 예언할 수 있는 한 중요한 특색은, 이 포화전류가 금속에서 반도체로의 전자주입에 대한 장벽 Φ_B의 크기에 따라야 한다는 것이다. 이 장벽(그림 5-14에 보인 이상적 경우에는 $\Phi_m - X$로 됨)은 바이어스 전압으로써 영향되지 않는다. 금속 속의 전자가 이 장벽을 넘을 확률은 볼쯔만계수(factor)로서 주어질 것이 예상된다. 따라서

$$I_0 \propto e^{-q\Phi_B/kT} \tag{5-25}$$

다이오드 방정식 (5-24)는 금속 p형 반도체 접합에도 적용된다. 이 경우 순방향전압은 금속에 대하여 반도체가 양으로 바이어스되는 것으로써 정의된다. 이 전압은 전위장벽을 $V_0 - V$로 낮추고, 정공이 반도체에서 금속으로 흐르므로 순방향전류가 증가한다. 물론 역방향전압은 정공의 흐름에 대한 장벽을 증가시키고 전류는 무시할 수 있게 된다.

이들 경우 모두 쇼트키(schottky)장벽 다이오드는 정류성을 이루어, 순방향으로는 전류의 흐름이 쉬우며 역방향으로는 적은 전류를 갖게 된다.

또 각각의 경우 순방향전류는 반도체에서 금속으로의 다수캐리어의 주입에 의한 것이라는 것에 유의하여야 한다. 소수캐리어의 주입과 이것과 관련된 전하축적으로 인한 시간지연이 없다는 것이 쇼트키장벽 다이오드의 중요한 특색이다. 큰 전류수준(전류값)에서는 일부 소수캐리어의 주입이 일어나지만 이 (소자)들은 본질적으로는 소수캐리어 소자이다. 따라서 일반적으로 고주파 특성과 스위칭 속도가 대표적인 p-n 접합보다 좋다.

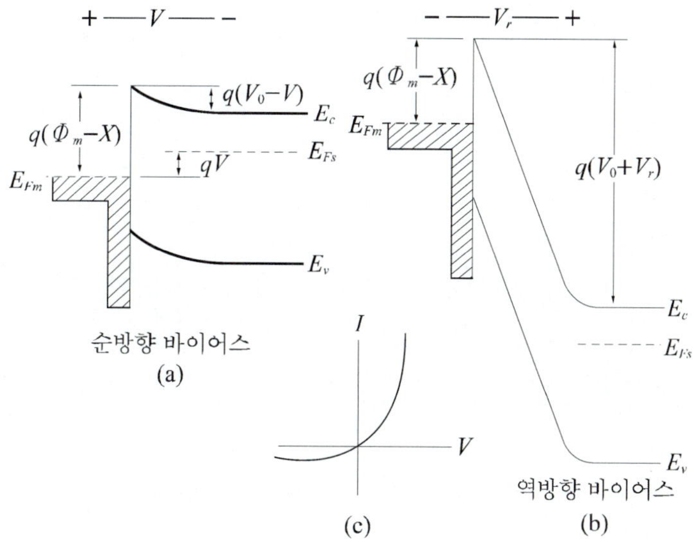

(a) 순방향 바이어스 (b) 역방향 바이어스 (c) 대표적 전류-전압 특성

그림 5-14 그림 5-13의 접합에 대한 순방향 및 역방향 바이어스의 영향

반도체 기술의 초기에는 정류성 접촉은 반도체 표면에 금속선을 압착시켜서 만들었으나, 현재의 소자에서는 금속-반도체 접촉을 정결한 반도체 표면에 적절한 금속박막을 증착시키고 사진석판기법으로 접촉부 도형의 경계를 한정시켜 만든다. 쇼트키장벽 소자는 특히 높은 밀도로 모아 넣은 집적회로에 쓰는 데 매우 적합한데, 그것은 p-n 접합 소자에 비하면 사진석판공정에서 마스크(mask)의 수가 덜 필요하기 때문이다.

5.8.2 오믹성 접촉(Ohmic Contact)

금속에서 반도체 쪽으로 옮겨간 전자들로 인하여 금속 쪽에는 (+)의 표면전하가 남게 되며 반도체 쪽에는 (-)이 표면전하가 형성되고 반도체 내의 전자들에 대해서는 전위장벽이 형성되지 않으며 금속으로부터 반도체로 전자의 이동을 가로막는 전위장벽이 매우 낮게 되어 전압의 극성에 관계없이 어느 방향으로나 전류가 흐르게 되는 것을 오옴성접촉이라 하고 좀 더 실질적으로 알아보면 다음과 같다.

이상적인 금속-반도체 접촉은 페르미(Fermi)준위가 일치되어 반도체에 유기된 전하가 다수캐리어에 의하여 공급될 때 오믹으로 된다(그림 5-15 참조).

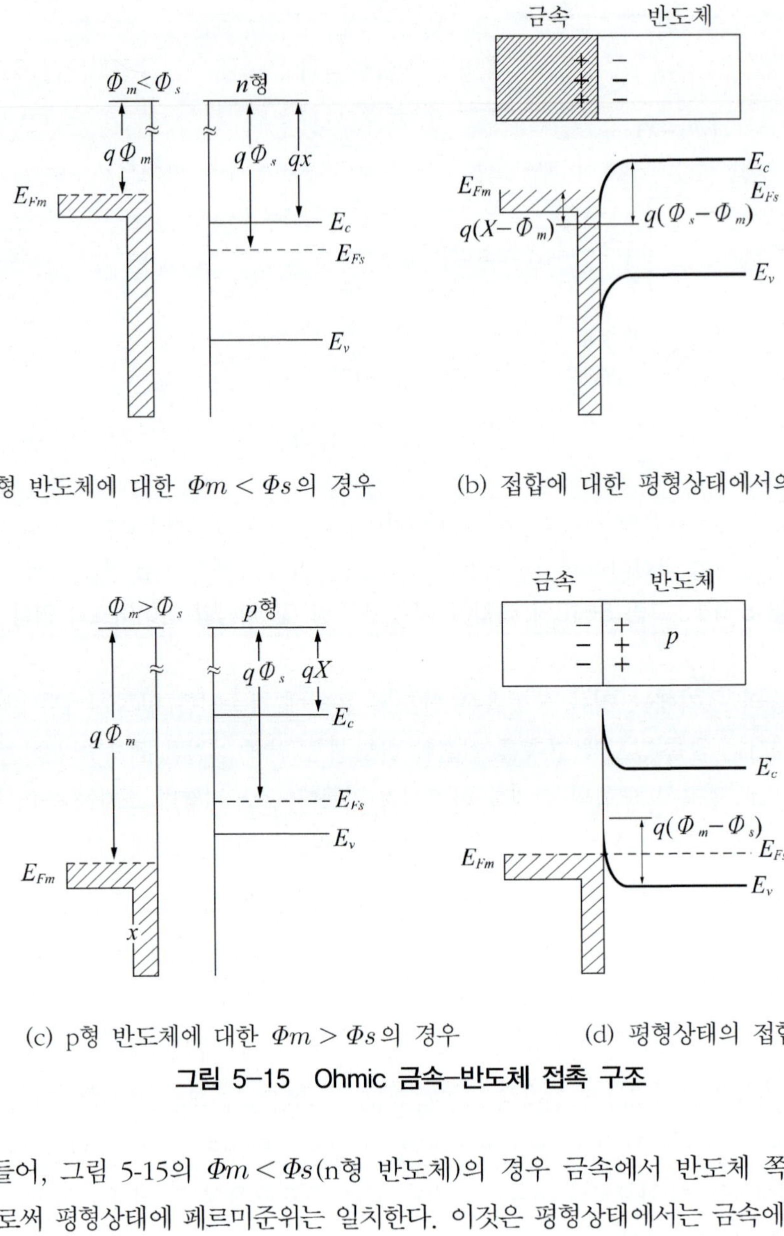

(a) n형 반도체에 대한 $\Phi m < \Phi s$의 경우　　(b) 접합에 대한 평형상태에서의 대역도

(c) p형 반도체에 대한 $\Phi m > \Phi s$의 경우　　(d) 평형상태의 접합

그림 5-15　Ohmic 금속-반도체 접촉 구조

예를 들어, 그림 5-15의 $\Phi m < \Phi s$(n형 반도체)의 경우 금속에서 반도체 쪽으로 전자가 전송됨으로써 평형상태에 페르미준위는 일치한다. 이것은 평형상태에서는 금속에 대한 상대적인 반도체의 전자에너지를 상승시킨다(정전적 전위를 낮게 한다)(그림 5-15(b) 참조). 이 경우 금속과 반도체 간의 전자의 흐름에 대한 장벽이 낮아 쉽게 낮은 전압으로써 극복된다. 비슷하게 하여 $\Phi m > \Phi s$(p형 반도체)의 경우는 그 접합을 넘어서 쉽게 정공의 흐름이 이룩된다(그림 5-15 참조). 앞서 검토한 정류성 접촉과는 다르게 평형상태에서의 페르미준위를 일치시키는데 필요한 정전적 전위차는 반도체에 다수캐리어의 축적을 요구하게 되므로, 이들 경우에는 반도체에 공핍영역이 생기지 않는다.

오믹접촉을 형성하기 위한 실제적인 방법은 접촉영역에서 반도체에 고농도의 도핑을 행함으로써 이루어진다. 따라서 장벽이 계면(interface)에 있다면 공핍(영역)폭은 작아서 충분히 그 장벽을 통하여 캐리어가 터널할 수 있다. 예를 들어, 작은 %의 Sb를 포함하고 있는 Au을 n형 Si에 합금시켜서 반도체 표면에 n^+층과 우수한 ohmic 접촉이 형성되게 할 수 있다. 마찬가지로 p형 반도체 물질에서 금속과의 접촉에 있어서 p^+표면이 필요하다.

p형 Si 위의 Al의 경우는 그 금속접촉이 또한 억셉터형의 도펀트를 제공한다. 이리하여 필요한 p^+표면층이 Al을 증착시킨 후 접촉을 간단히 열처리하는 동안에 형성된다. 8장에서 집적회로를 검토할 때 알게 되겠지만 Al은 p형 Si에 대해 좋은 오믹접촉을 만들어 주지만, n^+형 반도체 물질에서는 n^+층을 위한 확산이나 이온주입이 Al를 접촉시켜주기 전에 필요하다.

연 습 문 제

5–1 p-n 접합의 전류전압 관계식을 구하라.

5–2 계단상 p-n 접합의 정전용량과 불순물 농도와의 관계를 설명하라.

5–3 p-n 접합에서 전압인가시 전류전압곡선이 이론치에서 벗어나는 이유를 설명하라.

5–4 터널 다이오드의 전압전류 특성에 관하여 설명하라.

5–5 쇼트키장벽(Schottky barrier)에 대하여 설명하라.

5–6 정류성 접촉과 오옴성 접촉의 차이점을 설명하라.

5–7 이상적 다이오드에서 포화전류와 역방향 특성에 대하여 설명하라.

5–8 애벌런치(Avalanche) 및 제너항복에 대해서 비교하여 설명하라.

5–9 다이오드의 전류가 $I=I_0(\varepsilon^{qV/kT}-1)$됨을 유도하라.

5–10 다이오드의 실제의 정특성이 이론적 특성과 다른 이유를 설명하라.

CHAPTER

06

바이폴라 트랜지스터

반도체 소자는 일반적으로 불순물을 도핑하여 소자를 만들 수 있으며, 본장에서는 앞장의 p-n 다이오드의 또 다른 형태인 p-n-p, n-p-n 구조의 바이폴라 트랜지스터(Bipolar Transistor)의 물리적인 특성을 고찰하기로 한다.

6.1 트랜지스터 구조

트랜지스터(transistor)는 대단히 좁은 간격을 두고 만들어진 2개의 p-n 접합으로 구성된 전자소자이다. 그림 6-1에 트랜지스터의 1차원적 모델을 나타내었다.

트랜지스터는 반도체 층의 배열 순서에 따라 p-n-p 및 n-p-n으로 구분되며 이러한 반도체층들은 또 순서에 따라 각각 에미터(emitter), 베이스(base) 및 콜렉터(collector)라고 한다.

여기서 논의되는 트랜지스터는 (+)와 (-)의 극성을 가진 정공(hole)과 전자(electron)에 의해서 동작되기 때문에 양극성 접합 트랜지스터(bipolar junction transistor : BJT)라고 불리기도 한다. 한편, 다음 장에서 논의될 전계효과 트랜지스터(field effect transistor : FET)에서는 전자 또는 정공의 한쪽 만이 주동적 역할을 한다는 의미에서 FET를 단극성 트랜지스터(unipolar transistor)라고 부르기도 한다.

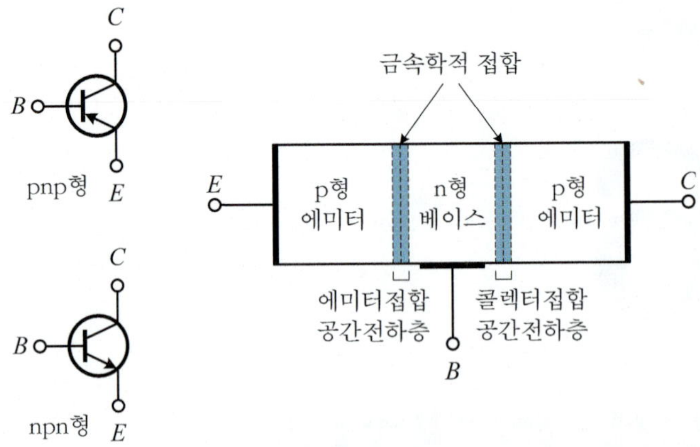

(a) 트랜지스터 기호 (b) p-n-p 트랜지스터의 1차원 모델

그림 6-1 트랜지스터 구조의 1차원 모델

그림 6-2에 트랜지스터의 물리적 구조를 나타내는 두 개의 대표적인 예를 보였다. 그림(a)는 합금접합법으로 n형 기판의 양쪽에 p-n 접합을 만든 합금접합형 트랜지스터이며 그림(b)는 n형 기판의 p형 불순물 및 n형 불순물을 차례로 확산시켜서 만든 확산접합형 트랜지스터이다.

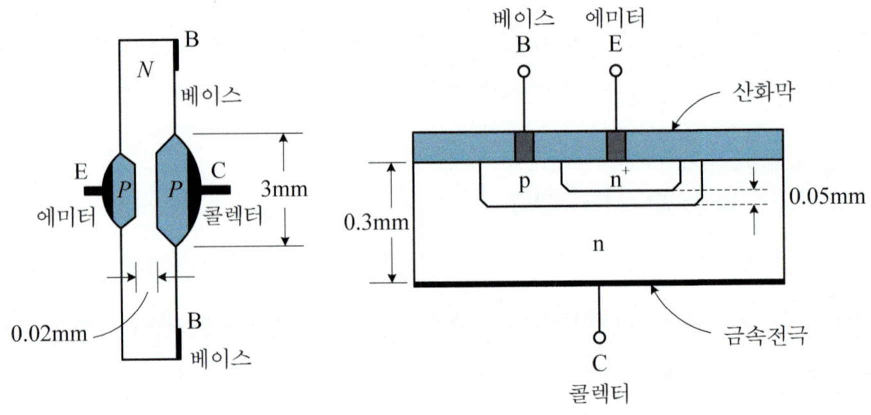

(a) 합금형 p-n-p 트랜지스터 (b) 확산형 n-p-n 트랜지스터

그림 6-2 트랜지스터의 물리적 구조

6.2 트랜지스터의 동작원리

아래의 그림 6-3에서와 같이 에미터-베이스 접합이 정바이어스되고 콜렉터 베이스 접합이 역바이어스된 경우의 동작상태를"활성영역(active region)에서의 동작"또는 간단히 활성상태라고 한다.

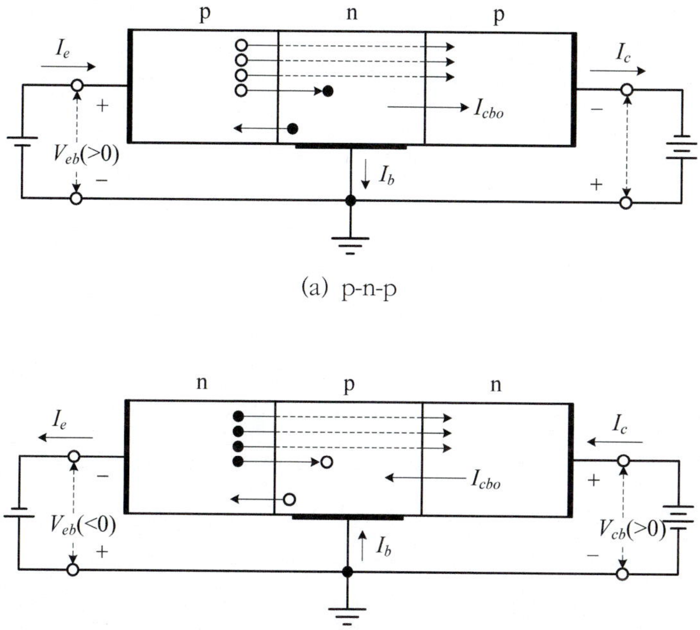

(a) p-n-p

(b) n-p-n

그림 6-3 트랜지스터의 동작

6.2.1 트랜지스터의 동작

위의 그림(a)의 트랜지스터의 경우, 에미터 접합은 정바이어스되어 있으므로 에미터 쪽의 다수캐리어의 정공(hole)은 접합면을 건너서 베이스로 주입(injunction)되며, 베이스 영역의 다수캐리어인 전자는 에미터로 넘어간다. 베이스영역으로 주입된 정공은 이 곳에서 소수캐리어의 입장에 서게 되며 베이스영역으로 깊숙이 확산해 들어감에 따라 전자와 재결합해서 소멸될 것이다. 그러나 베이스 영역의 폭이 대단히 작게 만들어져 있다면, 대부분의 정공은 재결합으로 소멸되지 않고 무사히 베이스 영역을 건너서 베이스와 콜렉터의 접합면까지 이르게 될 것이다. 한편 이곳은 역바이어스로 인해서 공간전하영역의 강한 전장이 형성되어 있는데, 이곳에 도달한 정공은 음(-)으로 대전된 콜렉터 쪽으로 끌려가게 되어 콜렉터 영역으로 들어가게 된다. 이렇게 콜렉터의 p형 영역에 들어간 정공은 다수캐리어로서 콜렉터의 끝단자로 흘러가서 정공전류를 형성하게 된다.

이와 같이 에미터 영역인 왼쪽의 p형에서 좁은 베이스의 n형 영역을 통해 콜렉터 영역인 오른쪽의 p형 영역에 도달하여 정공전류를 형성하는 동작을 트랜지스터 동작(transistor action)이라 한다. 여기서 콜렉터 전류 I_c는 에미터전류 I_e에 의해서 제어되는데 I_e는 정바이어스 전류이므로 에미터전압 V_{eb}에 따라 지수함수적으로 변화하게 된다. 그러므로 지극히 작은 V_{eb}의 변화가 큰 I_e의 변화를 초래하게 된다. 그러므로 왼쪽의 p형 단자를 입력(input)단자로 하고 오른쪽의 p형 단자를 출력(output)단자로 할 경우 미소한 입력전압의 변화로 큰 폭의 출력전류를 얻을 수 있는 전력 증폭 효과를 얻을 수 있는 것이다.

n-p-n 트랜지스터의 경우에도 똑같은 원리로 해석할 수 있으며 그림 6-3의 (b)에 그 동작상태를 나타내었다.

6.2.2 베이스 전류

위의 경우와 마찬가지로 p-n-p 트랜지스터를 예로하여 설명하면, n형인 베이스 내의 과잉캐리어인 전자의 일부는 에미터 영역으로부터 이 영역을 통해 지나가는 미소한 양의 정공과 재결합하여 소모된다. 이것은 베이스 영역의 전자의 부족을 의미하며 n형 영역에서 재결합이 계속해서 일어나기 위하여 본래의 베이스영역의 전자와 동일한 양의 전자가 베이스 단자로부터 베이스 영역으로 흘러 들어와야 한다. 또한 베이스 영역의 일부 전자는 에미터로 이동하여 아주 미소한 양의 전류를 형성하는데 이러한 전자의 손실도 역시 베이스 단자로부터 보충되어야 한다. 이 두 미소한 전자의 흐름의 합이 베이스 전류 I_b를 형성하는 것이다.

반도체로부터 외부로 흘러 나가는 전체적인 전자의 수는 반도체 내로 흘러 들어오는 전자의 수와 동일해야 하므로 콜렉터 전류 I_c와 베이스 전류 I_b와의 합이 에미터전류 I_e와 동일해야 한다. 그러므로

$$I_e = I_c + I_b \tag{6-1}$$

예제 그림에서 V_{ce}가 -5[V]일 때 I_c는 -4[mA]이고 I_B는 -40[mA]이다. 이때 I_e의 전류값을 구하여라.

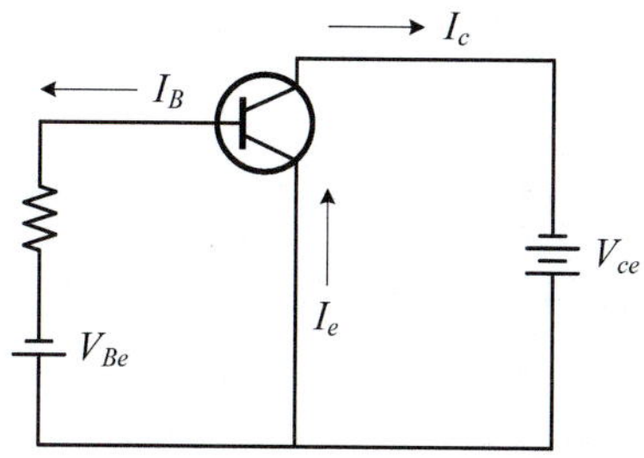

(풀이) $I_e = I_c + I_B$

$$= (-4[\text{mA}]) + (-40[\mu\text{A}]) = 4.04[\text{mA}]$$

■

6.2.3 콜렉터 역바이어스 포화전류

콜렉터와 베이스간의 역바이어스 전압은 역바이어스된 p-n 접합에서와 같이 열적으로 생성된 소수캐리어의 이동에 의한 역포화전류를 형성한다. 이 전류를 콜렉터 역바이어스 포화전류(reverse-bias saturation current) 또는 I_{cb0}라 한다. I_{cb0}의 첨자 cb는 Common base(베이스 공통 접지), 0은 에미터 오픈(emitter open)의 뜻으로 에미터를 개방(open)하고 콜렉터 접합을 역바이어스한 경우로 그림 6-4에 나타내었다. I_{cb0}는 열적으로 생성된 전자-정공쌍에 기인하므로 온도 증가에 따라 증가하며, 역바이어스된 p-n 접합에서 설명한 바와 같이 어떤 주어진 온도에서 콜렉터 전압이 사태절연 파괴전압(avalanche breakdown voltage)보다 낮은 범위내에서는 콜렉터 전압이 증가하여도 I_{cb0}는 일정한 값을 유지하게 될 것이다.

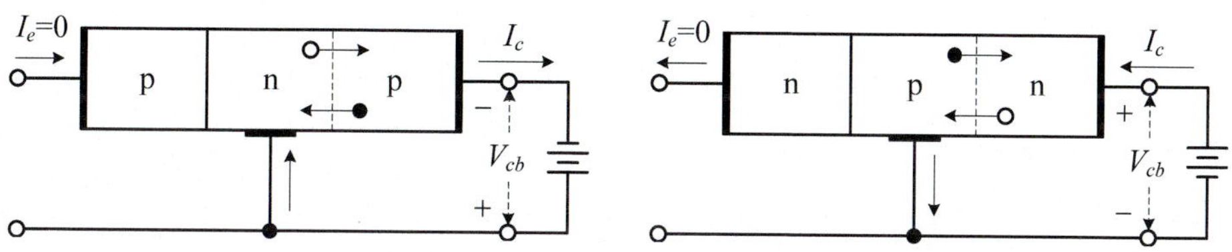

(a) p-n-p (b) n-p-n

그림 6-4 에미터 개방시 콜렉터 역바이어스 전류

I_{cb0}를 형성하는 전자 및 정공의 흐름을 그림 6-4에 나타내었다. 실제의 트랜지스터에 있어서 이 값은 대단히 작다(Si 트랜지스터에서는 nA정도).

6.2.4 전류 증폭률

그림 6-3에서 (a)의 활성상태에 있는 p-n-p 트랜지스터에서 에미터전류 I_e는 에미터 쪽에서 베이스 영역으로 이동하는 정공전류 성분과 반대로 베이스 쪽에서 에미터 영역으로 이동하는 전자전류 성분으로 되어 있다. 이들 가운데 전자전류 성분은 트랜지스터의 작용과 아무런 관계가 없다. 그러므로 에미터에서 베이스로 흐르는 전류의 성분을 생각할 때 실제의 트랜지스터의 작용에 관계되는 정공전류 성분만을 논의해야 한다.

에미터에서 베이스로 정공을 주입하는 효율 즉 에미터 효율(emitter effi ciency)을 γ로 놓으면 이 값은 다음과 같이 정의된다.

$$\gamma \equiv \frac{I_e\text{의 정공전류성분}}{I_e} \tag{6-2}$$

그러므로 γ를 높이려면 I_e에서 전자전류성분의 비율을 줄여야 한다. 실제의 트랜지스터에 있어서 에미터 쪽이 베이스 쪽보다 불순물 도핑(doping)이 훨씬 강하게 되어 에미터 쪽의 정공 농도를 높게 하는 것은 이러한 이유 때문이다.

에미터로부터 γ의 효율도 베이스에 주입된 정공은 베이스 영역을 확산해 가다가 전자와 재결합으로 그 일부가 소모되는데 이와 같은 주입정공의 재결합은 트랜지스터 작용의 감소를 초래한다. 이 때 베이스 영역에서 재결합하지 않고 콜렉터 쪽으로 전송되는 정공의 비율, 즉 베이스 전송계수(transport factor)를 β^x로 놓으면 이것은 다음과 같이 정의된다.

$$\beta^x \equiv \frac{\text{콜렉터접합까지 확산해 간 정공전류}}{\text{베이스에 주입된 정공전류}} \tag{6-3}$$

실제의 트랜지스터에서 베이스 폭을 되도록 좁게 하는 것은 베이스 영역의 정공전송효율을 높여 β^x의 값을 1에 가까이 하기 위해서이다.

여기서 또 하나의 파라미터인 에미터전류에 대한 콜렉터 전류의 변화비 α를 다음과 같이 정의한다.

$$\alpha_f \equiv \frac{\text{에미터에서 콜렉터로 주입된 전류}}{I_e} = \frac{\Delta I_c}{I_e} \tag{6-4}$$

이 α_f의 값은 에미터에서 베이스로의 정공주입 효율 γ와 베이스영역의 정공전달 효율 β^x의 두 요인에 의존하게 된다. 그러므로

$$\alpha_f = \gamma\beta^{x} \tag{6-5}$$

여기서 a_f의 값이 1보다 크게 될 수 없음은 분명하다. 그러나 실제의 트랜지스터에서 a_f의 값이 1에 대단히 가깝게 만들어져 있으며 보통 0.9~0.995의 범위에 있다.

이 때 콜렉터 전류 I_c는 다음과 같이 주어진다.

$$I_c = \alpha_f \cdot I_e + I_{cb0} \tag{6-6}$$

여기서 둘째 항은 콜렉터 역바이어스 전류로 콜렉터 접합이 충분히 크게(실제 문제로서는 1[V] 이상으로) 역바이어스 되어 있는 경우 실제적으로 무시할 수 있게 된다. 그러므로

$$I_c \approx \alpha_f \cdot I_e \tag{6-7}$$

로 볼 수 있다.

이 식으로부터 α는 실질적으로 I_c/I_e를 표시하는 것으로 생각할 수 있으며 이 α를 전류 증폭률(current amplification factor)이라고 한다.

지금까지의 논의는 다분히 정석적이고 또 개념적인 것이지만 실제의 특성과도 부합되는 사실이다.

예제 베이스 접지 시 전류 증폭률이 0.99이고 콜렉터 차단 전류가 10[mA]인 T·R을 에미터 접지로 하면 이때 콜렉터의 차단전류를 구하여라.

(풀이)
$$I_{ceo} = (1+\beta)I_{c0} = (1+\frac{a}{1-a})I_{c0}$$
$$= (1+\frac{0.99}{1-0.99}) \times 10 \times 10^{-9}$$
$$= 1 \times 10^{-6}[\mathrm{A}]$$

■

6.3 트랜지스터 확산 모델

바이폴라 트랜지스터의 동작원리를 정상적으로 나타내기 위하여 트랜지스터의 공정에 관해서 고려하면 p-n-p 트랜지스터는 실제로 매우 얇은 공동 베이스 영역을 가진 두 개의 p-n 접합 다이오드로 구성되며 에미터 접합(emitter junction) 및 콜렉터 접합(collector junction)으로 되어 있다.

그러나 이러한 명칭은 별로 중요하지는 않다. 왜냐하면 많은 실제 응용분야에서 콜렉터 접합을 에미터로서, 에미터 접합을 콜렉터로서 사용할 수 있기 때문이다. 트랜지스터 접합은 3단자(three lead) 장치이기 때문에 세개의 전류와 세 개의 전압이 정의되어야 한다. 이것들에 대하여 그림 6-5에서 첨자와 기준 정(positive)방향에 대하여 정의되어 있다.

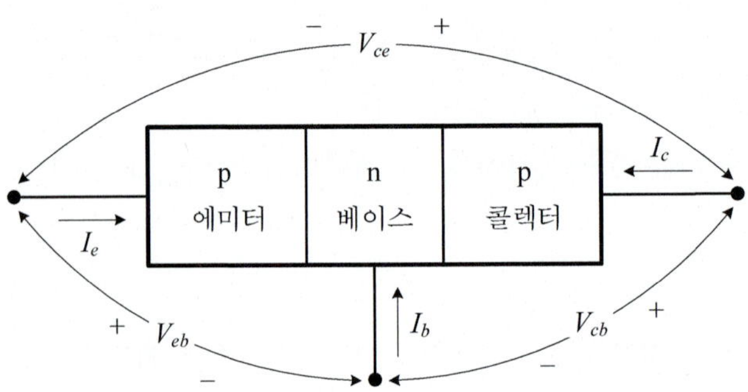

그림 6-5 p-n-p 트랜지스터에 대한 전류와 전압의 변수

그림 6-5에서 정의된 모든 전압과 전류는 서로 독립적이 아니다. 특히 키르호프(Kirchhoff)의 전류 법칙이 다음과 같이 요구된다.

$$I_e + I_b + I_c = 0 \tag{6-8}$$

결국 두 단자 전류만이 독립적으로 행해질 수 있다. 이와 동시에 키르호프 전압 법칙도 성립되어야 한다.

$$V_{eb} + V_{cb} + V_{ce} = 0 \tag{6-9}$$

여기서도 역시 두 단자 전압이 독립적으로 정해질 수 있다.

결과적으로 두 단자 전압과 두 단자 전류만으로 트랜지스터의 동작 특성을 나타낼 수 있게 된다. 증폭기로서의 트랜지스터가 동작할 때에는 에미터 접합은 정방향 바이어스이고, 콜렉터 접합은 역방향 바이어스이어야 한다.

p-n-p 트랜지스터에서 이것은 V_{eb}와 I_e가 정(positive)이라는 것을 의미하는데 반하여, V_{cb}와 I_c는 부(negative)라는 것을 의미한다. 이러한 조건하에서

① 콜렉터 전류는 크기에 있어서 에미터 전류와 거의 동일한 것이다.
② 이 두 전류는 에미터-베이스 전압에 의해 제어될 것이다.
③ 이 두 전류는 콜렉터-베이스 전압에 거의 독립적일 것이다.

말하자면 에미터-베이스 전압은 콜렉터 회로에 전력의 흐름을 제어한다. 이러한 제어 작용이 트랜지스터에서 증폭의 기본이다. 이러한 제어이론은 베이스 영역에서 소수 캐리어의 분포와 흐름에 주의를 기울임으로써 알 수 있다.

접합 다이오드에서 소수 캐리어의 분포는 베이스에서 소수 캐리어의 흐름과 재결합 과정 그리고 트랜지스터 구조에 의존한다. 그러므로 소수 캐리어 밀도에 대한 경계조건이 접합에 주어진다. 이러한 중요한 요인을 설명하기 위해서 그림 6-6에 표시하는 p-n-p 트랜지스터의 이상적인 모델(model)에서 생각하여 보자.

소수캐리어에 의한 전류의 흐름은 모델에서 완전히 1차원이라고 가정되고 소수캐리어는 단지 확산에 의해 흐르는 것으로 가정된다. 콜렉터와 에미터 영역은 베이스보다 높게 도핑(doping)되어 있다고 가정된다.

결과적으로 관심을 기울일 소수캐리어의 과정은 베이스 영역에 국한된다. 베이스에서 소수캐리어 분포를 결정하는 데 있어서 결합 조건이 그림 6-6에 나타나 있다.

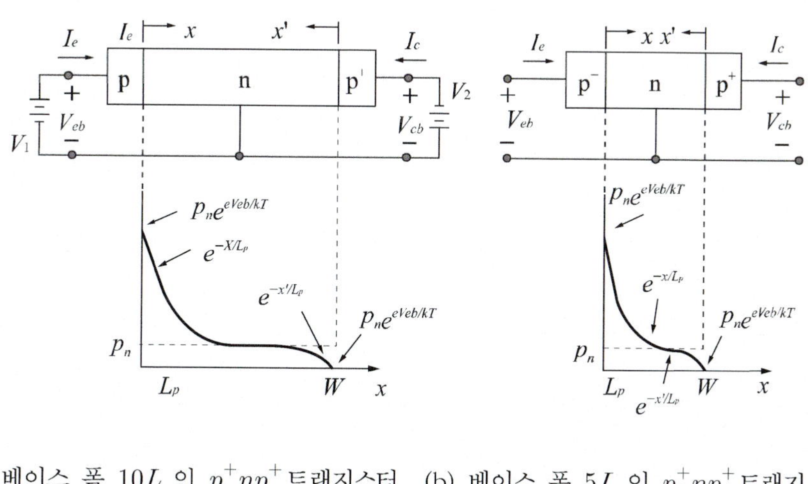

(a) 베이스 폭 $10L_p$인 p^+np^+ 트랜지스터 (b) 베이스 폭 $5L_p$인 p^+np^+ 트랜지스터

그림 6-6 트랜지스터 베이스 영역의 소수캐리어 분포 및 접합경계조건

그림 6-6(a)에서는 트랜지스터의 베이스 폭이 $W=10L_p$라는 것을 보여 준다. 여기서 L_p는 베이스 영역에서 정공에 대한 확산 거리이다.

에미터 베이스 접합은 축전지 V_1에 의해 정방향 바이어스되어 있는 반면에 콜렉터-베이스 접합은 축전지 V_2에 의해 역방향 바이어스되어 있다. 베이스가 아주 넓은 폭을 가지고 있기 때문에 에미터와 콜렉터 부근의 정공 밀도는 p^+n 다이오드에서와 동일한다.

특히 에미터 근방에서 과잉 정공 밀도의 축적은 $e^{-x/Lp}$에 비례한다. $x=0$에서 정공 밀도의 절대값을 $p_e{}'$로 나타내면 접합 법칙에 의하여 다음 식과 같이 나타낸다.

$$p_e{}' = p_n e^{e V_{eb}/kT} = p_n e^{e V_1/kT} \tag{6-10}$$

콜렉터 부근의 과잉 정공 밀도는 $\epsilon^{-x'/Lp}$에 비례하며, 여기서 x'는 콜렉터-베이스 변위 영역의 n형 첨단으로부터 베이스쪽으로 측정한 거리이다.

접합 법칙에 의해 $x=W$에서 정공 밀도의 절대값은 $V_2 \gg kT/e$라는 가정하에서 식(6-11)과 같이 주어진다.

$$p_e{}' = p_n \epsilon^{e V_{cb}/kT} = p_n e^{-e V_2/kT} \ll p_n \tag{6-11}$$

에미터, 콜렉터 접합 양단의 전류의 흐름은 $x=0$와 $x=W$에서 정공밀도의 기울기를 계산함으로써 구할 수 있다.

에미터 전류는

$$I_e = -eAD_p \frac{\partial p}{\partial x}\bigg|_{x=0} = \frac{eAD_p p_n}{L_p}\left(e^{eV_1/kT}-1\right) \tag{6-12}$$

콜렉터 전류는

$$I_c = -eAD_p \frac{\partial p}{\partial x}\bigg|_{x=W} = \frac{eAD_p p_n}{L_p}\left(e^{-eV_2/kT}-1\right) \tag{6-13}$$

식(6-12), (6-13)은 p^+-n 접합 다이오드의 정방향과 역방향 전류에 대한 식과 똑같다.

콜렉터와 에미터 전류는 본질적으로 서로 독립적이며 베이스 폭이 넓을 때는 에미터 다이오드와 콜렉터 다이오드 사이에 커플링(coupling)은 무시된다. 그림 6-6(b)를 생각하여 보자. 여기서 트랜지스터는 $5L_p$의 베이스 폭을 가지고 있다. 바이어스 전압 V_1과 V_2는 변함이 없다. 그래서 접합 법칙은 베이스 영역의 첨단에서 정공밀도가 전과 똑같도록 요구한다. 그러나 지금 과잉 정공은 베이스 첨단에서 정확하게 지수 함수가 되지는 못한다. 특히 $x = W$에서 정공 밀도의 기울기는 전보다 약간 더 크므로 콜렉터 전류는 더 크게 된다.

물리적으로 말해서 에미터에서 베이스로 주입되는 정공의 미소분이 재결합하기 전에 콜렉터-베이스 변위 영역으로 확산되어 콜렉터-베이스 접합이 역바이어스되어 있는 한 이러한 정공은 콜렉터-베이스 변위 영역의 높은 전계에 의해 콜렉터 내로 끌려 들어가 콜렉터 전류에 기여한다.

6.4 증폭기로서 트랜지스터 기본동작

여기서는 트랜지스터가 증폭작용을 하는 방법을 보편적인 실례를 들어 설명한다.

그림 6-7에서 에미터 바이어스 전압 V_{ab}가 0.1[V]라 하고 정바이어스된 접합의 저항이 50[Ω]이라 하면 에미터 전류 I_e는 2[mA]가 된다.

($I = V/R = 0.1/50 = 0.002[\text{A}] = 2[\text{mA}]$).

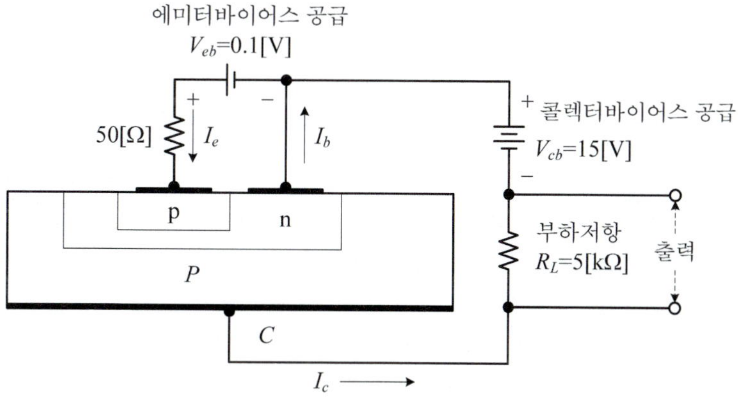

그림 6-7 증폭기로서의 트랜지스터

여기서 트랜지스터의 α_f를 0.99라 하면 콜렉터 전류 I_c는

$$I_c = \alpha_f \cdot I_e = 0.99 \times 2[\text{mA}] = 1.98[\text{mA}] \quad (6\text{-}14)$$

이 콜렉터 전류는 5[kΩ]의 부하저항을 통하여 콜렉터 공급 축전지(battery)로부터 흐를 것이며 부하저항 양단에 9.9[V]($V=IR=1.98\times5$)의 전압 강하를 가져다 줄 것이다. 결과적으로 콜렉터 접합에 5.1[V](15−9.9)의 전압이 걸리게 된다.

지금 에미터 전압을 1[mV] 변화시켰다고 할 때 이 결과로 인한 에미터 전류의 변화는 20[μA](1[mV]/50[Ω])가 될 것이며, 콜렉터 전류의 변화는 19.8[μA](0.99×20)가 될 것이다. 이러한 콜렉터 전류의 변화는 5[kΩ]의 부하저항 양단에 99[mV](19.8[μA]×5[kΩ])의 전압변화를 가져온다.

결국 에미터의 1[mV]의 전압변화가 부하저항 양단에 99[mV]의 전압변화를 가져와 99배의 전압 증폭을 시킨 것이다. 이와 같이 외부 회로와 트랜지스터와의 연결을 적당히 바꿈으로써 전류증폭, 전압증폭, 전력증폭을 얻을 수 있다.

예제 에미터 전류를 1[mA] 변화시켰더니 콜렉터 전류가 0.94[mA]가 되었다. 이때 T·R의 증폭률 β를 구하여라.

(풀이) $$\alpha=\frac{\Delta I_C}{\Delta I_E}=\frac{0.94\times10^{-3}}{1\times10^{-3}}=0.94$$

$$\therefore\ \beta=\frac{\alpha}{1-\alpha}=\frac{0.94}{1-0.94}=15.66$$ ■

6.4.1 트랜지스터의 동작 상태

트랜지스터의 동작상태는 다음의 네 가지로 구분된다.

① 포화상태 : EB 접합 정바이어스, CB 접합 정바이어스
② 활성상태 : EB 접합 정바이어스, CB 접합 역바이어스
③ 차단상태 : EB 접합 역바이어스, CB 접합 역바이어스
④ 역활성상태 : EB 접합 역바이어스, CB 접합 정바이어스

p-n-p 트랜지스터의 경우에 대해서 이것을 그림 6-8에 나타내었다.

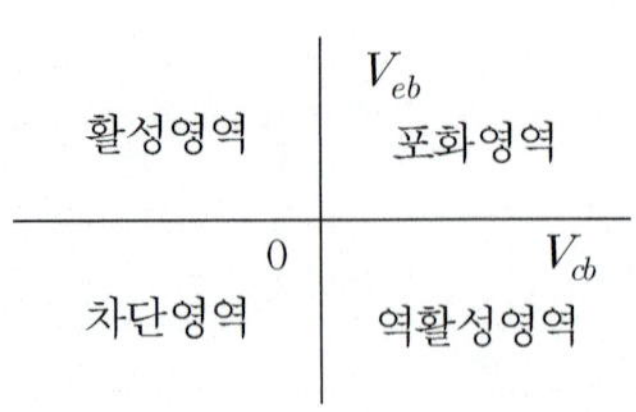

그림 6-8 트랜지스터의 동작상태 구분(p-n-p의 경우)

포화영역과 차단영역에서의 동작은 펄스, 스위칭 전자회로에 응용되는 것이며 활성영역에서의 동작, 즉 활성모드(active mode)는 증폭기로 사용할 때의 동작상태이다. 역활성 상태는 에미터와 콜렉터의 입장을 서로 바꾼 활성 동작이며 특별한 경우 이외에는 쓰이지 않는다.

6.4.2 접합 트랜지스터의 요구 조건

트랜지스터의 구조에 대한 몇 가지의 주된 요구조건을 다음에 열거한다.

① 콜렉터 영역에 역바이어스를 걸어줄 때 콜렉터 접합의 사태절연 파괴 전압을 높게 하기 위하여 콜렉터 영역의 캐리어 밀도를 낮게 해야 한다. 즉, 콜렉터 영역의 고유저항이 높아야 한다.

② 베이스 영역의 캐리어 밀도는 공간전하영역이 주로 콜렉터 영역으로 확장되어 이 접합면에 있는 에미터로부터 이동한 정공이 쉽게 콜렉터 쪽으로 끌리게 해야 하므로 콜렉터 영역의 캐리어 밀도보다 높아야 한다(공간전하 영역은 캐리어 농도가 낮은 쪽으로 치우쳐 확장됨). 즉, 베이스 영역의 고유저항은 콜렉터 영역의 고유저항보다 낮아야 한다.

③ 에미터 영역의 캐리어 밀도는 높은 주입효율을 주기 위하여 베이스 영역의 캐리어 밀도보다 높아야 한다. 즉, 에미터 영역의 고유저항은 베이스 영역의 고유저항보다 훨씬 낮아야 한다.

④ 베이스 영역의 폭은 높은 주입효율을 주기 위하여 좁게 한다.

⑤ 베이스 영역에서 소수캐리어(p-n-p의 경우 정공, n-p-n의 경우 전자)의 이동도는 높은 전도효율을 얻기 위하여 높아야 한다.

⑥ 정상동작 상태 하에서 에미터 접합은 정바이어스 되어야 한다.

⑦ 정상동작 상태 하에서 콜렉터 접합은 역바이어스 되어야 한다.

6.5 실제의 트랜지스터

위에서는 다이오드의 경우와 마찬가지로 트랜지스터에서의 물리적 메커니즘을 고찰함에 있어서 이상적인 1차원 모델을 사용하였다. 즉, 그림 6-1과 같이 3개의 불순물 반도체 영역은 균일하며, 접합은 계단적이라는 가정을 하였다.

그러나 이러한 성질은 실제의 트랜지스터에 있어서 무시할 수 없는 영향을 나타낸다. 여기서는 실제의 트랜지스터의 특성을 이해하는데 있어서 중요한 몇 가지 문제를 고찰한다.

6.5.1 베이스폭 변조

이상적 트랜지스터에서는 베이스 중성영역의 폭 W가 일정하다고 가정하고 있다. 그러나 실제의 트랜지스터에서는 콜렉터 전압 V_{cb}의 변화에 따른 베이스폭의 변화가 상당한 영향을 미치게 된다. 그림 6-9에 이러한 상태를 나타내었다.

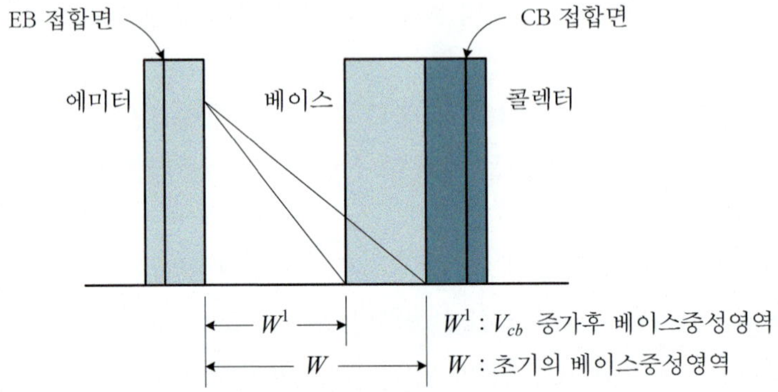

그림 6-9 베이스폭 변조

콜렉터의 역바이어스가 증가함에 따라 콜렉터-베이스 접합의 공간전하영역이 넓어지게 되어 베이스 중성영역의 폭이 줄어든다. 위 그림에서 보는 바와 같이 베이스폭의 감소는 베이스 영역에서의 소수캐리어(p-n-p의 경우 정공, n-p-n의 경우 전자)의 농도의 기울기를 증대시킨다. 그러므로 콜렉터 역바이어스의 증가에 따라 에미터 전류와 콜렉터 전류가 증가함을 알 수 있다.

베이스폭의 변화가 가져오는 또 하나의 중요한 효과는 베이스 폭 W의 감소에 따라 에미터 효율 γ 및 수송계수 B^X의 증가를 초래하여 증폭률 α_f가 증대한다는 것이다. 이와 같이 베이스 폭의 변화에 따르는 현상을 베이스폭 변조(base-width modulation) 또는 Early 효과라고 한다.

6.5.2 펀치쓰루우(Punch-through)

콜렉터의 역바이어스를 계속해서 증가시키면 콜렉터 접합의 공간전하층이 베이스 영역 안으로 깊숙이 퍼져가며 마지막에는 에미터 접합의 공간전하층과 닿게 되며 베이스 중성영역이 없어지게 된다. 이 현상을 펀치쓰루우(punch-through)라고 한다.

펀치쓰루우가 일어난 상태에서는 에미터, 베이스 및 콜렉터는 모두 단락상태가 되므로 트랜지스터의 작용을 할 수 없게 된다.

실제의 트랜지스터에서 콜렉터는 베이스보다 훨씬 강하게 도핑되어 있어 공간 전하층은 거의 베이스 안에 생기게 된다. 펀치쓰루우 전압 V_{pt}는 공간전하층이 베이스폭과 같아졌을 때 콜렉터 역전압으로 주어진다.

펀치쓰루우가 일어났다고 해서 트랜지스터가 파괴되었다고 생각해서는 안된다. 트랜지스터가 영구적으로 파괴되는 원인은 온도상승에 있으며 펀치쓰루우에 의해서 단락상태로 되었다 하더라도 과대한 전류에 따르는 온도상승이 트랜지스터의 허용최고 온도를 넘지 않는 한, 콜렉터 역바이어스 전압을 낮추면 다시 트랜지스터 작용을 복구하게 된다.

6.5.3 접합의 항복

앞에서 설명한 바와 같이 p-n 접합에 큰 역바이어스 전압이 걸리는 경우, 공간전하층을 지나가는 캐리어들이 결정원자와 충돌할 때 새로운 한 쌍의 캐리어를 발생케 하여 접합의 항복 효과가 일어나는데, 이러한 에벌런치 항복이 나타나는 효과는 트랜지스터의 전류 증폭율 α_f와 역포화 전류 I_{cb0}를 각각 M배로 증대시키는 것으로 해석된다(여기서 M은 증배상수로 $M=1/[1-(V_{cb}/BV_{cbo})^n]$로 표시된다). n은 제곱에 따라 결정되어지는 상수로 보통 2~6의 값을 가진다.

예제 콜렉터 항복 전압이 50[V]인 $T \cdot R$이 있다. 45[V]의 콜렉터 역전압을 가했을 때 증배계수를 구하여라.

(풀이)

$$M=\frac{1}{1-(V_{cb}/BV_{CBO})^n}$$

$$\therefore M=\frac{1}{1-\left(\frac{45}{50}\right)^3}=\frac{1}{0.271}=3.69$$

■

6.5.4 에미터 효율

이상적인 트랜지스터에서는 공간전하층에서의 재결합을 무시했으나 실제의 트랜지스터에서는 에미터접합의 공간전하층에서 캐리어가 재결합을 일으키며 이러한 형태를 그림 6-10에 나타내었다.

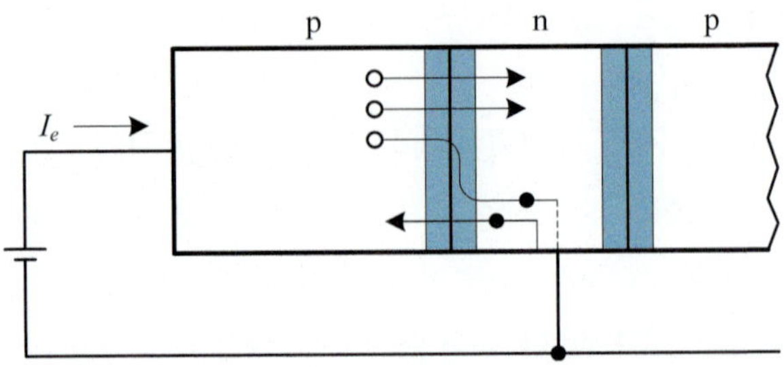

그림 6-10 에미터 공간전하 영역에서의 재결합

에미터 전류 I_e가 적을수록 재결합 전류성분이 차지하는 비율이 증가하므로 에미터효율 γ는 I_e의 감소에 따라 작아진다. 이러한 경향은 공간전하 영역에 많은 재결합 중심을 갖고 있는 Si에서 현저하게 나타난다.

Si 트랜지스터에 대해서 넓은 전류 범위에서 α_f를 측정해 보면 에미터 전류가 어느 한도 이상으로 크게 되면 α_f가 급속히 감소함을 발견할 수 있는데 이것은 다음과 같은 이유에서이다.

베이스에 주입된 에미터 과잉 정공은 에미터 접합에 가까운 베이스 영역의 정공 농도를 증대시키며, 따라서 전기적 중성 조건을 만족시키기 위해서 베이스 영역의 전자농도도 똑같이 증대하게 된다. 이러한 전자농도의 증가는 베이스단자를 거쳐서 흘러 들어오는 전자전류에 의해서 공급되는 셈이다. 이리하여 베이스에서 에미터로 주입되는 전자전류가 증대되어 에미터 효율이 감소하는 결과를 초래하게 되는 것이다. 이것을 전도율 변조(conductivity modulation)라고 한다.

6.5.5 베이스 분포 저항

그림 6-11은 확산형 트랜지스터에서의 베이스 전류의 통로를 나타낸 것이다.

베이스 영역은 두 개의 영역으로 구분해서 생각할 수 있다. 하나는 에미터 바로 밑의 영역이며 실제로 트랜지스터 작용에 관여하는 부분으로 이 영역을 활성영역(active region)이라고 한다. 또 하나는 활성영역과 베이스 단자 사이의 부분으로 베이스 전류의 통로가 되는 비활성영역(inactive region)이다.

대략적으로 보아서 비활성영역은 저항으로 생각할 수 있어 실제의 트랜지스터는 그림(c)와 같이 실효베이스영역(effective base region) B와 베이스단자 B 사이에 비활성영역을 나타내는 저항 R_b가 접속되어 있는 것으로 근사할 수 있다.

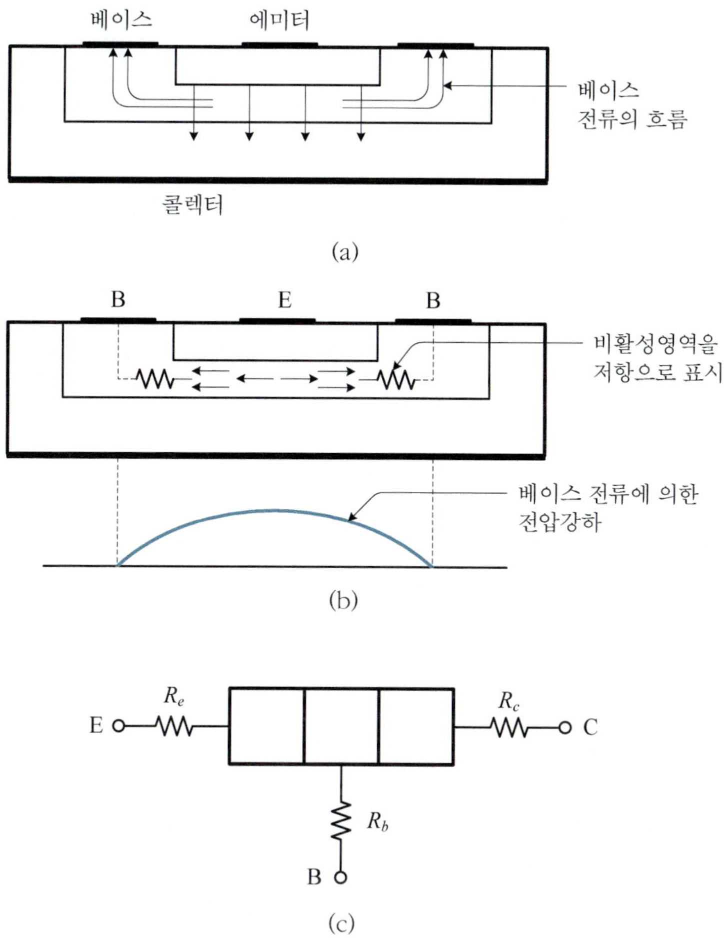

그림 6-11 베이스 분포 저항

이 그림에서 R_e 및 R_c는 에미터 및 콜렉터 중성영역의 저항을 나타낸다. 실제적으로 R_e 및 R_c의 값은 무시될 수 있을 정도로 작으나 R_b의 값은 비교적 커서 대표적 값은 100[Ω]이다.

6.6 공동베이스 특성

그림 6-12에 트랜지스터를 표시하는 방법을 나타내었다. 에미터를 표시하는 화살표의 방향은 에미터 접합의 순방향을 가리킨다.

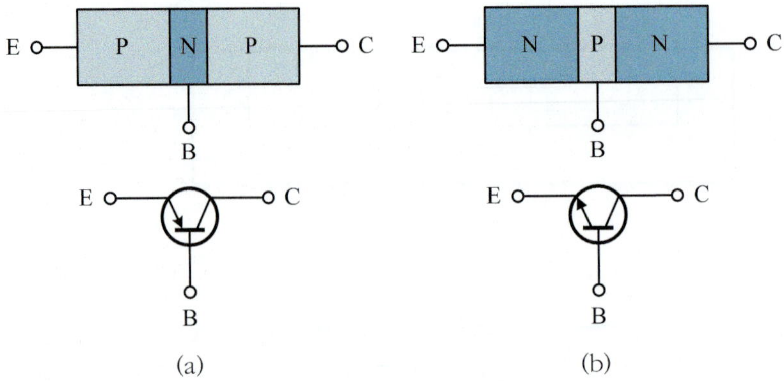

그림 6-12 p-n-p 및 n-p-n 트랜지스터의 표시

트랜지스터를 외부회로를 접속할 때 어느 단자를 입력(input)쪽과 출력(output)쪽의 공통단자로 택하느냐에 따라 세 가지 방법이 있다. 그림 6-13의 (a)는 베이스를 공통단자로 한 것이며 공통베이스접속(CB, common base connection) 또는 베이스접지접속(grounded base connection)이라고 한다. 마찬가지로 그림 (b)의 방법을 공통에미터접속(CE) 또는 에미터접지접속이라고 하며, 그림 (c)의 방법을 공동콜렉터접속(CC) 또는 콜렉터접지접속이라고 한다. 이들을 간단히 CB, CE, CC 접속이라고 부른다.

그림 6-13의 (a)에서와 같이 베이스단자를 공통으로 했을 때, 트랜지스터의 특성은 4개의 변수(입력전류 I_e, 입력전압 V_{eb} 및 출력전류 I_c, 출력전압 V_{cb})의 관계로 규정될 수 있으며, 실제적으로는 V_{eb}와 I_e를 독립 변수로 삼고 V_{cb}와 I_c를 그들의 함수의 형식으로 나타내는 방법을 사용하고 있다.

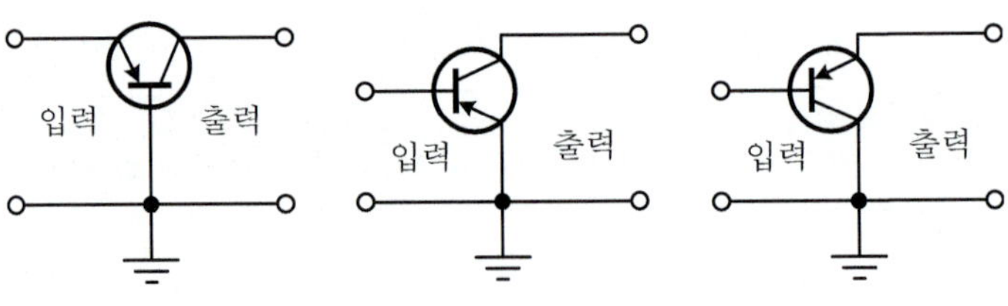

(a) 베이스접지접속(CB) (b) 에미터접지접속(CE) (c) 콜렉터접지접속(CC)

그림 6-13 트랜지스터의 접속 방식

6.6.1 입력 특성

입력 쪽의 전류, 전압관계를 표시한 것을 입력특성(input characteristics)이라고 한다.

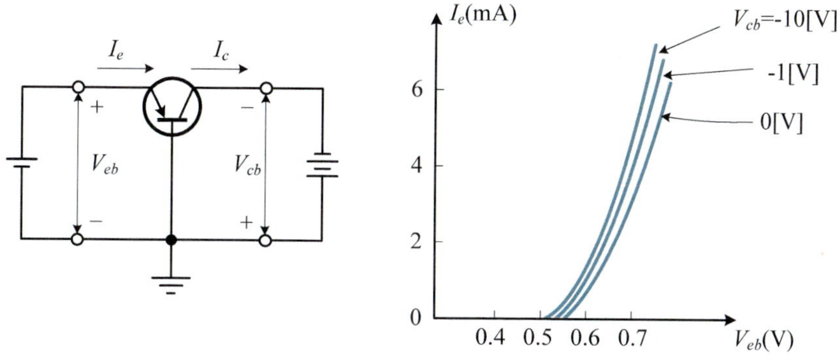

(a) (b)

그림 6-14 p-n-p Si 트랜지스터의 CB 입력 특성

입력 특성을 이론적으로 고찰하면 에미터 접합이 충분히 큰 전압으로 정바이어스되어 있고 $V_{eb} \gg kT/e(=0.026[\mathrm{V}]$, 실내온도)일 때 활성상태에서 동작하고 있는 경우의 입력특성은 다이오드의 특성과 똑같은 모양으로 됨을 알 수 있다. 이것을 그림 6-14의 (b)에 나타내었다. 이 그림에서와 같이 I_e가 갑자기 증가하기 시작하는 전압, 즉 Cut-in 전압은 Si 트랜지스터의 경우 약 0.5[V]이며, Ge 트랜지스터의 경우는 약 0.1[V]이다.

6.6.2 출력 특성

출력 쪽의 전류, 전압관계를 표시하는 출력특성(output characteristics)을 고찰해 보면,

$$I_c \approx \alpha_f \cdot I_e \tag{6-14}$$

가 됨을 알 수 있다. 여기서 $I_e = 0$(에미터 단자 개방)일 때 I_c는 콜렉터의 역바이어스 전압에 의존하게 되는데, BV_{cb0}에서의 전류 I_{cb0}(common base, emitter open)의 급격한 증가는 애벌런치 증배효과에 기인하는 것이다. 실제의 트랜지스터에 있어서 에미터 개방시 I_{cb0}가 콜렉터 역전압의 증가에 따라 증가하는 모양을 그림 6-15에 나타내었다.

여기서 애벌런치 항복이 나타나는 콜렉터 전압을 CB 항복전압(breakdown voltage)이라 하고 BV_{cb0}로 표시한다. 이와 같이 콜렉터 역전압이 BV_{cb0} 에 가까워지면 I_{cb0}는 무한대로 증가하게 되는데 실제에 있어서 트랜지스터의 동작범위 내에서 I_{cb0}의 값은 무시할 수 있다.

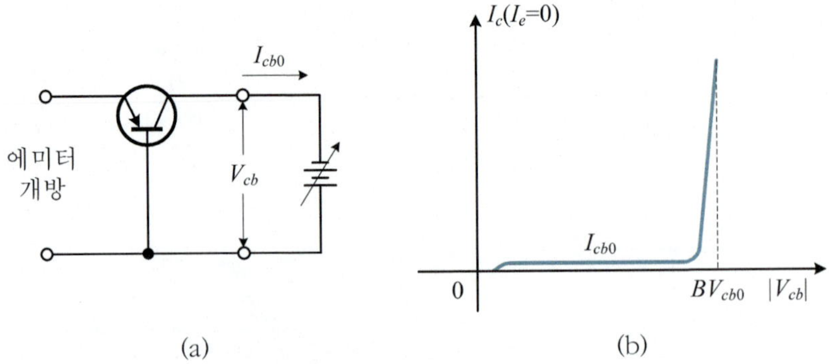

그림 6-15 에미터 개방($I_e = 0$)일 때의 CB 출력 특성

6.7 공동에미터접속(CE)의 정특성

트랜지스터의 물리적 메커니즘에서 볼 때 베이스접지의 형태가 원칙적인 접속 방식이라고 할 수 있겠으나, 실제로 전자회로에서 이용되는 것은 n-p-n 트랜지스터를 사용한 에미터 접지의 경우가 대부분이다. 그림 6-16에 이것을 나타내었다.

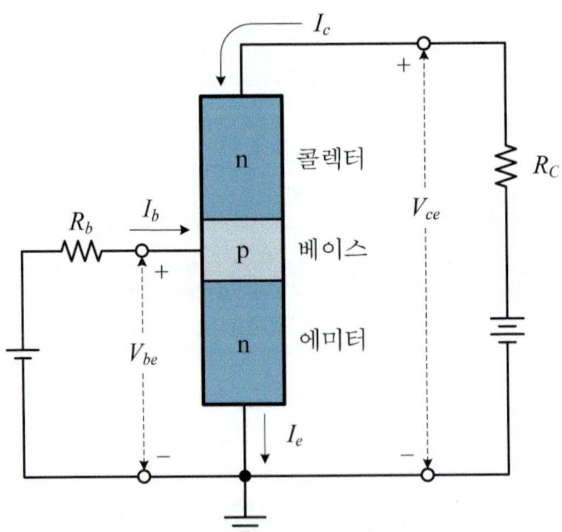

그림 6-16 CE 접속

CE 특성의 자세한 특징은 CB 특성의 경우와는 달리 직관적으로 이해하기는 어렵다. 그러므로 여기서는 n-p-n의 경우를 대상으로 해서 정성적 설명을 위주로 하였다.

6.7.1 입력 특성

그림 6-17에 n-p-n Si 트랜지스터의 입력특성의 대표적 예를 나타내었으며 그림(b)에서와 같이 입력 특성이 다이오드의 특성과 비슷하게 됨을 알 수 있다.

콜렉터 접합이 충분히 역바이어스 되어 있는 경우 그림(a)로부터

$$I_b = I_e - I_c \approx (1-\alpha_f)I_e \tag{6-16}$$

로 I_b가 I_e에 비례함을 알 수 있으므로 위 그림(b)의 특성을 쉽게 이해할 수 있을 것이다. 위 그림(b)에 나타난 V_{ce}의 영향은 Early 효과에 기인한 것이며, V_{ce}의 증가에 따라 베이스폭이 줄어들어 α_f가 증가하여 1에 더욱 가까워지기 때문이다. 이러한 차이는 근소하므로, 실제에 있어서는 입력특성이 V_{ce}에 관계없이 하나의 곡선으로 표시된다고 보아도 무방하다.

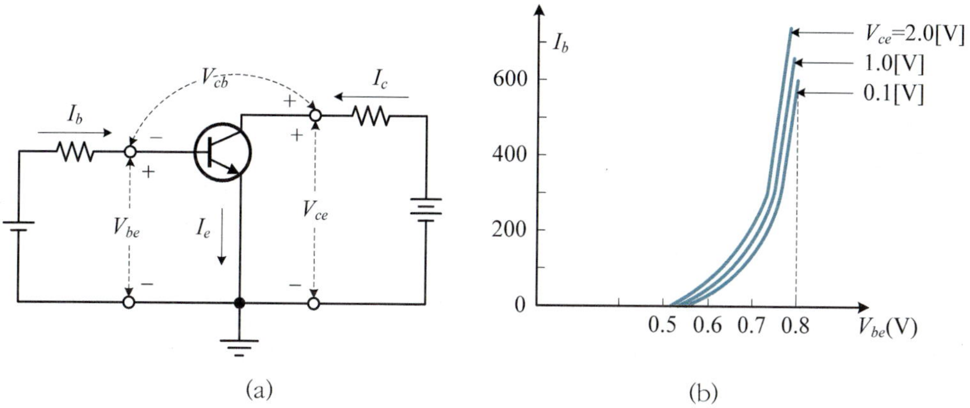

그림 6-17 n-p-n Si 트랜지스터의 입력 특성

위 그림으로부터 Cut-in 전압은 약 0.6[V] 정도이며, 활성영역에서 동작하고 있는 경우 베이스 전압 V_{be}는 베이스 전류 및 에미터 전류에 관계없이 약 0.7[V] 정도로 보는 것이 합리적이다.

6.7.2 출력 특성(활성 영역)

EB 접합이 정바이어스, CE 접합이 충분히 역바이어스된 동작상태에서의 출력특성은 다음 식으로 나타낸다.

$$I_c = \beta_f \cdot I_b + I_{ce0} \tag{6-16}$$

여기서 $I_{ce0}=0$(베이스단자 개방)일 때의 콜렉터 전류이며, 이것을 CE 차단전류라고 한다. (I_{ce0}의 첨자 ce0는 common emitter, base open의 뜻이다). 실제의 동작상태에서 I_{ce0}는 무시할 수 있으므로,

$$I_c \approx \beta_f \cdot I_b \tag{6-17}$$

따라서 β_f는 출력전류와 입력전류와의 비 I_c/I_b를 나타내는 셈이 되며 그림 6-18에 β_f와 a_f와의 관계를 나타내었다.

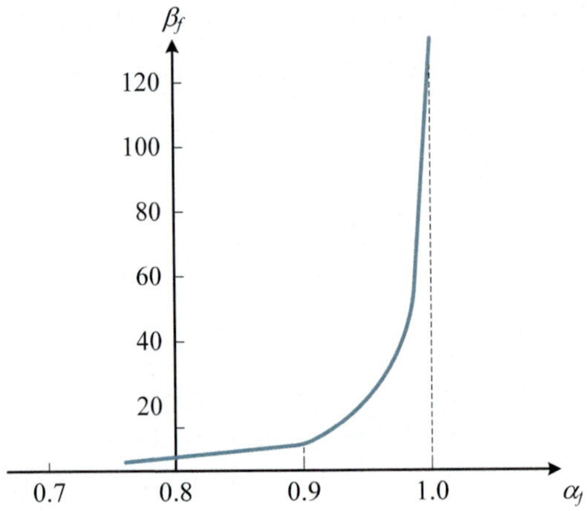

그림 6–18 β_f와 a_f와의 관계

이 그림에서부터 근소한 a_f의 변화가 β_f의 큰 변화를 초래하는 것을 알 수 있다. 위의 식으로부터 CE 접속의 출력 특성은 아래의 그림 6-19와 같음을 알 수 있다. 이 그림에서 V_{ce}가 대단히 작은 범위에서는 이 식이 적용되지 못함을 알 수 있는데 이것은 트랜지스터의 동작상태가 활성영역에 있지 않기 때문이다.

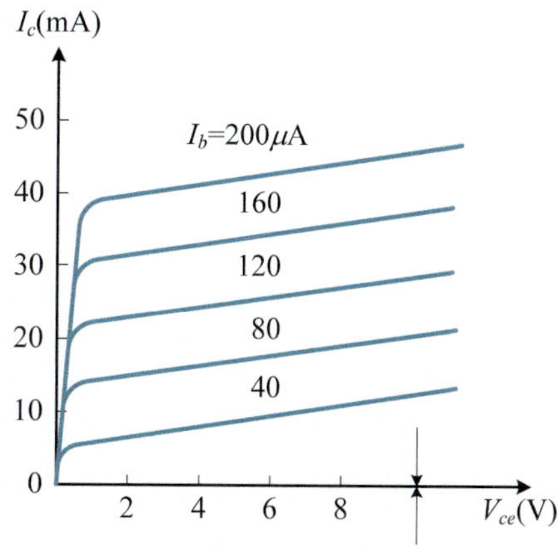

그림 6-19 n-p-n Si 트랜지스터의 출력 특성

6.7.3 CE 전류증폭률

활성영역에서의 동작에 있어서 파라미터 h_{fe}를 다음 식으로 정의한다.

$$h_{fe} \equiv \frac{I_c}{I_b} \tag{6-18}$$

이것은 출력특성에서 논의되었던 것과 같이 β_f와 실질적으로 동일한 것임을 알 수 있다. h_{fe} 및 β_f는 모두 CE 전류 증폭률이라고 하며 혼동해서 쓰는 일이 많다.

한편 α_f를 CB 전류 증폭률이라고 한다.

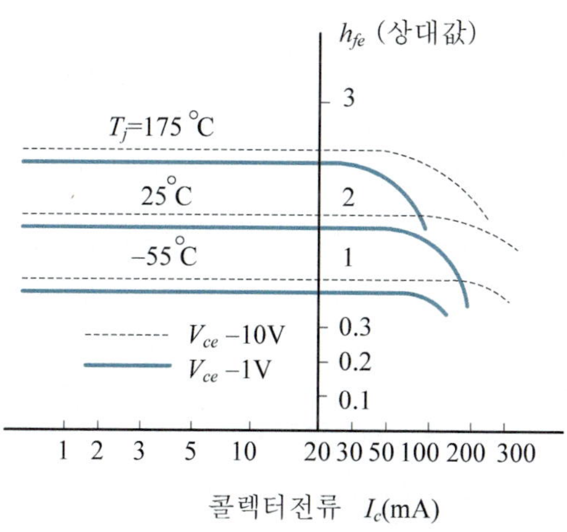

그림 6-20 n-p-n Si 트랜지스터에서 h_{fe}와 I_c와의 관계

그림 6-20에 $V_{ce}=1[\mathrm{V}]$, $I_c(\approx I_e)=20[\mathrm{mA}]$, 25℃를 기준으로 해서 정규화(normalize)한 h_{fe} 값을 나타내었다. 여기서 h_{fe}의 값은 I_c의 증가 또는 감소에 따라 변화(작아짐)하기는 하나 넓은 I_c의 범위에서 꽤 일정하게 유지됨을 알 수 있다. 또 V_{ce}가 1[V]에서 10[V]로 증가할 때 h_{fe} 값도 약간 증가하는데 이것은 Early 효과에 기인한 것이다. 이 그림은 또 접합온도 T_j가 높아짐에 따라 h_{fe}의 값이 증가하는 경향을 표시하고 있다(여기서 h_{fe}의 온도계수는 0.6[%/℃] 정도로 평가됨).

반도체 제조에 있어서 트랜지스터의 품질은 똑같은 형식의 것이라 하더라도 개개의 트랜지스터에 따라 h_{fe}의 값은 크게 다르다. 이것은 a_f의 근소한 차이에 의해 h_f의 큰 차이를 초래하는 데서 오는 결과이며 제조회사에서 제공하는 기술자료에서는 h_{fe}의 값으로서 최소값과 최대값을 반드시 기록하고 있다.

h_{fe} 값은 트랜지스터의 형식에 따라 광범위한 차이를 보이는데, 한 예로 0.1[mA]의 소전류용 트랜지스터에서는 1,200이며 30[A]의 대전력용 트랜지스터에서는 약 5의 값을 갖는다.

6.7.4 전달 특성

콜렉터 전류 I_c와 베이스 전압 V_{be}와의 관계를 나타내는 전달 특성(Transfer Characteristics)을 구하는 식은 다음과 같다.

$$V_{be}=\frac{kT}{e}\cdot\ln\frac{I_c}{I_b} \tag{6-19}$$

이 식은 I_b가 알려져 있을 때 주어진 콜렉터 전류를 흘리는데 요구되는 베이스 전압을 계산하는데 이용된다.

그림 6-21에 실제 트랜지스터의 전달특성의 예를 나타낸 것이다.

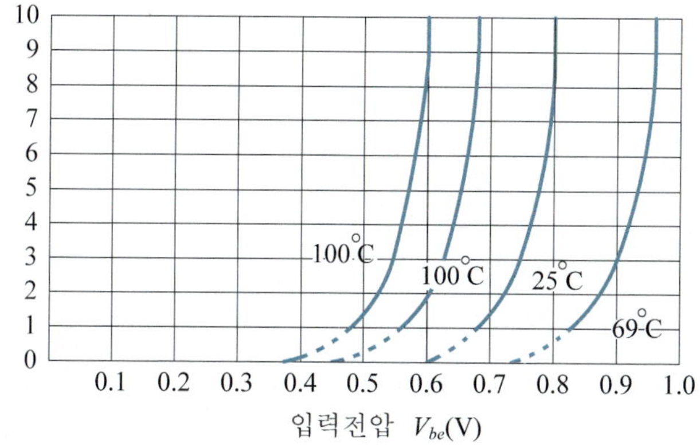

그림 6-21 n-p-n Si 트랜지스터의 전달 특성

6.7.5 CE 항복 전압

콜렉터 전압을 크게 하여 콜렉터 접합에서의 애벌런치 항복이 일어날 범위까지의 출력 특성의 예를 그림 6-22에 나타내었다(이 그림은 I_c 속에 만들어진 n-p-n 트랜지스터의 대표적 특성으로 여기서 $h_{fe} \approx 100$이다). 여기서 I_{ce0}가 무한대로 증가해 가는 콜렉터 전압을 CE 항복전압이라고 하고 BV_{ce0}으로 표시한다.

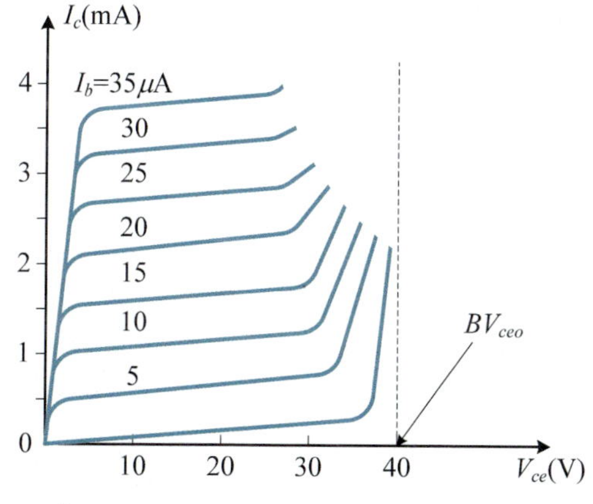

그림 6-22 n-p-n 트랜지스터의 출력 특성

베이스접지에서의 항복전압 BV_{cb0}와 에미터 접지에서의 항복전압 BV_{ce0}와의 관계에서 보통 BV_{ce0}는 BV_{cb0}의 절반 정도이다. 그러므로 CE 접지의 경우에는 CB 접지의 경우보다 동작전압 범위가 많이 제한된다.

6.7.6 차단영역

일반적으로 콜렉터 전류가 대단히 작아서 무시될 만한 경우 트랜지스터는 차단(Cut-off) 상태에 있다고 한다. 좀 더 정확히 말하면 $I_e = 0$, $I_c = I_{ce0}$(common emitter, base open)되는 상태를 차단상태라고 할 수 있다.

Si 트랜지스터의 경우 베이스 개방 상태인 $I_b = 0$일 때 $\alpha_f \approx 0$이 되어 차단상태에 있다고 볼 수 있으나 Ge 트랜지스터에서는 차단상태 근처에서도 $\partial_f \approx 0.9$이므로 $B_f \approx 10$이고 $I_{ce0} \approx 10 I_{cb0}$이며 아직 차단상태로 되어 있지 않게 된다. Ge 트랜지스터를 차단상태로 하기 위해서는 에미터 접합에 0.1[V] 정도의 역바이어스 전압을 걸어 $I_b < 0$으로 해주어야 한다.

6.7.7 포화 영역

트랜지스터가 포화영역에 있을 때 CB 접합 및 EB 접합은 모두 정바이어스 되어 있다. 그림 6-19의 출력 특성에서 콜렉터 전압 V_{ce}가 대단히 작은 경우 트랜지스터는 포화상태에 있게 된다. 한 예로 그림 6-17에서 $V_{ce} = 0.2$[V]라고 하자. EB 접합의 순전압이 0.8[V]라고 하면 $V_{cb} = V_{ce} - V_{be} = 0.2 - 0.8 = -0.6$[V]로 이것으로부터 V_{ce}가 대단히 작은 범위에서는 CB 접합이 정바이어스되어 있음을 알 수 있다. 이러한 상태에서의 콜렉터 전압을 포화콜렉터 전압이라고 하며 $V_{ce}(sat)$로 표시한다. 이것은 2개의 대단히 작은 정바이어스 전압의 차이이므로 그 값은 물론 대단히 작다. 실제의 트랜지스터에서는 Si의 경우 0.2[V] 정도, Ge의 경우는 0.1[V] 정도로 볼 수 있다.

포화영역에 있을 때 콜렉터 전압과 콜렉터 전류와의 비를 포화저항이라고 하며 $R_{ce}(sat)$로 표시한다. 즉, $R_{ce}(sat) = V_{ce}(sat)/I_c$이다. 포화저항은 포화영역에서의 트랜지스터의 동작을 특징짓는 중요한 파라미터의 하나이다.

6.7.8 동작 상태의 판별

트랜지스터 회로가 주어졌을 때 트랜지스터가 어떤 영역에서 동작하고 있는가를 판정하는 방법을 알아두는 것은 유익하다.

차단상태는 쉽게 판정되므로, BE 접합이 정바이어스되어 있는 상태에서 활성동작과 포화상태를 판정하는 방법을 다음에 요약하였다.

① 회로에서 I_c와 I_b를 알 수 있는 경우 : $I_c = h_{fe} \cdot I_b$일 때 활성상태,
$I_c < h_{fe} \cdot I_b$일 때 포화상태

② 회로에서 V_{cb}를 알 수 있는 경우 : CB 접합이 역바이어스되어 있을 때 활성상태, 정바이어스되어 있을 때 포화상태.

아래 표 6-1에 트랜지스터의 동작 상태와 접합전압의 대표적 값을 나타내었다.

표 6-1 접합전압의 대표적 값(25℃)

구 분	Si	Ge
포 화 영 역	$V_{ce}(sat) = 0.2$[V] $V_{be}(sat) = 0.8$[V]	$V_{ce}(sat) = 0.1$[V] $V_{be}(sat) = 0.3$[V]
활 성 영 역 Cut-in 전압 차 단 상 태	$V_{be} = 0.7$[V] $V_r = 0.5$[V] $V_{be}(off) = 0.0$[V]	$V_{be} = 0.2$[V] $V_r = 0.1$[V] $V_{be} = -0.1$[V]

6.8 트랜지스터의 스위칭 동작

여기서는 트랜지스터의 특성을 평가하는 기본적인 파라미터인 스위칭 시간에 대해서만 언급한다.

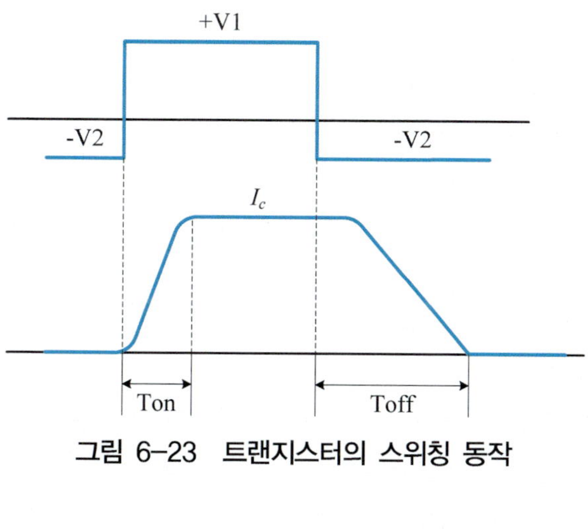

그림 6-23 트랜지스터의 스위칭 동작

그림 6-23과 같이 입력 신호가 -V2에서 +V1으로, 또는 그 반대 방향으로 순간적으로 스위칭 되었다고 하자. 이 때 트랜지스터의 전류, 전압은 입력신호의 급격한 변화에 충실하게 응답(response)하지 못하고 그림에서 보는 바와 같이 시간지연(time delay)을 나타내게 된다.

여기서 순방향으로 스위칭될 때의 지연시간 Ton을 turn-on 시간, 역방향으로 스위칭될 때의 지연시간 Toff를 Turn-off 시간이라고 한다(정확하게 말한다면 Ton은 콜렉터전류가 정상값 I_c의 90%로 상승하기까지의 시간을 말하며 Toff는 정상값 I_e의 10%로 떨어지기까지의 시간으로 규정된다).

실제의 트랜지스터에 있어서 Ton은 Toff에 비해 훨씬 작다.

연 습 문 제

6-1 접합형 트랜지스터의 에미터 접합과 콜렉터 접합의 바이어스 방식에 따른 트랜지스터의 종류를 자세히 설명하라.

6-2 에미터 전류를 1[mA] 변화하였더니 콜렉터 전류가 0.95[mA]였다. 이 트랜지스터의 증폭률을 구하라.

6-3 접합 트랜지스터의 베이스폭 변조(Early 효과)에 대하여 설명하라.

6-4 에미터 접지 트랜지스터에서 증폭률이 50, 차단전류 0.1[μA]일 때 베이스 전류가 0.2[mA]에서 콜렉터 전류를 구하라.

6-5 접합 트랜지스터의 펀치쓰로우(punch-through) 현상에 대하여 설명하라.

6-6 p-n-p 트랜지스터의 동작원리를 설명하라.

6-7 활성영역에서 p-n-p 트랜지스터의 전류 및 전압 I_e, I_b, I_c, V_{cb}, V_{eb}의 실제 방향을 표시하라.

6-8 n-p-n 트랜지스터의 동작원리를 설명하라.

6-9 에미터 접지 트랜지스터에 있어서 포화상태일 때의 관계식을 구하라.

6-10 전류 증폭률에 대하여 설명하라.

CHAPTER

07

전계효과 트랜지스터 이론과 특성

앞장에서 논의한 접합 트랜지스터는 반도체 세계에서 중심이 되는 장치로 전자회로 응용에 중요한 역할을 한다. 여기서 소개하는 새로운 형태의 트랜지스터인 전계효과 트랜지스터(FET, Field Effect Transistor)는 여러 점에서 지금까지 취급해 온 트랜지스터와 다른 특징을 가지고 있으며, 이 새로운 소자의 실용화에 따라 반도체의 새로운 응용 분야가 개척되었다. FET는 다수캐리어 만으로 전류가 운반되는 소자이므로 단극소자(Unipolar Device)라고 한다. FET는 그 구조에 따라 접합형 FET(JFET : Junction FET)와 절연 게이트 FET(IGFET : Insulated Gate FET) 또는 MOS-FET(Metal-Oxide-Semiconductor Transistor)로 분류하며 이 장에서는 이들의 특성에 대하여 정상적인 고찰을 통한 이해를 돕도록 하였다.

7.1 접합형 전계효과 트랜지스터

그림 7-1에 n채널 접합형 FET의 구조를 나타낸 것이다.

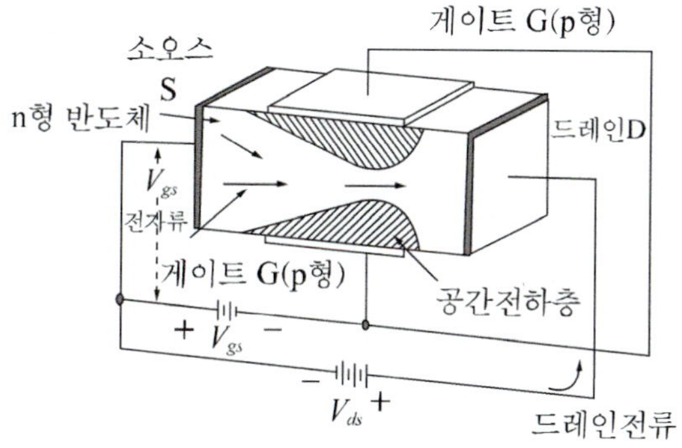

그림 7-1 n채널 J-FET

그림 7-1에서와 같이 n형 반도체의 양쪽 끝에 오옴접촉으로 전극을 접촉시켜 이들 사이에 전압을 걸면 전류가 흐르게 된다. 이 때 흐르는 전류는 다수캐리어(이 경우 전자)에 의해서 운반되는 것이며, 다수캐리어가 반도체 안으로 흘러들어가는 쪽의 전극을 소스(source), 다수캐리어가 반도체 막대로부터 흘러나가는 쪽의 드레인(drain)이라고 한다. 한편, n형 반도체 막대의 양 옆면은 억셉터 원자로 강하게 도핑되어 있으며 n형 막대와 p-n 접합을 이루고 있다. 이 p^+ 영역을 게이트(gate)라고 한다(source는 캐리어의 공급원, drain은 캐리어의 배출구, gate는 제어하는 문이라는 뜻이다). 이 gate는 불순물원자로 강하게 도핑되어 있으므로 공간전하층은 대부분 n형 반도체 안에 생기며(그림의 빗금 부분), 공간전하층(이 영역을 자유전하가 결핍되어 있는 영역이라 하여 공핍영역(depletion region)이라 하기도 한다) 안에는 캐리어가 고갈되어 있으므로 n형 반도체 내의 전도도(conductivity)에 기여할 수 없다. 그러나 공간전하 층으로 덮이지 않은 부분을 통해서 전자가 이동하여 전류를 형성하게 되는데 이 부분을 채널(channel)이라고 부른다.

한편, 반도체 막대를 p형으로 하고 n^+형을 게이트로 하여 p형의 다수캐리어인 정공을 이용할 수도 있는데 이것을 p채널 J-FET라고 한다. 그림 7-2에 이들의 표시방법을 나타내었다. 여기서 화살표는 p-n 접합의 정방향(p→n)을 표시한다.

FET의 동작은 드레인-소스, 전극 사이를 흐르는 드레인전류가 게이트전압 V_{gs}에 의해서 제어된다는 성질에 의존하고 있다. 즉, 그림 7-1에서 게이트접합이 역바이어스되도록 게이트전압 $V_{gs}(<0)$를 걸어 주고 V_{gs}를 변화시키면 공간 전하층의 폭이 변화하므로 채널의 폭이 변화하여 반도체 막대의 전도도가 변화하게 되는 것이다.

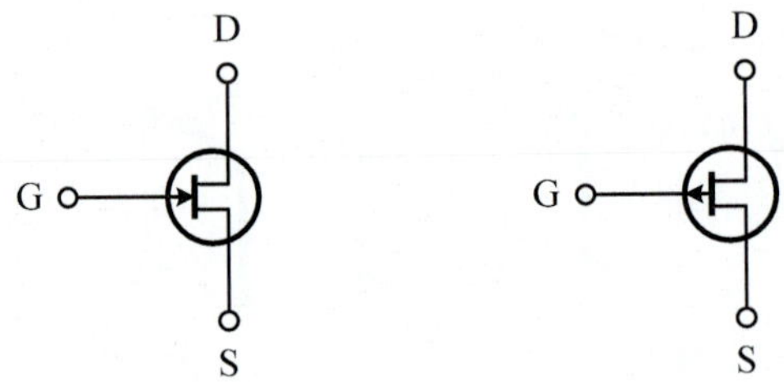

(a) n채널 (b) p채널

그림 7-2 J-FET의 회로 표시

7.1.1 핀치 오프(pinch-off) 전압

그림 7-1에서 게이트 역바이어스 전압을 증대시켜가면 공간전하층의 폭이 넓어지며 끝내는 채널이 완전히 막혀버리는 상태에 이르게 된다. 이 때 채널이 핀치오프(Pinch-off)되었다고 하며 이 때의 게이트전압을 핀치오프전압(V_p)이라 하고, 이 때의 핀치오프전압을 수식으로 표현하면 식(7-1)로 주어진다.

$$V_p = -\frac{qN_d a^2}{2\varepsilon} \tag{7-1}$$

여기서 a는 채널폭, N_d는 도우너 농도이다.

예제 채널폭 $a=2\times10^{-4}$[cm], 도우너 농도 $N_d=2\times10^{15}$[cm^{-3}]이 되는 n채널 Si 접합형 FET에서 핀치오프전압을 구하여라. 단 Si의 비유전율은 12이다.

(풀이) $V_p = -\frac{qN_d a^2}{2\epsilon} = -\frac{1.6\times10^{-19}\times2\times10^{15}\times(2\times10^{-6})^2}{2\times12\times8.85\times10^{-12}} = -6.03[\mathrm{V}]$ ■

7.1.2 정특성

그림 7-3(a)의 소스 접지회로에서 게이트전압 V_{gs}를 파라미터로 하여 드레인 전압 V_{ds}와 드레인 전류 I_d와의 관계를 측정한 대표적 정특성을 그림 7-4(a)에 나타내었다.

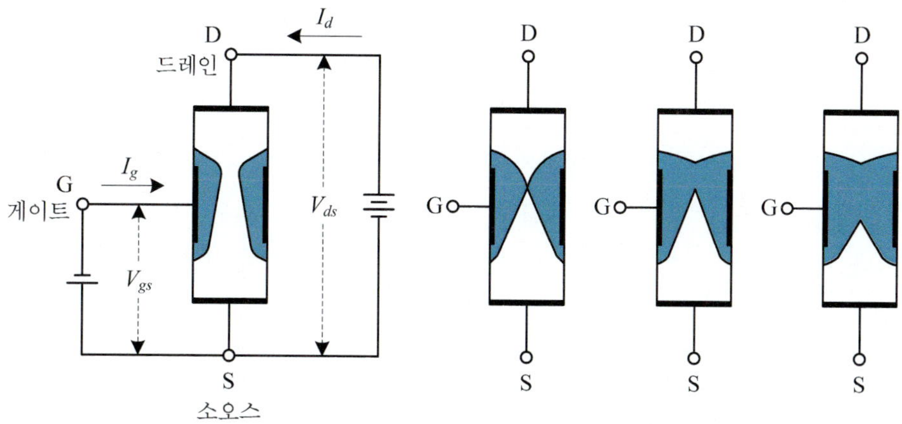

(a) $V_{gs}=0$ $V_{ds}<|V_p|$ (b) $V_{gs}=0$ $V_{ds}=|V_p|$ (c) $V_{gs}=0$ $V_{ds}>|V_p|$ (d) $V_{gs}=0$ $V_{ds}>|V_p|$

그림 7-3 소스 접지 J-FET 회로

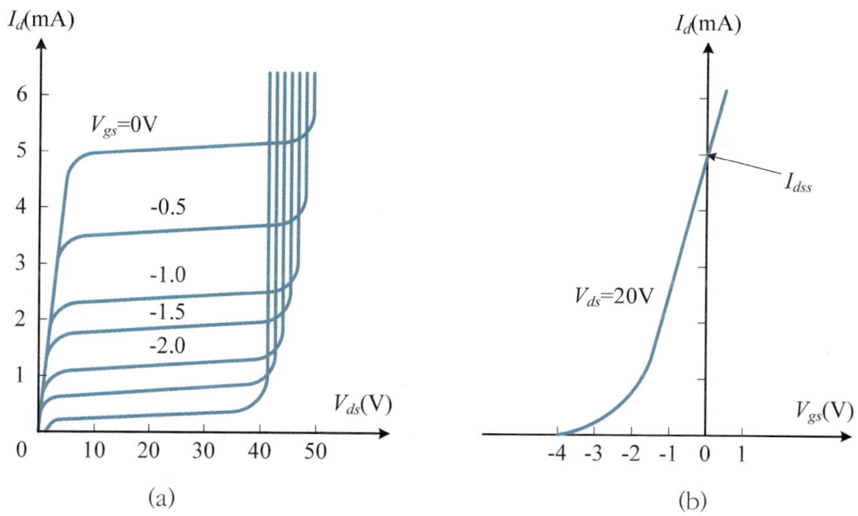

그림 7-4 n채널 J-FET의 특성

이 특성은 다음과 같다.

① 드레인 전압 V_{ds}가 낮은 범위에서는 드레인전류 I_d가 V_{ds}에 따라 직선적으로 증가한다.

② V_{ds}가 높은 범위에서는 I_d가 포화상태를 나타내며 V_{ds}의 증가에 따르지 않고 대체로 일정하게 된다.

③ V_{ds}가 절연파괴전압 BV_{dss}가 같게 되면 사태절연파괴(avalanche breakdown)로 인하여 전류는 또 다시 급격히 증가한다.

이러한 특성들은 정성적으로 고찰하기 위해 우선 $V_{gs}=0$의 경우를 생각해 보자. V_{ds}가 작은 범위에서는 공간전하층의 폭이 대단히 좁게 되어 채널의 폭은 n형 반도체의 폭과 같다고 볼 수 있다. 그러므로 V_{ds}가 작은 범위에서 I_d는 V_{ds}에 비례하여 직선적으로 증대할 것으로 예상된다.

그림 7-3(a)에 드레인 전류 I_d가 흐를 때의 공간전하층의 모양을 나타내었다. 여기서 드레인에 가까운 부분일수록 공간전하의 층이 넓어지고 있는데 이것은 I_d에 의한 전압강하 때문에 p-n 접합에 걸리는 역바이어스가 드레인에 가까운 부분일수록 크게 되기 때문이다. 채널의 폭은 I_d의 증가에 따라 좁아진다. 그러므로 특성곡선의 기울기는 I_d의 증가에 따라 감소할 것으로 예상된다.

V_{ds}를 높여 I_d를 계속해서 증대시켜 가면 $V_{ds}=|V_p|(V_{gs}=0)$에 이르렀을 때 그림 7-3의 (b)와 같이 드레인 쪽의 채널이 핀치오프 되는 상태에 이르게 된다. 이 때 핀치오프 상태에서도 I_d는 계속해서 이것은 핀치오프점과 소스 사이에 전압 $|V_d|$가 걸려 있으므로 소스로부터 공급되는 캐리어(이 경우 전자)가 공간전하층으로 주입되어 이곳의 전장에 의해서 가속되어 드레인으로 도달할 수 있기 때문이다.

드레인 전압 V_{ds}를 $|V_p|$ 이상으로 높이면 그림(c)와 같이 드레인과 게이트 사이의 공간전하층은 넓어지겠으나 핀치오프점과 소스 사이의 채널의 모양은 그다지 달라지지 않는다. 그러므로 V_{ds}의 증가는 실질적으로 공간전하층에 걸리는 전압의 증가를 초래할 뿐이며 I_d는 V_{ds}에 관계없이 일정하게 유지된다.

지금까지 $V_{gs}=0$의 경우에 대해서 설명하였다. 그러나 이러한 내용은 $V_{gs}<0$인 역바이어스일 때에도 그대로 적용될 수 있다. 다만, 이 경우에는 V_{gs}에 의한 여분의 역바이어스로 인하여 V_{ds}가 작은 범위에서 특성의 기울기가 작아질 것이며 또 V_{ds} 및 I_d가 보다 낮은 곳 ($V_{ds}=|V_p|-|V_{gs}|$)에서 핀치오프로 들어가게 될 것이다. 이 경우의 상태를 그림 (d)에 나타내었다. 이 경우는 게이트와 소스 사이의 전압 V_{gs}가 마이너스(-)로 될 때 p-n 접합이 역바이어스되어 게이트와 소스 사이에 결핍영역이 증가하여 채널의 폭을 감소시키고 이것은 채널의 저항을 증가시켜 결국 I_d의 감소를 가져오게 된다.(그림 7-4(b) 참조)

FET의 임의의 두 단자에 걸 수 있는 최대전압은 게이트접합의 애벌런치 항복전압에 의해서 결정된다. 그림 7-4의 특성에서 $V_{gs}<0$일 때 $V_{gs}=0$의 경우보다 낮은 드레인 전압 V_{ds}에서

애벌런치 항복이 일어나고 있음을 보여주고 있다.

7.1.3 차단 전류

FET가 포화영역에서 동작하고 있는 경우, V_{ds}를 일정하게 유지하고 $|V_{gs}|$를 게이트 접합을 역바이어스하는 방향으로 증가시키면 $|V_{gs}|=|V_p|$에 이르렀을 때 채널폭이 0으로 되며 $I_{ds}=0$으로 될 것이다. 그러나 실제의 소자에 있어서는 이와 같은 단락상태($|V_{gs}|>|V_p|$에서도 약간의 누설(leakage)전류 I_{ds}가 흐름을 볼 수 있다. Si FET의 경우 그 값은 수 nA 정도이며 $V_{ds}/I_{ds} \approx 100[\mathrm{M}\Omega]$이다.

7.1.4 전달특성

게이트전압인 V_{gs}에 입력신호를 가하고 드레인전류를 출력신호로 하여 증폭기를 구성할 수 있으며 이 때 입력 게이트전압을 변화시키면 드레인 전류가 어느 정도 변화되어서 출력전류로 되는가가 중요한데 이것을 나타내는 기호가 상호 콘덕턴스(mutual conductance) g_m이 있고 이것을 식으로 표현하면 식(7-2)와 같다.

$$g_m = \frac{dI_d}{dV_{gs}} \tag{7-2}$$

이 식에 의해 전달특성을 알 수 있고(그림 7-5 참조) $V_{gs}=0$일 때 드레인 전류를 I_{dss}라 하면 포화영역에서의 I_d는 근사적으로 다음과 같다.

$$I_d = I_{dss}\left(1-\frac{V_{gs}}{V_p}\right)^2 \tag{7-3}$$

여기서 I_{dss}는 포화드레인 전류이다.

그림 7-5는 $I_d - V_{gs}$ 관계를 그린 전달특성의 예이다. 여기서 특성이 거의 V_{gs}에 의해 결정되며 거의 직선적인 관계에 있다.

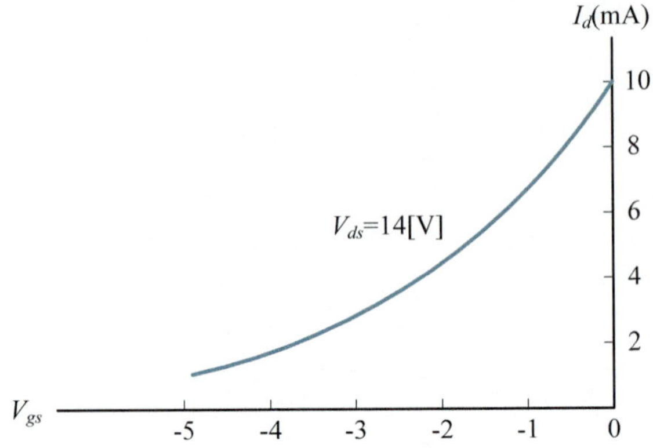

그림 7-5 전달 특성

이 직선부분은 V_{gs}를 변화시키면 I_d는 V_{gs}와 거의 같게 되고 이 직진성을 이용하여 선형증폭기로 사용하며 이 때문에 핀치오프영역을 능동영역(active region)이라 한다.

예제 $V_p = -4[\mathrm{V}]$이고, $I_{DSS} = 16[\mathrm{mA}]$인 접합 FET에서 V_{GE}가 -2[V]일 때 I_{ds} 전류를 구하여라.

(풀이) $I_{ds} = I_{dss}\left(1 - \dfrac{V_{gs}}{V_p}\right)^2 = 16 \times 10^{-3} \times \left(1 - \dfrac{2}{4}\right)^2 = 4[\mathrm{mA}]$ ■

7.1.5 FET의 특징

FET는 종래의 양극성(bipolar) 트랜지스터와 비교할 때 다음과 같은 특성의 차이가 있다.

① FET는 단극성(unipolar)소자이며 전류는 다수 캐리어에 의해서 운반된다.
② FET는 제조공정이 간단하여 집적회로화하기 좋고 집적도가 높기 때문에 최근의 IC에 많이 사용된다.
③ FET는 저항 소자로 사용할 수 있는 특성이 있어서 FET만으로 회로 구성이 가능하다.
④ 높은 입력 임피던스를 가지므로 디지털 회로 조합에서 매우 유리하다. 즉, 논리회로에서 팬아웃(fan out)을 늘릴 수 있는 장점이 있다.
⑤ FET는 대칭형 쌍방향 스위치(symmetrical bilateral switch)로 사용할 수 있다.
⑥ FET는 내부 캐패시턴스에 전하축적이 가능하므로 기억소자(memory device)로 사용할 수 있어서 최근 초대규모 집적회로(VLSI)의 기억소자로 널리 사용된다.

⑦ FET는 잡음이 적어 저잡음 전압 증폭기에 많이 사용된다.

⑧ FET는 무수한 신호 단속기(signal chopper)로 사용된다.

⑨ FET는 외부로부터의 방열(radiation)의 영향을 덜 받는다. 왜냐하면 복사열로 인하여 여분으로 생성되는 캐리어 농도 증가는 원래의 다수캐리어 농도에 비해 훨씬 작기 때문이다. 이러한 이유로 열적으로 더욱 안정하다.

그러나 FET의 중요한 결점은 양극성 트랜지스터에 비하여 이득-대역폭 적(gain-bandwidth product ; 이득과 주파수 대역폭의 곱으로 나타낸 값)이 작다는 것이다. 그러므로 증폭기로서는 BJT를 사용하는 것이 일반적이다. 오늘날 on-off 스위치로 응용하는 경우 BJT보다 FET 소자의 크기가 나노시대로 접어듬으로써 매우 빠른 스위칭소자로 광범위하게 응용된다.

7.2 절연형 FET(MOS-FET)

MOS-FET는 흔히 MOS라고 약하여 부르며 최근 반도체 기억소자로 집적도를 높일 수 있는 특징이 있어 대규모 집적회로에 많이 쓰인다. 여기서 MOS는 Metal-Oxide -Semiconductor를 약칭하는 것으로 게이트의 구성형태를 나타내는 말이다.

MOS-FET도 역시 전도 채널의 형식에 따라 n채널과 p채널로 구분되며 이들은 각각 구조상으로 증가형(enhancement type)과 공핍형(depletion type)으로 구분되기도 한다.

공핍형은 앞에서 설명한 J-FET와 그 동작이 흡사하여 게이트 전압이 0일 때 드레인 전류가 가장 많이 흐르며 게이트전압이 역바이어스로 증가하면서 감소하는 특징을 갖는다. 증가형은 이와 반대로 게이트전압이 0일 때에는 드레인 전류가 흐르지 않으며 게이트 전압의 증가에 따라 출력 전류는 증가한다.

7.2.1 증가형 n채널 MOS-FET(Enhancement MOS-FET)

(1) 구조

증가형이란 채널을 증가시키는 방향, 즉 바이어스 전압으로서 어떤 값의 게이트전압 V_{gs}를 걸어 주어야만 비로소 드레인 전류 I_d가 흐르기 시작하는 것이다. 따라서 $V_{gs}=0$에서는 채널이 존재하지 않으며 드레인 전류는 드레인과 기판(substrate)의 p-n 접합으로 저지되어 흐르지 못한다. 그림 7-6에 증가형 n채널 MOS-FET의 구조를 나타내었다.

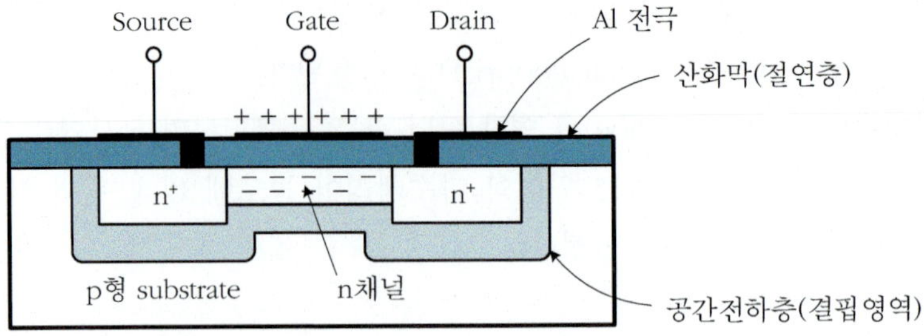

그림 7-6 n채널 MOS-FET

불순물 농도가 낮은(저항율이 1~10[Ω-cm] 정도) p형 Si 기판(substrate) 위쪽에 약 1[mil](=0.025[mm]) 정도의 간격을 두고 불순물 농도가 대단히 높은 n^+ 영역이 2개 만들어졌다. 이들이 드레인 및 소스로 된다. 기판의 표면은 매우 얇은 1[μm] 정도의 산화물(SiO_2)의 절연막으로 덮여 있으며, 드레인과 소스 사이의 산화막 위에 게이트(Al) 전극이 마련되어 있다. 여기서 게이트 전극과 Si 기판은 산화막을 사이에 끼고 평판 콘덴서를 형성하고 있는 셈이다(그 용량은 1~10[pF], 절연저항은 $10^4 \sim 10^3$[MΩ]).

MOS-FET 칩(chip)의 표면적은 0.0006[mm^2] 정도(1[mm^2]당 1,700개의 칩)이며 바이폴라 트랜지스터의 경우의 5%에 불과하다.

(2) 전도 채널

그림 7-7에 p형 기판의 표면에 형성된 전도채널의 모양을 나타내었다.

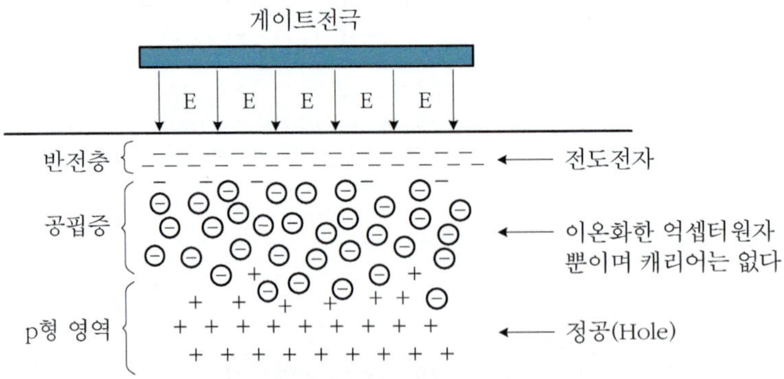

그림 7-7 p형 기판 표면에 형성된 n형 반전층

그림에 표시한 바와 같이 게이트 전극에 양전압을 가한다고 할 때 산화막의 저항은 반도체의 저항보다 훨씬 크기 때문에 게이트에 가한 전압은 모두 산화막에 걸린다. 따라서 전계는 산화막에만 존재한다고 볼 수 있다. 이 때 산화막은 대단히 얇으므로 전계는 대단히 강하다. 전계가 산화막에만 존재한다면 산화막과 반도체 사이의 경계면에서 전계는 불연속이 되며, 따라서 반도체 층표면에는 표면전하가 존재해야 한다. 그림 7-7에 표시된 표면의 전자층은 이러한 표면전하의 형성을 나타내는 것으로 전계 E가 강할수록 표면전하의 밀도가 높아진다. p형 반도체의 표면에 이와 같은 전자층이 형성되는 이유를 쉽게 설명하면 다음과 같다.

원래 p형 반도체의 표면에는 p형의 다수캐리어인 정공이 소수캐리어인 전자보다 월등하게 많이 존재하고 있다. 그러나 게이트 전극으로 인하여 발생한 전계는 정공을 안으로 몰아넣고 전자를 끌어당기는 효과를 나타낸다. 이리하여 p형 반도체의 표면은 전자가 우세한 n형 영역으로 바뀌는 셈이다. 이와 같이 표면에 유기된 전자층을 반전층(inversion layer)이라고 한다. 그림에서 보는 바와 같이 표면의 전자층 밑에는 게이트에 인가된 전계에 따라 전자들이 떠나간 자리에 양이온들이 남게 되어 공간전하층이 형성되고 그 밑이 원래의 p형 영역으로 된다.

MOS-FET에서는 위에서와 같이 게이트 전압에 의해서 발생하는 전자층이 n^+의 드레인과 소스 사이의 전도 채널을 형성하는 것이다. 이러한 전도 채널을 발생케 하는데 필요한 게이트 전압을 임계전압(threshold voltage ; V_{th}) 또는 핀치오프 전압이라고 한다.

(3) 정특성

MOS-FET의 정특성의 대표적 예를 그림 7-8에 나타내었다.

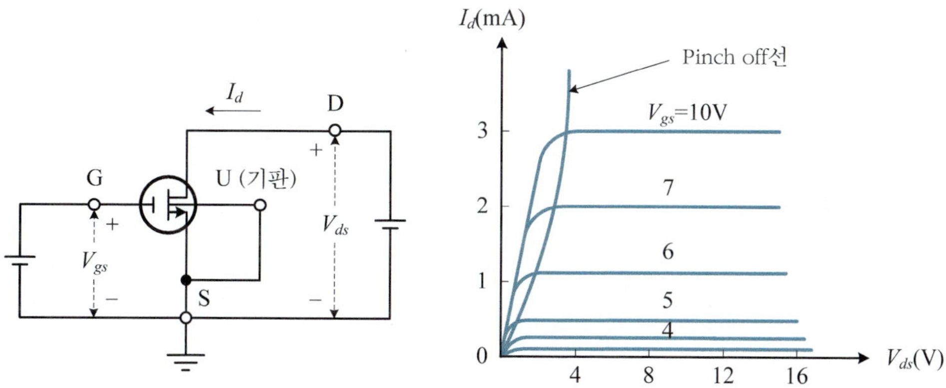

그림 7-8 Enhancement형 n채널 MOS-FET의 특성

위의 그림과 같이 MOS-FET의 특성은 J-FET의 특성과 똑같은 형태로 되어 있음을 알 수 있다. 몇 가지 차이점을 들자면,

① 핀치오프 전압 V_{th}가 (+)의 값이다.

② 게이트 전극이 산화막으로 절연되어 있기 때문에 게이트 전압의 크기 및 극성(±)에 관계없이 게이트 전류는 거의 0이다.

게이트-소스 전압 V_{gs}를 핀치오프 전압 V_{th}보다 높은 일정한 값으로 고정하고 드레인 전압 V_{ds}를 가했을 때의 전도 채널의 모양을 그림 7-9에 나타내었다.

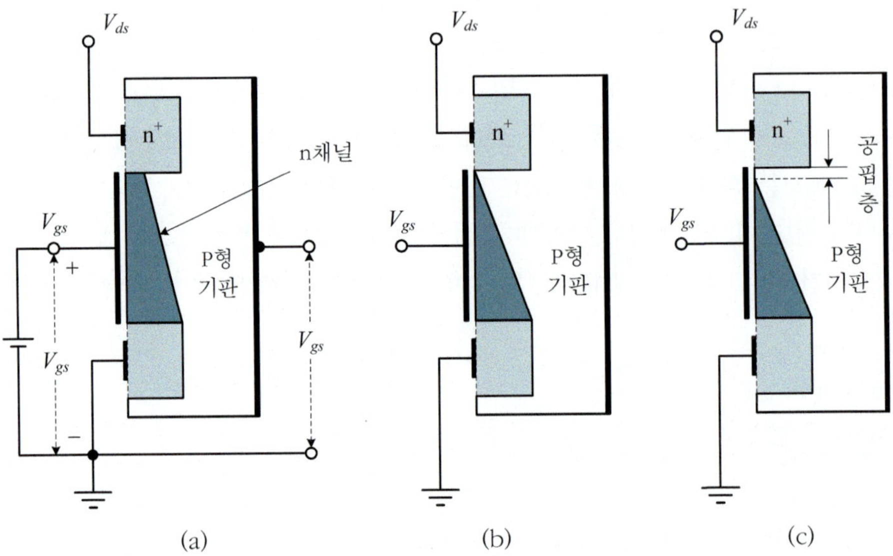

그림 7-9 드레인 전압과 전도채널과의 관계

그림(a)는 드레인전압 V_{ds}가 비교적 작은 경우에 대한 것이다. 소스 쪽의 채널폭은 V_{gs}에 대응하여 변화하지만 드레인 쪽은 $V_{gs}-V_{ds}$에 대응하여 소스 쪽보다 좁아진다. 그림(b)는 드레인 쪽의 채널이 바로 핀치오프 되었을 때의 경우를 나타낸 것이다. 이 때 $V_{gs}-V_{ds}=V_{th}$이므로 이 경우의 드레인 전압은 다음 식으로 주어진다.

$$V_{ds}(\mathrm{Pinch-off}) = V_{gs} - V_{th} = 0\ (V_{ss} = 0) \tag{7-4}$$

V_{ds}가 핀치오프 전압을 넘게 되면 그림(c)와 같이 되며, 드레인과 채널 사이에 공핍층(depletion region)이 형성된다. 공핍층의 길이는 V_{ds}의 증가에 따라 증가하는 것이 사실이지만 이러한 차이는 근소한 것이며 전도채널의 모양은 실질적으로 그림(b)와 같이 유지된다고 볼 수가 있다. 그러므로 핀치오프 이상의 범위에서는 V_{ds}가 증가해도 드레인 전류 I_d의 변화가

거의 없게 되는 것이다. 이와 같은 전도채널의 변화를 염두에 둔다면 그림 7-8의 특성을 곧 이해할 수 있을 것이다.

MOS-FET에서 전도채널이 형성되는 메커니즘은 J-FET의 경우와 다르기는 하나 드레인 전류가 게이트 전압에 의해서 제어되는 원리는 동일하다.

(4) 실제적인 특성해석

그림 7-10의 I의 포화점 ②를 기준으로 하여 ①은 I_d가 V_d에 따라 증가하는 선형영역(linear region)이고 ③은 포화영역(saturation region)으로 구분하는데 일반적인 MOS-FET의 기본특성이다.

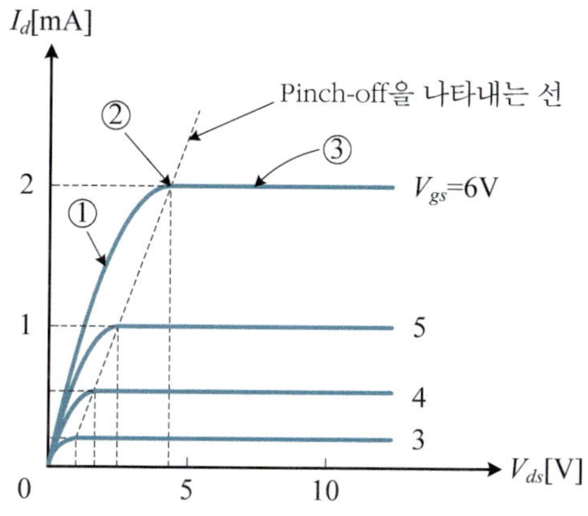

그림 7-10 MOS-FET의 특성

ⓐ 선형영역

그림 7-11에서 보면 게이트표면 아래의 채널 영역은 V_{ds}의 바이어스 전압은 x방향으로 전자를 가속시켜 드레인 전류를 흐르게 한다. V_{gs}의 게이트 전압은 y방향으로의 전계를 가하여 표면으로 전자를 유기시켜 n채널을 형성시킨다. 그림에서 V_{ds}에 의하여 채널 내의 소스에서 거리가 x인 지점의 전위를 V_x라 하면 기판(substrate)은 소스와 서로 연결이 되었으므로 기판과 채널 사이에도 전위가 가해져서 상대적으로 채널폭은 좁아지고 공핍층은 넓어지게 된다.

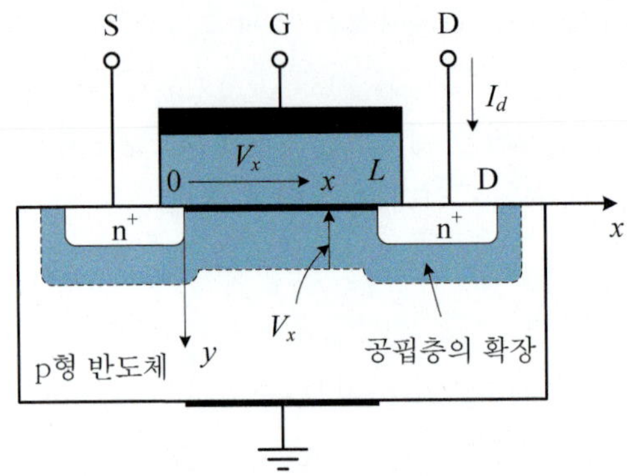

W : 게이트폭

그림 7-11 MOS-FET의 단면도

이 때 반전층 채널에 유기된 전하를 Q_d라 하면,

$$Q_d = -C_{ox}(V_{gs} - V_x - V_{th}) \tag{7-5}$$

로 되고 여기서 V_{th}는 문지방 전압(threshold voltage)은

$$V_{th} = 2\varphi_B + \frac{(2\epsilon_s qNa)^{\frac{1}{2}}(2\varphi_B)^{\frac{1}{2}}}{C_{0x}} \tag{7-6}$$

가 된다. 여기서의 V_{th}식은 게이트 표면에 강한 반전이 일어나는 조건 $\Phi_s = 2\Phi_B$를 고려한 경우이다. 일반적으로 장벽전위 $\Phi_B = (KT/q)\ln(Na/n_i)$이다.

아울러 채널전류 I_d는 $dV(y) = I_d dR$ 관계이므로 반전층 채널의 유기된 전하를 고려하면,

$$I_d = Q_d \mu_n E_x W \tag{7-7}$$

로 나타내고, 여기서 W는 채널폭이다.

이 식에서 $Ex = -dV_x/dx$ 식과 식(7-5), (7-7)을 대입하여 식을 구하면 다음과 같다.

$$I_d\, dx = \mu_n C_{0x} W(V_{gs} - V_x - V_{th})dV \tag{7-8}$$

식(7-8)을 소스로부터 채널길이방향으로 적분하면(좌변 $x = 0 \sim L$, 우변 $V_x = 0 \sim V_{ds}$)

$$I_d = \mu_n C_{0x} \frac{W}{L}\left\{(V_{gs} - V_{th})V_{ds} - \frac{1}{2}V_{ds}^2\right\} \tag{7-9}$$

의 드레인 식이 나오고 이 때 C_{0x}는 산화막의 정전 용량이다.

ⓑ 포화영역

MOS-FET 드레인에 전압을 점차적으로 증가시키면 채널 근처의 공핍층이 드레인 영역에서는 전계에 의해 넓어지고 $V_x = V_{ds}$에서 드레인 영역의 반전층이 소멸하게 된다.

이 때의 현상은 채널에 높은 저항이 일정하게 연결된 것 같은 결과가 되기 때문에 전류는 포화하기 시작하고 이 경우의 포화 전류식을 구하면 다음과 같다.

식(7-5)에 포화상태의 조건은 $V_x = V_{ds}$에서 Q_d는 0이기 때문에 이 조건을 대입하면,

$$V_{ds} = V_{gs} - V_{th} \tag{7-10}$$

의 결과가 되고 이 전압을 핀치오프전압(Pinch off voltage)이라 한다.

이 식을 식(7-9)에 대입하여 전류를 구하면

$$I_d = \frac{\mu_n W C_{0x}}{2L}(V_{gs} - V_{th})^2 \tag{7-11}$$

으로 이 전류를 포화전류라 한다.

7.3 공핍형 n채널 MOS-FET

그림 7-6의 구조에서 드레인과 소스 사이에 n형 불순물을 확산시켜 n형 채널을 만든 것이 그림 7-12(a)의 공핍형 n채널 FET로 이 소자에서는 $V_{gs}=0$일 때에도 상당한 드레인 전류가 흐른다. 게이트 음(-)전압을 걸었을 때 채널의 모양은 그림(b)와 같이 되며 n형 채널이 줄어든다. 즉, 증가형의 경우에는 게이트 전압 V_{gs}가 0일 때 드레인 전류 I_d가 흐르지 않다가 V_{gs}를 (+)방향으로 증가시킴으로써 비로소 I_d가 흐르게 되는 것과는 달리 공핍형에서는 게이트의 0 바이어스에서 드레인 전류가 흐르게 되고 필요에 따라 게이트에 채널을 약하게 하는(공핍하는) 방향, 즉 드레인 전류를 작게 하는 방향으로 신호를 가하는 방법이다. 다시 말하면 접합형 FET에서와 같이 게이트 전압 0, 즉 바이어스에서 이미 채널이 존재하여 드레인 전류 I_d가 흐르고 있다. 이 때 게이트-소스 간의 p-n 접합을 역바이어스하여 이 역방향전압을 더욱 깊게 함으로써 채널폭을 좁혀 전류를 컨트롤 한다. 따라서 0 바이어스 상태보다 채널을 약하게

하는 방향으로 게이트 전압을 걸어주는 셈이 되는 것이다.

게이트 음(-)전압을 충분히 크게 한다면 마침내는 채널이 핀치오프되고 드레인전류는 차단되고 말 것이다. 그림 7-13에 그 대표적 특성을 나타내었다. 여기서 핀치오프 전압 $V_{th} \approx -3[V]$로 되어 있다.

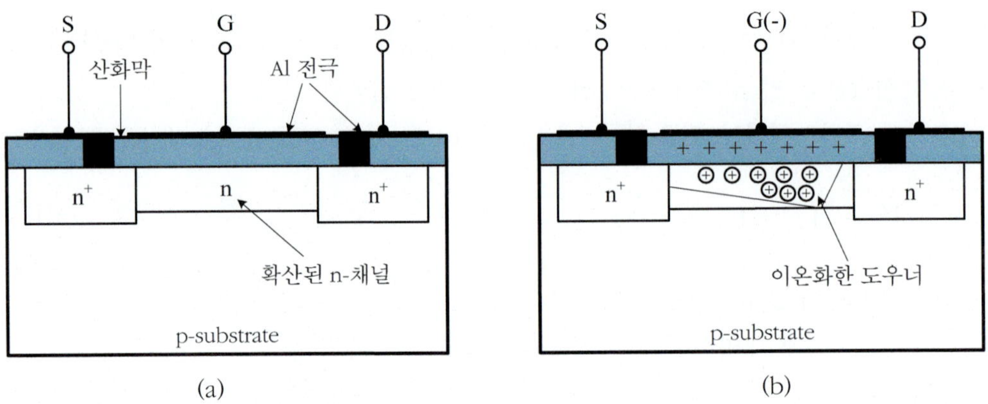

그림 7-12 Depletion형 n채널 MOS-FET

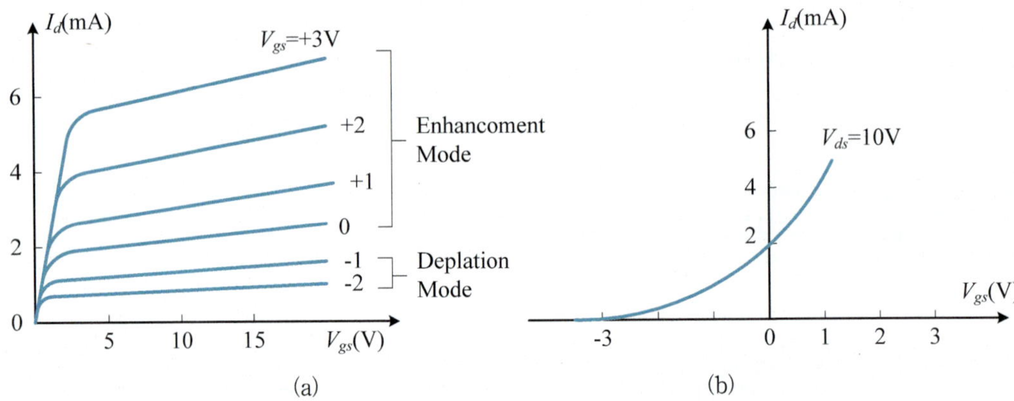

그림 7-13 Depletion형 n채널 MOS-FET의 특성

한편 공핍형에서는 게이트에 양(+)전압을 거는 것도 가능한데, 이 경우에는 그림 7-7의 경우와 마찬가지로 전자반전층이 유기되므로 드레인 전류는 더욱 증가하게 된다. 즉, 게이트에 가하는 전압을 (+), (-) 어느 방향으로도 바이어스할 수 있으므로 공핍형과 증가형의 어느 쪽으로도 가능하게 되는 것이다.

그림 7-13의 모드 특성에 있어서 $V_{gs} < 0$의 변위를 공핍 모드(depletion mode), $V_{gs} > 0$의 범위를 증가형 모드(enhancement mode)라고 한다.

7.4 CMOS-FET

p채널 MOS-FET와 n채널 MOS-FET를 하나의 칩 속에 만들어 상보 동작(complementary)시키도록 한 것을 CMOS 소자라고 한다. CMOS 소자의 제작은 이온주입(ion-implantation) 기술의 실용화로 가능해졌으며 소비전력이 낮고 bipolar 소자에 가까운 고속동작을 시킬 수가 있기 때문에 메가 비트(mega bit)급 기억이 주류를 이루고 있다.

7.4.1 CMOS 제조공정

그림 7-14에 n형 Si 웨이퍼를 이용한 일반적인 CMOS 제조과정을 나타내었다.

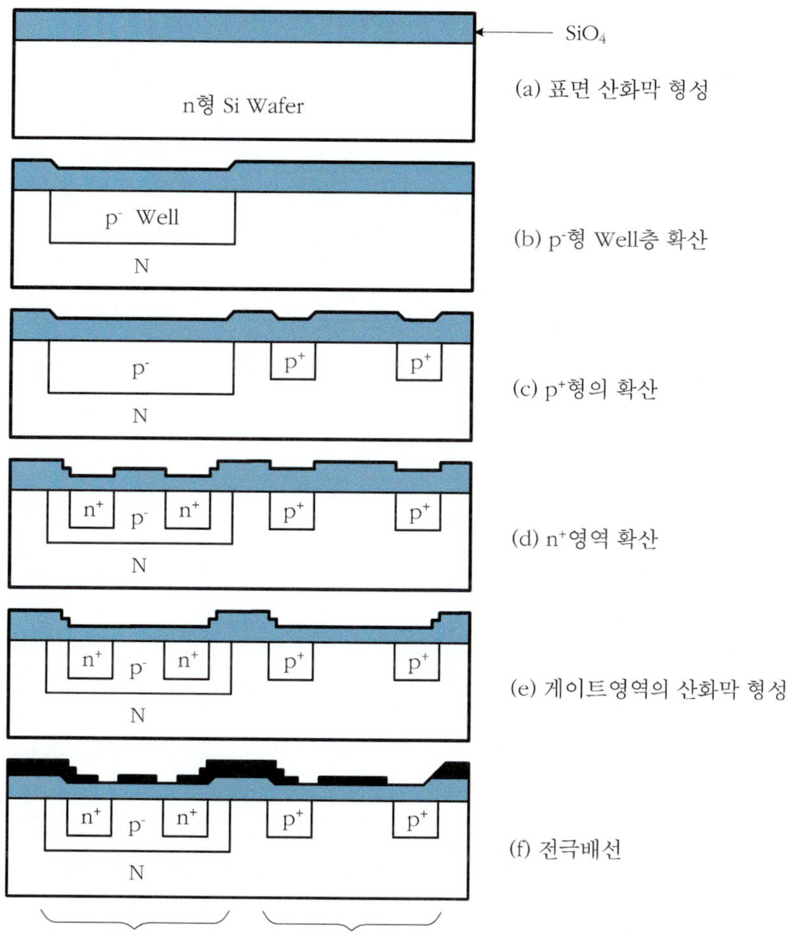

그림 7-14 CMOS 제조 과정

위의 그림에 대한 간단한 설명을 아래에 덧붙인다.

① 먼저 웨이퍼 내부에 원하는 전도형(p형 또는 n형)을 갖는 층을 선택적으로 확산시키기 위해 웨이퍼 표면을 산화시켜 SiO_2층을 만든다.
② 다음에 n채널 FET가 형성될 부위의 산화막을 제거하고 p형 불순물을 확산시킨다. 이 영역을 P-well이라 부른다.
③ p채널 FET의 소스와 드레인으로 되는 영역에 p형 불순물을 강하게 도핑시켜 P로 한다.
④ P-웰 영역에 n채널 FET의 소스와 드레인이 될 영역을 만들기 위해 n형 불순물을 확산시켜 영역으로 된다.
⑤ 게이트 영역으로 될 부분의 산화막을 원하는 두께로 만들어 주기 위해 앞의 확산 공정시 형성된 기존의 산화막을 식각(etch)해 낸다.
⑥ 마지막으로 각 영역의 배선을 위해 소스와 드레인 부위의 산화막을 제거하고 도선 역할을 할 알루미늄층을 입히게 된다.

이와 같은 과정으로 한 웨이퍼 위에 n채널 MOS-FET와 p채널 MOS-FET가 형성되었으며, 이들을 적당히 접속하여 CMOS를 구성하게 되는 것이다.

7.4.2 CMOS의 동작

그림 7-15에 인버터(inverter) 회로를 구성하는 CMOS의 기본적인 구조와 그 회로를 나타내었다.

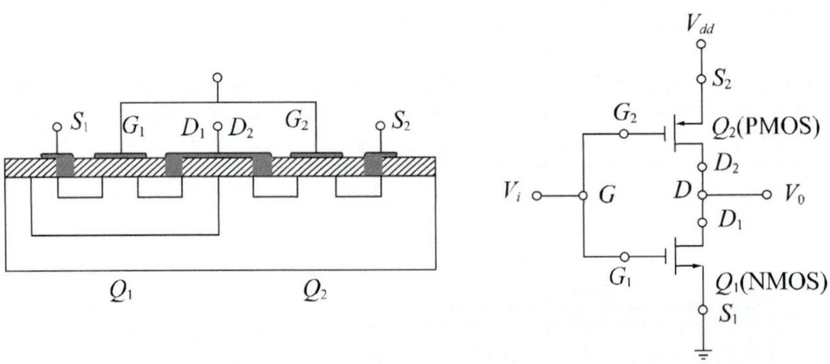

(a) 구조 (b) 인버터회로

그림 7-15 CMOS 트랜지스터의 기본 회로

이 그림에서와 같이 두 개의 극성을 갖는 트랜지스터를 같은 게이트에 접속했으므로 입력신호 V_i를 $+V$, $-V$로 하면 두 트랜지스터는 번갈아 ON, OFF로 되며 저전력, 고속동작을 하는 논리회로를 구성할 수 있게 된다.

CMOS는 통산 전원전압 V_{dd}를 $V_{dd} > V_{tn} + |V_{tp}|$의 범위에서 동작시킨다.(여기서 V_{tn}과 V_{tp}는 n채널 및 p채널 MOS-FET의 핀치오프 전압이다) 이 조건 하에서 CMOS의 동작은 입력전압 V_i에 따라서 다음의 세 가지 동작영역으로 분류된다.

(i) $V_i < V_{tn}$

(ii) $V_{tn} \leqq V_i \leqq V_{dd} - V_{tp}$

(iii) $V_i > V_{dd} - V_{tp}$

이 형태를 그림 7-16에 표시하였다.

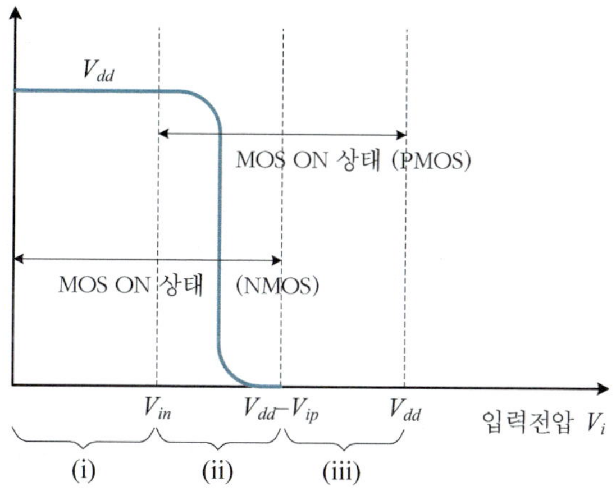

그림 7-16 CMOS 인버터의 입출력 특성

(i)에서는 N-MOS(n채널 FET)가 Off 상태이고 P-MOS(p채널 FET)가 On 상태이다. 따라서 출력 전력은 전원전압(V_{dd})과 같고 또 전원에서 접지로의 전원전류를 흐르지 않는다.

(ii)는 두 개의 FET가 모두 On 상태의 천이영역이다. 출력전압은 전원전압이 두 FET의 임피던스비로 분할된 값으로 나와 있다. 또 이 때 두 FET를 지나 전원전류가 흘러 전력소비가 일어나고 있다.

(iii)은 (i)의 경우와 반대로 P-MOS가 Off 상태이고 N-MOS가 On 상태이다. 이 때 출력전압은 0이고, 전원전류는 흐르지 않는다. 이처럼 CMOS는 논리진폭이 전원전압과 같고 ON-OFF의 정상상태에서는 전력을 소비하지 않는다.

7.5 MOS-FET의 정전용량

우선적으로 MOS의 캐패시터(capacitor) 부분은 두 가지 부분을 고려할 수 있는데 만일 이 두 부분의 캐패시터를 나누어 보면 게이트 산화막과 반도체 공핍층의 캐패시터이며 이 때의 기호를 각각 C_0와 C_D로 하고 이들 캐패시터의 전계는 게이트 전압에 따라 변한다. 아울러 C_0와 C_D가 직렬로 연결된 상태가 되므로 총캐패시터는 C_T로 한다.

여기서 C_0가 일정한 반면 C_D는 ϵ_s / W의 함수로 주어지고 이 때 V_G에 따라 변하므로 C_T도 변하게 된다. 이상적인 경우 $V_G < 0$이면 공핍층이 없으므로 $C_T = C_0$가 되며, 저주파수의 경우도 C_0로 대신할 수 있다. C_T의 최소값은 C_D가 최소일 때, 즉 W가 최대일 때인데, 이 경우의 V_G가 바로 V_T 근처가 된다. 그림 7-18은 전체 커패시턴스가 V_G에 따라서 어떻게 변화하는가(C-V선)를 보여주는 그림이다. 일반적인 재료(Al-oxide -Si)로 만들어진 MOS의 V_T 결정 요소는 앞서 언급한 이상적인 값에 2가지의 중요한 성질이 첨가되어야 하는데, 그것은 Al과 Si의 일함수의 차이와 실리콘과 산화막 사이의 공정에서 생기는 필연적인 전하의 영향이다. Al-Si의 경우 평형상태에서 일함수의 차이는 $\Phi_{MS} = \Phi_M - \Phi_S$이므로 음의 값을 갖는다. 이것은 그림 7-17에서 $V_{GS} > 0$일 때의 경우와 같으므로 반도체의 표면 부근은 n형과 같이 되어 채널이 형성된다. 그러므로 전과 같이 평탄 대역조건(flat band condition)(그림 7-17의 $V_{GB} = 0$)으로 만들어 주기 위해서는 $V = V_{FB} = \Phi_{MS}$만큼의 음의 전압을 인가해야 한다.

그리고 MOS의 제조 공정 과정에서 양전하(예 : Na^+)가 산화막을 오염시키게 되는데, 이 전하는 제작 환경을 최대로 깨끗하게 하고 극단적으로 순수한 물과 가스를 사용한다 해도 그 유입을 완전히 막을 수는 없다. 따라서 이 첨가된 양이온은 상대적으로 반도체의 음전하를 상쇄시켜 V_T에 영향을 미치게 된다. 이 전하는 산화막 내에 있게 되는데 도핑되는 불순물의 종류에는 관계가 없고 Si의 결정 방향의 함수가 된다는 것을 측정으로 알 수 있다. 이 전하를 표면 준위 Q_{ss}라고 하는데 보통 $10^{15} \sim 10^{16}/\text{m}^2$정도의 양전하를 가지며 그 분포 두께가 약 100[Å] 이하로 산화막의 두께(1000[Å] 정도)에 비하면 거의 표면 부위에 있게 된다. Q_{ss}가 고정된 전하인 반면, 산화막 내에는 N_{ss}라는 전하가 존재하는데 이는 고정되어 있지 않고 반전층과 전하를 교환한다. N_{ss}는 단위면적당, 단위 eV 당의 trap의 밀도이며 상수로 생각될 수 있다. 그러므로 앞에서 전류식은 반전층 전하를 이용하여 오옴의 법칙의 이용이 가능한 것이다.

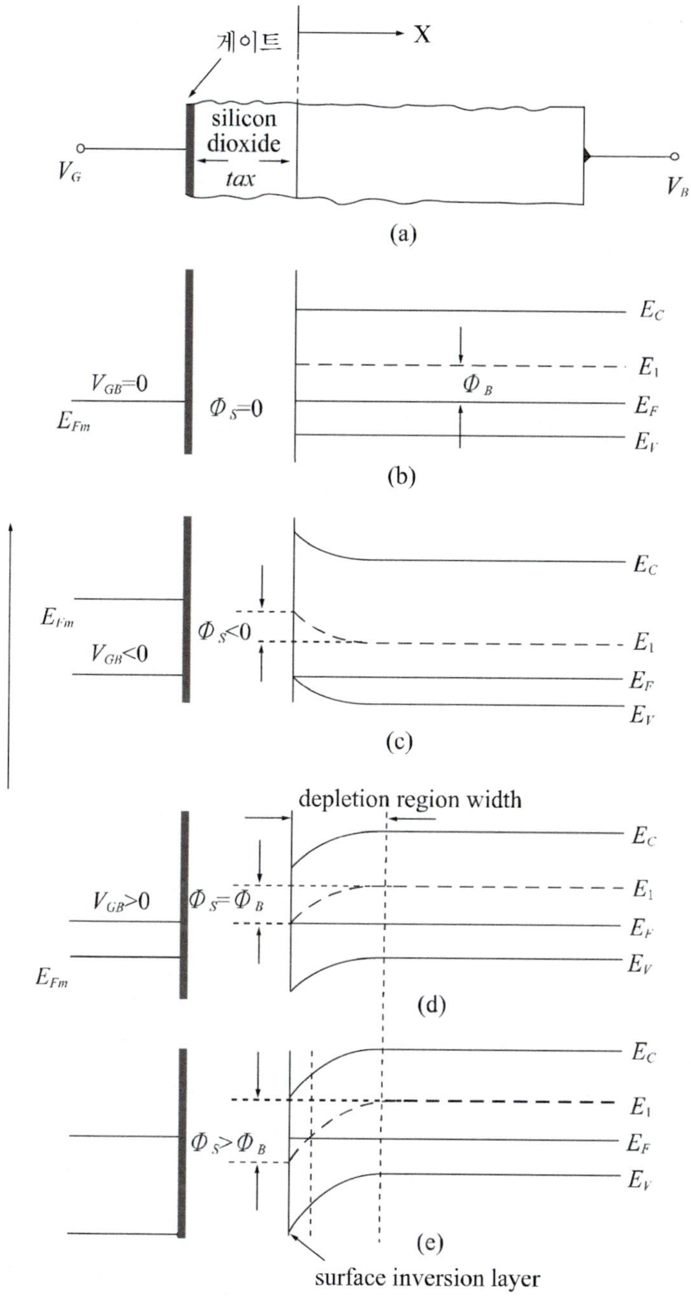

그림 7-17 이상적인 MOS 커패시터의 외부 바이어스 전압에 대한 영향

(a) MOS 커패시터의 단면 (b) 평탄 대역의 경우
(c) 표면에서의 accumulation (d) 표면의 공핍
(e) 깊은 공핍과 표면에서의 반전

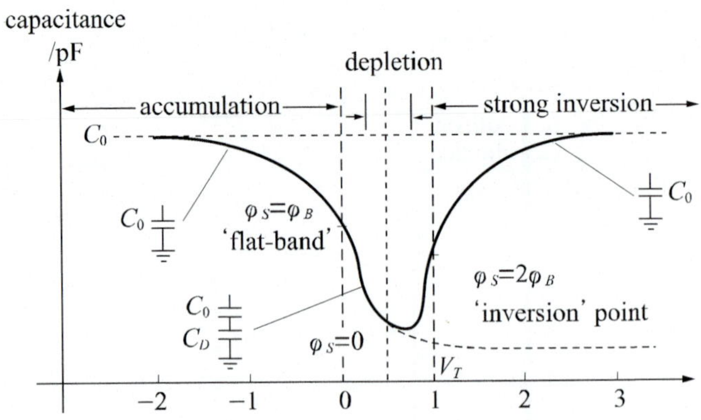

그림 7-18 p형 기판 위의 이상적인 MOS 커패시턴스의 C-V 곡선

일반적으로 단위면적당 용량은 게이트 전극의 단면적을 S, 산화막 두께를 t_{0x}, 유전율 ϵ_{0x}라 하면

$$C_0 = \frac{\epsilon_{0x}}{t_{0x}} \tag{7-12}$$

가 되며 이 용량을 MOSFET의 축적용량이라 하고 C_D와 직렬 상태이므로 총용량 C_T는

$$C_T = \frac{C_0 C_D}{C_0 + C_D} \tag{7-13}$$

로 되고 이 때는 $V_G > 0$인 상태가 되고 게이트 전압이 $V_G < 0$일 때는 p형 반도체의 기관 표면은 n형으로 강하게 반전되므로 전자가 반전층에 유기되는 만큼의 충분한 시간이 지나면 이 때의 MOS 용량은 식(7-14)와 같다.

$$C = C_0 \tag{7-14}$$

7.6 짧은(단) 채널 효과

일반적으로 반도체 소자, 특히 MOSFET의 소자가 집적도를 높이고 동작속도를 빠르게 하기 위해 MOSFET의 채널을 줄여 매우 적게 제조하고 있으나 이 때 포화상태에서 드레인 부근의 공핍영역의 크기는 채널길이에 따라 큰 영향을 받는다.

이와 같이 될 때 포화전류는 V_d가 증가함에 따라 일정하게 머무르지 않는다. 단채널에 대하여는 핀치오프를 넘어 V_d가 증가함에 따라 공핍영역의 확장이 유효채널길이 L'을 감소하게 한다. I_d(포화)는 식(7-11)에서 채널 길이에 반비례하므로 드레인 공핍영역이 채널 속으로 확대됨에 따라 드레인전류는 증가한다. 그 결과 I_d(포화)는 일정하게 머물러 있기보다는 V_d와 더불어 약간 증가한다. 또한 속도 포화효과도 단채널 소자에서 발생되기 쉽다.(그림 7-19 참조)

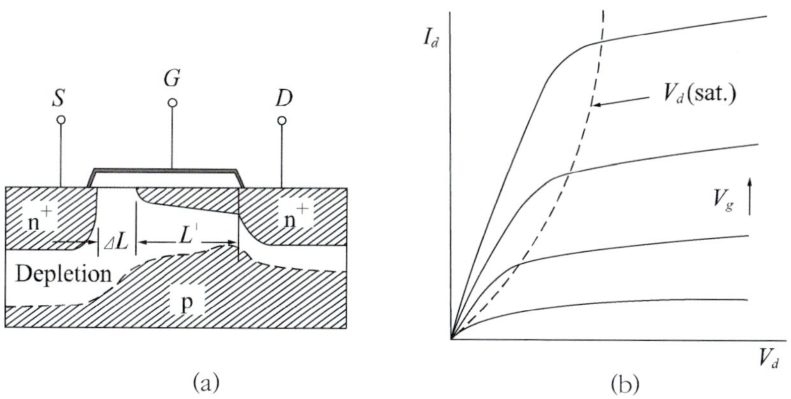

그림 7-19 단채널효과

(a) 포화상태에서 유효채널의 길이 L'의 감소

(b) L'의 감소로 인한 핀치오프상태를 넘어서의 I_D의 증가

MOS 소자의 크기가 감소할 때에 따라 여러 가지 다른 효과가 발생한다. 왜냐하면 단채널 소자에서는 두 접합이 아주 가까이 있으므로 바이어스가 인가되지 않은 상태에서도 소스와 드레인 공핍층이 채널 속으로 침투할 수 있다. 이 효과는 전하공유(charge sharing)라 하지만 아마 전하점유(charge hogging)라 해야 한다. 왜냐하면 일반적인 경우 게이트에 의해 제어되어야 할 채널 전하를 소스와 드레인이 사실상 공유하고 있기 때문이다. 바이어스와 함께 드레인 공핍영역이 증가함에 따라 소스-채널 접합과 상호작용하여 전위장벽을 낮추어준다. 이 문제는 드레인 유기 장벽감소(drain-induced barrier lowering : DIBL)로 알려져 있다. 소스 접합장벽이 감소할 때 전자는 채널 속으로 쉽게 침투하며, 게이트 전압은 드레인전류를 더 이상 제어할 수 없다. 소스와 드레인 공핍영역의 침투가 극단적인 상태에 이르며 두 공핍영역이 만난다. 이 펀치쓰루우(punchthrough)효과는 드레인으로부터 소스까지의 공핍영역이 연속되도록 한다. 소스에 주입된 전자는 두 전극 사이의 고전계에 의한 드레인으로 구동된다. 이 전류를 공간전하제한(space-charge-limited) 전류라 하며 $V_d^{\,2}/L^3$에 비례한다.

단채널소자 설계에 의해 악화되는 효과는 문턱전압 이하의 전류(sub-threshold current)인데, 이는 강반전이 형성되기 이전에 채널 속에 일부 전자가 유기되는 사실로부터 발생한다. 문턱전압 이하의 영역에서는 전형적으로 전자의 농도가 낮기 때문에 확산전류(캐리어 경사도에 비례)가 표동전류(캐리어 농도에 비례)보다 우세할 것이라 예상된다. 채널길이가 매우 짧기 때문에 소스에서 드레인으로의 이러한 캐리어 확산은 문턱전압 이하에서 소자를 턴 오프(turn off : 차단)하는 것을 불가능하게 한다. 이러한 문턱전압 이하의 전류는 앞에서 고려한 바 있는 소스로부터 전자의 주입을 증가시키는 DIBL에 의해 더욱 악화된다.

소자의 전압은 임의의 적은 값으로 줄이기 어렵기 때문에 작은 기하학적 구조에서는 전계가 증가하는 경향이 있다. 그 결과 단채널 소자에서는 다양한 고온캐리어(hot carrier) 효과가 나타난다. 역방향으로 바이어스된 드레인 접합의 전계는 충돌이온화(impact ionization)와 캐리어 증식을 일으킬 수 있다. 결과적으로 발생한 정공은 기판 전류의 원인이 되며, 일부는 스스로 움직여서 소스 장벽을 낮추고 소스로부터 p형 영역으로의 전자 주입을 초래한다. 실제로 소스-채널-드레인 사이에는 p-n-p 트랜지스터 동작이 발생하여 게이트가 전류의 제어를 하지 못하게 될 수도 있다.

다른 열전자(hot electron)효과는 장벽을 넘어(또는 터널링하여) 산화물 속으로 강력한 전자를 전송하는 것이다. 이러한 전자는 산화물 속에서 포획될 수 있으며 여기서 문턱전압과 I-V 특성을 변화시킨다. 열전자 효과는 소스와 드레인 영역의 도핑을 줄임으로써, 따라서 접합의 전계가 적어지게 함으로써 줄일 수 있다. 그러나 소스와 드레인영역의 도핑을 적게 하는 것은 접촉저항과 다른 문제들로 인해 작은 기하학적 소자와 양립할 수 없다. 저도핑 드레인(lightly doped drain : LDD)이라 하는 유망한 설계방법은 두 가지 도핑 준위를 이용한다. 즉, 전반적인 소스와 드레인영역은 도핑을 강하게 하고, 채널에 인접한 영역의 도핑은 약하게 한다.(그림 7-20 참조) LDD 구조는 드레인과 채널영역 사이의 전계를 감소시키고, 따라서 산화물층으로의 주입, 충돌전리 및 다른 열전자효과를 줄일 수 있다.

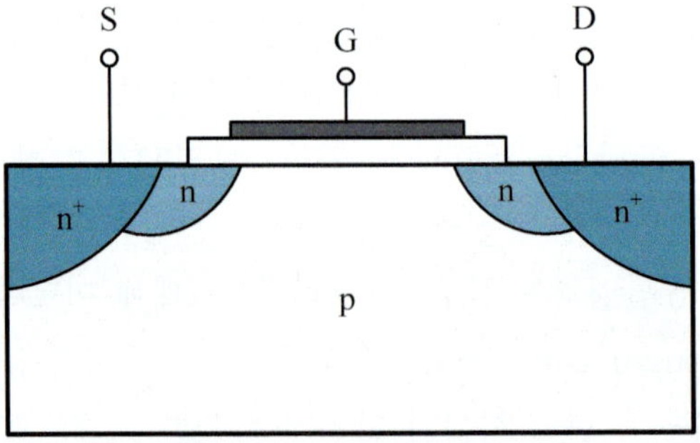

그림 7-20 MOS-FET의 LDD 구조

7.7 소규모(Small Dimension) MOSFET 특성

앞 절에서 제시하였던 짧은 채널효과를 좀 더 구체적으로 알아보면 MOSFET 소자의 채널길이가 긴 채널(long channel)에서 짧은(short channel)로 짧아짐에 따라 긴 채널에서 무시할 수 있었던 현상들이 소자에 심각하게 영향을 주어 소자의 특성이 현격히 악화되는 현상들이 나타나기 시작하였다. 이런 영향을 주는 주요 원인으로는 MOSFET 소자 내의 드레인 전압에 의한 강전계 현상, 캐리어 수송(carrier transport)현상에 의한 속도 포화(velocity saturation) 현상, 캐리어 증배(Multiplication)현상에 의한 영향과 산화막에 주입되는 고온 전자(hot electron)의 영향이다.

이와 같은 현상은 MOSFET 소자의 채널 길이와 폭에 따른 Threshold 전압 뿐만 아니라 punchthrough 전압, 접합 breakdown 전압, 고온 전자(hot electron)효과 등을 고려하여 소자를 설계하여야 한다. 이와 같은 짧은 채널 효과로 인해 야기되는 몇 가지 현상을 알아보면 다음과 같고 이런 문제점을 어느 정도 감소시키는 MOSFET 구조는 앞 절에서 설명한 LDD 구조이다.

7.7.1 협폭효과(Narrow width effect)

협폭효과는 채널폭이 공핍층 영역 깊이와 거의 같은 크기의 상태일 때 field 산화막 아래에 축적된 전하에 의해 threshold 전압이 증가하는 현상을 말한다. 일반적으로 채널폭이 감소함에 따라 게이트 영역의 총 전하는 줄어들게 되나 field 산화막 영역의 전하는 일정한 값을 유지하게 되어 이런 고정된 전하의 영향은 채널 폭이 더욱 감소함에 따라 현저하게 나타나게 되며 따라서 threshold 전압은 증가하게 된다. 그림 7.21은 MOSFET의 채널폭 단면도로 협폭이 감소할 때의 공핍층 상태를 나타낸 그림이다.

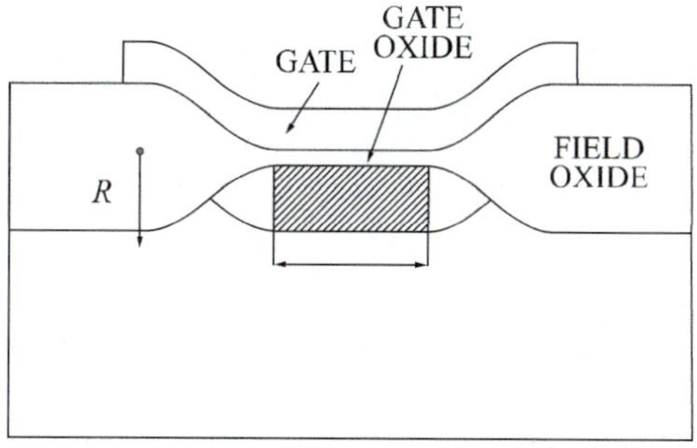

그림 7.21 MOSFET의 channel 폭 단면

빗금친 부분 : 일정한 V_{th}를 갖기 위한 공핍영역
Dot 부분 : 협폭 channel 효과를 발생시키는 공핍영역

7.7.2 DIBL(Drain Induced Barrier Lowering) 현상

일반적으로 채널 길이가 감소함에 따라 MOSFET의 드레인에 높은 전압이 인가되면 공핍층 폭이 사다리꼴 혹은 삼각형 형태로 되어 threshold 전압이 감소하는 경향이 나타난다. 이런 현상이 다른 각도에서 모델링이 되어 왔는데 그 중의 하나가 DIBL이다.

DIBL 현상이란 게이트와 공핍층 영역에 의한 소오스와 드레인 사이의 전기적 커플링(coupling)의 상쇄가 완전하지 못하여 드레인에서의 전기력선이 소오스에 작용하여 소오스 쪽의 전위 장벽이 낮아지는 것을 의미한다.

7.7.3 Subthreshold 특성

MOSFET의 게이트에 가해준 전압이 반도체 표면을 약반전(Weak inversion) 상태로 만들면 드레인 전류가 미소하게 흐르게 된다. 이런 현상은 소자의 표면전위 Φ_s가 게이트 전압의 함수로 이 전위가 감소함에 따라 반전이 일어나기 전에 미소 전류가 증가되므로 Digital logic이나 메모리 기억소자 등의 "ON" 과 "OFF" 상태의 오동작을 야기시키는 원인이 된다.

7.7.4 펀치쓰루우(punchthrough) 현상

긴 채널에서의 MOSFET 소자의 동작을 가능케 하는 최대 드레인 전압은 드레인 접합 파괴(junction breakdown)나 산화막 파괴(oxide breakdown)에 의해 제한된다.

긴 채널에서는 최대 드레인 전압은 채널 길이 L에 거의 무관하나 짧은 채널에서는 채널길이가 작아짐에 따라 드레인을 통한 과잉 누설 전류가 전자 사태 파괴전압 이하의 전방에서도 흐르게 된다. 이런 원인을 소자의 펀치쓰루우 현상으로 이 현상은 소오스와 드레인의 공핍 영역이 서로 이어져서 소오스와 드레인의 공핍영역이 서로 이어져서 소오스와 드레인의 공핍 영역이 상호작용하여 이들 두 영역 사이의 전하 흐름을 방해하는 장벽이 충분히 낮아질 때 발생하게 된다. 펀치쓰로우 전류 경로는 표면(Surface), 표면하(Subsurface), 벌크(Bulk)로 구분되며 일종의 DIBL 현상으로 펀치쓰루우 현상이 심하게 되면 소자의 파괴현상(breakdown)이 일어나 MOSFET의 동작을 파괴시키는 중요한 원인이 된다.

7.7.5 전자, 정공 증배 효과(Multiplication Effect)

전자, 정공에 의한 증배효과는 전자가 기판으로 주입되는 경우와 산화막으로 주입되는 두 가지 경우가 있다.

(1) 전자 사태 쌍생성(Avalanche pair production)

MOSFET에서 허용할 수 있는 최대전압을 결정하는 파괴현상은 짧은 채널과 긴 채널로 구분할 수 있다. 긴 채널 MOSFET에서는 높아진 드레인 전압에 의하여 드레인 전류가 급격히 흐르게 되므로 일반적인 p-n접합과 동일한 파괴특성을 갖는다. 짧은 채널 MOSFET에서는 처음에는 게이트 전압의 증가에 따라 파괴전압은 감소하고 드레인 전압을 증가시키면 파괴현상이 발생하여 소오스전류는 크게 증가한다. 이와같은 파괴현상은 드레인 근처의 높은 전계영역에서의 무한증배계수, 기판(substrate)내에 정공의 흐름에 기인하는 전압강하, 소오스 단자 근처의 정공밀도의 증가로 쌍극자 트랜지스터의 turn-on 작용으로 설명될 수 있다.

그림 7.22는 MOSFET설명도로서 파괴가 발생하기 전 상태를 나타낸 것이다. MOSFET 소자가 게이트 전압의 변화에 따라 포화영역에서 동작할 때 드레인과 산화층 사이의 드레인 영역 표면근처에서 전계의 증가로 약한 전자사태현상이 일어난다. 게이트 전압을 일정하게 유지하고 드레인 전압을 증가시키면 증배계수(multiplication factor)는 증가되고 이와 동시에 드레인 표면근처에서 전계가 증가하여 채널을 통하여 이동하는 고온전자(hot electron)에 의해 충격이온화로 생성된 전자와 정공이 발생된다.

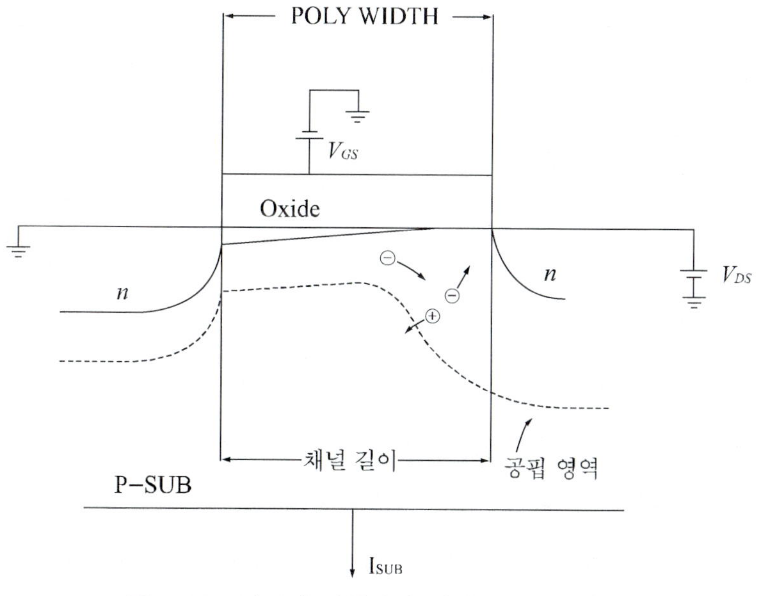

그림 7.22 파괴가 발생하기 전의 MOSFET설명도

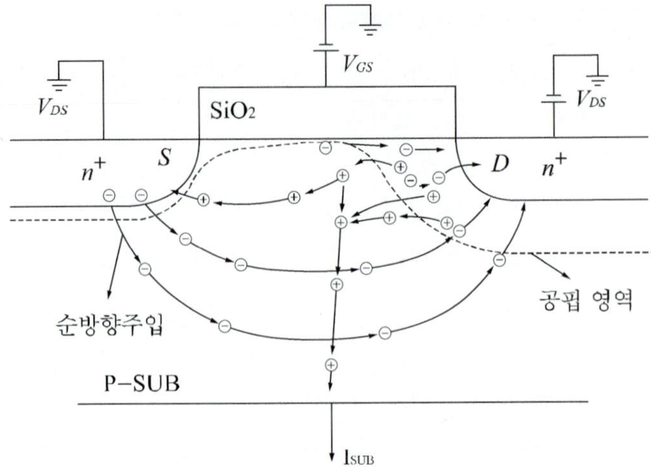

그림 7.23 파괴가 발생한 후의 MOSFET설명도

그림 7.23에서는 파괴가 발생된 후의 MOSFET설명도를 나타낸 것이다. 드레인 전압을 매우 높게 하면 반복적인 충격이온화로 발생된 많은 전자에 의해 드레인 전류는 크게 증가되며 또한 정공에 의한 기판 전류도 증가한다. 기판전류가 증가하면 기판쪽으로 전압강하가 일어나 소스-기판간의 n^+-p접합 사이에 전위장벽이 낮아져 소스와 기판접합은 순 바이어스된다. 소스-기판간의 전압이 0.6V 정도 도달하면 쌍극자 트랜지스터가 turn-on되어 파괴현상이 일어나기 시작한다.

(2) 산화막으로의 캐리어(carrier)주입

짧은 채널 MOSFET 소자의 내부에서 강한 전계는 그림 7.23에서 볼 수 있듯이 반도체 표면의 드레인 쪽 끝에 위치하며 핀치오프(pinch-off)영역에 해당한다. 이러한 고전계하에 있는 캐리어들은 전계와의 상호작용으로 인하여 열적 운동에너지 보다 더 큰 운동에너지를 얻게 되며 이러한 캐리어를 hot 캐리어라 한다.

그림 7.24에서 볼 수 있듯이 hot 캐리어효과에 의해 드레인 공핍 영역 내에 생성된 전자 중 일부가 +의 게이는 전극 쪽으로 끌어 당겨지며 Si-SiO_2 경계의 전위장벽을 관통하거나 넘어서 산화막 내로 주입되어 게이트 전류가 흐르게 되며 결국 산화막 내로 주입된 전자 중 일부는 산화막 내에 포획되어 산화막 내에 전하가 축적되어 소자의 threshold 전압과 전압, 전류 특성의 변화를 가져오게 되어 소자의 특성을 매우 악화시킨다.

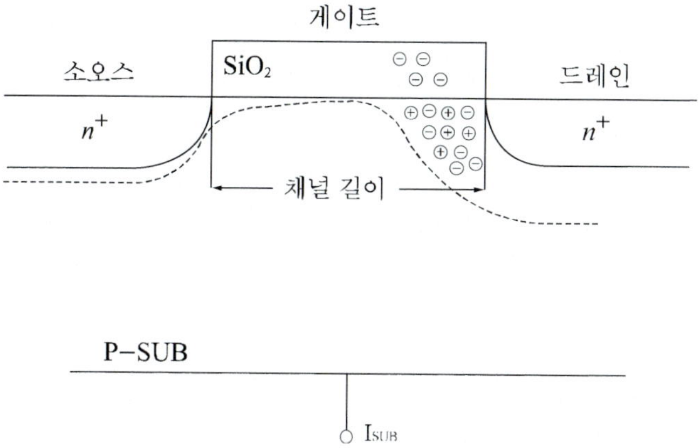

그림 7.24 SiO_2 막으로 hot 캐리어 주입

연 습 문 제

7-1 JFET와 MOSFET의 동작을 비교설명하라.

7-2 증가형 MOSFET와 공핍형 MOSFET의 특성을 설명하라.

7-3 채널폭이 3×10^{-5}[cm], pinch-off 전압이 10[V]인 n채널 JFET가 채널폭이 4×10^{-4}[cm]로 변화한 경우 펀치오프전압 V_p를 구하라.

7-4 MOSFET이 C-V 특성에 대하여 설명하라.

7-5 JFET에서 드레인 전압이 20[V]일 때 게이트 전압을 0.5[V] 변화시켰더니 드레인 전류가 3[mA]로 변화하였다면 이 때의 상호콘덕턴스 g_m을 구하라.

7-6 채널폭이 2×10^{16}[cm], 도우너 농도 2NO ^{16}[cm^{-3}]이 되는 JFET의 펀치오프전압을 구하라.(단, Si 비유전율은 12)

7-7 $V_p = -4$[V]이고, $I_{ds} = 8$[mA]인 JFET에서 $V_{gs} = -2$[V]일 때 I_{ds}를 구하라.

7-8 p채널 MOSFET와 n채널 MOSFET의 동작을 설명하라.

7-9 채널폭이 0.006[mm], n형 불순물 농도가 10^{12}[개/mm^3] 되는 n채널 Si FET의 펀치오프전압을 구하라.(단, Si의 비유전율은 12임)

7-10 $V_p = -4$[V]이고 $I_{ds} = 8$[mA]인 JFET에서 $V_{gs} = -1.8$[V]일 때 드레인 전류를 구하라.

7-11 MOS-FET의 short channel 특성의 종류를 들고 설명하라.

CHAPTER

08

집적회로 이론 및 설계

집적회로(Integrated Circuit, IC)란 한 조각의 반도체 결정 속에 전자회로를 구성하는 많은 트랜지스터, 다이오드, 커패시터, 저항 등을 만들어 넣고 상호 배선을 연결하여 하나의 전자회로로서의 기능을 갖게 한 것을 말한다. 이러한 반도체 IC는 일반적인 반도체 재료인 실리콘(Silicon, Si) 단결정 구조로 만들어진 웨이퍼(Wafer)의 단위로서 제작되어 각각의 소자를 구성하는 chip을 잘라내어 조립(Package), 검사(test)를 통하여 완성되며 소자 제조에 필요한 기술은 산화(Oxidation), 확산(Diffusion), 사진식각(Photo Etch), 화학 증착(CVD) 및 이온주입(Ion-implantation) 등을 이용하게 된다. 이 장에서는 반도체 IC의 일반적인 사항들에 준해서 나열하였으며 세부적인 제작과정에 대해서는 다음 장에서 논의한다.

8.1 반도체의 발달 과정

인류는 1930년대에 진공관을 발명함으로써 인류사회의 급진적인 발전을 이룩하게 되었다. 특히 제2차 세계대전 당시에는 군수장비와 항공기는 물론 각종 산업용기기에 큰 공헌을 하게 되었다. 그러나 진공관은 부피가 크고 무거우므로 장비의 전용면적이 넓고 운반하는 데 큰 불편을 느꼈다. 이로써 반도체의 핵심이라 할 수 있는 트랜지스터를 발명하게 되었고 이 트랜지스터의 발명을 기점으로 반도체의 역사가 시작된 것이다.

8.1.1 트랜지스터의 발명

20세기 가장 위대한 발명품 중의 하나인 트랜지스터는 2차대전 중에 미국과 영국에서 비행물체를 탐지하는 새로운 방법을 연구하던 과학자들에 의해서 반도체라는 고체를 연구하게 됨으로써 그 발명의 시초가 되었다.

원소주기율표의 IV족에 있는 실리콘(Si) 및 게르마늄(Ge)과 같은 물질은 증폭기의 물질로 사용될 수 있어서, 진공관을 대체할 높은 가능성을 얻게 된 것이다.

이에 1945년 미국의 AT & T 회사의 벨 연구소는 반도체에 관한 연구를 시작했다. 전화기 회사가 반도체 연구에서 목적으로 한 것은 당시 전화시스템에 사용되던 비싸고 에너지를 많이 소모하던 스위치겸 증폭기인 진공관을 대치할 수 있는 고체 재료를 찾기 위해서였다. 이 연구는 물리학자인 윌리엄 쇼클리의 지휘아래 진행되어 그의 동료 물리학자인 월터 브래튼, 존 바덴과 함께 1947년 12월 23일에 점접촉형 트랜지스터를 창안함으로써, 2년 반만에 개발에 성공을 하였다. 이것은 그림 8-1과 같이 n형 Ge 웨이퍼를 베이스로 하고 그 표면에 2개의 금속바늘을 아주 가까운 간격으로 꽂아서 에미터 및 콜렉터로 한 것이다.

이 장치는 대량생산에 적합하지 않고 동작이 불안정하여 실용화되지 못하고 3년 뒤에 대단히 향상된 모델인 접합 트랜지스터가 개발되어 상업적으로 실용화되면서 본격적인 전자혁명이 시작되었다.

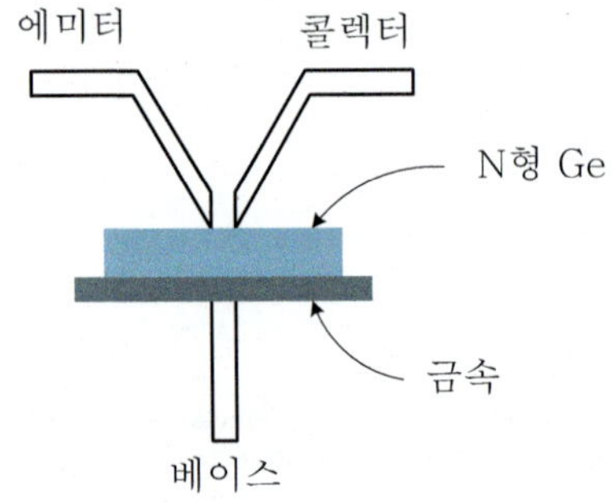

그림 8-1 점접촉형 트랜지스터의 구조

8.1.2 IC의 탄생

IC(integrated circuit : 집적회로)가 발명되기 전에는 스위치와 증폭기의 역할을 하는 트랜지스터와 전류의 흐름을 억제시키는 저항, 그리고 전기를 저장하는 콘덴서 같은 개별소자들로 전자장치가 만들어졌다.

이런 개별소자들은 섬유판 같은 회로기판 위에서 서로 배선, 납땜되어 회로를 구성하였으며 이러한 개별소자들은 부피를 너무 많이 차지하고 가격이 비싸며 조립하기가 번거로웠으므로 기술자들은 1950년대 중반에 보다 간편한 방법을 찾기 시작했다.

(1) 최초의 IC

1958년 TI(texas instrument)에 근무하던 젊은 과학자 잭 S. 킬비는 당시 미육군에서 채택하고 있던 마이크로 모듈이라는 접시 같은 개별소자의 작은 웨이퍼를 쌓아 회로를 구성하는 방식에 대해, 개별소자들을 쌓는 대신에 트랜지스터와 저항 등의 모든 전자부품을 한 재료로 만들기 위한 노력을 기울인 결과 게르마늄 한 덩어리 안에 트랜지스터와 콘덴서 하나씩과 3개의 등가 저항을 포함하는 이상발진기의 간단한 회로를 구성하였다.

그의 장치는 개별소자들을 회로판 위에 서로 배선하지 않고 4개의 전극이 왁스로 부착된 얇은 게르마늄 웨이퍼로 만들어진 것이었다. 비록 그 후에 IC의 개발이 다른 방식으로 되었지만 킬비의 발명품은 최초의 IC라고 볼 수 있다.

(2) 메사 트랜지스터

1950년대 후반까지 트랜지스터는 여러 단계의 개발을 거쳤다. 그들 중에서 중요한 것 중의 하나가 게르마늄 대신에 전기적인 장점과 제조상의 이점을 지닌 실리콘으로 트랜지스터가 제작되었다는 것이고 또 하나는 하나씩 만들던 것을 메사(Mesa) 공정이라는 간단한 사진석판술과 확산기술을 중심으로 대량생산을 할 수 있는 획기적인 발전을 이룩했다는 것이다.

이것은 그림 8-2에서와 같이 p형 Ge 기판 위에 n형 불순물을 확산시킨 다음 표면의 일부분에 알루미늄(Al)을 확산시켜 Al 밑부분이 p형 에미터가 되게 하는 p-n-p 구조였다. 끝으로 트랜지스터의 작용에 관계없는 부분을 에칭(etching)하여 메사형(Mesa는 대지 또는 높은 대지라는 뜻이다)으로 만들었다.

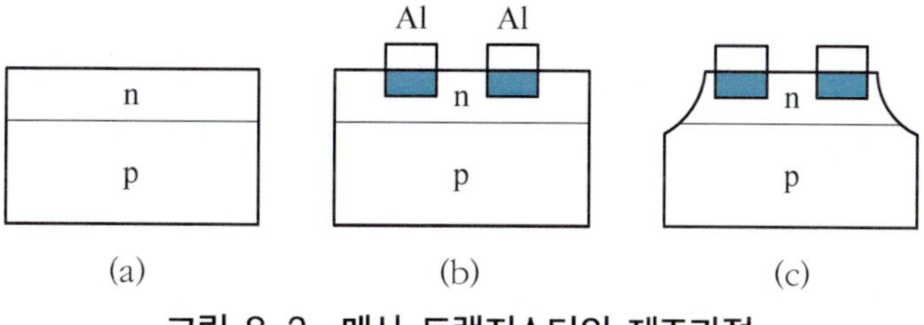

그림 8-2 메사 트랜지스터의 제조과정

(3) 에피택셜 · 플레이너 · 트랜지스터

메사 공정은 많은 장점이 있지만 기계적인 손상과 오염에 약하며 이 공정만으로는 저항을 만들 수가 없었다. 이러한 문제점을 해결하기 위해 훼어차일드의 설립자 중의 하나인 스위스 물리학자 진 호에니에 의해 에피택셜, 플레이너 기술(epitaxial planar technology)이 개발되었다.

이것은 Si에 적합한 기술로 IC를 실현하는 직접적인 동기가 되었다. 이 공정을 소개하면 다음과 같다.

① n^+형 Si 기판으로 그 표면에 n형 에피택셜 층을 만들어 콜렉터 영역으로 한다.
② 그 위를 SiO_2(산화규소)막으로 덮은 다음 SiO_2막의 일부를 사진식각(Photo Etching)으로 벗겨 낸다.
③ 여기에 p형 불순물을 확산시켜 p형 베이스 확산층을 만든다.
④ 다시 표면을 SiO_2막으로 덮은 다음, 에미터 영역으로 되는 부분을 다시 사진식각한다.
⑤ 여기에 n형 불순물을 확산시켜 n^+형 에미터 확산층을 만든다.
⑥ 표면을 다시 SiO_2막으로 덮는다.
⑦ 에미터 전극 및 베이스 전극으로 되는 부분을 사진식각한 다음 도선 역할을 할 Al막을 표면 전체에 증착시킨다.
⑧ 전극을 서로 연결하는 부분만 남기고 나머지 부분을 사진식각으로 제거한다.
⑨ Al 배선층과 리드선을 연결하여 소자를 완성한다.

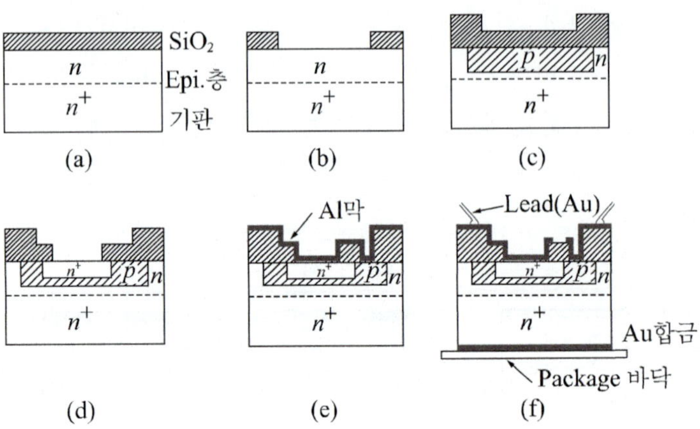

그림 8-3 에피택셜, 플레이너 트랜지스터 제조과정

이 트랜지스터는 표면이 평평하고 평면적인 구조이므로 플레이너(planar)라고 불리어지며, p-n 접합이 치밀한 유기질의 SiO_2막으로 보호되어 외부의 자극에 영향을 받지 않는 특징이 있다.

8.1.3 시대별 발달 과정

반도체 IC의 발달 과정은 아래와 같이 크게 6가지 시기로 구분할 수 있다.

① 고체 전자소자의 태동기 1900~1947
② 트랜지스터 시대 1947~1958
③ 소규모 집적회로 시대 1958~1970
④ 대규모 집적회로 시대 1970~1980
⑤ 고집적 집적회로 시대 1980~1990
⑥ 초고집적 집적회로 시대 1990 이후

(1) 고체 전자소자의 태동기(1900~1947)

트랜지스터가 발명되기 이전의 시대로 1902년에 2극 진공관, 1907년에 3극 진공관이 발명되었으며, 1930년경에는 많은 발전을 하여 레이다용 초고주파 검파소자가 나타났다.

1920년 중반에는 저항, 콘덴서 등의 수동소자를 집적할 수 있는 박막(thin-film) 기술이 개발되었고, 2차대전이 일어남에 따라 복잡하고 신뢰성 있는 전자회로의 요구로 혼성집적회로(hybrid IC) 및 Screening을 이용한 후막(thick-film) 기술이 나타나게 되었다. 또한 1920년에는 MOSFET의 이론이 발표되었으나 표면기술의 문제로 실용화되지는 못했다.

(2) 트랜지스터 시대(1947~1958)

전자혁명의 시발점이 된 트랜지스터의 발명(1947)이 이루어진 시대로 표 2-1에 보인 것처럼 많은 종류의 트랜지스터 및 제조기술에 대한 연구가 쏟아져 나왔다. 특히 실리콘 기판을 이용하여 산화막에 의한 선택적 확산으로 불순물을 주입할 수 있는 플레이너 기술이 개발되어 오늘날의 집적회로 소자의 형태가 출현한 시기이다.

(3) 소규모 집적회로 시대(1958~1970)

1958년 TI의 잭 킬비에 의해 모든 소자를 한 반도체 위에 집적시킬 수 있음이 발견된 이래 IC의 시대가 열린 시기이다.

1959년에는 플레이너 실리콘(Planar Silicon) IC가 탄생하였고 1961년에는 논리회로 소자가 개발되었으며 1968년에는 현재 표준형 반도체로써 반도체 시장의 가장 많은 부분을 차지하는 MOS 기억소자가 나타났다.

이 시대는 수십~수백 개의 소자를 집적한 SSI(small scale intergration)에서부터 수백~수천 개의 소자가 집적된 MSI(medium scale integration)가 등장한 시기이다.

(4) 대규모 집적회로 시대(1970~1980)

이 시대는 LSI(large scale integration)시대로 1970년대의 사진석판(pholitho-graphy) 기술의 발달로 매우 중요한 2가지 집적회로가 나타났는데, 그것은 1K DRAM과 마이크로프로세서(microprocessor)이다.

1970년 INTEL이 개발한 1K DRAM은 1960년대까지 컴퓨터의 주기억장치로 널리 사용되던 마그네틱 코어 메모리를 대체하게 되었으며, 역시 INTEL에 의해 1970년 개발된 4Bit MCU(microprocessor unit) 4004는 컴퓨터의 CPU를 하나의 칩으로 실현한 최초의 것이었다.

이 두 제품은 이 후 반도체 기술발전의 원동력으로 지대한 공헌을 하게 되었으며 대용량의 컴퓨터를 싼 가격으로 보다 작게 만들 수 있는 계기가 되었다.

이 시대에는 반도체 산업의 발전에 따라 응용분야도 넓어지기 시작했다. 컴퓨터와 통신회로에 사용되는 정보처리 및 전송용 반도체소자와 화상신호를 전기적 신호로 바꾸어 주는 CCD(charge coupled device) 등의 소자들이 개발되었고, 태양전지(Solar Cell), 압력감지소자, 적외선감지소자, 각종 제어소자, 고전력소자 등 특수 용도의 반도체가 개발되기 시작했다.

(5) 고집적 집적회로 시대(1980~1990)

이 시대는 VLSI(very large scale integration)시대로, 1980년대에 들어오면서 건식식각(dry etching) 기술이 생산에 적용됨에 따라 초미세가공이 가능 하게 되어 소자의 크기는 더욱 작아지고 집적도는 더욱 높아지게 되었다. 이에 따라 32Bit MPU가 등장하였고, DRAM에 있어서는 드디어 메가(mega) 시대가 열리게 되었으며, 이러한 표준형제품 외에도 사용자의 사양에 따라 만들어 주는 주문형 반도체(custom IC)와 특정용도용 IC(ASIC : application specific IC)이 시장도 점차 넓어지게 되었으며 이를 위한 고도의 CAD (computer aided design) 기술과, 복잡한 IC 설계를 쉽게 설계할 수 있는 기능의 Engineering System의 개발을 유도하게 되었다.

한편 실리콘의 한계성을 극복하기 위해 GaAs, InP와 같은 III-IV족 화합물 반도체 소자에 대한 연구도 활발히 진행되고 있다.

(6) 초고집적 집적회로 시대(1990년 이후)

이 시대는 ULSI(ultra large scale intergration)시대로 4M DRAM 이상의 초고집적회로소자와 단위 반도체 소자의 기능이 인간의 두뇌에 버금갈 정도로 발전된 인공두뇌집적도의 시대이다.

1990년에 들어서면 소자의 크기가 $1[\mu](=10^{-6}[\mathrm{m}]=1/1000[\mathrm{mm}])$ 이하로 작아지는 서브마이크론(submicron)시대가 열릴 것이다(소자의 크기에 대해서는 많은 논란이 있으나, 생산성, 신뢰성, 열방출 등의 면에서 약 0.2[μ] 정도를 그 한계로 보는 견해가 지배적이다).

또한 특수 정보 및 통신 시스템에 사용될 GaAs 등을 이용한 초고속 소자, 초전도 및 광을 이용한 논리회로 등의 더욱 빠른 소자를 개발하기 위한 노력이 계속될 것이다.

8.2 IC의 특징

개별소자로써 전자회로를 꾸미는 경우와 비교할 때 IC는 다음과 같은 여러 가지 장점을 가지고 있다.

8.2.1 소형, 경량

IC 칩(chip)은 넓이 약 $1.3 \times 1.3[mm^2]$, 두께 약 0.2[mm] 정도이며 이 안에 수 십개 또는 수 백개의 소자들을 포함한 전자회로가 꾸며져 있다. 개별적으로 제조된 트랜지스터 10개와 저항 10개를 포함한 전자회로를 프린트 기판 위에 꾸민다면 아무리 작게 한다고 해도 넓이 $50 \times 50[mm^2]$, 두께 10[mm] 정도는 될 것이다. 실제적으로 IC의 패키지(package)는 칩의 크기에 비해 너무 큰 것으로 사람이 다루는 데는 불편하지 않도록 만들어진 것이다.

8.2.2 경제성

① IC 칩은 일괄처리(batch process)로 대량생산되어 IC의 가격을 경제적으로 한다.

② 칩의 크기를 작게 하여 한 웨이퍼에 포함되는 칩의 수효를 증대시켜 IC의 가격을 낮출 수 있다.

③ 칩의 크기를 작게 하여 얻는 또 하나의 이득은 생산 수율(yield)을 높일 수 있다는 것이다. 보통 Si 웨이퍼는 그 결정구조의 상태가 완전하지 못하여 곳곳에 불량한 결정결함이 포함되어 있는데, 이러한 결정결함이 있는 곳에 만들어진 칩은 불량품이 된다. 예를 들면 그림 8-4에서와 같이 12개의 결정결함을 포함한 Si 웨이퍼 위에 15개의 칩을 만들었을 때 수율은 (15−12)/15=0.2가 되지만 같은 웨이퍼 위에 132개의 칩을 만들게 되면 수율은 (132−12)/132=0.91로 증가하게 된다.

이와 같이 수율은 IC의 가격과 직접적으로 관련되므로 칩의 크기를 작게 할 수 있다는 것은 중요한 것이다.

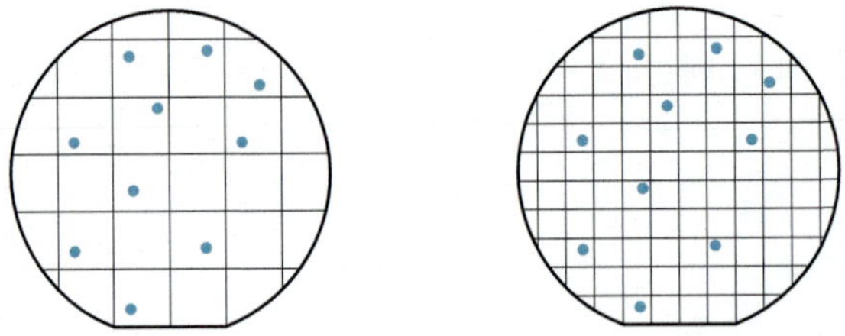

칩 총 수 : 18
불량품수 : 10
수 율 : 44%

(a)

칩 총 수 : 84
불량품수 : 10
수 율 : 80%

(b)

그림 8-4 Si Wafer 표면의 결함

④ 한 IC 칩 안에 되도록 많은 소자를 만들어 복잡한 전자회로를 꾸밀 수 있어 IC의 가격을 낮출 수 있다. 즉, 똑같은 성능을 가진 전자회로를 꾸미는데 여러 개의 IC를 사용하는 것보다 한 개의 IC에 종합함으로써 패키지의 수 및 리드선의 수를 줄일 수 있는 것이다. IC의 가격을 결정하는 데 있어서 패키지의 값 및 IC 칩에 리드선을 접속하는데 소요되는 생산비도 무시하지 못하는 요인이다.

8.2.3 신뢰성

IC 내의 트랜지스터나 저항 등은 똑같은 Si 결정으로 만들어져 있기 때문에 다른 금속 사이에서 일어나는 화학 반응이 생기지 않아 개별 소자들을 서로 접속시켜 만든 전자회로에서보다 고장률이 훨씬 낮다. 결국 IC의 경우, IC 1개가 개별적으로 제조된 트랜지스터나 저항 등과 똑같은 정도의 신뢰성을 갖는 셈이며 IC가 100개의 소자를 포함한다면 개별소자로 만들어진 전자회로에 비해 100배의 신뢰성을 갖는다고 볼 수 있는 것이다. 또한 IC 칩은 표면이 치밀한 조직을 가진 산화막(SiO_2)으로 덮여 있기 때문에 외부의 습기에 대하여 저항성이 강하며 대단히 가벼우므로 기계적인 충격에도 강하다.

IC의 신뢰성이 높은 이유로 리드선 접소점의 수효가 적은 것도 중요한 요인 중의 하나이다. 개별소자로 같은 전자회로를 꾸민 경우와 비교하면 접속점(또는 납땜점)의 수효가 보통 1/10로 적어진다고 한다. 그러므로 신뢰성은 10배 이상으로 향상되는 셈이다.

현재 전자부품의 신뢰성은 10^{-6}/hr 정도라고 한다. 이것은 한 시간 동작시키면 1,000,000개 중 1개의 부품이 고장난다는 뜻이다. 200개 정도의 부품으로 되어있는 TV수상기의 경우 5년 정도는 고장없이 동작할 수 있겠으나 10만개의 부품으로 구성된 컴퓨터의 경우는 평균 10시간마다 고장나는 셈이 되어 전자부품의 신뢰성이 얼마나 중요한가를 알 수 있다.

8.2.4 성능의 향상

가격이 똑같은 경우를 비교한다면 IC 쪽이 보다 많은 소자를 포함하고 있다. 그러므로 소자의 수효가 많은수록 전자회로의 성능이 향상되는 것을 당연히 예상할 수 있다.

8.2.5 특성의 접합

IC 속의 모든 소자들은 동시에 똑같은 공정에서 만들어지므로 이들의 특성은 잘 정합(matching)되어 있다. 또한 동작온도도 거의 비슷하게 되어 이들의 특성은 온도변화에 따라 똑같은 보조로 변화하는 셈이다. 즉, IC는 이를 구성하는 각 소자들 사이의 정합성 및 온도추이성(temperature tracking)에 있어서 우수하다.

8.3 반도체 IC 제품의 분류

일반적으로 반도체라 하면 반도체 물질을 이용하여 제조된 반도체 소자를 지칭하게 되는데, 반드시 소자는 개별 반도체 소자와 집적회로(IC)로 분류된다. 개별 반도체 소자(discrete component)는 트랜지스터나 다이오드 또는 정류소자, 광전변환소자(발광소자, 수광소자) 등과 같이 전자회로에서 일정한 기능을 갖는 각각의 소자들이 개별적으로 만들어진 것으로 이들을 이용하여 원하는 기능의 전자회로를 꾸미기 위해서는 특성에 맞는 소자들을 선택하여 조립하게 된다.

IC는 위에서 말한 각각의 개별 소자들을 원하는 기능에 맞게 하나의 반도체 칩(chip) 안에 만들어서 회로를 구성한 것으로 그 일반적인 분류체계를 표 8-1에 나타내었다.

8.3.1 순수 반도체

원소의 화학 주기율표 상의 IV족 원소에 해당하는 게르마늄(Ge)이나 실리콘(Si)과 같이 단일 원소로 웨이퍼를 만들어 사용하는 반도체를 말한다. 반도체 기술의 초기에는 Ge을 이용한 소자가 개발되었으나 최근에는 거의 모든 반도체가 웨이퍼를 이용하고 있다.

표 8-1 IC의 분류

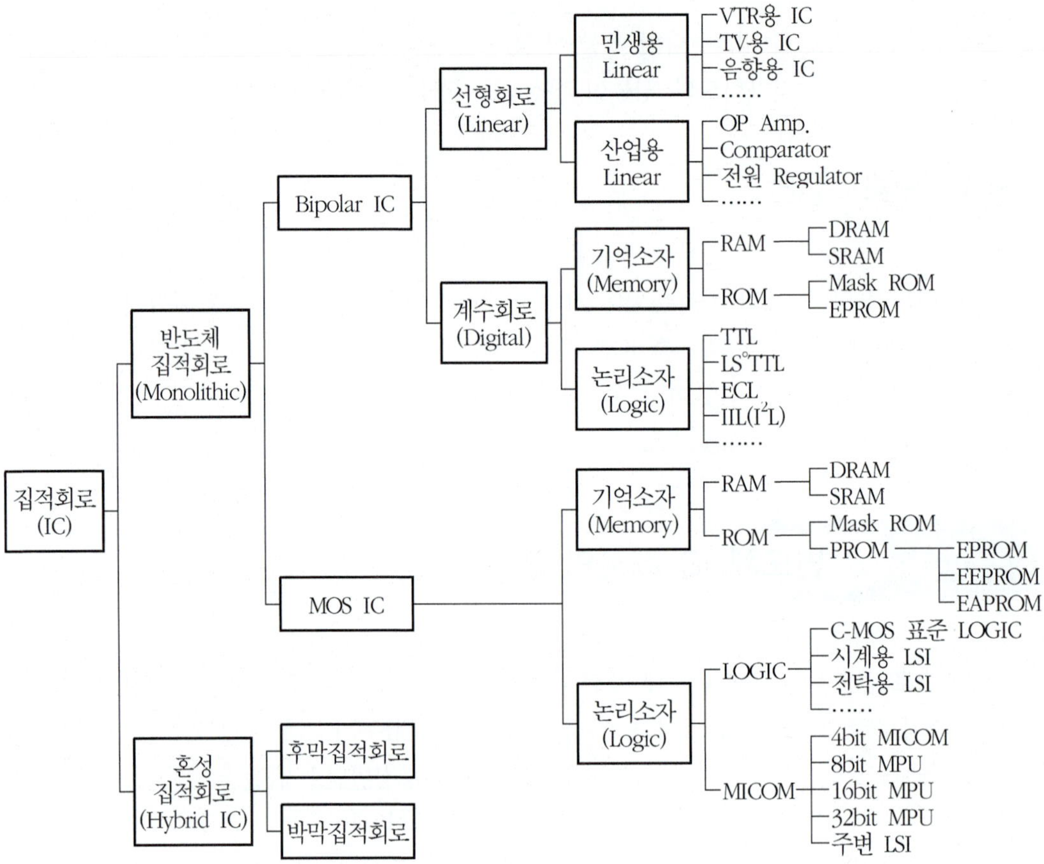

여러 가지 반도체 원소 중에서 이와 같이 Si이 주로 쓰이게 되는 이유는 다음의 세 가지로 볼 수 있다.

① 순수한 단결정(single crystal)을 값싸고 쉽게 얻을 수 있다. Si은 지구상에서 가장 풍부하게 존재하는 원소 중의 하나이며, 또한 전기적 성질에 나쁜 영향을 미치는 결함(defect)이 없는 단결정을 비교적 쉽게 만들 수 있다.

② Si의 산화물인 SiO_2의 성질이 반도체 소자 제작에 매우 유용한 역할을 한다. 간단한 열산화(thermal oxidation) 방법에 의하여 좋은 질의 얇은 산호막을 Si 웨이퍼 위에 쉽게 입힐 수 있으며, 이러한 SiO_2는 전기적으로 훌륭한 절연체의 역할을 하며, 화학적으로는 보호막의 역할을 하기도 한다. 반도체 중 Ge이나 GaAs는 전기적 성질이 Si보다 우수하지만, 산화물이 물에 용해되거나 균일하지 않는 등 MOS 소자를 만드는 데 많은 어려움이 있다.

③ Si 웨이퍼는 기계적으로 매우 단단하고, 화학적 식각(etching) 성질이 반도체 공정에 적합하다. 이것은 대규모 집적회로를 만들고, 공장에서 대규모로 생산하는 데 있어서 현실적으로 매우 중요한 면으로 작용하고 있다.

8.3.2 화합물 반도체

순수 반도체와 같이 단일 원소로 이루어진 것과는 달리 2개 이상의 원소가 화학적 결합에 의해서 구성된 화합물 반도체 웨이퍼를 이용하여 만든 소자를 화합물 반도체라 한다.

화합물 반도체는 III족 원소인 갈륨(gallium, Ga), 인듐(indium, In) 등과 V족인 비소(arsenic, As), 인(phosphorus, P), 안티몬(antimony, Sb)이 결합하여 만들어진 III-V족 화합물 반도체와 II족 원소인 카드뮴(cadmium, Cd), 아연(zinc, Zn)과 VI족의 황(sulfur, S), 셀레늄(selenium, Se) 등의 결합으로 이루어진 II-VI족 화합물 반도체로 나누어진다.

현재 화합물 반도체에서 가장 큰 비중을 차지하고 있는 것은 III-V족 화합물이며 그 중에서도 GaAs(gallium arsenide)라고 할 수 있다.

이와 같은 화합물 반도체는 일반적으로 단일 원소 반도체에 비해 전자의 이동도가 크고 발광 및 수광특성을 가지고 있다.

Si, Ge과 같은 원소결정 반도체에 비해 GaAs, InP 등과 같은 화합물 반도체가 전기적 신호처리 속도, 광자와의 상호작용 등의 면에서 우수하다는 이론이 등장한 것은 50년전이지만 70년대에 그 우수성이 실험을 통해 입증되었다. 그 이유는 결정성장의 까다로움 및 화학적 불안정성 때문이었다.

그로 인해 초고주파 증폭용 개별소자는 대부분 GaAs MESFET(metal semi-conductor field effect transistor)로 대체되었으나 집적회로를 제조할 수 있게 된 것은 80년대에 들어와서 2~3 인치 웨이퍼가 출현하면서부터였다. 물론 아직도 고도의 재현성, 균일성, 신뢰성 등의 면에 있어서는 해결해야 할 문제가 많이 남아 있긴 하지만 그 전망은 매우 밝은 편이다.

(1) 화합물 반도체의 용도

화합물 반도체를 Si 반도체와 비교할 때 소자의 이용에 있어서는 재료의 특성 소자의 효율 등의 면에서 유리하지만 경제성과 공정기술의 수준을 비교할 경우에는 Si 소자 쪽이 훨씬 실리적이고 범용적이다. 따라서 화합물 반도체 소자는 Si 소자의 단점을 보완하는 형태로 발전되어 온 것이 사실이다. 예를 들면 광특성을 이용한 레이저 다이오드, 발광 다이오드, 초고속 및 초고주파 특성을 이용한 소자 등이 그런 것이고 인공위성 태양전지 등에서 내방사성(耐放射性)이 강한 화합물 반도체가 이용되고 있다. 특히 고도의 정확성, 내환경성이 요구되는 군사분야에서 화합물 반도체 소자가 단연 각광을 받고 있다.

(2) 갈륨아세나이드(GaAs) 반도체

III-V족 화합물 반도체의 일종인 GaAs는 Si이나 Ge과 같은 원소반도체와는 다른 다음과 같은 특성을 갖고 있다.

실리콘보다 5배 고속이며 초당 수십 사이클 정도의 고주파수에서 작동할 때 GaAs IC는 Si IC에 비하여 전력소모가 아주 적기 때문에 인공위성과 같은 우주장비에 적당하다. 또한 GaAs는 Si보다 내방사성이 1천배나 우수하여 군사용으로 이용하기에 적합하다. 그리고 작동온도범위가 넓어 -200℃에서 +200℃까지 작동이 가능하므로 자동차의 점화장치나 모터 컨트롤 시스템처럼 온도환경이 극단적인 곳에 사용할 수 있다. 게다가 내부소음 발생이 비교적 적기 때문에 아주 약한 신호를 변형없이 증폭하는 데 사용할 수 있는 장점이 있다.

GaAs 반도체 제품 공정(process)은 현재의 Si에 비해 큰 차이는 없으나 고가의 Epi 성장을 시킨 Wafer를 사용해야 하며 GaAs 기판(substrate)은 Si에 비해 깨지기 쉽고 고온에서 Ga과 As가 분해되기 쉬워 특성을 상실할 우려가 있으므로 현행 Si 반도체 제조설비에 비해 보다 정밀한 공정이 요구되며 특히 GaAs IC의 제조를 위해서는 설비의 자동화가 더욱 요구된다.

한편 GaAs 웨이퍼는 순도문제가 아직 해결되지 않아 대구경화가 어려워 현재 3인치 정도까지만 실용화되고 있으며 화합물 반도체의 성질상 소자의 균열이 생기기 쉬워 수율이 극히 저조한 실정이다. 그리고 웨이퍼의 가격이 Si 웨이퍼에 비해 50배 정도 높다는 단점이 있어 GaAs의 기술사용을 억제하는 요인이 되고 있다.

화합물 반도체 소자가 규모면에서 Si에 비교될 수 있는 시기는 GaAs 칩이 컴퓨터에 사용되는 시기로 볼 수 있다. 이러한 전망이 가능한 것은 화합물 반도체의 단위 메모리 용량당 전력소모량이 매우 적다는 장점이 있기 때문이다.

8.4 IC의 구조에 의한 분류

IC는 구조에 따라 모노리딕(monolithic) IC와 하이브리드(hybrid) IC로 나눌 수 있다.

8.4.1 모노리딕 IC

모노리딕(monolithic) IC란 작은 반도체 칩 안에 모든 회로 소자를 만들어 원하는 기능을 수행할 수 있도록 배선을 해 놓은 것이다. Monolithic이란 말은 그리스어에서 온 것으로, Mono는 single(단일의), Lithic은 stone(돌)을 의미한다. 말하자면 Monolithic은 하나의 돌멩이(結晶)로 만들어진 것이란 뜻이다. 현재 가장 많이 제조되고 있으며 보통 IC라고 하면 이것을 말한다.

모노리딕 IC 제조시에 n형과 p형 반도체를 적절히 배열하면 전자와 정공이 함께 전류의 흐름에 참여할 수도 있고, 전자나 정공 중에서 한 가지 극성만이 전류의 흐름에 참여할 수도 있다. 그러므로 전기전도에 참여하는 운반자(charge carrier)가 무엇인가에 따라 양극성소자와 단극성소자로 구분할 수 있다. 단극성소자의 대표적인 것은 MOS 소자이므로 보통 양극성소자와 MOS 소자로 구분하며, 회로의 설계 및 제조 공정도 이에 따라 달라진다.

8.4.2 하이브리드(hybrid) IC

박막(thin film)기술로 만들어진 소자는 세라믹 또는 유리를 재료로 한 절연기판 위에 도체, 저항체, 또는 절연체의 얇은 막을 만들어 저항 또는 콘덴서와 같은 소자를 만든 것이다. 이러한 박막기술 만으로는 트랜지스터나 다이오드를 만들 수 없으므로 박막 기술로 만들어진 소자로 전자회로를 꾸미기 위해서는 모노리딕 IC 또는 개별 트랜지스터(패키지를 하지 않은 칩의 상태)와 혼합해서 사용해야 한다. 이와 같이 절연기판 위에 능동소자인 트랜지스터, IC, 다이오드 등과 수동소자인 콘덴서, 저항, 코일 등을 조합하여 하나의 회로를 형성, IC화한 것으로 한 예를 그림 8-5에 나타내었다.

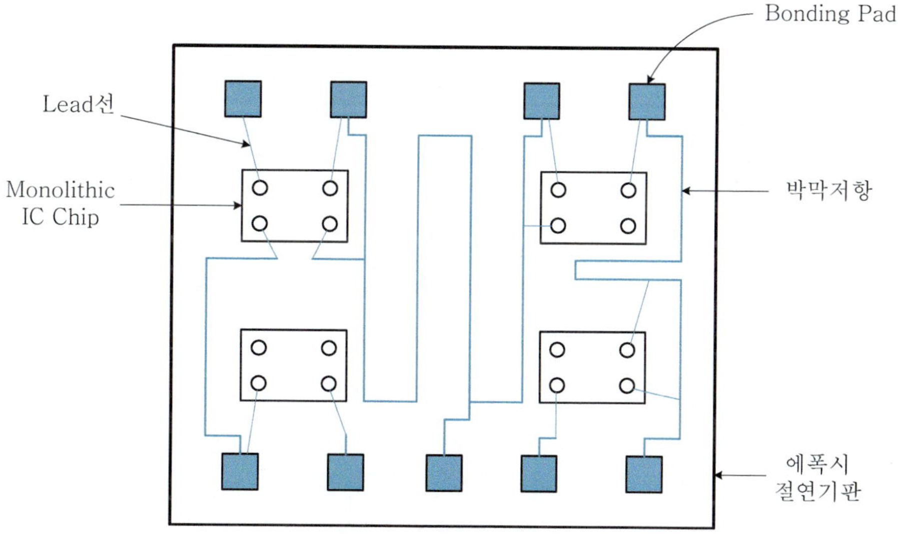

그림 8-5 하이브리드 IC

하이브리드 IC는 모노리딕 IC인 반도체 IC에 비해 고전압, 대전력, 고주파, 소량생산, 짧은 납기 등의 면에서 장점을 갖고 있다. 즉, 반도체 IC가 소자정밀도가 높고 동일 회로가 많은 디지탈회로에 적합하다면 하이브리드 IC는 고정밀도가 요구되는 아날로그 회로에 어울린다. 이러한 기능으로 회로를 소형화하는데 수량적, 특성적으로 반도체 IC화가 불가능한 품목을 소형화 하는 것이 하이브리드 IC의 최대 장점이라 할 수 있다.

하이브리드 IC는 후막 IC와 박막 IC로 분류되는데 후막형(thick film type)은 잉크상태의 페이스트(paste)를 칠하거나 뿜거나 혹은 인쇄한 후 소결(燒結)함으로써 얻어지는 막을 이용, 회로 소자를 만들고 그들을 서로 배선하여 하나의 회로 기능을 갖게 한 것을 말한다. 일반적으로 막의 두께가 5[μm] 이상인 것을 후막이라고 한다.

박막형(thin film type)은 기판 위의 회로소자와 상호접속을 진공 증착이나 스퍼터링(sputtering)에 의한 박막형성법으로 구성한 회로로 후막에 비해 고도의 기술력을 필요로 한다. 그러나 고신뢰성, 고주파특성 등 후막에 비해 성능면에서 월등하다.

8.5 동작에 의한 분류

IC를 동작상으로 분류하면 양극성(bipolar) IC와 단극성(unipolar) IC, 즉 MOS IC로 나눌 수 있다.

8.5.1 Bipolar IC

Bipolar라는 의미는 p-n 접합에서 전류를 흐르게 할 때 n형 쪽의 다수캐리어인 전자(음전하)가 p형 영역으로 확산되어 가서 p형 내의 다수캐리어인 정공과 반응을 일으켜 전류를 형성하는 것으로 양과 음, 두 가지 극성의 전하가 다함께 전류의 흐름에 참여한다는 뜻이다.

바이폴라 소자의 원리 및 특성에 대해서는 앞장의 p-n 접합에 대한 논의에서 언급하였듯이, 바이폴라 트랜지스터는 높은 스위칭 속도를 가지고 있으나 구조가 복잡하고 적은 면적으로 고저항을 나타내기 어렵기 때문에 고집적이 어렵고, 전류에 의한 동작 형태이기 때문에 전력소모가 높은 결점을 가지고 있다. 그러나 공정기술의 발전과 회로 및 소자 기술의 주목할 만한 발전으로 고속 특성을 살리면서 위의 결점들을 극복하는 방향으로 그 응용이 추진되고 있다. 바이폴라 트랜지스터의 제조과정은 다음 장에서 설명한다.

8.5.2 MOS IC

MOS란 전계효과 트랜지스터(FET)의 게이트의 구조가 금속(metal)-산화물(oxide)-반도체(semiconductor)의 형태로 이루어진 것으로부터 나온 말로 MOS 소자는 엄격히 말해 유니폴라 소자로 분류해야 되나 워낙 널리 쓰이므로 유니폴라 소자의 대표가 되었다. 유니폴라는 바이폴라에 대응하는 말로, 이 경우는 다수캐리어만이 소자의 동작에 관여하고 있다. 그 가장 좋은 예가 전계효과 트랜지스터로 이것에 대해서는 앞장에서 설명하였다.

MOS 소자는 바이폴라 소자에 비하여 속도가 떨어지는 것이 문제였으나 패턴이 미세화되면서 바이폴라 소자에 필적하는 속도를 갖게 되었으며 고집적도 및 저전력 소모로 인하여 고집적회로에 적합하다. MOS 소자 기술에는 PMOS, NMOS, CMOS 및 기타의 MOS 구조로 구분할 수 있다. MOS 기술 초기 단계에서는 간단한 공정기술과 높은 수율을 나타내며 PMOS 기술이 사용되었으나 속도가 늦고 임계전압(threshold voltage)이 높으며, 집적도가 낮은 등의 단점으로 인하여 NMOS나 CMOS 기술로 전환되고 있다.

NMOS는 고집적도 및 고속동작의 이점이 있어 현재 중요한 소자 기술이 되고 있으며, CMOS는 미세패턴형성기술 및 공정기술의 발달로 집적도와 속도에 있어서 NMOS와 비슷하고 전력소모가 적으며 저전압 동작이 가능하고 높은 잡음허용 특성을 갖는다. 또 CMOS는 바이폴라 소자와 동일 칩상에 제조될 수 있는 특징을 갖고 있다.

8.6 반도체 주문형 집적회로 설계

8.6.1 주문형 설계 방법

일반적으로 주문형 반도체 집적회로 설계는 다음과 같은 방법으로 설계할 수 있다.

① IC 제작자들에 의해서 부여되는 소자들을 이용하여 IC 칩(chip)을 설계하는 방식이다. 주로 실리콘의 공정기술로 제조되는 SSI, MSI, LSI, VLSI 회로들은 소자를 폭 넓게 이용될 수 있으나 어떤 특징을 포함하지 않은 집적회로를 구성하는 것은 소량의 칩을 사용하는 것과 필요한 동작을 수행하기 위하여 많은 양의 칩을 사용하여 시스템 설계시 서로 교환하는 경우도 있다. 이 두 가지 경우에서 어느 특정한 출력을 얻기 위해서는 결과적으로 설계에 영향을 고려해야 한다.

② 주문형 IC(custom IC)는 MOSFET소자의 공정기술을 이용하여 MSI, LSI, VLSI 설계를 시도하는 것으로 소요되는 제작경비 뿐만 아니라 주문자의 요구되는 기일을 고려해야 하므로 신중을 기하여야 한다.

8.6.2 주문형 설계과정

일반적으로 반도체는 개별 반도체소자(다이오드, 트랜지스터, 정류소자, 광전변환 소자 등)와 IC(Intergrated Circuit ; 집적회로)로 대별되며, IC는 그 구조에 따라 Monolithic IC와 Hybrid IC(혼성 집적회로)로 나누어진다.

이 중에서 반도체 제품의 대부분을 차지하는 것은 Monolithic IC로 이것은 또 MOS IC와 Bipolar IC로 구분된다. 오늘날에는 집적도가 유리하고 소비전력이 작은 MOS IC가 집적회로의 주종이 되어 컴퓨터의 메모리(DRAM)를 중심으로 반도체 시장의 대부분을 점유하고 있지만 동작속도가 빠른 장점을 지닌 Bipolar 분야도 나름대로의 용도와 특성을 갖고 그 범위를 넓혀가고 있다.

Bipolar IC 중 Linear 분야에 있어서는 각종 산업용, 민생용 기기의 기술 가속화에 따라 다기능화와 IC화의 범위를 점차 확대하게 되어 새로운 IC의 출현을 끊임없이 요구하고 있다.

이와 같이 주문형 IC란 범용성이 있는 표준형 IC와는 달리 수요자가 요구하는 특성에 맞게 설계하여 제조한 주문형 IC를 말하는데, System Maker(Customer)는 원하는 시스템의 기능에 맞는 새로운 IC를 설계하도록 하여 시스템 전체로서의 IC의 장점을 살려 신제품에 독자적인 기능을 부여함으로써 시장의 경쟁력을 높여 고부가가치를 이룰 수 있는 것이다.

주문형 IC는 비교적 라이프싸이클이 길고 시장이 안정적이며, 가격변동이 완만하다는 특성을 지녀 앞으로 높은 성장이 예상되고 있으며, 대부분의 시스템에서 IC가 핵심 부분을 차지하고 있어 기술자립을 위해 주문형 IC의 개발은 필수적이라 할 수 있다.

주문형 IC의 설계는 독자적인 신제품을 기획하는 단계에서부터 고려하여, 제품의 설계단계에서 IC화 할 부분을 결정하게 되며 주문형 IC의 개발과 동시에 제품의 설계 및 제작을 병행시킨다.

이와 같은 업무 흐름을 아래 그림 8.6에 나타내었다.

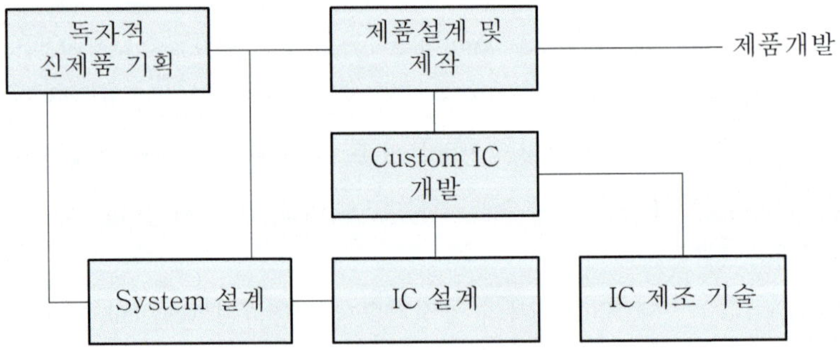

그림 8.6 제품 개발과 주문형 IC

IC는 Si 기판위에 P형(3가 원소 : B, Al, Ga, In, Tl) 또는 N형(5가 원소 : N, P, As, Sb, Bi)불순물을 확산시켜 트랜지스터, 다이오드, 저항 및 캐패시터를 형성하고 이들을 서로 연결하여 회로를 구성하고 외부 회로에 연결될 수 있도록 리드를 연결 Package를 이룬 것으로 한 개의 IC가 완성되기 위해서 100~300가지에 이르는 제조공정을 거치게 된다. 이러한 공정에는 전자회로기술, 사진기술, 정밀화학기술, 전자측정기술, 컴퓨터 프로그래밍 기술 등 고도의 기술이 종합적으로 요구되고 있다.

(1) 주문형 IC 개발 흐름도

그림 8.7은 주문형 IC의 개발흐름도를 개략적으로 나타낸 그림이다.

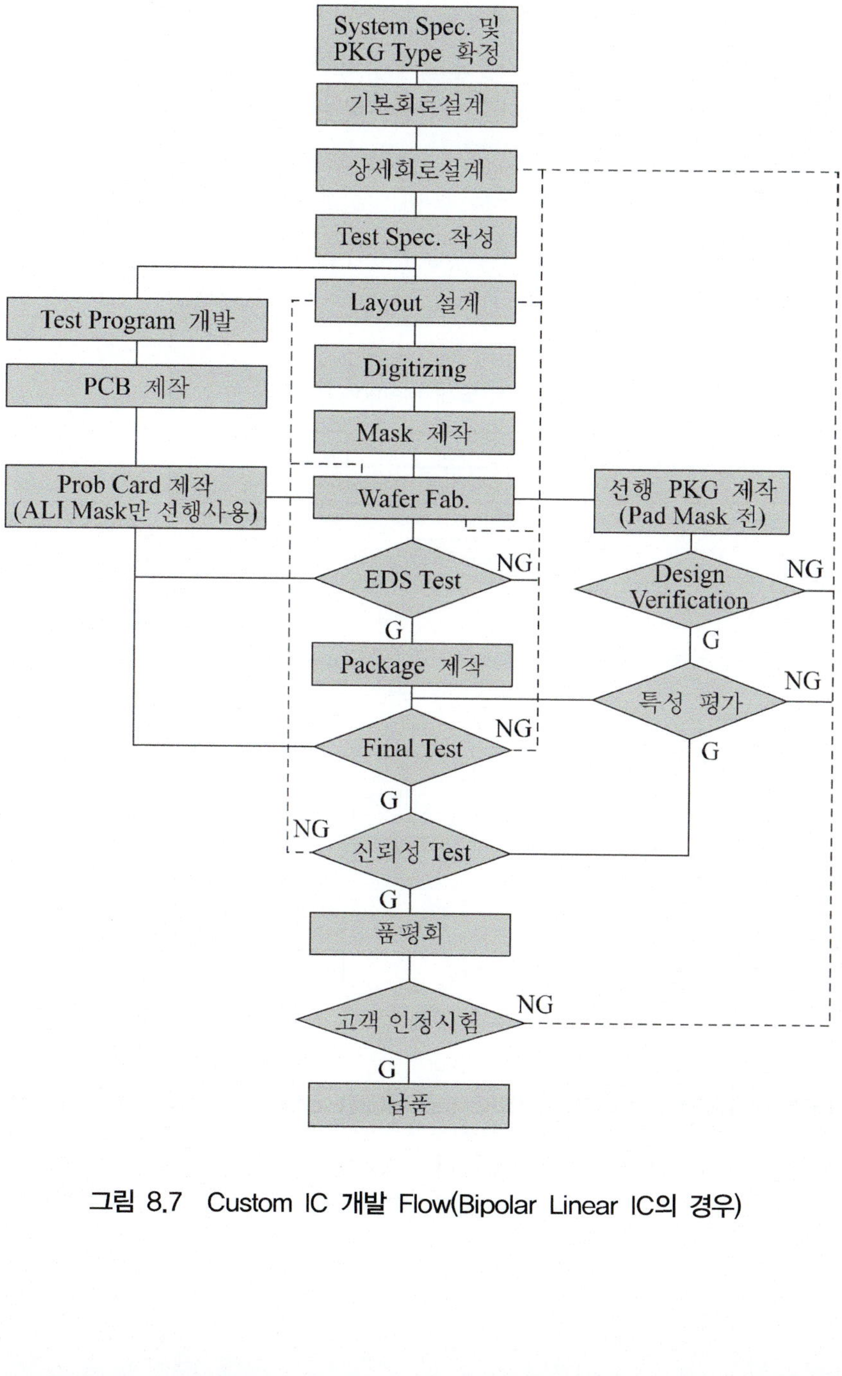

그림 8.7 Custom IC 개발 Flow(Bipolar Linear IC의 경우)

8.7 기억소자 종류 및 동작원리

반도체 메모리는 대별하여 MOS 메모리와 바이폴라 메모리로 나눈다. MOS 메모리는 컴퓨터의 주메모리를 중심으로 그 용도가 급격히 확대되고 있으며 오늘날 모든 메모리 부품의 핵심적 위치를 차지하기에 이르고 있다. 한편 바이폴라 메모리는 컴퓨터의 캐시 메모리(cache memory)를 비롯 초고속 메모리 분야에서 쓰이고 있다.

메모리를 그 기억 셀(cell)이 지닌 기능으로 분류하면 보유하고 있는 기억정보를 수시로 고쳐 쓸 수 있는 RAM(random access memory)과 제조공정 혹은 제조 후에 한번 기억시킨 기억정보를 고쳐 쓸 수 없는 ROM(read only memory)으로 나눈다. 일반적으로 RAM은 전원공급에 없이는 기억정보를 지속적으로 보수할 수 없는 휘발성 메모리인데 반하여 ROM은 전원을 끊어도 정보가 사라지지 않은 불휘발성 메모리이다.

반도체 메모리의 분류를 표 8.2에 나타내었다.

표 8.2 반도체 Memory의 분류

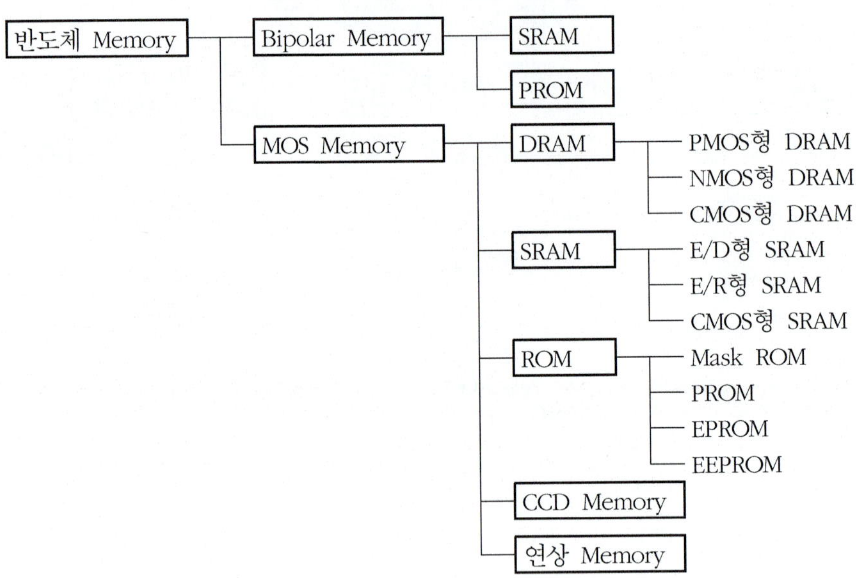

8.7.1 Dynamic RAM(dynamic random access memory-DRAM)

DRAM은 임의의 어드레스(address)에 대하여 고속으로 써넣기, 읽어내기가 가능하며 써넣기, 읽어내기에 필요한 시간은 거의 같다.

데이터의 유지를 콘덴서로 행하기 때문에 장시간(수 m sec 이상) 데이터를 유지할 수 없고 데이터의 고쳐쓰기를 일정시간 내에 행하는 리프레쉬(refresh) 동작이 필요하나 대용량이라는 점에서는 반도체 메모리 중 첫째이다. 그림 8.8은 DRAM cell의 기본구조이다.

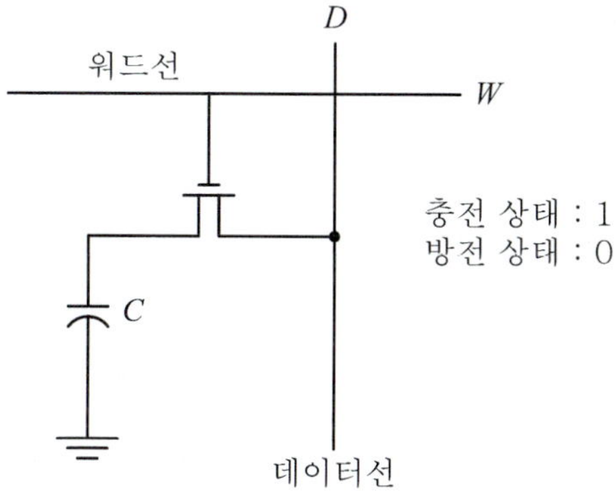

그림 8.8 DRAM 기본구조 cell

8.7.2 Static RAM(Static Random Access Memory-SRAM)

전원에 공급되는 동안은 저장되어 있는 정보가 손실되지 않는 정적인 기억소자로 써넣기, 읽기 동작이 DRAM의 기능과 같으나 비트(Bit)당 하나의 플립플롭(F-F)으로 구성되는 메모리 레지스터를 선택하기 위한 회로들로 구성된다. 1비트의 정보를 정적으로 보전하기 위한 메모리 cell로 6개의 소자로 구성되어 DRAM에 비해 cell회로가 복잡하여 집적도 면에서는 대략 DRAM의 4배 정도로 그림 8.9는 MOS SRAM의 기본 cell 구조를 나타낸 것이다.

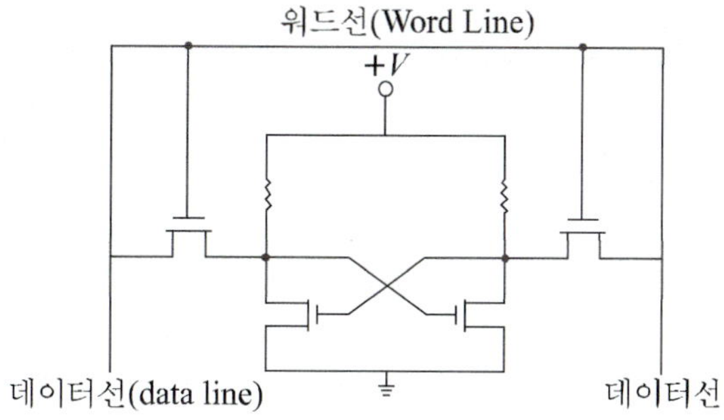

그림 8.9 MOS SRAM 셀의 구조

8.7.3 ROM(read only Memory)

ROM은 보통 읽어내기 전용으로 쓰이는 메모리로서 전원을 끊어도 파괴되지 않는 불휘발성 기억소자이다. 써넣기 방법에 따라 MASK ROM, PROM, EPROM 등으로 분류된다.

(1) Mask ROM(Masked Read only Memory)

MASK ROM은 써넣는 정보 데이타를 LSI 제조 공정의 포토 마스크로 패턴화하여 써넣는 기억소자로 제조회사에서 기입한다.

칩상의 전기적 상호 연결을 제어하기 위해서는 마스크(MASK)로 포토 그래픽 네가티브(negative)가 사용된다. 다른 정보를 기입하기 위해서는 개별적인 마스크가 필요하고 이 마스크의 값은 비싸기 때문에 같은 ROM이 대량으로 필요한 경우에만 경제적이다. 따라서 수학적인 표(table)나 CPT 디스플레이를 위한 문자발생 코드 등과 같이 일반적으로 사용되는 정보나 데이터를 저장하는 데 이용되고 있다.

(2) PROM(Programmable ROM)

사용자가 구입하여 현장에서 프로그램(기입)할 수 있는 형태의 ROM이다. 일반적인 PROM은 퓨즈(fuse)로서 동작하는 작은 니크롬 선을 갖고 있으며 사용자는 적당한 IC 핀에 전류를 흘려 퓨즈를 태움으로써 PROM을 프로그램한다. 그러나 프로그램을 한 번 기입한 후에는 변경할 수 없고(재생 불가능). 그림 8.10은 퓨즈방식 PROM 셀 구조 등가회로이다.

(3) EPROM(Erasable PROM)

사용자가 구입하여 프로그램 할 수도 있고 원한다면 EPROM eraser를 이용해 그 내용을 지우고 다시 프로그램할 수도 있다. EPROM writer로 프로그램된 EPROM은 ROM과 동일한 특성을 갖는다. 현재 생산되고 있는 EPROM은 소거 방법에 따라 UV · EPROM과 E · EPROM으로 구분된다.

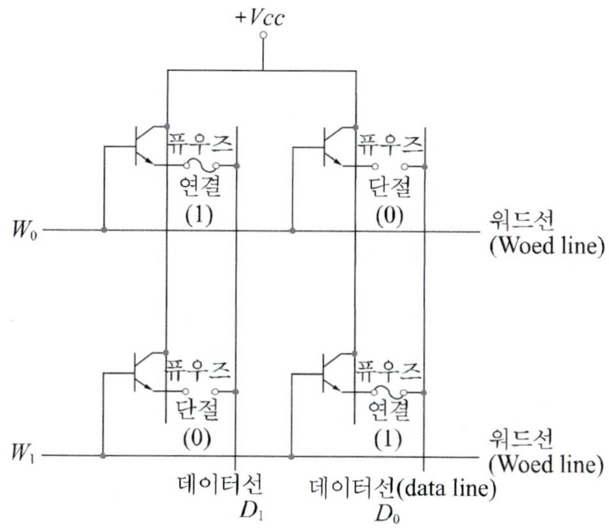

그림 8.10 퓨즈 방식 PROM 셀(cell)의 등가회로

(4) UV · EPROM(Ultra Violet EPROM)

자외선으로 소거할 수 있는 EPROM으로서 FET의 부동 게이트를 이용한 FAMOS (floating gate avalanche injection MOS)형이다.

그림 8.11에서 FAMOS의 기호와 구조를 보였다. 처음의 차단 상태인 FET의 외부에서 소오스와 드레인 간에 20~30V 정도의 고압을 가하면 전자 사태 현상(avalanche)이 일어나 절연체(SiO_2)로 둘러싸인 부동 게이트에 전자가 축적된다. 이 전자가 충분히 축적되면 S와 D간의 channel은 도통 상태가 된다. 따라서 이 부동 게이트의 축적 전하 유무에 따라 FET는 ON, OFF 상태로 된다. 그리고 한 번 부동 게이트에 축적된 전하는 외부로 유출되지 않으므로 이 FAMOS FET 한 개는 한 비트 정보를 기억할 수 있다.

EPROM은 이와 같은 원리로 기입되며 기입된 내용을 소거하고자 할 경우에는 EPROM의 석영 유리창을 통해서 강한 자외선을 쪼이면 부동 게이트에서 기판으로 광전류가 흘러 축적 전하가 방출되므로 처음의 OFF 상태이다.

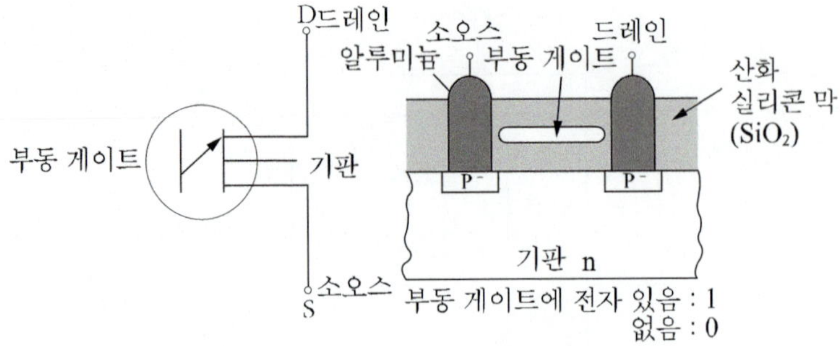

그림 8.11 FAMOS의 기호와 구조

(5) E · EPROM(Electrical EPROM)

전기적으로 소거할 수 있는 EPROM으로서 MNOS(Metal-Nitride-Oxide-Semiconductor)형과 부동 게이트(Floating Gate Tunnel Oxide)형이 있다.

종래의 E · EPROM은 기입 · 소거시 외부에서 고전압(25V 정도)을 인가할 필요가 있었지만 최근엔 내부 승압회로를 사용함으로써 완전 5V 단일 전원으로 기입 · 소거가 가능하게 되었다. 따라서 E · EPROM은 SRAM과 같은 기능을 가지면서 전원이 단절되더라도 소멸되지 않으므로 그 용도가 넓어질 것으로 기대된다. E · EPROM은 전기적으로 소거 · 기입이 가능하므로 EAPROM(Electrically Alterable PROM)이라고도 한다.

연 습 문 제

8–1 집적회로에 대하여 설명하라.

8–2 에피택셜 플레이너 기술에 대하여 설명하라.

8–3 집적회로 발달과정을 설명하라.

8–4 순수반도체와 화합물 반도체를 비교 설명하라.

8–5 모노리딕 IC와 하이브리드 IC의 차이점을 설명하라.

8–6 기억소자 반도체 종류를 들고 설명하라.

8–7 RAM과 ROM의 차이점을 설명하라.

8–8 IC를 동작상으로 분류하여 특징을 설명하라.

8–9 DRAM Cell 구조에 대하여 설명하라.

8–10 SRAM Cell 구조에 대하여 설명하라.

CHAPTER

09

반도체 단위공정

이 장에서는 반도체 소자를 제조하기 위한 기본공정 과정을 소개한다. 일반적으로 반도체 소자의 기본공정은 크게 산화(Oxidation), 확산(Diffusion), 사진식각(Photo etch), 화학증착(Chemical Vapor Deposition), 이온주입(Ion-Implantation) 등으로 분류되며 이에 대한 각 단위공정의 이론 및 적용과정은 본 장에서 논의할 것이다.

9.1 산화막 공정

9.1.1 산화막 이론

IC 소자제조공정에 있어서 실리콘 웨이퍼의 산화막(SiO_2) 성장은 매우 중요한 공정 중의 하나이다. 산화막은 구조상으로 비정질(amorphous)이며, 성장방법에 따라 그 특성은 변화한다.

산화막의 특성을 결정짓는 인자로는 밀도(density), 파괴전압(breakdown voltage) 및 식각속도(etch rate) 등이며, 이들 특성 인자를 고려하여 소자 제조공정에 응용한다.

산화막은 이온 주입 및 불순물 확산공정에 대한 마스킹(selective masking) 효과, 표면안정화(surface passivation), 표면 유전성(surface dielectric) 소자의 부분품(component)으로 이용된다.

그리고 산화막성장공정에서는 산화막의 균일성(uniformity), 재현성(reproducibility)이 요구되며, 이물질에 오염이 되지 않은 양질의 산화막이 형성되어야 한다.

실리콘(Silicon)은 대기 중에 노출될 때나 화학용액에 담가둘 때 산화막이 형성되는데 이 때 산화막 두께는 50[Å]~100[Å] 범위로 성장된다. IC 제조 공정에서 사용되는 산화막 두께는 모스(MOS) 게이트에 대해 400[Å]~100[Å]이며 모스 필드 영역에서는 5000 [Å]~15000[Å] 범위이다. 또한 바이폴라(bipolar) 공정시 이용되는 산화막의 두께 5000 [Å]~8000[Å]의 범위이며, 산화막 성장 온도영역은 900[℃]~1200[℃]이다. 산화막 성장시간 및 온도는 소자제조 목적에 따라 적절하게 선택되어진다. 온도는 일정한 시간에 두꺼운 산화막을 성장시키기 위해서는 충분히 높아야 하지만 결정결함(crystal defect)을 감소시키기 위해서는 가능한 낮은 온도 범위에서 선택되어야 한다.

고온 산화막 성장에 대한 화학반응은 다음과 같이 나타낼 수 있다.

$$Si + O_2 \xrightarrow{\text{고온}} SiO_2 \tag{9-1}$$

$$\underset{(\text{수증기})}{Si + 2H_2O} \xrightarrow{\text{고온}} SiO_2 + 2H_2 \tag{9-2}$$

산화막 성장의 메카니즘(mechanism)을 쉽게 이해하기 위하여 그림 9-1과 같이 실리콘웨이퍼를 O_2에 노출시키면 얇은 산화막이 형성되며 실리콘과 O_2는 새로 형성된 산화막에 의해 서로 분리되어 있다.

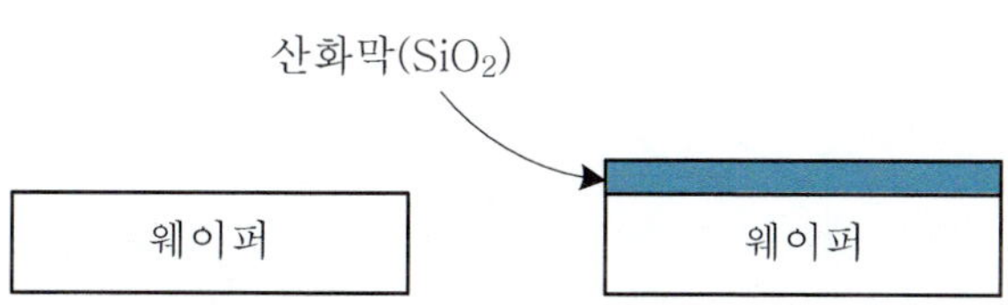

그림 9-1 얇은 산화막 성장

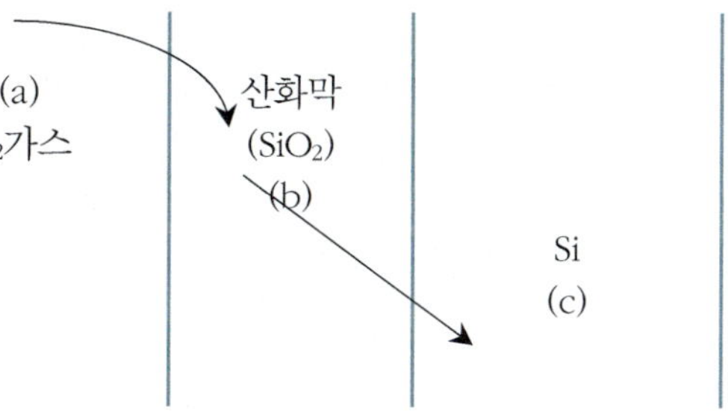

그림 9-2 산화막 성장방법

산화막이 더욱 성장하기 위해서는 실리콘이 O_2로 향하여 이동하거나 혹은 O_2가 실리콘으로 이동되어야 한다. 실제로 그림 9-2와 같이 O_2가 산화막 표면에 운반(a)되어, 얇은 산화막을 통하여 확산(b)된 다음, 실리콘과 반응(c)을 하여, 산화막이 생성된다. 초기에는 산화막이 시간과 온도의 증가와 함께 급격히 직선적(Linear)으로 증가한다. 그러나 산화막이 두꺼워짐에 따라 O_2가 산화막을 통하여 확산, 반응하는데 시간이 많이 소요하게 됨으로 산화막 성장속도는 더욱 느려진다.

$$T = R\sqrt{t} \tag{9-3}$$

T는 산화막 두께이며, R은 성장반응상수이며, t는 시간이다. 시간이 증가함에 따라 산화막의 성장속도는 감소하며, 반응상수 R은 온도와 함께 증가한다. 그림 9-3은 O_2에 대한 산화막 성장 곡선이며, 1200[℃]에서 7000[Å]의 산화막을 성장시키기 위해서는 약 10시간이 걸린다. 만약에 실리콘이 900[℃]~1200[℃] 온도 범위에서 수증기 상태에 노출이 되면 H_2O 분자는 H^+와 OH^- 이온으로 분리된다. 산화막을 통하여 OH^- 이온은 O_2보다 더욱 빠르게 확산된다. 이와 같이 조건을 달리하면 실리콘 산화막은 짧은 시간 내에 두껍게 성장한다.

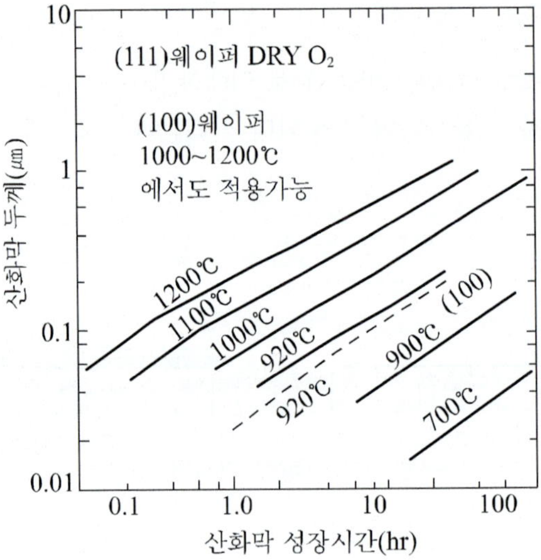

그림 9-3 O_2 산화막 성장 특성곡선

9.1.2 적용과정

(1) 마스킹(masking) 효과

산화막은 불순물 확산(impurity diffusion) 공정시 선택적으로 마스킹을 할 수 있다. 이는 이온 주입 및 고온확산공정에서 불순물이 실리콘과 산화막 표면에 확산될 때 산화막 두께를 적절하게 조절하여, 일정하게 웨이퍼 부위에 성장시킴으로서 불순물의 침투를 방지한다. IC 소자제조 공정에서 마스킹 산화막 두께는 0.5[μm]~0.7[μm] 범위에 있다.

(2) 표면안정화(surface passivation) 효과

실리콘의 비저항(resistivity)과 전도도(conductivity)는 실리콘에 첨가된 불순물의 양에 따라 변화한다. 또한 공정상에서 이물질에 대한 오염(contamination) 및 화학적 오염에 대해서도 비저항과 전도도는 변화하며 소자 특성에 영향을 준다. 표면안정화에 대표적인 것이 산화막을 덮는 방법이며, 질화실리콘(Si_3N_4) 피막으로 덮는 방법도 이용되고 있다.

(3) 표면유전성(surface dielectric) 효과

산화막은 소자간을 분리시키는 저항이 높은 절연물로서의 역할을 한다. 소자제조공정의 최종단계에서 웨이퍼의 활성영역(Active region)은 산화막 위를 통과하고 있는 알루미늄선과 연결된다. 이 때 산화막에 의해 금속도선의 도통(short)을 방지하며, 산화막이 너무 얇으면 산화막이 파괴된다. 금속도선(metal line)에 존재하는 전압은 웨이퍼표면에 전하를 유기시키며, 소자의 캐패시터(capacitor)로 이용된다. 제조공정에서 필드(field) 산화막이 이에 해당된다. 게이트 영역에서의 산화막은 전하를 유지시키고 소스와 드레인 사이에 채널(channel)을 형성시킨다. 이러한 산화막을 게이트 산화막이라고 불리어진다.

9.1.3 공정

산화막 성장을 위한 공정 과정은 그림 9-4와 같다.

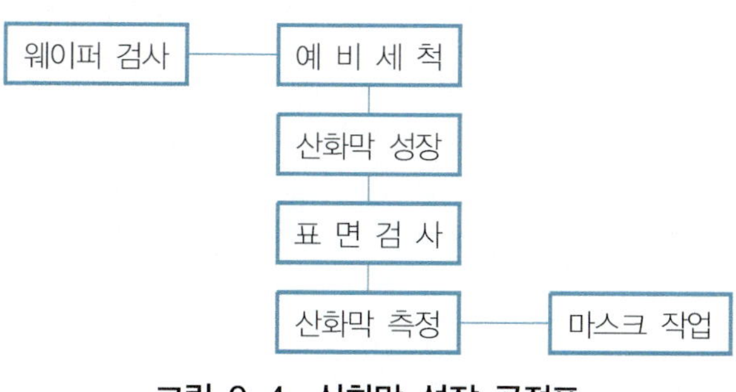

그림 9-4 산화막 성장 공정표

(1) 예비세척

산화막을 성장시키기 이전에 웨이퍼의 표면이 오염되지 않아야 한다. 표면 오염은 산화막의 성장을 방해할 뿐 아니라 결정결함 및 소자의 특성을 불안정하게 한다. 예비세척공정은 공정웨이퍼상태에 따라서 달라지며 특히 모스소자제조의 게이트 산화막 성장과정에서 매우 중요하다. 웨이퍼는 먼지나 이물질의 파편가루(particles), 기름(oils) 등과 같은 유기물질과 무기물질, 세척 중 원치않은 얇은 산화막 등에 의해서 오염될 수 있다. 먼지나 이물질에 의한 파편가루 등은 황산이나 기계적 문지름(scrubber)에 의해 제거될 수 있다. 유기물질은 솔벤트(solvent), 황산, 과산화수소(H_2O_2) 등으로, 무기물질은 염산(HCl), 과산화수소로서 제거된다.

세척과정 중에 생긴 100[Å]~200[Å] 정도의 얇은 산화막은 10 : 1 불화수소(HF)로서 제거된다. 그리고 탈이온수(DI water)도 세척 후 건조(dry) 과정에서 물방울자국이 웨이퍼표면에 남지 않도록 주의하여야 한다.

(2) 산화막 공정

실리콘의 산화막성장은 여러 가지 방법으로 행해진다. 특히 대기압에서 개방상태의 석영관(open tube)으로 하거나 기압을 상승시켜 닫힌 상태의 석영관(closed tube)으로 하는 방법이 있다.

또한 낮은 온도에서의 증착법(CVD), 전해액을 사용하여 성장하는 방법(anodization) 등이 있다. 소지제조공정에서는 주로 고온산화막성장법이 사용되며 대기압에서 개방상태의 석영관으로서 공정을 한다.

산화막 성장은 전기로에서 크게 3가지 단계로 분류된다.

> 첫째, 웨이퍼를 석영관으로 넣는 과정
> 둘째, 산화막 성장과정
> 셋째, 웨이퍼를 석영관으로부터 끄집어 내는 과정

첫째와 셋째 과정은 주로 N_2 분위기와 소량의 O_2 분위기에서 행하며, 산화막의 두께조절은 둘째 과정에서 이루어진다. 또한 산화막의 균일도를 향상시키기 위해 공정웨이퍼는 가스주입방향에 대해 수직으로 놓아야 한다. 산화막 성장과정에서 대개 양질의 얇은 산화막을 위해서는 O_2 분위기에서 공정을 하며, 이 때 HCl을 첨가하기도 한다. 두꺼운 산화막을 성장시키기 위해서는 수증기 분위기에서 공정을 한다.

9.2 확산 공정

9.2.1 확산이론

확산이란 어떤 입자의 농도차로 인하여 그 입자가 퍼지는 것을 말한다. 확산의 예로서 그릇에 담겨져 있는 물에다 잉크 방울을 떨어뜨린 경우를 생각할 수 있다. 일단 잉크가 물 위에 떨어지면 잉크의 농도가 진한 데서 옅은 데로 번져가는 것을 경험하였을 것이다. 시간이 지남에 따라 잉크는 점점 퍼지게 되어 어느덧 그릇에 담겨져 있는 물 전체가 옅은 잉크색을 띠게 된다. 또한 방안에서 담배를 피우는 경우 멀리 떨어져 있는 사람에게도 담배 연기가 퍼져나게 되는 경우가 있는데 이런 것들은 모두 확산의 좋은 예라고 할 수 있다.

반도체 공정에서의 확산도 위의 예에서와 같이 물질에 어떤 입자를 주입 그리고 퍼지게 하는 것이다. 이 확산 공정에서는 기판(substrate)인 실리콘에다 불순물을 확산시키는데, 이때 반도체 제조 공정에 쓰이는 확산 입자를 불순물(impurity)이라고 한다. 우리 주변에서 일어나는 확산은 앞의 예에서 본 것처럼 거의 기체나 액체에서 일어나는데 반도체 제조 공정에서의 확산은 실리콘 기판인 고체에서 일어난다. 기체나 액체에서는 확산이 쉽게 일어나는 반면, 고체에서는 그냥 두면 확산이 일어나기가 상당히 어렵게 되어 확산공정이란 조작이 필요하다. 그러므로 고체인 규소기판 확산이 충분히 일어날 수 있는 에너지를 부과하기 위해 고온의 전기로에서 대부분이 공정이 이루어지게 되는 것이다.

반도체 공정의 의미로서 확산이라 함은 고체 상태의 웨이퍼에 불순물 원자를 주입시키는 것을 뜻한다. 이때에 주입된 원자가 웨이퍼에 이미 존재하고 있던 불순물원자와 다른 형이라면 그 경계면에서는 p-n 접합 부분이 생기게 된다.

확산 현상에 대해서는 그림 9-5의 예로서 설명하기로 하자.

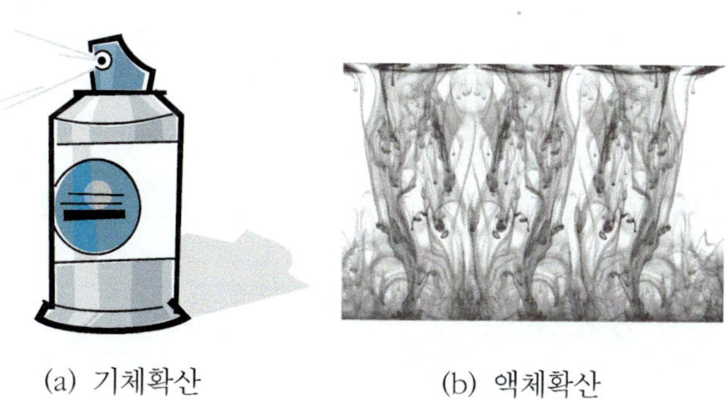

(a) 기체확산　　(b) 액체확산

그림 9-5 확산의 예

위 그림에서 (a)는 분무식으로 기체 상태의 확산이 이루어지는 모습이다. 분무기의 노즐 부분은 공기에서보다 훨씬 높은 농도의 기체를 가지고 있고 분무가 이루어지면서 노즐에서 먼 부분일수록 기체의 농도가 감소한다. 이와 비슷한 현상이 (b)의 경우에도 일어난다. 즉, 물 위에 한 방울의 잉크가 떨어졌을 때, 확산 현상에 의하여 잠시 후엔 모든 곳으로 잉크가 퍼져나가게 된다. 잉크의 농도는 처음에 잉크방울이 떨어진 곳으로부터 멀어질수록 낮으며, 이와 같은 농도 차이에 의하여 확산이 진행되는 것이다. (a), (b)의 경우를 각각 기체 확산 및 액체 확산이라고 한다.

반도체 공정의 불순물 주입은 고체 확산에 의하여 이루어진다. 고체 확산이 이루어지려면 기체나 액체 상태에 비하여 몇 가지 더 많은 조건이 갖추어져야 한다. 그 조건으로는 첫째로, 확산을 하기 위한 불순물의 농도 차이가 충분해야 하며, 둘째로는 불순물 원자의 이동이 쉽게 이루어지도록 하기 위한 충분한 에너지가 있어야 한다.

이를 위하여 웨이퍼의 표면에 확산시키고자 하는 불순물의 고농도 부분을 만들어 주고, 그 후 높은 온도에서 충분한 시간동안 유지시켜 주면 확산이 진행된다.

9.2.2 적용과정

n형 불순물이 포함되어 있는 실리콘 웨이퍼에 그림 9-6과 같이 p형 불순물을 주입시키면, 그 경계면에서 p형과 n형의 접합된 모양이 형성된다. 이 면을 p-n 접합이라 하고 이러한 구조를 p-n 다이오드 구조라고 한다. 그리고 그림 9-7에서처럼 p형 영역에 다시 n형 불순물을 주입시키면 p-n 접합이 두 곳에서 생기게 되며, 이러한 구조를 n-p-n 트랜지스터형 구조라 한다.

확산이라 함은 p형 또는 n형 불순물을 필요한 곳에 적당한 깊이만큼 주입시키는 과정으로서 그림 9-6과 같은 p-n 접합을 만들기 위해서 또는 그 외에 특수한 용도로서 사용된다. 하나의 반도체 소자를 제작하기 위해서는 수차례 또는 그 이상의 확산 공정이 필요하며, 보통 1000[℃] 내외의 높은 온도에서 이루어진다.

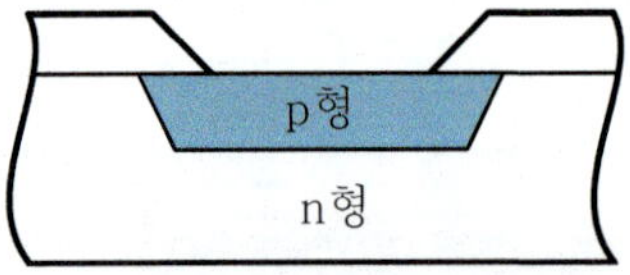

그림 9-6 p-n 다이오드

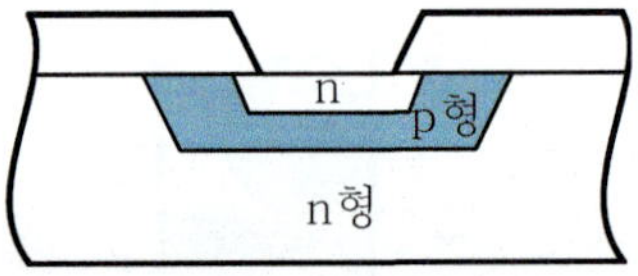

그림 9-7 n-p-n 트랜지스터

9.2.3 확산종류

(1) 증착확산(predeposition)

확산 공정에서는 주입되는 불순물의 양과 농도 및 확산깊이의 조절을 정확히 해야 할 필요가 있다. 실제 대부분의 확산공정은 이와 같은 목적을 위하여 2단계에 걸쳐서 이루어진다.

그 첫 번째 단계는 증착확산이라고 불리는데 이 때에 불순물이 웨이퍼의 표면으로부터 안으로 주입된다. 확산용 튜브 내에서 불순물은 웨이퍼에 공급이 되며 공급된 불순물은 웨이퍼의 표면으로부터 내부로 확산되어 들어간다. 그림 9-8은 증착확산시에 웨이퍼 표면에 불순물의 공급이 이루어지는 모습을 나타낸 것이다. 확산 속도는 불순물의 종류와 분위기 상태 및 온도에 따라 달라지며, 확산되는 불순물의 양은 일반적으로 온도의 함수로 표시된다. 그러나 일정한 온도에서는 불순물이 확산되어질 수 있는 어느 한계가 있으며 이 한계를 그 불순물에 대한 최고 고용도(solid solubility limit)라 한다. 이것은 온도와 불순물의 종류에 따라 각각 다르게 된다. 말하자면 아무리 오랜 시간동안 고온에서 유지시켜도 웨이퍼의 표면에서는 어느 한계 이상의 불순물이 존재할 수 없게 된다.

따라서, 증착확산 단계에서는 웨이퍼 표면에서의 불순물 농도를 포화상태 수준으로 일정하게 유지시킬 수 있다. 증착 확산이 일어날 때 불순물의 분포는 실리콘 표면에서 최대의 농도를 가지며 웨이퍼 안으로 들어갈수록 농도가 점차 적어지는 모양으로 된다.

이 농도 분포의 꼴은 컴프리멘트리 에러함수(complementary error function)라는 수학적인 함수로 표현된다. t 시간 지난 후 거리 x 지점에서의 불순물의 농도를 $C_1(x, t)$라 하면,

$$C_1(x,\ t) = C_s \quad erfc\left(\frac{x}{2Dt}\right) \tag{9-4}$$

으로 주어진다.

이 때 C_s은 불순물의 고용도, D는 확산계수이며 이 둘은 모두 온도와 불순물의 종류에 의존하며, 또 증착확산을 통하여 웨이퍼에 주입된 불순물의 총량 Q는 다음과 같이 주어진다.

$$Q = C_s \sqrt{\frac{4Dt}{\pi}} \tag{9-5}$$

이상의 단계를 요약하면 확산공정의 첫 단계로서 증착 확산은 다음과 같다.

첫째로 불순물의 수입이 표면으로부터 이루어지며, 둘째로 불순물 원자는 계속적으로 공급되고, 셋째로 웨이퍼 표면의 불순물 농도는 최대 용해도를 가지며 안쪽으로 들어갈수록 점차 낮은 농도 분포를 이루게 된다.(그림 9-8 참조)

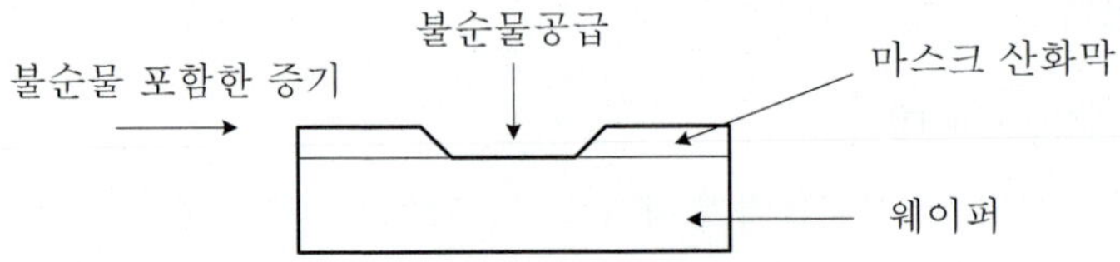

그림 9-8 증착 확산 공정

(2) 드라이브 인 확산(Drive in Diffusion)

확산공정에서 원하는 불순물의 농도 및 양과 확산깊이 등은 보통 첫 번째 단계만으로는 이루어지기 어려우며, 두 번째 단계에서 비로소 정확한 조절이 행하여지게 되는데, 이 단계를 드라이브인 확산이라고 한다. 이때에는 증착확산시에 확산되어진 불순물을 웨이퍼 내에 더욱 깊이 확산시키며, 그 때의 온도는 비교적 높게 선택된다. 그림 9-9는 드라이브인 확산이 끝난 웨이퍼의 모습을 나타낸 것이다. 수직방향으로 확산된 깊이를 접합깊이라 하며 통상 X_j라 칭한다. 또한 마스킹 산화막 옆으로 수평방향으로도 확산이 일어나는데 이것을 측면확산이라고 한다.

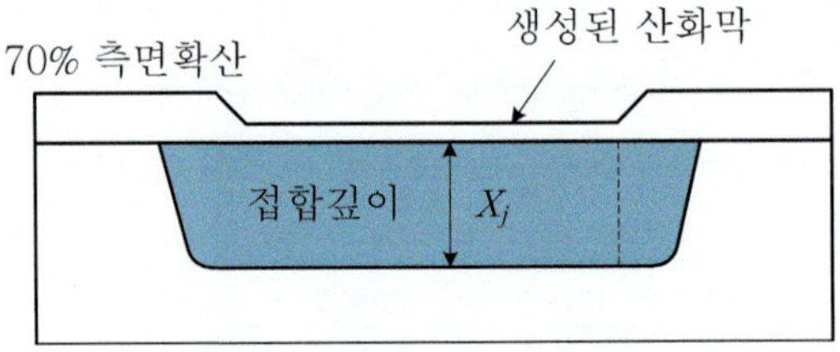

그림 9-9 드라이브 인 확산된 접합

이 수평방향으로는 수직방향의 X_j에 비하여 약 70%~80% 정도의 확산이 일어나게 된다. 드라이브 인(drive-in) 확산시에는 보통산소와 같은 산화용 기체를 주입하며 실리콘표면에 얇은 산화막을 형성시키는데, 이것은 더 이상의 불순물이 주입되는 것을 막고 또한 주입된 불순물이 외부로 빠져 나오지 못하도록 하는 구실을 한다. 따라서 드라이브인 확산시에는 불순물의 총량(Q)에는 변화가 없고 다만 그 분포에 차이가 생기게 된다. 드라이브 인(drive-in) 확산이 일어날 때 불순물의 분포는 표면에서 표면농도 C_s를 가지며, 실리콘 기판 안으로 들어갈수록 농도가 점차 떨어지는 가우시안(gaussian) 분포를 하게 된다. 즉,

$$C(x,\ t) = C_s \exp\left(\frac{-x^2}{4Dt}\right) \tag{9-6}$$

단, 표면농도는

$$C_s = \frac{Q}{\sqrt{\pi D t}}$$

으로 주어지며, Q는 증착확산시 계산된 불순물의 총량이다.

불순물의 표면농도는 위 식과 같이 처음 증착 확산 직후 최대고용도의 농도를 가지다가 시간이 지날수록 감소되고 확산계수가 클수록 빨리 감소된다.

접합깊이 X_j는 드라이브인 확산시의 온도와 시간, 그리고 불순물의 확산계수에 의하여 결정되며, 보통 높은 온도에서 오랜 시간일수록 깊이 확산된다.

불순물의 확산계수는 온도와 농도의 함수이며 확산계수 값이 크면 그만큼 접합 깊이가 증가한다.

9.2.4 확산공정

반도체 제조공정에서 확산은 다음과 같은 일련의 순서로 이루어진다. 즉 검사(육안검사), 세척 및 식각, 증착확산, 평가, 세척, 드라이브 인 확산, 평가의 순으로 된다.

먼저, 검사의 공정을 앞 공정을 마친 웨이퍼의 표면상태를 육안으로 검사하여 웨이퍼의 표면이 불필요한 오물로 오염되었는지, 혹은 앞 공정이 잘못되었는지를 확인한다. 산화막은 두께에 따라 다른 색을 띄게 되는데 같은 공정을 마친 웨이퍼들간의 색이 다른지를 보아 앞 공정의 이상유무를 확인하기도 한다. 먼지나 백막의 결함(defect) 등은 자외선(ultraviolet)광 아래서 웨이퍼를 비스듬히 바라보면 쉽게 발견된다.

세척 공정은 확산 공정 전 여러 공정을 거치는 동안 야기되는 유기물질이나 땀, 섬유질, 먼지, 금속이온 등이 웨이퍼 표면에 묻어서 확산공정시 이러한 것들이 같이 확산되어 들어감을 방지하기 위해서 해주는 공정이다. 일반적인 세척공정으로 먼저 황산(H_2SO_4)과 과산화수소(H_2O_2)를 섞은 용액이나 수산화암모늄(NH_4OH)과 과산화수소를 섞은 용액을 각각 100~120[℃], 75~85[℃]로 가열한 뒤 10~20분 정도 담가서 세척을 하는데, 이렇게 함으로써 주로 유기물로 된 오물이나 일부분의 이온성 오물이 세척된다. 이것이 끝나면 웨이퍼에 묻은 산이나 알카리를 탈이온수로 헹군다. 이 공정은 작업대에 놓여 있는 수조(water-bath)에서 주로 이루어지는데 보통 탈이온수의 헹구는 효과를 크게 하기 위해서 탈이온수기 용기에 가득 찼다가 한꺼번에 물이 빠지는 프리린스(pre-rinse), 탈이온수와 질소 가스가 함께 나와 웨이퍼에 묻어 있는 먼지 등을 쉽게 떨어뜨리는 덤프린스(dump-rinse), 흐르는 물에 웨이퍼가 놓여지는 것과 포스트린스(post-rinse)를 차례로 하게 된다.

황산과 과산화수소 용액에 웨이퍼를 담가 세척을 하면 노출된 실리콘 표면에 불필요한 산화막이 생기게 되는데 이것과 기존이 산화막을 제거하기 위해 묽은 불화수소용액에 웨이퍼를 담가 세척을 한다. 그 다음에 탈이온수로 헹구는 작업을 한 뒤, 웨이퍼를 말리기 위해서는 회전 건조대(spin-dryer)를 사용한다. 세척이 끝나면 증착 확산을 하는 두께의 산화막을 얻는데 주의를 요하게 된다.

드라이브-인 확산이 끝나면 증착 확산이 끝났을 경우와 마찬가지로 확산된 정도를 평가하게 된다. 보통 매 확산후 R_S, T_{0x}를 측정하고 불규칙적으로 필요할 때 X_j, C(x)를 측정하게 되는데 이러한 변수의 측정을 위해서 모니터 웨이퍼(process monitor wafer)를 사용한다.

9.3 이온주입공정

9.3.1 이온주입이론

웨이퍼에 불순물을 주입시키기 위한 방법으로서, 1970년대 초반까지는 확산에 의한 불순물 주입 방법이 지배적이었으나 이 방법은 실제 몇 가지 문제점을 가지고 있다. 즉, 낮은 농도 영역(단위 cm^2당 10^{15}개 이하의 원자)에서의 농도 조절이 어렵고 불순물이 웨이퍼에 파고 드는 접합깊이의 조절이 어렵다. 뿐만 아니라 고온에서의 확산이 진행되는 동안, 먼저 주입된 불순물이 실리콘 웨이퍼 내에서 수직방향은 물론 수평방향으로도 확산되므로 소자 상에서 실제 원하는 확산 영역보다 더 큰 영역이 형성될 수 있다.

이온주입법은 이러한 문제점들을 보완할 수 있을 뿐만 아니라 웨이퍼 상에서 원하지 않는 영역으로 들어오는 불순물을 막기 위한 마스크(mask)로서 실리콘 산화막 외에 감광막을 사용할 수도 있으며 균일성 또한 확산 방법에 비해 훨씬 양호하다는 장점이 있다.

실리콘 웨이퍼에 이온이 주입되는 원리는 마치 기관총에서 발사된 탄환이 앞에 놓인 모래주머니에 박히는 것과 유사하다. 이 때 기관총을 상하좌우로 동시에 움직이면서 발사한다면 탄환들이 큰 모래주머니의 전면에 고루 박힐 것이다.

이온 주입법에 있어서 위의 경우와의 차이점은 탄환대신에 불순물의 이온이 사용되고 또 기관총을 사람의 손으로 움직이는 대신에 이온 주입시에는 이온들의 연속적인 흐름(이온 비임)의 방향을 전기적인 힘으로 움직이게 한다는 점이다.

그러면, 이온이란 어떤 것이고 어떻게 만들어지는 것인지 간단히 설명하기로 하자. 모든 원자는 양(+)전기를 띤"한 개의 원자핵"과 원자핵 주위의 음(-)전기를 띤"여러 개의 전자"들로 구성되어 있다. 처음에는 이 원자가 갖는 (+)전기량과 (-)전기량이 같아서 전체적으로 중성(즉, (+)전기도, (-)전기도 아닌 0상태)이다가, 외부로부터 충격을 받으면 원래 갖고 있던 여러 개의 전자들 중에서 한 개를 잃게 된다. 이렇게 되면 원자의 (-)전기량은 (+)전기량보다 적게 되어 전체적으로 (+)전기를 띄게 된다. 이와 같이 하여 (+)전기를 띄게 된 원자를"이온(양이온)"이라 한다. 어떤 원자에 외부적인 힘을 주는 것은 다른 전자일 수도 있고 또 다른 원자일 수도 있으나 이온 주입법에서는 원자가 다른 전자에 의해 충격을 받아 이온이 된다. 이런 전자들을 발생시킬 수 있는 부대장비로서 필라멘트(filament)가 사용된다.

실질적으로 이온주입은 반도체 웨이퍼 내에 불순물(B, P, As 등)을 이온화 상태로 주입시켜 전기적인 특성을 갖게 하는 것이다.

초기에너지 E_0로 주입된 이온은 실리콘 웨이퍼 내에 들어가면서 주위의 실리콘 원자들과 충돌하게 된다. 이 때 이온이 웨이퍼 속으로 파고 듦에 따라 에너지를 점차 소모하게 되고 결국 에너지가 0이 될 때 이온은 정지하게 된다.
"Range(R)"라 하고 움직인 수직거리를"Projected range(R_p)"라 한다.

일반적으로 R과 R_p는 에너지에 비례하여 증가한다. 실제 일정량의 이온을 주입한 경우 깊이에 따른 농도분포는 거리 R_p에서 최대치를 나타내고 R_p를 전후로 점차 감소하는 분포를 나타내는데 이 분포곡선을"가우시안(Gaussian) 분포"라 한다.

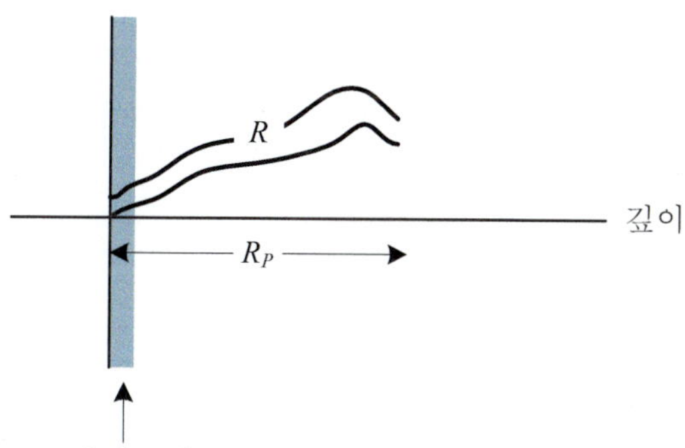

그림 9-10 전 이동거리 R과 수직거리 R_p의 정의

실리콘 웨이퍼 내에 이온이 주입된 직후에는 이온들과 실리콘 원자들과의 충돌로 인해 손상(damage)을 받으므로 요구되는 전기적 특성을 갖지 못한다. 따라서 900[℃] 이상의 고온에서 수 십분 동안 열처리하면 손상으로부터 회복되어 불순물 고유의 전기적인 특성을 갖게 되는데 이런 열처리 작업을 어닐링(annealing)이라 한다.

9.3.2 공정

이온 주입 공정시에는 이온이 존재하는 모든 경로상을 고진공 상태로 유지시킨다. 진공을 유지시키기 위한 부대 장비로서는 메커니컬 펌프(mecanical pump)와 디퓨전 펌프(diffusion pump) 혹은 크라이오 펌프(cryopump)가 사용되고 있다. 그리고 진공도는 대개 10^{-6}torr.에서 10^{-7}torr. 정도의 범위에서 유지된다. 공정변수로는 이온 종류(예를 들어 B^+, P^+, As^+ 등)과 에너지 그리고 도즈(dose)가 있다.'도즈'란 단위 cm^3당 주입되는 이온의 개수로서 작업자가 원하는 데로 쉽게 조절될 수 있다. 에너지 단위로서는 킬로일렉트론 볼트(keV)가 사용된다. 주어진 도즈량에 대해 적절한 빔 전류를 조절해야 하는데 조정된 비임 전류의 크기에 따라 주입시간이 달라진다. 즉, 비임 전류를 높게 함에 따라 짧은 시간에 이온 주입이 이루어진다. 일반적으로 웨이퍼 한 장당 주입 시간이 6~10초 범위에서 이루어지도록 빔 전류를 조절하는 것이 바람직하다. 이 때 에너지는 요구된 수치에 에너지 다이얼로서 조정되어 있어야 하고 진공상태는 공정이 시작되기 전에 최적상태에 유지되어 있어야 함은 물론이다.

9.4 사진식각

9.4.1 사진식각 이론

형상을 특정기판상에 빛을 이용하여 재현시키는 기술을 사진인쇄기술(Photo-Lithography)이라 하며 일반적인 동판화 인쇄시 많이 사용하고 있다. 이러한 기술을 이용하여 반도체 공정에서는 고도로 정교한 장비 및 재료를 사용하여 마이크로화 된 형상을 웨이퍼 상에 전사, 재현함으로써 오늘날 집적도가 높은 초고밀도 반도체 소자 제조에 중요한 필수적 기술이기도 하다.

또한 반도체 제조공정은 마치 건물을 쌓는 것과 같이, 여러 가지 박막을 이용하여 그 박막위에 미세형상을 차곡차곡 쌓아 형성시켜 가는 것과 같아, 어느 한 과정에서의 결함은 결국 소자전체에 영향을 주게 되므로 소자특성 및 생산수율에 크게 영향을 주게 된다.

따라서 더욱 미세화 반도체 소자의 집적도가 커져가는 현 추세에서, 성공적인 소자개발 및 생산을 하기 위해서는 정확한 감광원판 제작 및 웨이퍼상 완전한 형상재현이 잘 이루어져야만 한다.

오늘날과 같은 감광막은 인쇄회로 기판이나 미세 전자부품을 제작하기 위하여 초기 코닥(Kodak)회사에서 네가티브형 감광막(negative photoresist)을 처음 개발하였고, 이후에 포지티브형 감광막(positive photoresist)의 개발에도 성공하여 여러 회사에서 제조, 발전되어 현대

IC 제작에 중요한 역할을 하고 있다.

9.4.2 적용

반도체 소자구조는 그 단면적 구조를 볼 때, 불순물 확산이 소자의 특성에 따라 기판 내에 단층 또는 중첩한 확산층과 그 위에 형상이 이루어진 특정 박막들 그리고 외부의 충격이나 화학적 반응으로부터 보호하기 위한 보호막 등으로 구성되어져 있다. 일반적인 경우 불순물의 확산 혹은 주입은 고온을 이용한 열적 확산 또는 이온주입 등으로 행하여 지는데, 사진식각공정에서 형성된 미세한 부위에 선택적으로 불순물을 확산 또는 주입시키기 위하여, 산화막이나 질화막 등을 확산보호막으로 사용하고 있다. 다시 말해서 기판이나 박막 위에 도포한 감광막으로 미세한 형상을 얻은 후, 이것을 식각하여 확산이나 이온 주입이 될 부위와 보호될 부위를 정의하기 위하여, 사진 식각공정이 적용되나, 또한 확산이나 이온주입이 필요하지 않는 공정, 즉 전도성 박막(poly, metal layer) 등에 도선을 형성하기 위한 공정이나 감광막 자체를 보호막으로 사용할 경우 필요한 형상을 얻는데 적용된다. 결과적으로 집적회로 제조 공정에서 사진식각 공정은 다음과 같이 적용되어진다고 할 수 있다.

① 확산보호막으로 확산이나 이온주입이 될 부위와 보호될 부위를 선택적으로 정의하기 위하여(식각공정이 필요한 경우)
② 감광막을 직접 보호막으로 하여 이온주입을 행할 때(식각공정이 불필요한 경우)
③ 공정상 감광막 자체를 이용하고자 할 때
④ 웨이퍼 뒷면에 불필요한 박막을 제거할 때나 기판자체를 연마하기 위하여 감광막을 보호막으로 사용할 때 등이다.

9.4.3 공정

(1) 식각

식각이란 감광막현상공정이 끝난 후 감광막 밑에 성장 혹은 증착시킨 박막들을 공정목적에 따라 선택적으로 제거하는 공정으로서, 그림 9-11에서 볼 수 있는 것과 같이 감광막에 의해 덮여져 있는 부분은 식각작업 중 보호를 받아 남아 있게 되며, 노출된 박막은 식각되어 없어지게 된다.

또한 식각은 습식식각(wet etch or chemical etch)과 건식식각(dry etch or plasma etch)으로 나눌 수 있으며 감광막제거 공정도 포함된다.

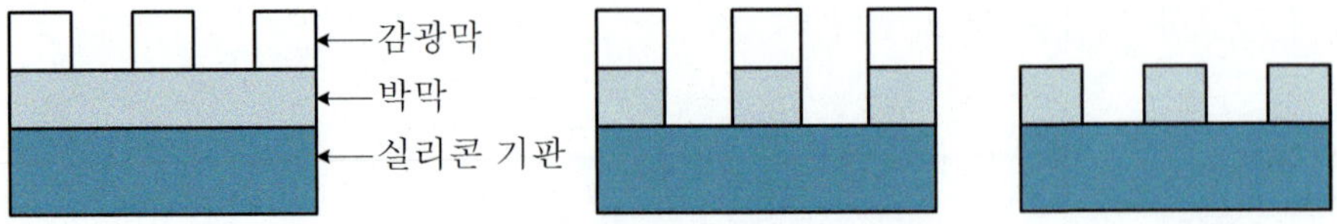

그림 9-11 박막 식각과정

ⓐ 습식 식각

습식 식각이란 식각하고자 하는 박막과 화학적으로 반응하여 용해시킬 수 있는 화학용액을 사용하여 식각하는 방법을 말하며, 박막의 종류의 특성에 따라 사용하는 화학용액이나 조성비가 각기 다르게 된다.

산화막의 습식식각 원리를 설명하면 다음과 같다.

산화막은 크게 성장 산화막과 증착 산화막으로 나눌 수 있으며 방법이나 분위기에 따라서 더욱 세분화되기도 한다. 그러나 어느 종류의 산화막이든 그 원리는 같다. 즉, 산화막이 불산에 용해되는 성질을 이용한 것으로 고온에서 성장시킨 산화막을 예로 들어 보자.

먼저 식(9-7)에서 보는 바와 같이

$$HF \rightarrow H^{+} + F^{-} \tag{9-7}$$

불산이 해리되어 수소이온과 불소이온으로 분리되게 되며 이렇게 분리된 불소이온이 산화막과 반응하여 식각이 이루어지게 되는데 이 반응은 식(9-8)과 같다.

$$SiO_2 + 4HF \rightarrow SiF_4 + 2H_2O \tag{9-8}$$

그러나 위의 두 식에서 알 수 있듯이 식각이 계속 진행됨에 따라 불소 이온은 소모가 되며, 용액자체가 물에 의해 희석되면서 용액 내의 수소이온농도는 증가하게 된다. 이러한 결과로 산화막의 식각속도(etch rate)는 공정을 행할 때마다 변하게 된다. 이는 공정상 매우 불안정한 상태로 재현성있는 균일한 결과를 얻고자 하는 공정목적에 장애가 된다. 이와 같은 문제 즉, 수소이온 농도나 식각속도의 변화를 제거하여 일률적인 결과를 얻기 위하여 새로운 용액이 첨가되는데 이 경우에는 불화암모니움(NH_4F, ammonium fluoride)을 첨가함으로써 안정화시킬 수 있다. 불화암모니움은 식(9-9)와 같이 암모니움 이온과 불소이온으로 해리되며 이때의 불소이온이 식각반응에 참여하게 되는 것이다.

$$NH_4F \rightarrow NH_4^{+} + F^{-} \tag{9-9}$$

다시 말하면 식각반응에 소모되어 없어지는 불소이온을 충당하는 역할을 하여, 용액 내의 수소 이온농도를 일정하게 해줌으로써 식각속도를 균일하게 유지할 수 있도록 한다. 반면에 암모니움 이온은 식각반응에 미치는 영향이 없으므로 공정목적을 만족시킨다.

다결정실리콘이나 금속층에서의 원리는 산화제를 사용하여 이들 박막을 산화시킨 후 산화된 박막을 식각하게 되는데 두 박막 모두 질산을 산화제로 사용한다. 다결정실리콘이 산화되면 산화막으로 변하게 되며 이를 불산으로 식각하게 된다. 이 때 요오드(I_2)를 산화반응의 촉매로 이용하기 위하여 초산에 용해시켜 사용하기도 한다. 또한 금속층은 주로 알루미늄을 사용하는데 이를 산화시키면 산화알루미늄(Al_2O_3)이 되고 이는 인산(H_3PO_4)에 용해되기 때문에 식각이 진행된다. 이들 두 박막의 식각용액에 초산이나 물이 첨가되는데 이것이 수소 이온농도를 조절하는 완충 역할을 하거나 단순히 희석제로 쓰인다.

그러나 습식식각에서는 그림 9-12에서 볼 수 있듯이 등방형식각(Isotropic etching)이 이루어지게 되는데 그 이유는 화학반응이 수직으로 일어날 뿐 아니라 수평으로 반응되기 때문이다. 이런 결과로 감광막에 의해 보호되어야 할 박막의 끝부분이 원형으로 식각되어 없어지는 언더컷(undercut) 현상이 항상 일어난다. 이것은 습식식각의 가장 큰 단점으로 회로의 선폭이 좁은 집적회로로 소자 제조공정에 이용하기 어렵다는 제약을 받는다. 이러한 이유에서 건식식각이 응용되고 있다.

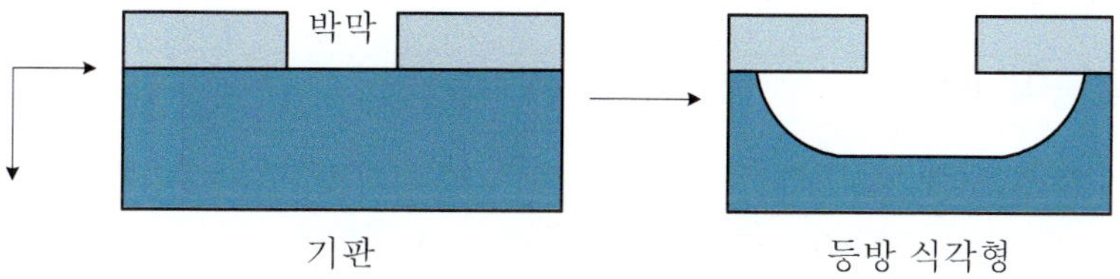

그림 9-12 등방향 식각 단면도

ⓑ 건식 식각

건식 식각이란 특정한 가스를 두 전극 사이에 넣고 강한 전장을 형성시키면 전기적인 충격에 의하여 가스가 이온화(ionization)된다. 이때의 이온화된 가스는 반응성이 매우 강하기 때문에 식각기(etching species)로 사용되며 이것을 식(9-10)과 같이 나타낼 수 있다.

$$e + CF_4 \rightarrow CF_3^+ + (F) + 2e \qquad (9\text{-}10)$$

이와 같이 발생된 식각기는 식(9-11)과 같이 식각할 박막의 원자들과 반응하여 휘발성 화합물을 생성하면서 식각이 진행된다.

$$SiO_2 + (F) \cdots\cdots SiF_4 + O_2 + F_2 \qquad (9\text{-}11)$$

이 때 생성된 휘발성 화합물은 진공펌프에 의해 밖으로 배출시킴으로 쉽게 제거할 수 있다. 앞에서 언급한 것과 같이 습식식각에서는 등방향식각이 이루어지는 반면 건식식각에 있어서는 등방향 및 비등방향식각(anisotropic etching)의 조절이 어느 정도 가능하며 이것을 도시하면 그림 9-13과 같이 표현된다.

이와 같이 식각되는 형태의 조절은 전자의 세기와 식각기의 기능을 강화시켜 효율적으로 응용함으로써 성취될 수 있다.

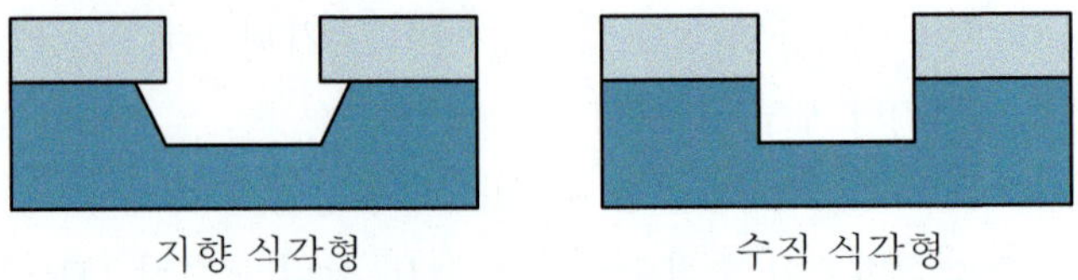

그림 9-13 지향 식각형 및 수직 식각형

9.5 화학증착

9.5.1 화학증착 이론

화학증착 장치(CVD)란 그림 9-14와 같이 특정의 반응기체들을 반응용기 속에 계속 투입하면서 적절한 조건을 유지시켜 주면 고체상의 물질이 생성되어 가공하고자 하는 물체 위에 내려 쌓이게 (증착)되는 현상을 이용하여 반도체 가공공정에 필요한 물질의 막을 웨이퍼 위에 증착시키는 장치이다.

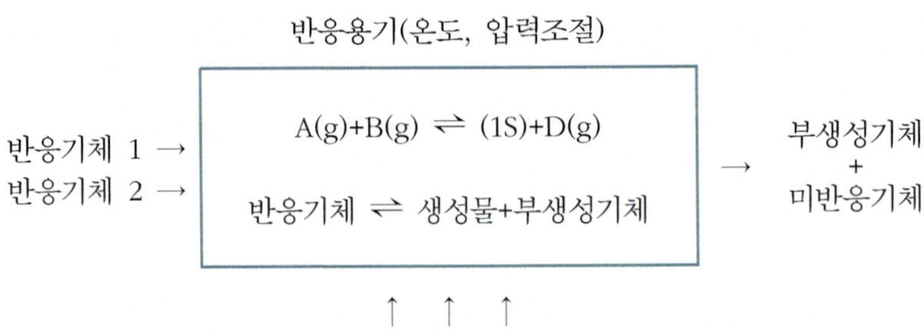

그림 9-14 화학증착 장치의 개략적인 증착구조

이 때의 증착 반응은 일반적으로 기판에 유지되는 온도 및 그에 따른 열적에너지에 의하여 진행되나, 때로는 전기장에 의한 플라즈마(PECVD) 또는 자외선에 의한 빛 에너지(PVD) 등의 상승 작용에 의하여 촉진되기도 한다.

화학증착 기술은 최근(1978~) 반도체 산업에 적용되는 매우 빠른 속도로 진보되고 있는데 이것은

① 에피택시층을 이용한 반도체 제조공정의 개발
② 양질의 다결정 실리콘, 질화실리콘 그리고 산하 실리콘 등을 적은 비용으로 대량생산 공정에 적용하기 위한 노력
③ 보호막(passivation)용 산화막 또는 질화 실리콘을 낮은 온도에서 증착시켜야 할 필요성

등에 의하여 널리 이용되고 있기 때문이다.

한편 화학증착 장치는 온도범위, 증착압력, 반응용기의 구조 및 반응용기벽의 온도와 에너지원 그리고 증착막의 종류 및 반응기체의 종류 등에 따라 분류 가능하며 이 절에서는 저온증착법에 저압증착법에 대하여 설명한다.

9.5.2 저온증착법

(1) 서론

CVD는 열적산화적 성장(Thermal SiO_2)이나 확산공정과는 달리 실리콘 기판의 성질에 변화를 주지 않으면서 눈송이가 쌓이듯 그 위에 차곡차곡 덮는 공정이다. 실리콘 산화막을 증착시킬 때 흔히 이용되는 방법으로는 대기압, 비교적 낮은 온도(380~450[℃])조건에서 기상상태의 SiH_4을 O_2로 산화시키는 방법이다. 보다 유용한 박막을 얻기 위해 경우에 따라 B_2H_4, PH_3, AaH_3 등의 가스를 첨가하기도 한다.

실리콘 질화막은 열에너지를 사용할 경우, 보통 700[℃] 이상의 온도가 요구되나 에너지원을 전기에너지로 전환시킬 경우(PECVD) 훨씬 낮은 온도(200~380[℃])에서도 양질의 질화막을 얻을 수 있다. 실리콘 산화막의 경우도 SiH_4, PH_3, N_2O 등의 가스를 방전시키면서 증착시킬 수 있다.

(2) 적용

두 전도체(예 : 금속과 다결정 실리콘)간의 절연을 위하여 그 사이에 인(phosphorous)이 함유된 산화막(~1[㎛])을 증착시키는 공정이다. 완만하게 연결되고 적정의 절연효과를 갖도록 하기 위해 열의 첨가량, 막의 두께, 열처리 조건 등의 공정변수를 조정한다.

(3) 보호막공정

증착된 금속막은 매우 연하여 조그만 충격에도 쉽게 손상된다. 그래서 금속막 위에 산화막층을 CVD 방법으로 증착시켜 소자를 제반 기계적 손상으로부터 보호하고 이들 소자를 제품으로 사용할 때 대기 또는 어떤 환경에서의 습기 침투를 막아 알루미늄이 부식되는 것을 방지한다. 기타 불순물의 개입에 의한 특성의 불안정이나 내구성 손상을 막아 궁극적으로 소자의 기능을 안정화하기 위한 작업이다.

9.5.3 저압 증착법

(1) 서론

밀폐된 반응용기에 진공펌프로 계속 배기시키면서 일정량(30~300[cc/min])의 반응물질을 반응용기 속으로 흘려주면 반응용기 내에는 저압이 유지된다. 이 때 웨이퍼를 적당한 온도로 유지시켜 주면 반응물질의 화학반응에 의하여 일정한 속도로 증착이 일어나게 된다. 저압증착장치의 가장 큰 특징은 증착될 때 반응용기의 압력(증착압력)이 200~700 [mTorr]로 저압이라는 것과 단순한 열 에너지에 의하여 반응이 진행된다는 점에 있다. 이 증착장치의 장점으로는 증착막의 균일도 및 스텝커버레지(step coverage)가 좋으며 양질의 증착막을 한꺼번에 많은 양의 웨이퍼(50~200장) 위에 증착할 수 있으므로 생산원가가 낮은 공정을 가능하게 한다는 점이다. 저압 증착장치의 이와 같은 장점과 이를 더욱 개선하고 개발하고자 하는 노력은 이 시스템을 오늘날의 반도체 제조공정에서 필요불가결한 부분으로 만들어 놓았으며, 앞으로 다가올 VLSI 기술에서 저압증착 시스템이 맡게 될 비중과 기여도는 매우 클 것으로 기대된다.

(2) 적용

가장 널리 쓰이고 있는 저압을 이용한 화학증착장치로서 증착시킬 수 있는 물질막의 종류 및 용도는 다음과 같다.

① 다결정 실리콘

불순물의 주입하여 NMOS 공정의 게이트 물질, 또는 각 소자간의 연결을 해주는 금속층과 같은 목적으로 사용된다. 이 때 금속층과 다결정질 규소층은 이중 구조의 연결층을 구성할 수 있어 칩의 면적을 최소화 할 수 있게 된다.

② 질화규소막

산화막을 성장시킬 때 부분적으로 마스킹 역할을 하여 산화막이 성장하지 못하게 한다. 이 때 산소는 질화규소막층을 통과하지 못하므로 산화막은 질화규소막이 없는 부분에서만 성장한다.

연 습 문 제

9-1 증착확산과 드라이브인 확산의 차이점을 비교설명하라.

9-2 산화막 성장방법에 대하여 설명하라.

9-3 이온주입 공정에서의 R, R_P의 관계를 설명하라.

9-4 습식식각과 건식식각과의 차이점을 설명하라.

9-5 확산공정에 대하여 설명하라.

9-6 화학증착(CVD) 공정에 대하여 설명하라.

9-7 산화공정에 대하여 설명하라.

9-8 IC 제조공정에 대하여 설명하라.

CHAPTER

10

집적회로 공정

이 장에서는 앞장에서 설명한 기본 단위공정의 과정을 도입하여 N-channel MOSFET의 집적회로 제조공정을 설명하였다. 아울러 각 공정마다 패턴(Pattern)을 형성시키는데 중요한 역할을 하는 마스크(MASK)의 제작과정을 간단히 소개하였다.

10.1 마스크 제작

설계에 의해 배열이 된 회로 소자를 실제 실리콘 웨이퍼 표면에 형성시키기 위해서는 회로도면이 여러 장의 마스크에 옮겨져야 하는데 이 마스크는 설계도면의 데이터를 수록한 PG 테이프를 이용하여 먼저 하나의 칩에 대한 레티클(reticle)을 만들고 나서 이것을 마스크에 옮겨 마스터 마스크(master mask)를 만들게 된다. 한 장의 마스크에는 웨이퍼 위에 여러 개의 칩을 만들 수 있도록 각각의 칩의 패턴에 해당하는 여러 개의 레티클들이 존재한다고 볼 수 있다.

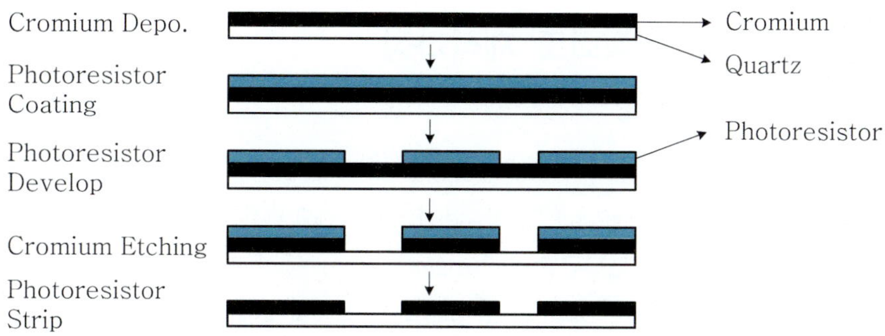

그림 10-1 Mask 제작과정

마스크의 원판은 석영 유리판으로 그 위에 빛이 통과하지 않는 얇은 크롬(chromium)막을 입히고 그 위에 전자선(electron beam)에 민감하게 반응하는 물질인 E-Beam 레지스트(resist)를 입혀 컴퓨터에 수로된 회로도면에 따라 전사선을 주사시켜 레지스트를 감광시키는 원리를 이용하여 마스크를 만든다. 감광된 레지스트는 약품처리로 벗겨내게 되며 레지스트가 제거된 부분의 크롬막을 다시 식각시키면 석영판 위에는 회로도면이 크롬막으로 남게 되는 것이다. 이 과정은 그림 10-1과 같다.

일반적으로 IC를 제작하기 위해서는 보통 10~15개 정도의 마스크가 필요하게 되는데, 집적도가 높은 제품일수록 마스크의 미세한 형태가 요구되며, 1M DRAM의 경우는 약 1[μm] 정도의 선폭이 요구된다.

웨이퍼 위에 마스크의 상을 옮기는 방식에는 여러 가지가 있는데 현재 바이폴라라인에서와 같이 Contact/Proximity Align 방식을 사용한다.

그림 10-2는 마스크 및 웨이퍼의 실물사진을 나타낸 그림이다.

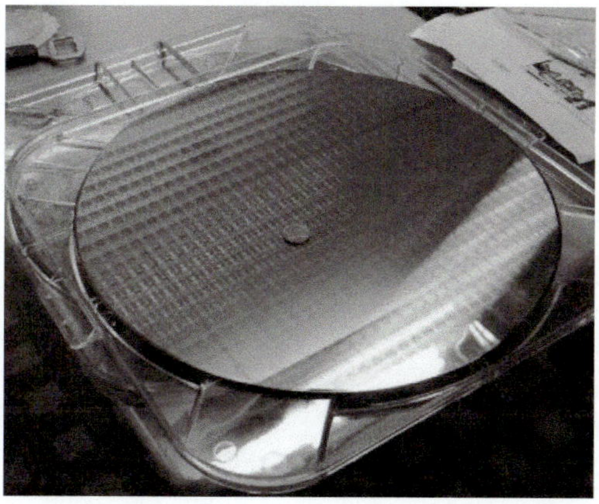

그림 10-2 Mask 및 Wafer

10.2 MOS 집적회로 제작과정

MOS IC의 웨이퍼 제조에 있어서 주요 공정은 바이폴라소자 가공시에 적용되었던 산화(oxidation)공정, 사진식각(photo/etch)공정, 확산(diffusion)공정, 이온주입(ion implantation)공정, 화학증착(CVD)공정 그리고 금속공정(metalization) 등의 이론들이 그대로 적용된다고 볼 수 있다. 다만 소자의 구조적인 차이와 특성에 따라 공정방식에 있어서의 차이점은 현저하게 나타나고 있다.

1970년대 이전에는 불순물 제거능력과 공정상의 청결 유지의 어려움으로 비교적 만들기 쉬운 바이폴라 트랜지스터가 주류를 이루었으나 1970년대에는 MOS 트랜지스터가 상업적으로 만들어지기 시작하였고 1980년대에 이미 MOS 트랜지스터가 집적회로(IC)의 주종을 이루게 되었으며 앞으로도 MOS 트랜지스터가 바이폴라 트랜지스터에 비해서 적은 파워(power) 소비와 간단한 공정, 그리고 트랜지스터 단위의 크기가 작다는 장점들 때문에 집적의 주종을 이룰 것으로 예상되고 있다.

여기서 MOS 공정에 있어서의 각 단위 공정에 대한 개략적인 설명을 하고 NMOS 제조를 예로 하여 공정순서대로 그 제작과정을 설명하도록 한다.

10.2.1 MOS 트랜지스터 동작원리

먼저 앞 장에서 설명한 MOS 트랜지스터의 구성과 동작원리를 간략히 소개하기로 한다.

MOS 소자는 그림 10-3에서와 같이 소스와 드레인 사이의 전류 흐름이 게이트(metal 또는 Heavily doped poly silicon)와 기판 사이에 가해준 전압에 의해 조절됨으로써 트랜지스터의 역할을 한다.

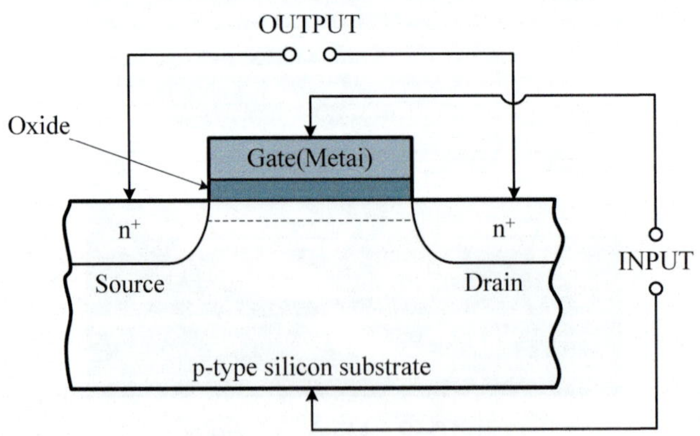

그림 10-3 MOS Device의 단면도

p형 기판인 실리콘에는 전류의 운반자(carrier)인 자유전자의 수가 매우 적으므로 소스와 드레인 사이에 높은 전압을 가해도 기판의 저항이 너무 크므로 전류가 흐를 수 없게 된다. 그러나 게이트와 기판 사이에 전압을 가하면 중간의 절연체인 Oxide 때문에 전류가 흐를 수 없으므로 기판과 Oxide의 경계면을 따라 전자가 모이게 되어 전도채널(conduction channel)이 형성되며 이를 통해 소스와 드레인 사이에 전류가 흐르게 된다.

그러므로 소스와 드레인간의 전류가 작은 크기의 게이트-기판 전압에 의해 통제됨으로써 증폭의 효과를 나타내게 되며 또한 기억소자나 스위칭 소자로써의 역할도 할 수 있게 된다.

10.2.2 공정개요

트랜지스터의 집적은 개개의 트랜지스터를 전기적으로 절연(isolation)시키는 방법이 고안되고 나서야 가능하게 되었는데, 대표적인 방법으로는 그림 10-4에 나타낸 바와 같이 Junction isolation technology와 Oxide isolation technology가 있다.

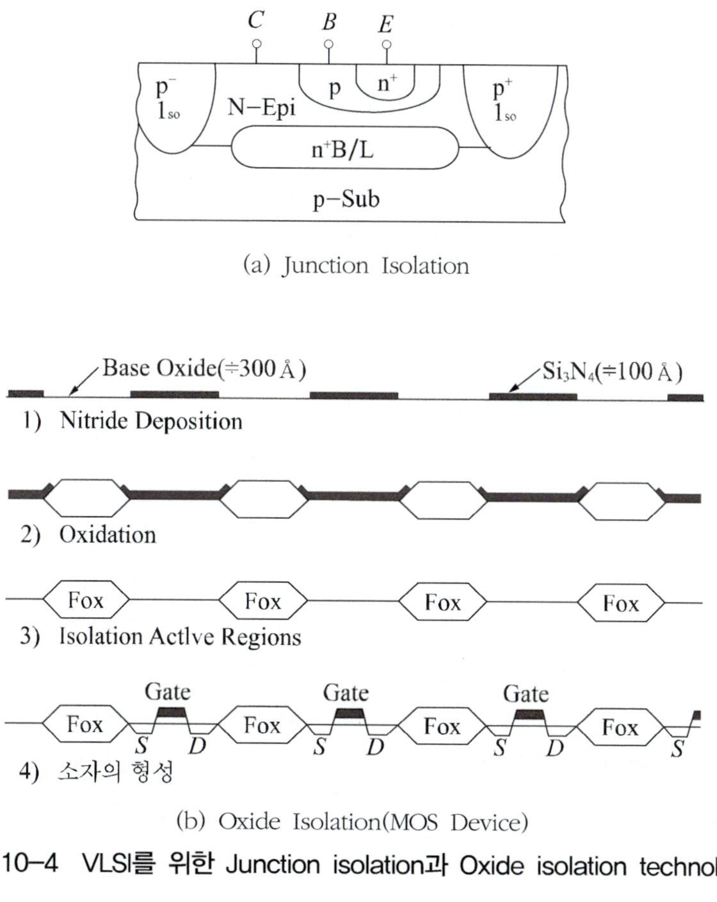

그림 10-4 VLSI를 위한 Junction isolation과 Oxide isolation technology

Junction isolation 방법은 앞서의 바이폴라 트랜지스터 제조시에 설명한 것과 같이 전도형태가 다른 두 영역이 p-n 접합이 되어 역바이어스에 따른 절연효과를 이용한 것이며 Oxide isolation 방법은 소자와 소자 사이를 산화막(oxide ; SiO_2)으로 절연시키는 것으로 MOS 트랜지스터의 집적에는 이 방법이 주로 사용된다.

MOS 소자를 만들기 위한 최소한의 과정을 그림 10-5에 나타내었다.

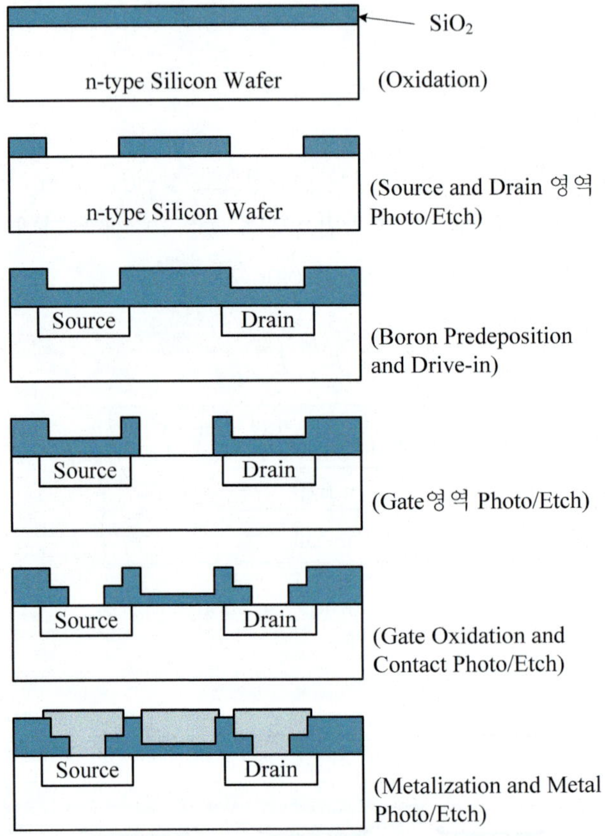

그림 10-5 최소한으로 필요한 MOS 공정(Metal-gate의 경우)

순서대로 보면, 실리콘 웨이퍼를 공기 중에서 산화시켜 표면에 1[μm] 정도의 산화피막을 입힌 다음 포토마스킹(photomasking) 방법을 이용하여 부분적으로 Oxide를 식각한 다음 이곳에 Oxide를 Masking층으로 이용 불순물 도핑을 통하여 소스의 드레인 부분을 형성하고 다시 포토마스킹 과정을 통하여 게이트 부분을 식각하고 이곳에 얇은 Oxide(~400[Å])를 기른 다음 전체 웨이퍼 표면에 Metal evaporation 또는 스퍼터링(sputtering)을 이용하여 금속 피막을 입힌다. 다시 포토마스킹을 통해 스퍼터에칭 함으로써 배선(interconnection)과 금속 게이트를 동시에 형성하여 MOS 소자를 완성한다. 이러한 공정을 공정별로 구분하면 ① Photomasking, ② Etching, ③ Doping, ④ Oxidation, ⑤ Metalization 등으로 나눌 수 있다.

(1) Photomasking(또는 Photolithography) 공정

웨이퍼 위에 소자를 구현하기 위한 마스크의 형상(image)을 감광막(photo-resist)을 이용 현상(develop)해 내기 위한 공정으로 Mask의 형상을 얼마나 정확하게 전사되는지를 제어하는 것이 중요하다. 한 예로 Oxide의 일부를 제거하기 위한 Photomasking 과정을 다음과 같은 순서로 진행된다.

① 표면처리

감광막(Photoresist)을 웨이퍼 상에 입히기 전에 감광막과 웨이퍼 표면간의 접착도를 향상시키기 위해 도포될 표면을 처리하는 것으로 열처리 및 화학약품(예 : HMDS) 처리 등을 거치게 된다.

② 감광제 Spin-on Coating

표면처리된 표면 위에 감광막을 도포하는 공정스탭(step)으로 웨이퍼(wafer)를 균일한 속도로 고속 회전시켜 도포될 감광막의 두께를 균일하게 조절한다.

③ Soft Bake

도포된 감광막에 함유된 용제를 알맞게 증발시켜 노광(exposure)이나 현상(development)시 정확한 상(Image)의 전사(Projection)가 되도록 하는 공정으로 일반적으로 오븐(oven)을 사용하여 열처리한다.

④ Alignment and Exposure

마스크에 들어있는 패턴을 감광막 위에 전사시키는 공정으로 마스크를 웨이퍼 위에 정렬시킨 후 자외선을 사용하여 Pattern이 define 되도록 마스크를 통해 노출시킨다.(MOS-3의 경우 STEP & REPEAT ALIGNER를 사용한다)

⑤ Develope

exposure(노광)공정에서 자외선을 받은 감광제를 용해시켜 상을 현상해 내는 공정(Positive method)으로 노출된 웨이퍼를 유기용제에 담가서 현상한다.

⑥ CD Measure & Inspect

현상된 상의 임계치수(critical dimension)가 원하는 크기로 얻어졌는지를 검사하는 절차이다.

⑦ Hard Bake

현상된 웨이퍼의 표면을 Etch하기 전 감광막에 함유된 용제를 제거하고 감광막 내 폴리머(polymer)의 Cross linking이 많이 생기도록 하여 접착성 및 내성을 크게 하기 위한 열처리(~150[℃])과정으로 소프트 베이크(soft bake)보다 높은 온도에서 실시하며 오븐에서 처리한다.

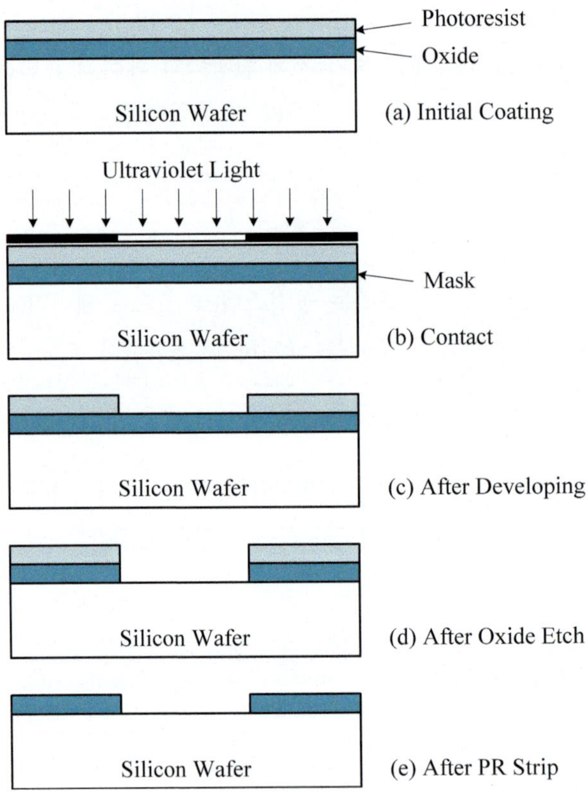

그림 10-6 Oxide의 부분적 제거를 위한 Photomasking 과정

(2) 에칭(Etching) 공정

실리콘 웨이퍼의 형태 재현은 포토마스킹 후의 식각공정에 의해 완성되는데, 식각의 종류에는 식각되는 층의 종류에 따라

ⓐ Oxide Etch
ⓑ Nitride Etch
ⓒ Polysilicon Etch
ⓓ Metal Etch

등이 있으며 시각 방법으로는 건식식각방법인 dry etch와 습식식각 방법인 wet etch가 있다. 집적기술의 발달 초기에는 습식 식각을 주로 사용하였으나 건식 기술이 발달됨으로써 LSI(large scale integration)이 가능하게 되었다. 습식 식각의 경우에는 언더 컷 "Under cut"현상으로 인한 Photomask의 절대치 조절(resolution control)이 불가능하므로 사용에 많은 제한을 받게 된다. 건식 식각에는 화학적 식각방법인 플라즈마(plasma etch)와 물리적 식각방법인 Ion milling 또는 스퍼터칭(sputtering)이 있다. 최근에는 이들의 병합으로 이루어진 Reactive Ion Etching(RIE)이 많이 쓰이고 있는데 이것은 습식 식각과 건식 식각을 적당히 병합함으로써 그 장점을 살릴 수 있기 때문이다. 그림 10-7은 식각 방법의 예를 나타낸 그림이다.

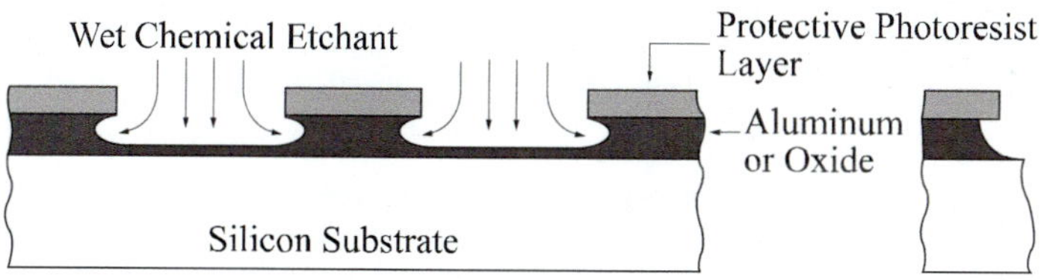

(a) Wet Etching 및 그 형태

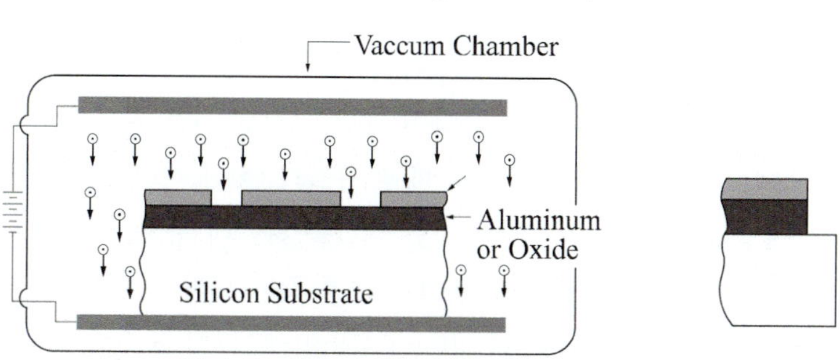

(b) Dry Etching 및 그 형태

그림 10-7 Wet/Dry Etching의 대표적인 예

(3) 도핑(Doping)

도핑이란 반도체에 불순물(dopant)을 섞음으로써 전기 전도도를 높이는 방법으로 집적기술 발달 초기에는 주로 높은 온도(~1000[℃])의 퍼니스(furnace)에서 화학적 확산에 의해 이루어졌으나 주입기술 공정의 개발로 보다 정확하게 전도성을 조절할 수 있게 되었다.

이온 주입이란 이온화된 dopant atom을 높은 에너지로 가속시켜 실리콘 표면에 충돌시킴으로써 Physical하게 dopant를 섞는 방법으로 감광액을 마스크로 이용할 수 있을 뿐 아니라(Room Temperature process) 가속 에너지를 변화시킴으로써 하나의 마스크로 여러 가지 형태의(P-type 또는 N-type) 도핑이 가능하다.

실제의 MOS 지적 공정에서는 마스크 공정이 가장 시간이 걸리는 단계이므로 이온주입을 이용하여 마스크 단계 수를 줄일 수 있다는 사실은 매우 중요한 의미를 가진다.

이온 주입을 이용한 도핑은 3가지 단계로 나누어지는데 첫째 포토마스킹 둘째, 이온주입 그리고 셋째는 어닐링(annealing)이다.

어닐링 단계는 이온주입이 physical process이므로 발생된 실리콘 웨이퍼 표면의 Crystallographic defect를 없애고 또한 전기적으로 dopant ion들을 active(활성화)하도록 하기 위해서 필요한 공정이다.

(4) 산화(oxidation)공정

Si이 주로 반도체 재료로 쓰이는 이유 중의 하나는 바로 Oxide(SiO_2)가 쉽게 만들어지기 때문이다. 이 Oxide는 반도체 소자에 있어서 다음과 같은 3가지 중요한 역할을 한다.

① Surface passivation : 외부의 불순물 침입을 막는 역할
② Diffusion Barrier : 이온 주입이나 Solid state diffusion에서 마스크의 역할
③ Surface Dielectric : 전기적인 부도체로서의 역할

이 중에서 표면 유전체(surface dielectric)의 목적으로 쓰이는 Oxide에는 3가지 종류가 있는데, 첫째는 게이트 옥사이드(gate oxide)라 하여 채널 형성을 위한 전하를 형성할 때 쓰이는 Oxide로 두께가 200[Å]~400[Å]밖에 안되며 매우 양질의 Oxide이다. 둘째는 필드 옥사이드(field oxide)라 하여 MOS 소자간의 전기적 차단 역할을 하는데 두께는 대개 4,000[Å]~8,000[Å] 정도이다. 셋째는 유전층이라고 부르는 것으로 이것은 실리콘 웨이퍼와 금속라인 간에 부도체로써 쓰이며 두께가 대개 8,000[Å]~1[㎛] 정도이다. 그림 10-8에 앞의 3종류 oxide가 표시되어 있다.

매우 양질의 게이트 oxide는 MOS 소자의 기능을 좌우하는 가장 중요한 요소의 하나이며 응답시간을 줄이기 위해 게이트 oxide의 두께를 줄이려는 노력은 현재에도 계속되고 있다.

컴퓨터화로 된 퍼니스(furnace)의 온도 조절과 분위기의 조절(예를 들어 Wet oxidation, Dry oxidation 그리고 HCL oxidation 등)로 인해 최근에는 200[Å] 미만의 두께를 가진 양질의 Oxide를 만들 수 있게 되었다.

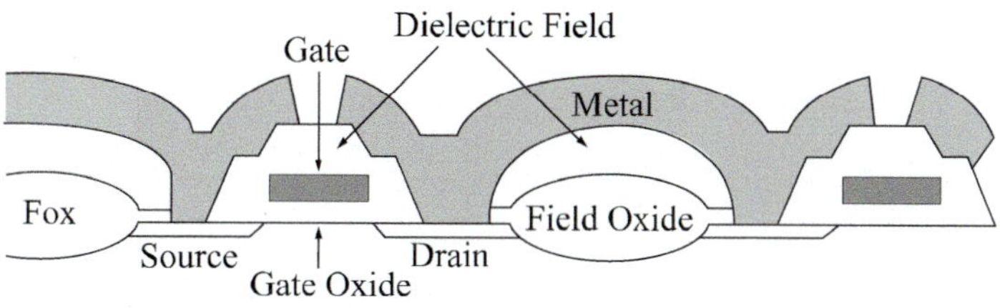

그림 10-8 MOS 소자의 Gate Oxide 그리고 절연층의 구성도

필드 oxide는 Nitride(Si, N)를 마스크로 이용하는 LOCOS(local oxidation of silicon) 공정에 의해 만들어지는데 그림 10-9의 (1)에 설명되어 있다.

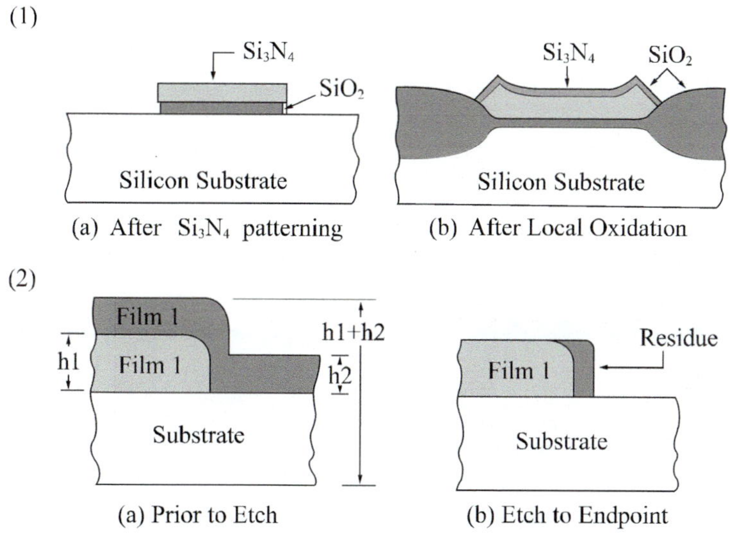

그림 10-9 Nitride를 이용한 공정

이 LOCOS 공정 이전에는 Oxide를 공기 중에서 실리콘 표면에 만든 다음 포토마스크를 이용하여 식각하는 방법을 썼는데 이 경우 그림 10-9 (2)에 소개된 바와 같이 기울기가 가파르기 때문에 FILM II의 찌꺼기가 식각 후에도 남게 되므로 기울기가 완만한 그리고 부분적으로 Oxide를 기르는 방법이 절실하게 되었다. 이 LOCOS 공정에 의해서 완만한 기울기를 가진 필드 oxide를 형성하게는 되었지만 그림에 소개된 대로 게이트 oxide와 필드 oxide의 중간

부분에 Oxide 두께가 계속적으로 변화하는 부분(Bird's beak 또는 Encroachment라고 함)이 형성됨으로써 최근의 VLSI에는 이 부분의 크기를 줄이려는 노력이 활발하게 진행 중에 있다.

상호연결을 위한 유전체 oxide층 layer은 주로 낮은 온도(800[℃]~900[℃])에서 증착이 가능한 LPCVD(low pressure chemical vapor deposition)에 의해 형성되는데 증착 후의 표면 거침을 줄이는 Planarization, Metal 증착을 위한 Antireflection coating 그리고, Room temperature oxide 증착 등에 대한 연구가 VLSI에서는 중요하다.

(5) 금속화(Metallization)

LSI 이전에는 Metal-gate를 이용하였으나 CVD 공정이 발달되고부터는 즉시 폴리 실리콘(poly silicon)을 게이트로 이용하게 되었다. 그 이유는 메탈 게이트의 경우 소스와 드레인을 먼저 형성하고 그 위에 금속을 증착시켜 게이트를 만들기 때문에 그림 10-10에서와 같이 소스와 드레인의 많은 부분이 Metal gate와 겹치게 되므로 채널길이를 조절하기가 어렵다. 하지만 폴리실리콘을 게이트로 쓰는 경우에는 녹은 온도가 높기 때문에 소위 Self-alignment 공정이 가능한데 이 방법은 먼저 게이트를 형성하고 이를 마스크로 하여 소스와 드레인을 이온 주입에 의해 형성하므로 그림 10-10에 보인 바와 같이 비교적 정확하게 채널길이를 조절할 수가 있다. VLSI에서와 같이 채널길이가 1[μm] 정도로까지 미세하여지면 앞서의 Metal gate 공정으로는 불가능하다.

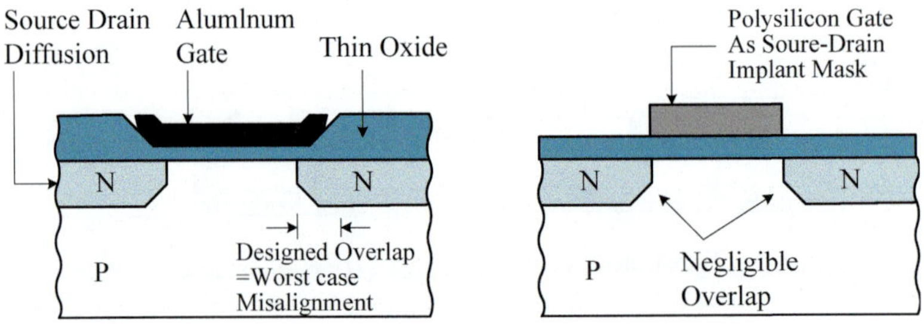

그림 10-10 Metal gate와 Polycrystalline silicon gate의 비교

상호연결을 위한 Metallization 공정은 최근에 가장 큰 진보를 보인 공정 중 하나이다. 소자 크기가 점차로 작아짐에 따라 금속라인 역시 2[μm] 이하로 작아지게 됨으로써 이에 따른 연속성의 문제, Electromigration, Corrosion 등의 문제가 발생하게 되었다. 그래서 Metallization process가 크게 복잡하게 되었는데 최근의 금속화 공정은 첫째, 적은 저항과 실리콘 표면과의 강력한 접착을 위한 Silicidation process와 둘째, 소스와 드레인(dopant diffusion) 방지를 위한 diffusion barrier 형성, 셋째, 적은 저항과 corrosion에 강한 금속의 증착 등 3가지 Step으로

크게 나눌 수 있다.

silicide로는 $PtSi_2$, $TiSi_2$, TaSiZ, MoSiZ 그리고 WSiZ 등이 주로 쓰이며 diffusion barrier로는 TiW 그리고 금속화공정은 Al+Si+Cu의 합금 등이 쓰이고 있다.

10.3 N-Channel MOS-FET 제조공정

여기서는 MOS 소자 제조과정에 대해서 Poly Si Gate NMOS를 대상으로 하여 일반적인 공정과정을 공정 순서대로 나열하였다. 실제로 IC를 제조하는 과정에서는 여기서 진행되는 공정 이외의 공정들이 추가되기도 하며 또한 생략되어질 수도 있다. 이러한 공정조건의 변화와 개선들이 반도체 제조의 노하우라 할 수 있으며, 같은 소자 제조라도 제조 Line 별로 약간씩의 다른 특성을 갖게 된다.

또 각각의 공정이 진행되는 동안 적용되는 기본적인 단위공정들에 대한 설명은 이미 앞장에서 설명되었으므로 여기서는 가능한 한 생략하였다.

그림 10-11에 공핍형 및 증가형 NMOS FET에 대한 설계 도면의 예를 들었다.

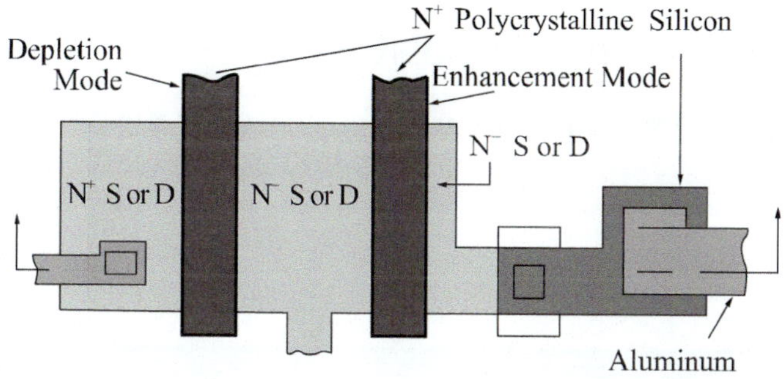

그림 10-11 Composite Layout of N-Channel MOS FET

일반적으로 MOS 소자 제작에 사용되는 웨이퍼는 그 직경이 4~6inch(100~150[mm])인 것을 사용하며(현재 MOS Line에서는 6inch의 웨이퍼를 사용하고 있음) 전도 형태는 P^-형, 결정성장 방향은 (100), 저항의 범위는 5 ~ 50[Ω](2E15 ~ 2.5E14[atom/cm^2]의 것을 사용한다.

10.3.1 초기산화(Base Oxidation)

웨이퍼 위에 얇은 산화막을 형성시키는 과정으로 900~1050[℃]의 Oxidation Furnace(산화막 생성로) 내에 웨이퍼를 넣고 0, 가스를 주입하게 되면 웨이퍼의 실리콘(Si)과 O_2 결합하여 실리콘 산화막인 SiO_2층이 형성되며 이 산화막은 약 400[Å] 정도로 키운다.

이 때의 상태를 아래 그림에 나타내었다.

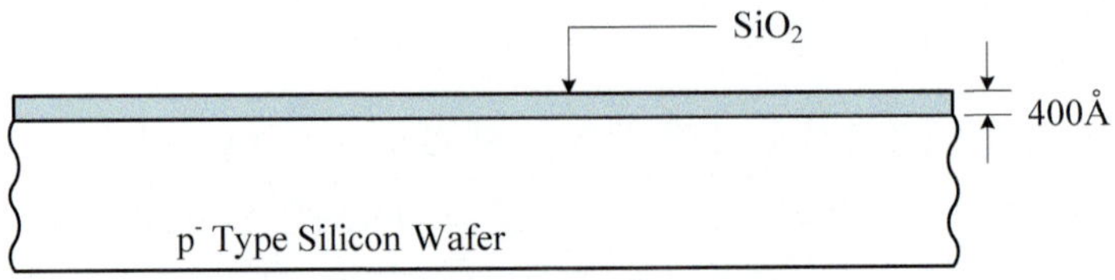

그림 10-12 Base Oxidation

이와 같이 처음에 웨이퍼 위에 산화막을 형성시켜 놓는 이유는 다음 공정인 질화막(Si, N) 성장시에 질화막에 의한 실리콘 기판 표면의 결점 결함이 유발되는 현상을 저지하기 위한 것으로 이 산화막을 실리콘 기판과 질화막 사이에서 완충 역할을 하는 Stress relief oxide층이 된다.

10.3.2 질화막 증착(Nitride Deposition)

초기 산화로 형성된 산화막 위에 NH_2와 $SiHCl_2$를 이용, 질화막을 성장시키는 공정으로, 700~800[℃]의 퍼니스(furnace) 내에서 LPCVD법으로 약 1,600[Å] 정도의 두께로 키운다.

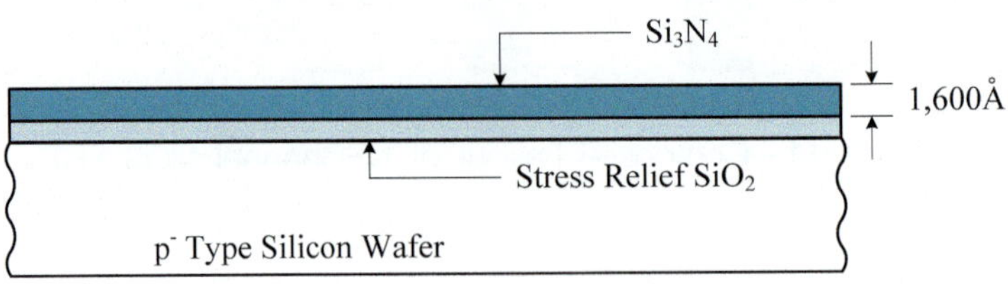

그림 10-13 Nitride Deposition

이 질화막은 필드 영역의 산화막 성장시에 액티브 영역의 산화막 성장을 차단하는 층으로서의 역할을 하게 되는데 Si_3N_4가 있는 부분은 산소의 확산이 거의 안되므로 산화막이 성장되지 않는 특징을 갖고 있다.

10.3.3 액티브 마스크(Active Mask)

NMOS 공정에서 맨처음 사용되는 사진식각 과정으로 액티브 마스크를 이용하여 실제로 트랜지스터가 만들어지는 액티브 영역과 소자간의 전기적 절연역할을 하는 Field 영역을 정의해 주는 공정이다.

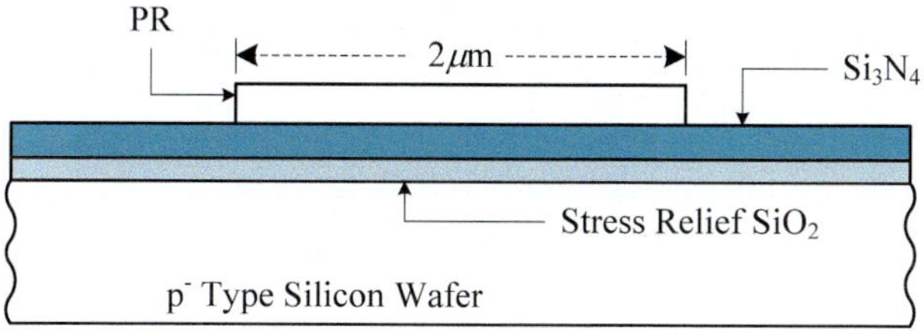

그림 10-14 Active/Field 영역 Photolithography

사진 식각에 대한 세부적인 내용은 앞의 공정과정에서 설명하였다. 현재의 MOS Line에서 사용되는 Mask aligner는 스탭퍼(stepper)를 사용하고 있으며 PR(photoresist : 감광물질) 위의 빛이 쪼여진 부분이 현상되는 Positive PR을 사용하고 있다.

10.3.4 질화막 식각(Nitride Etch)

액티브 영역이 PR막으로 보호된 상태에서 PR이 현상된 필드 영역의 질화막을 제거하는 공정으로 플라즈마를 이용한 건식 식각방법을 이용한다. 이 때 사용되는 장비는 RIE (reactive ion etching) Nitride Etcher이며, Etchant로 사용되는 물질은 CHF_3, NF_3, SiF_4 등이다.

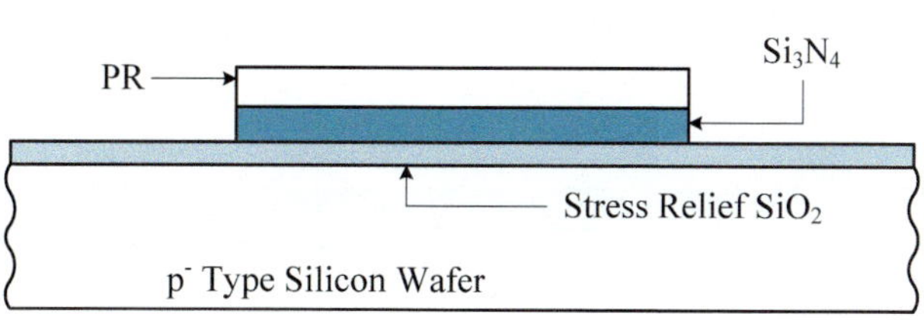

그림 10-15 Nitride Etch

10.3.5 필드 이온주입(Field Implantation)

필드 영역의 절연효과를 높이기 위해 NMOS의 경우 필드영역에 P형 불순물인 Boron(붕소, B)을 이온주입(ion implantation) 방법으로 도핑시키게 되는데 이것은 필드 영역의 정공농도를 높여 임계전압(threshold voltage) 값을 증가시키기 위한 것이다.

이 때의 소스로는 BF_2를 사용하게 되며 이온에 가해지는 에너지는 40~150(80)[KeV], Dos량은 2E12 ~ 5E13(3.0E13)[Icons/cm^2]로 한다.

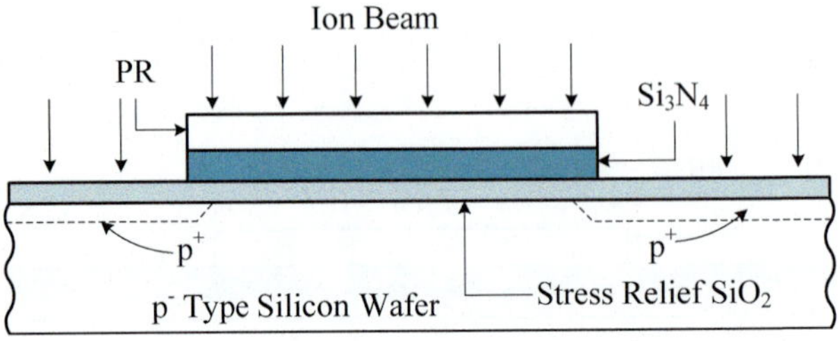

그림 10-16 Field Ion-Implantation

이와 같이 필드 영역에 대한 이온주입이 진행될 때 액티브 영역의 PR층은 이온주입을 차단하는 역할을 한다.

이온 주입 공정이 끝난 다음에는 차단막으로 사용되었던 PR 층을 벗겨낸다.

10.3.6 필드 산화막(Field Oxidation)

필드 영역에 산화막(SiO_2)을 성장시키는 공정으로 850~1050[℃]의 Oxidation 퍼니스 내에서 6,000~10,000[Å](7500[Å]) 정도의 산화막을 성장시키게 된다. 이 때 질화막으로 덮인 액티브 영역은 산화막이 성장하지 못하게 되는데 이와 같이 부분적인 산화공정을 LOCOS(local oxidation of silicon)공정이라 한다.

지금까지의 공정진행은 이 필드 영역의 산화막을 성장시키기 위한 과정이었으며 이 절연막은 연속적으로 배열되는 소자들을 전기적으로 절연시키는 역할을 하게 된다.

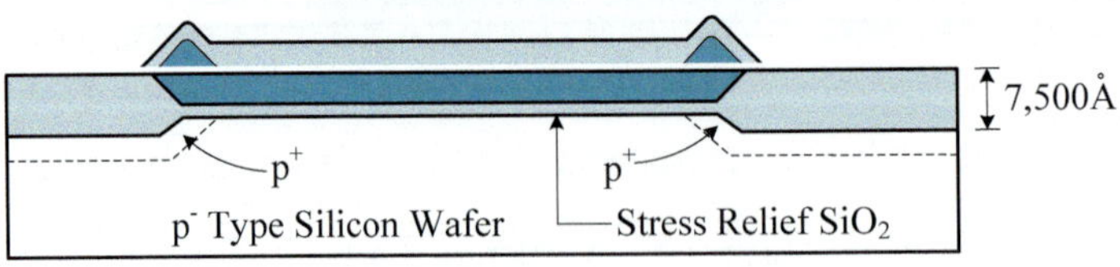

그림 10-17 Field Oxidation

10.3.7 질화막 제거(Nitride Removal)

Field Oxidation시 액티브 영역의 차단막으로 이용되었던 질화막을 벗겨내는 공정으로 먼저 Field oxidation 과정에서 질화막 위에 아주 얇게 형성된 산화막을 제거한 다음 질화막을 벗겨내게 되는데 이것은 약 170[℃]의 H_3PO_4 용액에서 습식 식각으로 진행한다. 마지막으로 Stree-relief SiO_2층을 제거한다.

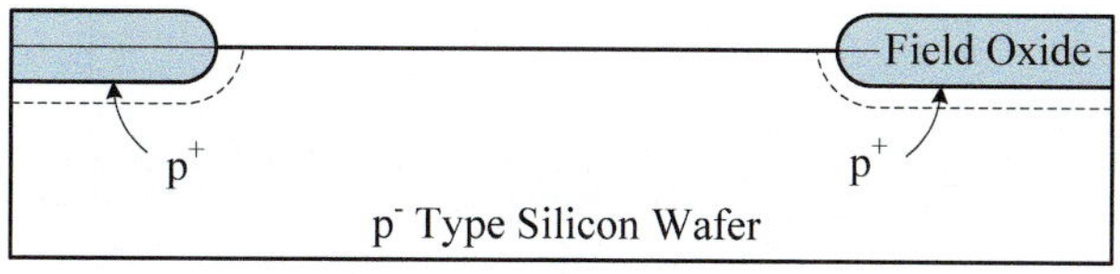

그림 10-18 Nitride Removal

10.3.8 게이트 산화막(Gate Oxidation)

Gate 영역의 유전체 역할을 하는 산화막을 성장시키는 공정으로 이 영역의 산화막은 200~600[Å](300[Å]) 정도의 얇은 층이어야 하며 또한 양질의 순수한 SiO_2막이어야 한다. 이 산화막의 성장법으로는 900~1,000[℃]의 Furnace에 O_2 Gas를 주입하여 실시하는 Dry Oxidation과 낮은 온도에서 수증기를 이용하는 방법이 있다.

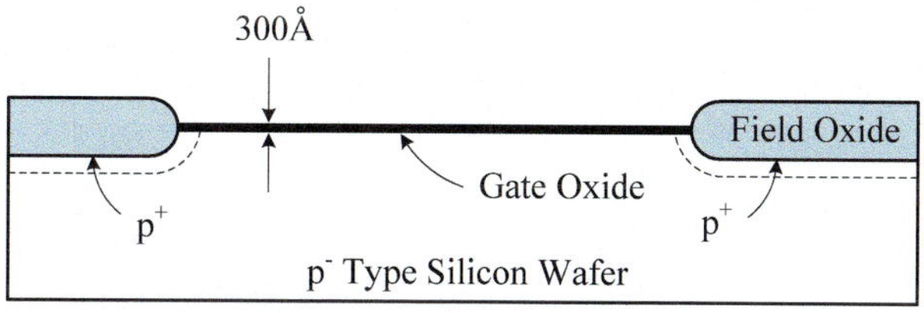

그림 10-19 Gate Oxidation

10.3.9 공핍 영역 이온주입(Depletion Region Ion Implantation)

공핍형 FET의 채널을 형성하기 위한 공정으로 먼저 선택적인 이온주입을 위해 웨이퍼의 표면을 코팅(coating)한 다음 Depletion implant mask를 이용하여 해당 부위의 PR을 현상하고 이온을 주입하게 된다. 이 때 NMOS의 공핍모드에서 채널을 N형으로 해주어야 하므로 5가의 N형 불순물인 아세닉(As) 이온을 $E=150\sim200$[KeV]의 에너지로 주입한다.

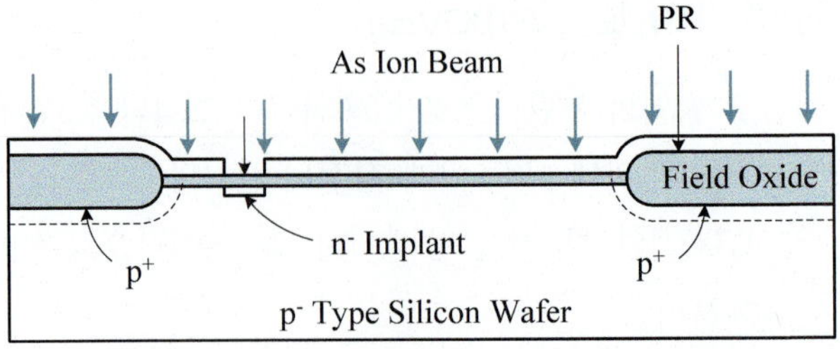

그림 10-20 Depletion Ion Implantation

10.3.10 증가영역 이온주입(Enhancement 영역 Ion Implantation)

증가형 FET의 임계전압(threshold voltage)을 조절하기 위해 p형 불순물인 Boron(붕소 : B)을 주입하기 위한 공정으로 임계전압의 값에 따라 불순물의 양과 도핑되는 깊이가 조절되어야 한다.

여기서도 마찬가지로 선택된 영역에 한정된 이온주입 공정을 하기 위해 PR Track에서의 PR 코팅 과정과 Enhancement Implant Mask를 이용한 사진식각 과정을 거치게 된다.

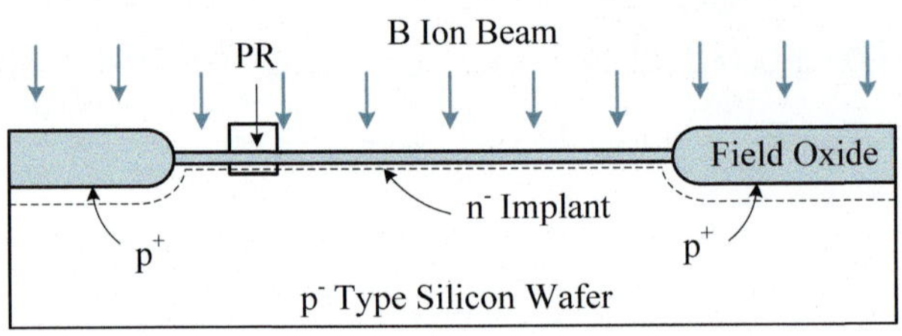

그림 10-21 Enhancement Implant

10.3.11 매몰 콘택마스크(Buried Contact Mask)

Silicon과 Polysilicon과의 Contact인 Buried contact를 위해 Gate 산화막의 일부를 제거하는 공정이다.

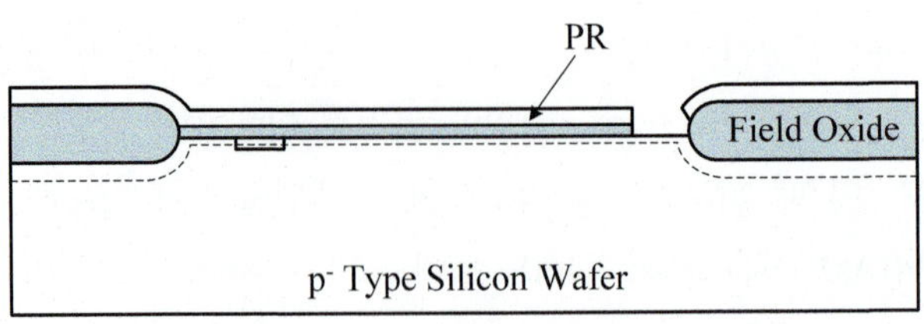

그림 10-22 Buried Contact Mask

10.3.12 폴리증착/폴리도핑(Poly Deposition/Poly Doping)

폴리증착은 MOS Tr의 게이트 전극으로 이용되는 Polysilicon(다결정질의 Silicon 층)을 증착시키는 공정으로 약 625[℃]에서 LPCVD법으로 2,000~6,000[Å](3,000[Å]) 두께로 증착시키게 된다.

Poly 도핑은 증착된 Polysilicon의 저항을 줄여주기 위해 퍼니스 내에서 POC1, Polysilicon의 표면저항을 10~20ohm/square 정도로 만들어 준다.

또한 위의 두 과정은 웨이퍼의 표면 뿐만 아니라 노출된 웨이퍼의 뒤 면에도 적용되어 n^+ Polysilicon층이 형성되는데 이 층은 공정진행 도중에 게더링(gethering)의 역할을 해 주기도 한다.

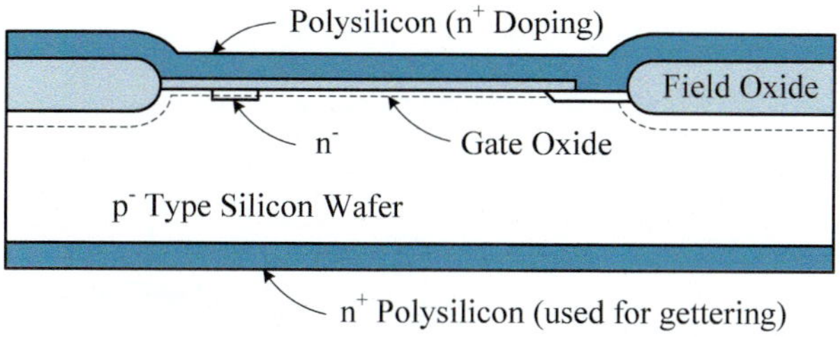

그림 10-23 Poly Deposition/N^+ Doping

10.3.13 게이트 마스크(Gate Mask)

MOS Tr.의 Gate 전극을 정의하는 사진/식각 공정으로 게이트 마스크를 이용, 해당 영역을 정의해 주고 나머지 부분은 플라즈마 식각으로 제거하게 된다.

식각이 끝난 다음에는 보호막으로 사용되었던 PR을 제거하고 게이트의 CD(Critical Dimension : 한계지수) 값을 측정하는데 이 값은 약 1.55[μm] 정도가 되어야 한다.

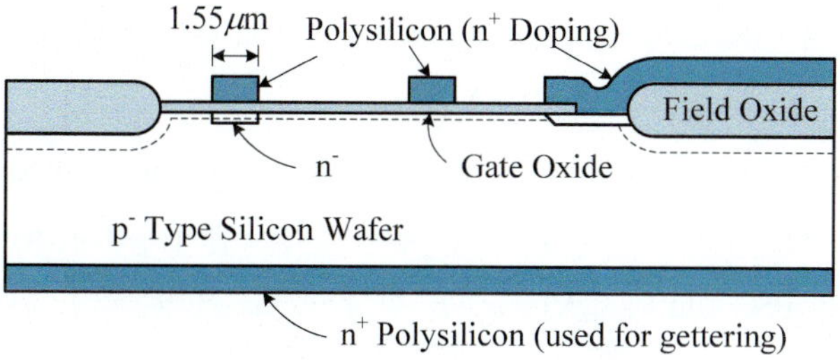

그림 10-24 Gate Photo/Etch

10.3.14 소스 드레인 도핑(Source/Drain Doping)

FET의 소스와 드레인 영역을 형성시키는 공정으로 이 영역은 NMOS에서 N^+가 되어야 하므로 N형 불순물을 주입하게 되는데 고밀도 집적회로 제작에 있어서는 소자의 사이즈 축소에 따른 전기적 특성 저하현상을 방지하기 위해서 DDD(double diffused drain)공정을 이용하여 같은 5가의 N형 불순물 원자인 Phosphorus(인 : P)와 Arsenic(비소 : As)을 번갈아 주입하는 방법을 사용하기도 한다.

이 때 이온주입의 조건은 P의 경우 $E=150$[KeV], Dos=1E13 정도로 하며, As의 경우에는 $E=40$[KeV], Dos=5E15 정도로 조절하게 된다.

이온 주입 후에는 주입된 불순물을 확산시켜 적절한 저항치와 접합 깊이를 조절해 주기 위해 퍼니스 내에서 확산 과정을 거치게 된다. 이 때 표면에는 약 160[Å] 정도의 양질의 산화막(SiO_2)이 형성된다.

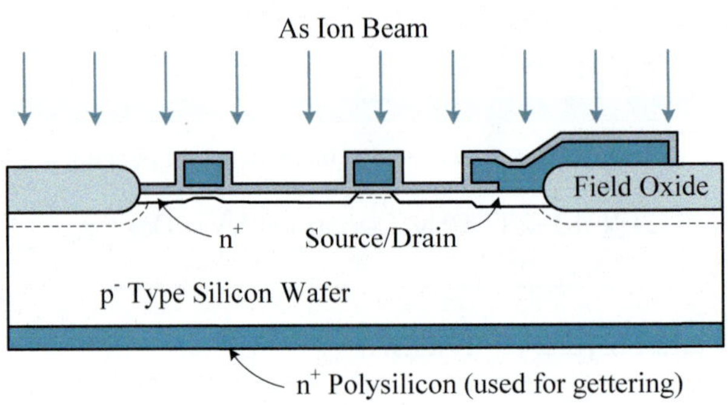

그림 10-25 Source Drain Doping

10.3.15 PSG 증착(PSG Deposition)

Polysilicon과 금속막(metal layer) 간의 절연을 위하여 절연막으로서 PSG층을 증착시키는 과정으로 약 400[℃]의 낮은 온도에서 APCVD법으로 약 5wt(%) Phosphorus가 함유된 Glass 층을 10,000[Å] 정도의 두께로 성장시킨다.

이와 같이 낮은 온도에서 성장된 산화막을 LTO(low Temperature oxide)라 하는데, LTO의 두께와 P의 양 또는 Flowing의 정도에 따라 금속막의 스텝커버리지(step coverage) 상태가 좌우된다. (Flowing은 PSG film의 절연 특성을 향상시키고 표면굴곡을 완만하게 하기 위하여 900~1,000[℃]로 열처리하는 과정이다)

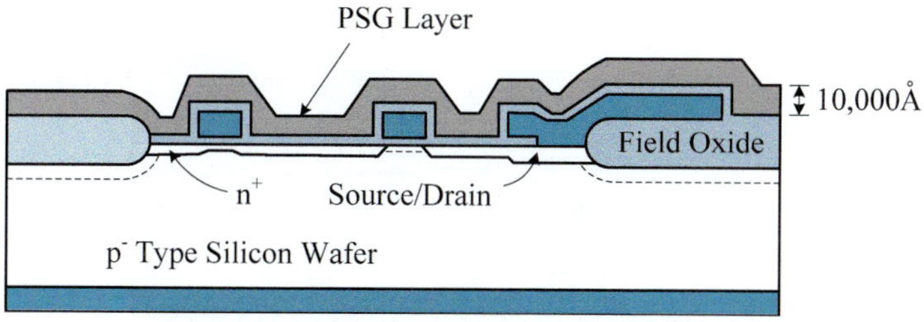

그림 10-26 PSG Deposition

10.3.16 콘택 마스크(Contact Mask)

소자의 전극연결을 위해 금속막과 N^+의 영역 또는 Polysilicon과 금속막이 연결될 부위를 정의해 주기 위한 공정으로 피면을 PR로 코딩한 다음 Contact Mask를 이용하여 해당 부위의 PR을 현상하여 Contact 영역을 정의해 주고 이 영역의 PSG Layer와 Oxide를 식각해 낸다.

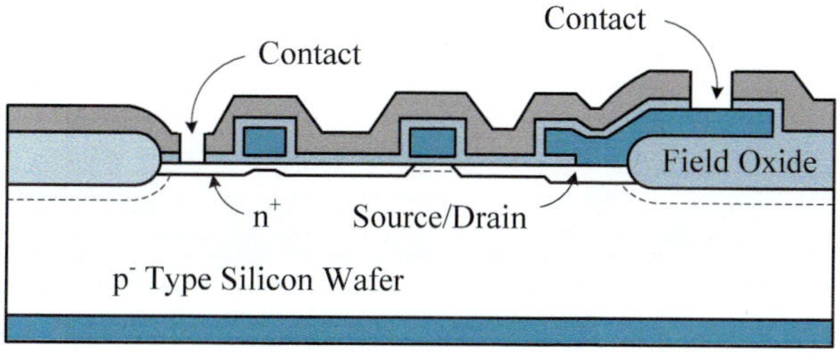

그림 10-27 Contact Mask

10.3.17 금속증착(Metal Deposition)

소자와 소자간의 연결선 및 패드(pad) 연결을 위해 금속막을 증착하는 과정으로, 먼저 Contact 저항값을 줄이고 Metal 식각시에 실리콘 기판 표면 및 Polysilicon에 유발될 수 있는 손상을 해소하기 위해 Phosphorus로 부위를 도핑시켜 준 다음 금속막을 증착시키게 되는데 금속은 1.5% Si 또는 0.5% Cu 등이 혼합된 Aluminum(Al)을 E-Beam(전자선) 증착법 또는 스퍼터링(sputtering) 방법을 이용, 6,000~8,000[Å](10,000[Å]) 정도의 두께로 증착한다.

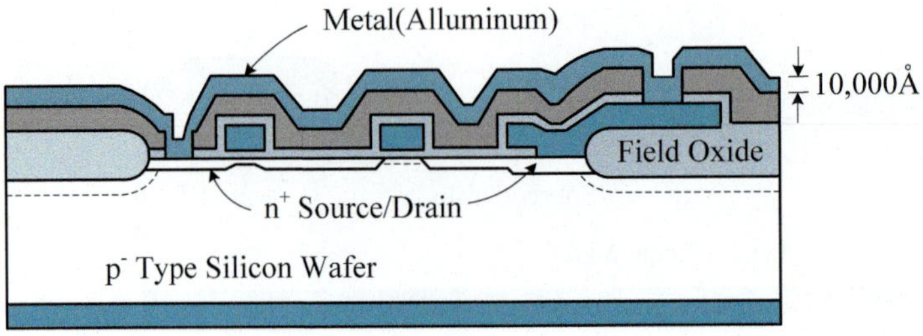

그림 10-28 Metal Deposition

10.3.18 금속 마스크(Metal Mask)

회로의 배선에 필요한 부위만 남기고 불필요한 부위의 금속을 제거하는 공정으로 금속 마스크를 이용 해당영역을 정의해 주고 나머지 부분을 식각하게 되는데 Al의 식각은 Cl_2, BCl_3, CHF_3, CF_4 등의 물질을 이용하여 RIE Metal Etcher에서 건식 식각한 다음 PR을 벗겨내고 금속과 실리콘간의 접촉 특성을 향상시키기 위해 400[℃]의 H_2와 N_2 분위기에서 열처리(sintering) 과정을 거치게 된다.

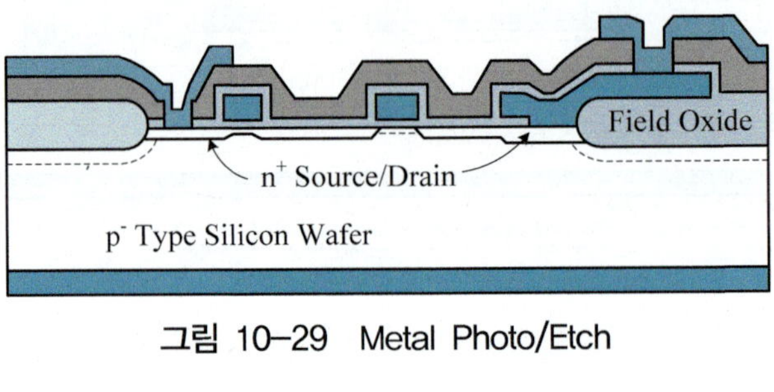

그림 10-29 Metal Photo/Etch

10.3.19 보호막(Passivation)

웨이퍼 제조에 있어서 최종적으로 막(film)을 입히는 과정으로 외부로부터의 물리적, 화학적 자극으로부터 칩을 보호하기 위한 보호막을 증착시키는 공정이다. 보호막으로서는 PECVD법에 의한 질화물(Si_3N_4)을 이용하는 방법과 PSG 또는 SiO_2를 이용하는 방법이 있다.

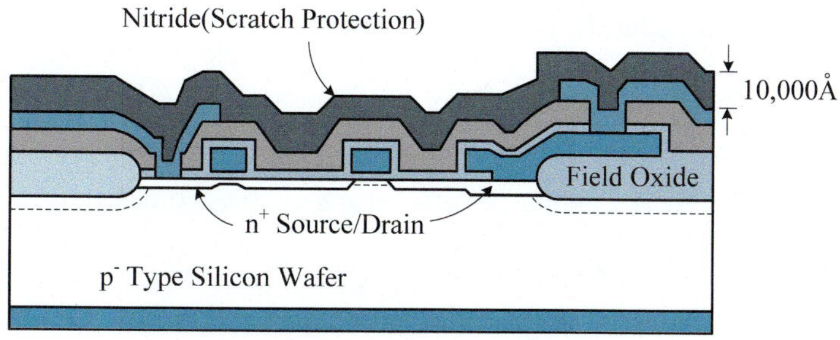

그림 10-30 Nitride Deposition

10.3.20 패드 마스크(Pad Mask)

IC의 회로와 외부단자(lead frame)와 연결되는 부위인 패드영역을 정의해 주기 위한 공정으로 패드 마스크를 이용하여 해당 영역의 보호막 층을 제거하는 과정이다. 이 다른 마스크 공정에서와 마찬가지로 선택적으로 보호막층을 제거하기 위해서는 일련의 사진식각 과정을 반복한다.

이것으로 실리콘 웨이퍼 위에 소자(NMOS FET)의 구성이 완료되었다고 볼 수 있다.

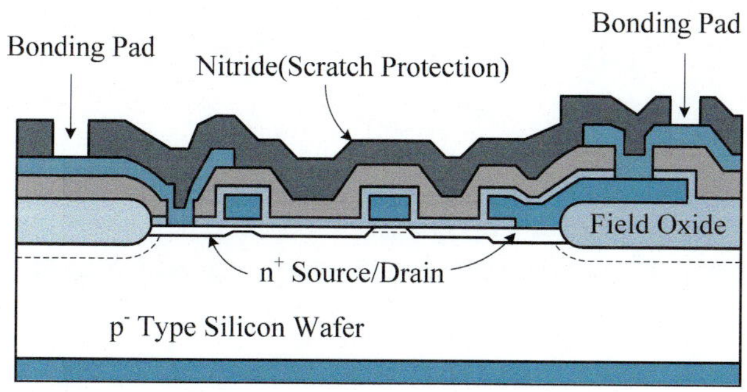

그림 10-31 Pad Photo/Etch

10.3.21 뒷면 연마(Back Grind)

공정이 진행되는 동안 웨이퍼의 뒷면에 부착된 n^+ Polysilicon층 및 산화막 등의 불필요한 막을 제거하고 필요 이상으로 두꺼운 웨이퍼의 뒷면을 깎아내어 소자의 전기전도에 대한 저항을 줄이고 동작시 열전도율을 향상시키기 위한 과정이다.

이와 같은 Back side 공정에서는 Back Grinding 방법과 Back Lapping 방법이 있으며 Back side 공정 후에 남게 되는 웨이퍼의 두께는 MOS 기억소자의 경우 약 300[μm] 정도이다.

10.3.22 뒷면 금속화(Back Metalization)

소자의 열방출 효율을 높이고 패키지 제작시 Lead Frame 상의 패들(paddle)과 전기적 접합도(Electrical die attach)를 향상시키기 위해 Back Grinding 후에 웨이퍼의 뒷면에 Gold(Au), Nickel(Ni), Chromium(Cr) 등의 금속막을 입히는 과정으로 보통 진공증착 및 스퍼터링 방식으로 0.2~0.4[μm] 정도의 Au를 증착한다.

이상으로 소자가공이 완료되었으며 Fab에서 출고된 칩은 전기적 특성 검사를 거쳐 패키지하면 된다.

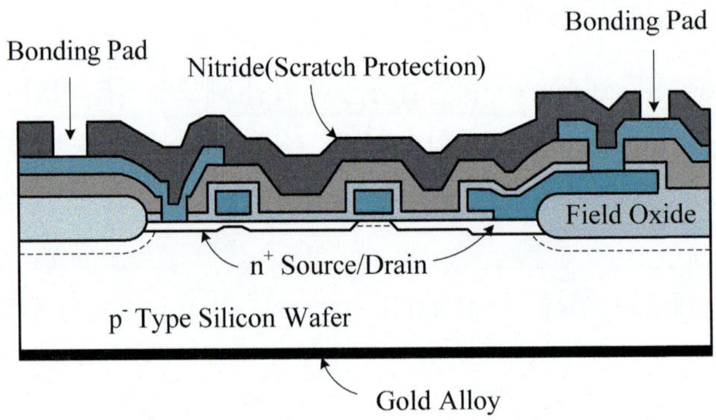

그림 10-32 Back Side Gold Alloy

여기에 소개된 공정과정은 단순히 NMOS 하나만을 제작할 경우를 예로 하여 나열하였지만 실제로 기억소자를 만들기 위해서는 하나의 칩 안에 NMOS 외에 CMOS, Capacitor 등의 소자를 수없이 만들어 하나의 IC로서 구성하게 되며 이에 따라 공정과정도 더욱 복잡하게 더 많은 공정 단계를 거치게 된다.

10.4 NPN 바이폴라 트랜지스터 제조 공정

이 절에서는 바이폴라 소자의 제조공정의 기본적인 과정을 그림을 통하여 개략적으로 설명하였고 이들 공정 단계는 전 바이폴라 트랜지스터 소자에 대해서 그대로 적용되는 것이 아니다. 소자의 특성에 따라 공정과정을 늘이거나 줄일 수도 있다.

10.4.1 초기산화(Base Oxidation)

이것은 Si Wafer의 표면을 산화시켜 산화막(SiO_2 ; Silicon Dioxide)을 형성시키는 공정으로 Si의 산화막 형성은 집적회로 공정에서 가장 기본적이며, 가장 자주 사용되는 공정이다.

SiO_2 막을 만드는 방법은 여러 가지가 있으나, 가장 일반적으로 사용되고 있는 것은 열산화막 형성(Thermal Oxidation)법으로 그림 10-33과 같은 전기로(Furnace) 내에 Wafer를 넣고 O_2 가스, 또는 O_2와 수증기의 혼합체 안에서 높은 온도(1,000~1,200℃)로 가열하여 Wafer의 표면에 Si의 산화막을 형성시키는 방법이다.

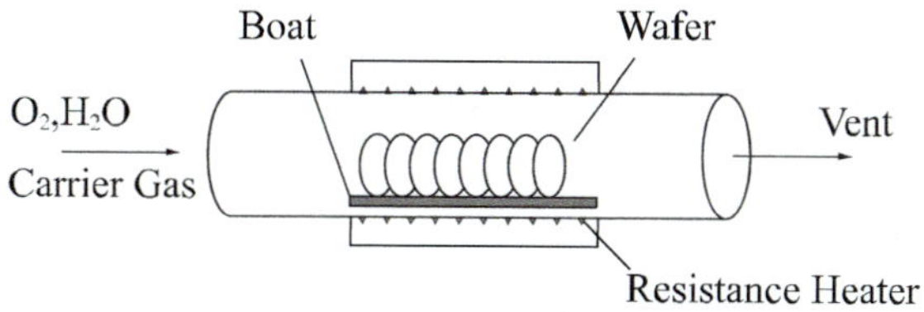

그림 10-33 Oxidation Furnace

그림 10-34는 실리콘 표면위에 산화막이 형성될 때 SiO_2막의 형성구조는 산화재료가 확산하거나 안쪽으로 드라이브 인(Drive-in)에 의해 산화물-Si의 경계면으로 들어가서 산화가 일어나게 되는데 이 때 산화막 형성시 웨이퍼 단면구조이다.

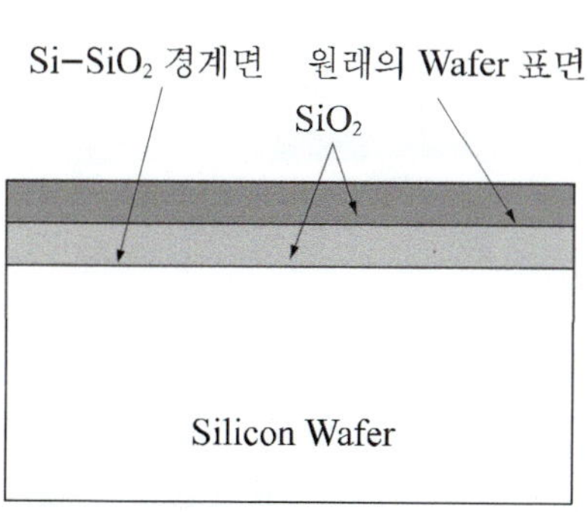

그림 10-34 산화막 형성시 Wafer의 단면 구조

10.4.2 B/L-1 포토 에칭(Photo etching)

Wafer 상에 B/L 층(Buried Layer)의 영역을 정의하기 위한 공정으로 Mask에 형성된 Image를 감광막(Photo Resistor)에 재현시켜 불순물의 확산이나 이온이 주입될 영역을 결정하여 그 부분의 산화막을 제거하는 공정이다. 이 과정의 공정순서는 아래와 같다.

(1) Scrub/Bake

Wafer Jet Scrub으로 표면을 처리한 다음 건조시킨다.

(2) Coat/Bake

감광물질인 Photo Resist를 Wafer의 SiO_2막 위에 적당한 두께로 Coating한 다음 Soft Bake한다. 이때 Soft Bake를 하는 이유는 PR Coating이 끝난 다음 Wafer상에는 PR에 들어 있던 Solvent의 일부가 남아 있게 되는데 이것은 빛이 쪼여질 때 Negative Resist의 효과에 방해가 되므로 이 Solvent의 나머지 양을 Resist 막에서 완전히 제거시켜주기 위한 것이다.

위의 (1), (2)의 과정은 PR Track에서 일률적으로 진행된다.

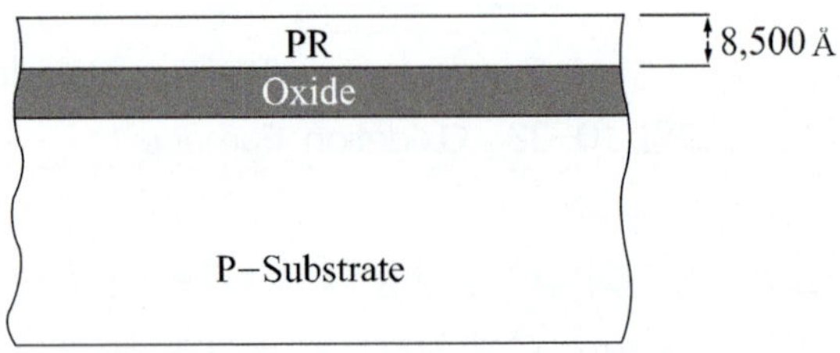

그림 10-35 PR Coating 후의 Wafer단면

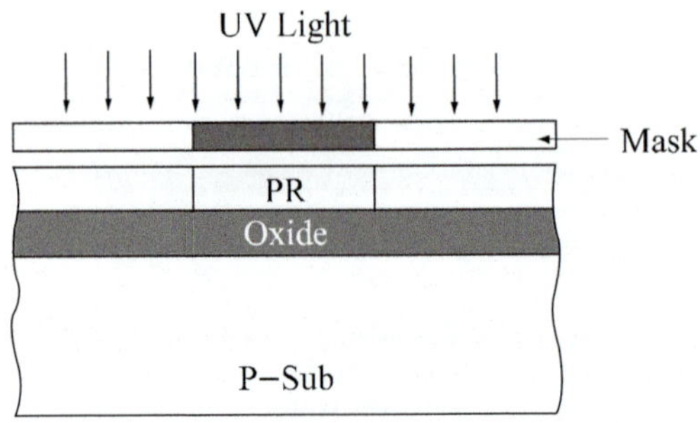

그림 10-36 Mask Align and Exposure

(3) Align/Exposure

Aligner를 이용 B/L마스크를 웨이퍼에 밀착시키고 자외선(Ultra Violet Light)을 조사(Exposure)하여 마스크의 Image에 따라 PR을 감광시킨다.

(4) Develop/Bake

PR이 감광된 Wafer를 현상액에 넣어 빛이 비치지 않은 부분의 PP을 용해시켜 SiO_2막을 노출시키는 과정으로 Wafer에서 Etch되어야 할 부분에 존재하는 PR을 제거하는 과정이다. 이때 빛에 비친 부분의 PR은 화학작용으로 굳어져 있으므로 그대로 있게 된다(Negative Photoresist).

현상에 있어서 첫째 과정은 PR Coating 후의 Soft Bake 때 PR이 건조되었던 것과는 반대 현상으로 PR 막에 Solvent가 흡수되어 부풀어나게 되며 이 부푼 PR막이 현상용액에 의해 용해되어 씻겨나간다.

다음은 현상액(Developer)의 반응을 멈추고 용해된 Resist를 씻겨내는 과정이다. Negative Resist의 경우 Developer는 Xylene이나 Stoddard's Solvent 혹은 이의 혼합액이고 Rinser로는 N-butyl acetate가 쓰인다. 현상과정 동안 약간의 Solvent는 용해되지 않고 남아 있는 Resist에 흡수된다. 따라서 Soft Bake시와 마찬가지로 Resist로부터 Solvent를 제거하는 Bake(Hard Bake) 과정이 필요하게 되는데, Soft Bake 때와는 달리 열에 의한 Resist의 Exposure에 대한 영향은 고려할 필요가 없다.

(5) Etch(식각)

Etch란 감광막에 재현된 형상에 따라 Oxide를 선택적으로 제거하는 공정을 말한다. 즉, 불순물이 확산될 영역(여기서는 B/L이 형성되는 영역)의 산화막을 제거하는 공정이다.

Wet Etch에 있어서 SiO_2의 Etch는 NH_4F(Ammonium Fluoride)와 HF를 6 : 1로 혼합한 용액에서 Etch하게 되는데 이 때 Etch Rate에 의한 Etch Time을 조절하여 Side Etch를 방지하고 Etch의 종말점인 Endpoint(Etchant가 SiO_2 내로 들어가 Bare Si을 노출시키는 지점)를 알아내는 것이 중요하다.

(6) PR Strip

Oxide Etch에 사용되었던 PR을 제거하는 공정으로 이때는 과산화수소(H_2, O_2)와 황산(H_2SO_4)을 1 : 1로 혼합한 용액을 사용한다.

PR을 제거한 후에는 자외선 아래에서 PR제거상태를 검사한 후 다음 공정을 진행하게 된다.

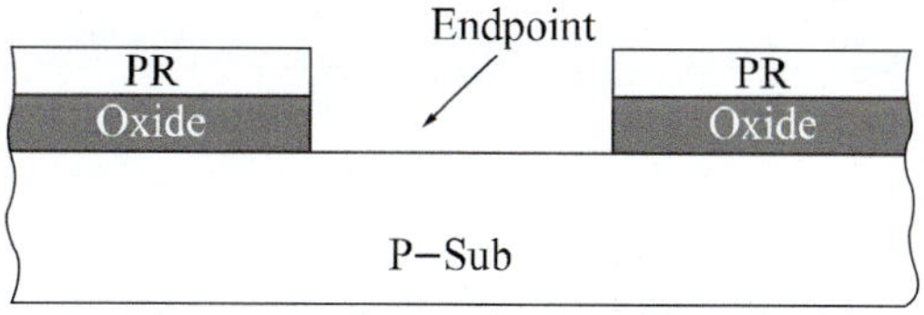

그림 10-37 Develop 후의 water단면

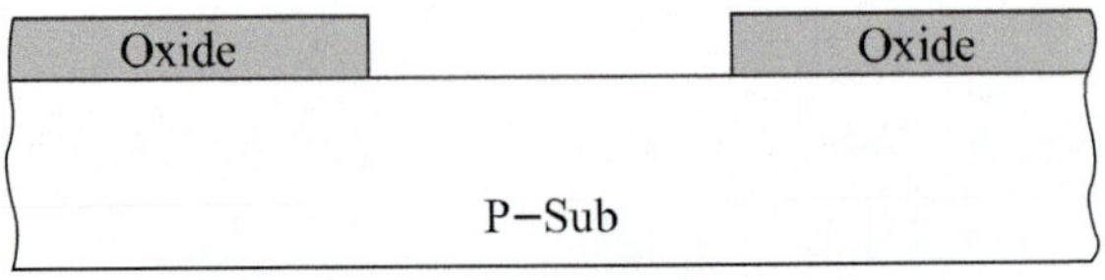

그림 10-38 PR Strip후의 Wafer단면

10.4.3 B/L-1 확산(Diffusion)

B/L (Buried Layer)은 Transistor의 저항을 줄이기 위해 고농도의 n-type 불순물을 확산시킨 매립층을 말한다.

확산(Diffusion)이란 특정한 불순물을 Silicon 격자 속으로 분포시키는 공정으로 일반적으로 불순물을 Wafer 위에 얹혀 놓는 Thermal Pre-Deposition(또는 상온에서 불순물을 주입하는 Ion-implantation) 과정과 얹혀진 불순물의 농도, Silicon과의 접합 깊이 및 산화막의 성장 두께를 조절하기 위한 Drive-in 과정으로 나누어진다.

B/L의 Diffusion 과정은 다음과 같이 진행된다.

(1) Pre-Clean

Deposition 진행시 Wafer의 오염은 치명적인 악영향을 가져오므로 사전에 충분히 세척하여 오염물질을 제거해야 한다. 이때의 오염물질은 공기 중의 먼지나 바로 전 공정인 Photomasking 단계에서 완전히 제거되지 않은 PR 등을 들 수 있다.

이와 같은 Cleaning 과정은 모든 공정 진행시 가장 먼저 거치게 되는 과정이다.

(2) Deposition

SiO_2막이 선택적으로 제거된 영역에 불순물(여기서는 n-type 불순물인 안티몬(Sb)을 사용함)을 확산시키기 위해 Wafer 위에 불순물을 침적(Deposition)시키는 과정으로 Furnace 내에 Wafer를 넣고 불순물 Source(Sb_2 O_2의 형태)를 주입한 상태로 진행한다.

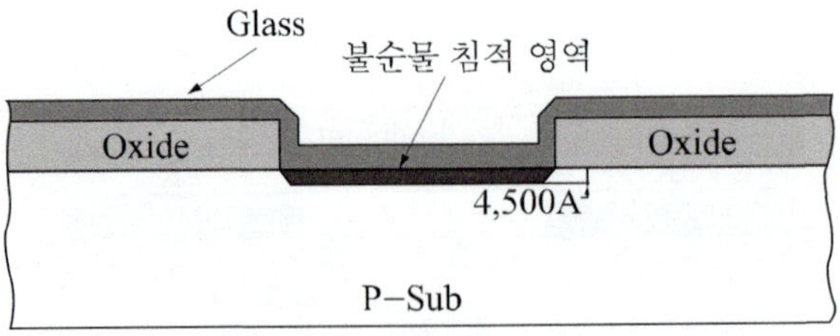

그림 10-39 B/L Depo 후의 Wafer 단면

(3) Glass Remove

Deposition시 형성되었던 Glass층을 다음 공정을 진행하기 전에 제거해주는 과정으로 HF 용액에서 약 2분 정도 Etch를 하게 되면 Glass층이 완전히 벗겨지며(Etch Rate = 1,000Å/min) 이 때 그 밑에 놓여 있는 산화막의 일부도 Etch된다.

(4) Diffusion

Deposition에 의해 침적된 불순물을 Wafer 내부에 적당한 두께와 농도로 분포시키기 위해 확산로(Diffusion Furnace) 내에서 고온의 열을 가하여 Drive-in시키는 과정이다. 확산이 진행되는 동안 투입되는 O_2 가스와 Si이 결합하여 기존의 산화막에 추가되는 새로운 산화막이 생성되는데 이때의 산화막은 불순물 확산시 Source의 외부방출(Out Gassing)을 차단하여 Wafer 내부로만 확산될 수 있도록 하는 역할을 하며, 기존의 산화막 높이와 B/L위에 생성된 산화막 높이의 차이는 그 위에 Epitaxial층을 키웠을 때 높낮이의 구별에 의한 B/L의 위치를 확인할 수 있도록 해주는 역할을 하게 된다.

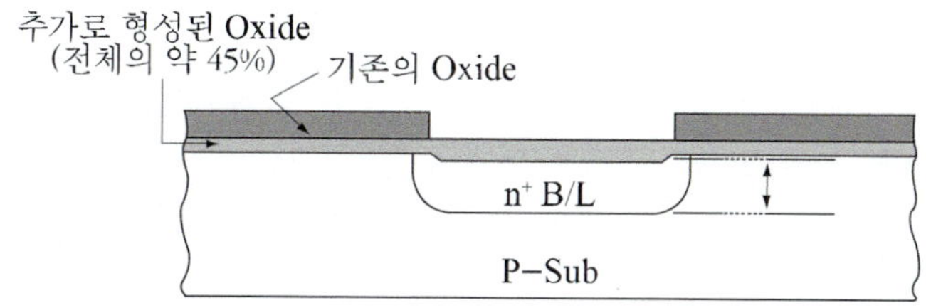

그림 10-40 B/L Diffusion 후의 Wafer 단면

10.4.4 B/L-2 포토(photo)

n형 불순물인 안티몬(Sb)으로 Doping 되어 있는 B/L-1층 안에 다시 또 하나의 불순물인 Phosphorus의 매립층인 B/L-2층을 확산시키기 위해 그 영역을 정의하는 공정이다.

공정진행 과정은 B/L-1 Photo 시와 동일하며 단지 Mask는 B/L-2 Mask를 사용한다.

Oxide Etch 후에는 다음 공정인 Implantation시 Masking 효과를 위해 PR을 제거하지 않고 그대로 남겨둔다.

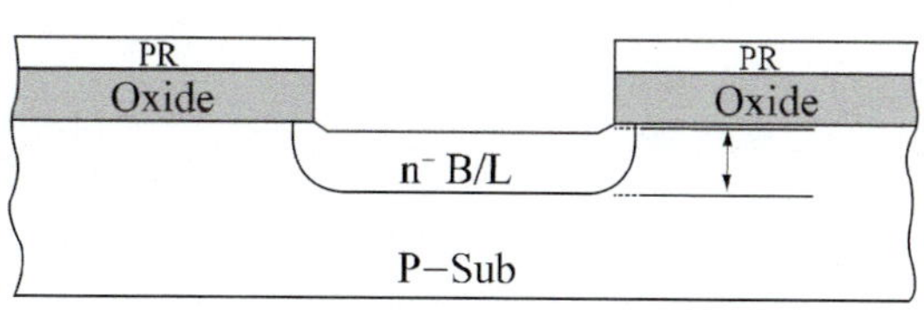

그림 10-41 B/L-2 Photo/Etch 후의 Wafer 단면

10.4.5 B/L-2 이온 주입(Ion-Implantation)

이 공정은 n^+ 불순물인 Sb로 Doping된 기존의 B/L-1 영역에 Sb보다 확산정수가 큰 P(Phosphorus)을 확산시키기 위해 불순물을 주입시키는 공정으로 B/L-1 층은 이미 고농도의 n+ 불순물로 Doping되어 있으므로 같은 n형 불순물인 P를 Thermal Deposition으로 침적시킨다는 것은 사실상 어렵게 된다. 그러므로 물리적인 힘을 이용하는 Ion Implantation공정을 이용 불순물을 주입한다.

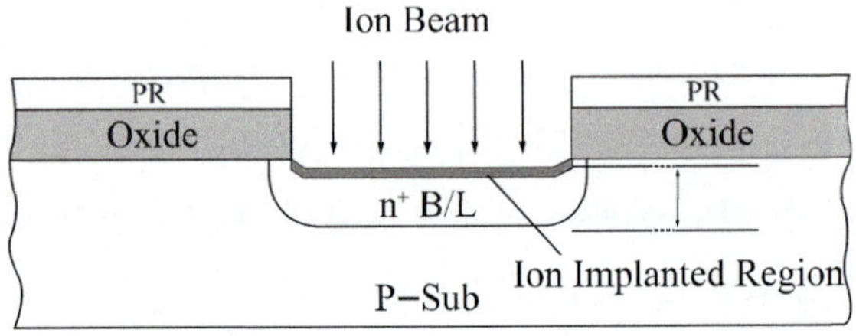

그림 10-42 B/L-2의 Ion-implantation

Ion-implantation이 끝난 다음에는 Ion Beam의 차단막으로 활용되었던 PR을 제거하고 주입된 Ion들을 좀 더 넓은 영역에 안정된 구조로 확산시키기 위해 다음 공정인 Diffusion을 진행하게 된다.

10.4.6 B/L-2 확산(Diffusion)

Ion-implantation으로 주입된 불순물을 고온의 확산로 내에서 Drive-in하는 과정으로 먼저 이온주입과정에서 매우 불안정하게 형성된 재질의 결정 결합을 재배열을 통하여 주입된 원자들이 원하는 불순물로서의 특성을 갖게 하기 위하여 주어진 온도에서 Annealing을 한다. Annealing이란 Sample을 일정기간 동안 온도가 높은 곳에 의도적으로 넣어두는 것을 말하며 이와 같은 Annealing을 함으로써 결정내의 Strain(뒤틀림)과 Defect(결함)효과를 줄여주고 단결정의 성장을 촉진시켜 주는 역할을 하게 된다.

Drive-in 과정은 B/L-1 Step과 유사하게 진행되며, B/L-2 Diffusion 후의 Wafer의 단면구조를 그림 10-43에 나타내었다. 여기서 Drive-in 과정에서 형성되었던 Oxide는 다음 공정인 Expitaxial 층을 성장시키기 위해 제거한다.

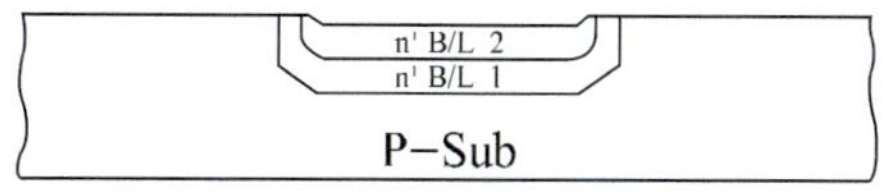

그림 10-43 B/L-2 Diffusion후의 Wafer 단면

10.4.7 Epitaxial 층 성장

Silicon Epitaxial(줄여서 Epi)층은 실제로 소자가 동작하는 영역(Active Region)으로 결함이 없는 순수한 단결정층이 요구되며 이때 소자의 전기적 특성을 조절하기 위하여 약간의 불순물을 첨가하여 성장시킨다.

Epitaxial이란 말은 그리스어의 Epi(Upon)와 Teinen의 과거형(Arranged)에서 온 것으로 Arranged-on(상방배열)의 뜻이다.

여기서 Silicon 기판(Wafer)과 Epi. 층의 결정조직이 연속적이며 전체가 하나의 완전한 단결정을 이루게 된다.

10.4.8 Oxidation-2

각각의 개별소자를 전기적으로 격리시키기 위한 Isolation 영역을 정의하기 위해 산화막을 성장시키는 공정이다.

공정의 과정은 Oxidation-1과 같으며 Isolation영역에 대한 선택확산을 위한 준비작업이라는 의미에서 B/L 층에 대한 선택확산을 위해 이용한 Oxidation-1 층과 같은 역할을 하는 산화막성장 공정이라 볼 수 있다.

10.4.9 Isolation Photo/Etch

Wafer 상에 Isolation 영역을 정의하는 공정으로, 앞에서 형성된 산화막 위에 PR을 입히고 Isolation Mask를 이용, Mask의 Isolation Pattern을 PR에 재현시킨 다음 감광된 부분의 PR을 제거하여 Pattern에 따라 Oxide를 Etch해 내게 된다. 이와 같이 Photo/ Etching 공정은 Wafer상에 여러 가지 영역을 만들어 나갈 때 이 과정을 통해서 Mask의 Pattern을 Wafer에 옮기는 것으로 여러 차례 반복되어지는 공정이다.

공정의 진행과정은 B/L-1 Photo/Etching 공정에서와 유사하며 그림 10-44에 Oxide Etching 후에 PR을 제거한 상태의 Wafer 단면 구조를 나타내었다.

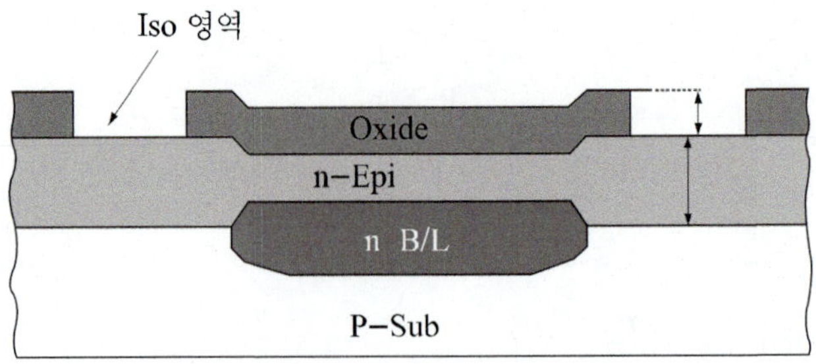

그림 10.44 Isolation Photo/Etch

10.4.10 Second Isolation(SISO) Photo/Etch

SISO Photo/Etch는 PR pattern 상의 Oxide Etching 부분을 명확히 설정해주고 Etch가 정상적으로 이루어질 수 있도록 ISO Photo에서 Coat/Develop된 PR위에 다시 PR을 입히고 Mask를 ISO에 Align 시켜서 Develop 해내는 것으로 다음 그림에 그 과정을 나타내었다.

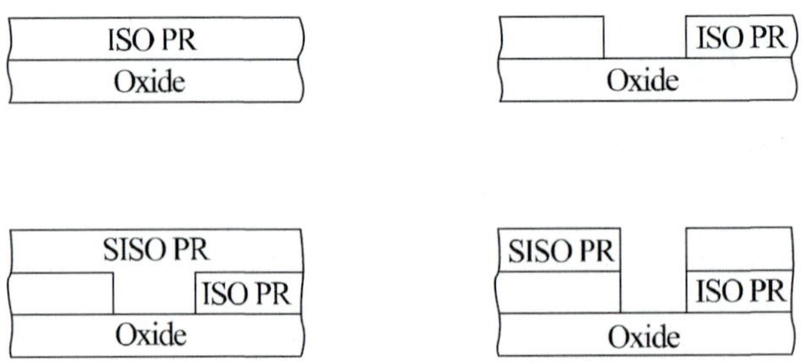

그림 10-45 SISO Photo/Etch

감광기술의 어려움 중의 하나는 빛의 반사, 산란, 간섭 및 현상학적 불균일성 속에서 감광막에 원하는 Pattern을 정확히 전달해야 한다는 것이다. 정확한 Pattern 전달을 위해서 다층구조 감광막이 응용되고 있으며 이 방법을 다층구조 감광막도포법이라 한다.

10.4.11 Isolation Diffusion

Photo/Etching으로 정의된 Isolation 영역에 고농도의 p-type 불순물을 확산시키는 공정이다. p-type 불순물로서는 3가의 원소인 Boron(B)를 사용한다. Epi층 위에 소자 형성이 끝난 다음에 Isolation 영역에 Negative 전압을 가해주면 n-type인 Epi. 영역과 Iso 영역이 Reverse PN 접합으로 공핍층이 형성되어 전기적인 절연층을 형성하게 되는 것이다.

이 공정과정은 다음과 같다.

(1) Pre-Deposition

해당 영역에 불순물을 확산시키기 전에 먼저 불순물을 침적시키는 과정으로 1,045℃의 Furnace 내에 고체상태의 화합물인 BN(Boron Nitride)Plate를 넣고 진공 상태로 한 후 분해된 Boron이 Silicon 표면에 흡착되도록 하는 공정이다.

이 때 BN과 주입된 O_2가 반응하여 유기질의 Boron Glass층을 생성하는데 이 화학 반응식은 다음과 같다.

$$2BN + O_2 \rightarrow B_2O_2 + N_2$$

여기서 Boron 원자는 B_2O_2의 화합물 및 Si과의 혼합형태로 Boron이 강하게 Doping된 BSG(Boron-Sillicate Glass)층을 형성하여 나머지 Boron 원자는 Si과 결합하여 Si 내부에 침적하게 된다. 이 때 Si-B 결합의 상위층에는 Boron 원자의 과잉 Doping으로 인해 불완전한 Si-B 결정결합이 발생하게 된다.

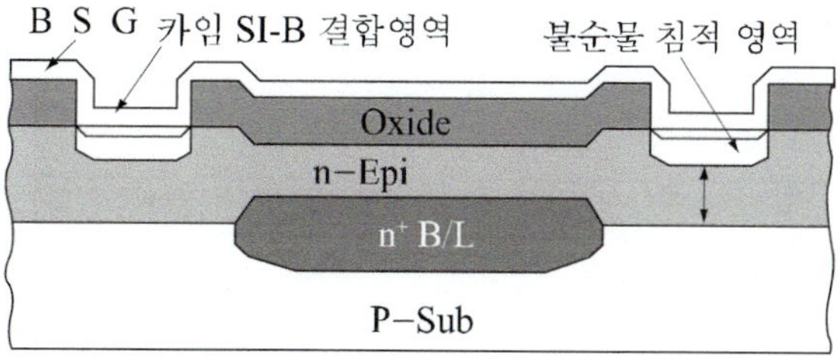

그림 10-46 Isolation Pre-Deposition 후의 Wafer 단면

(2) Post-Deposition

Pre-Deposition 시에 만들어진 불순물 침적영역의 윗부분에 대한 결정결합을 산화 과정을 통하여 안정되게 하며, Isolation 영역을 깊이 확산시키기 위해 불순물 침적 상태를 좀 더 깊게 해주기 위한 과정으로 Low Temperature Oxidation(LTO)을 통하여 Glass 층 Etch시 HF에 동시에 Etch될 수 있도록 해준다.

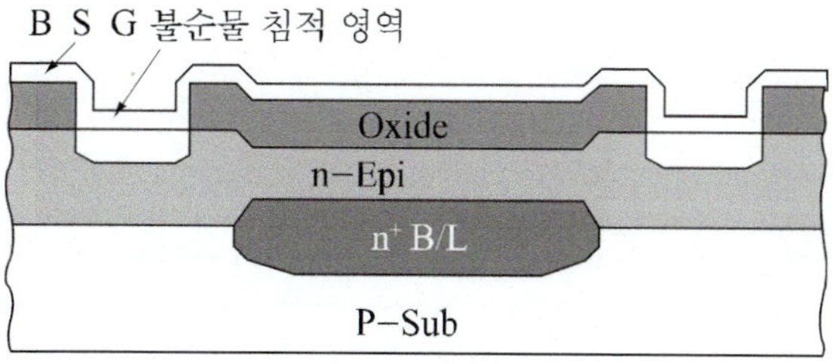

그림 10-47 Isolation Post-Deposition 후의 Wafer 단면

(3) Glass Remove

Boron Glass 층은 Boron이 강하게 Doping 되어 있어 Drive-in시 확산영역의 농도에 영향을 미치게 되므로 Isolation 영역을 확산시키기 전에 Deposition에서 형성된 이 층을 제거해주어야 한다. BSG의 Etch는 HF 용액을 사용한 Wet Etch 법을 사용하여 제거시킨다.

(4) Isolation Diffusion

Deposition으로 침적된 불순물을 Epo.층 내부로 Drive-in 시키는 공정이다.

Drive-in이 진행되는 동안에는 다른 Diffusion 과정에서와 마찬가지로 Tube 내에 주입되는 O_2에 의해 산화막이 생성되며, 이 산화막으로 차단된 불순물 원자는 Epi층 내부로만 확산이 이루어지며 Epi 영역을 지나 Wafer 표면 밑으로 Drive-in 하게 된다.

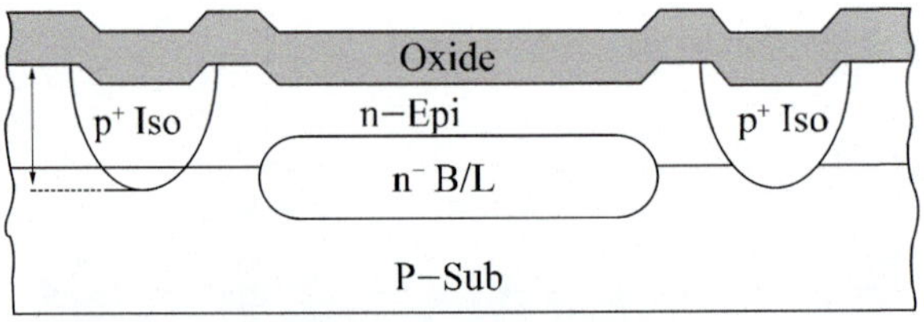

그림 10-48 Isolation Diffusion 후의 Wafer 단면

10.4.12 Deep Collector(DC) 공정

DC 공정은 Transistor의 Collector 저항을 더욱 작게 해주기 위해 Isolation Diffusion시 형성된 산화막을 이용하여 Collector 영역을 B/L까지 닿게 깊이 만들어 주는 공정이다. 일반적으로 IC 제조에서 Collector 영역은 Emitter 영역과 동시에 확산시키게 되는데 DC를 만들어 주려면 따로 공정을 진행하여야 하므로 그만큼 공정수가 추가되고 소자의 넓이가 커지는 단점이 있으므로 Collector 저항을 최소화 해주어야 하는 Motor Driver 등의 Power 소자에 한해서만 이 공정을 추가하고 있다.

기존의 산화막을 이용한 DC 영역의 정의는 앞서 설명한 다른 공정의 Photo/Etch 과정과 유사하게 진행된다.

DC 공정이 추가되는 경우에는 Isolation Diffusion을 목표치보다 얕게 Drive-in 시키고 DC Drive-in시에 나머지 부분이 동시에 확산될 수 있도록 한다.

그림 10-49에 DC 확산 후의 Wafer 단면구조를 나타내었다.

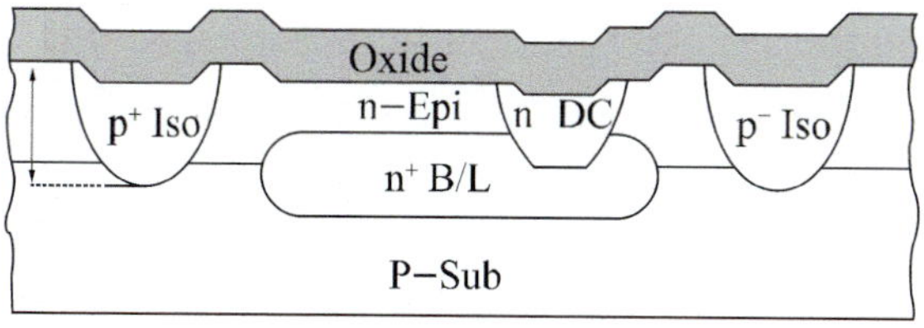

그림 10-49 DC Diffusion 후의 Wafer 단면

10.4.13 PH(P+ High) 공정

Isolation층의 불순물(Boron) 농도를 높여주기 위해 p-type 불순물인 Boron을 다시 확산시키는 공정이다. 기존의 Isolation 영역은 P^+의 고농도 불순물로 Doping되어 있으므로 같은 온도에서 Deposition Time을 좀더 길게 하여야 한다.

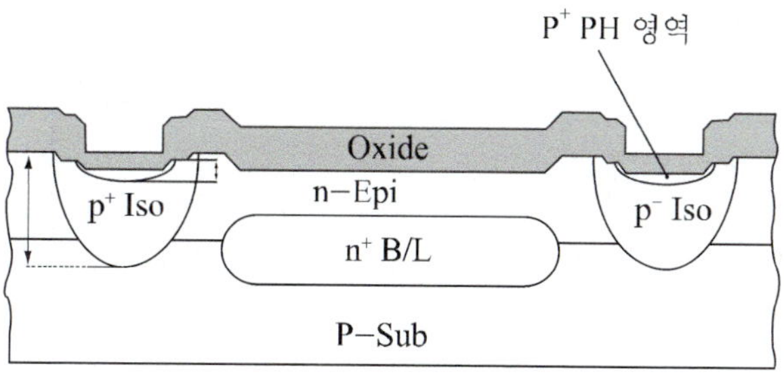

그림 10-50 PH Diffusion 후의 Wafer 단면

10.4.14 Base Photo/Etch

Transistor의 Base 및 Base 확산저항의 영역을 정의하는 공정이다.

이 단계에서 부터는 Transistor를 구성하는 실제 소자를 만들게 되며 이전까지의 과정은 Wafer 위에 소자를 만들기 위한 터전을 마련해 주는 단계였다고 할 수 있는 것이다.

PCB(Printed Circuit Board)에 전자회로를 구성할 때에는 개개의 특성을 갖는 여러 가지 전자소자들을 별도로 제작하여 PCG 위에 배열한 다음 납땜으로 서로 연결하여 회로를 꾸미게 되지만 IC는 한 가지 재질 위에 여러 가지 불순물을 확산시킴으로써 재질의 특성을 변화시켜 여러 가지 전자 소자를 만들고 이들을 절연층으로 분리하여 금속막으로 배선을 하여 회로를 구성하는 특징을 갖고 있다.

지금까지 보아온 바와 같이 이러한 회로를 만들어 나가는 데는 재질인 Silicon과 산소결합하여 생성되는 산화막을 이용하여 선택적으로 원하는 영역을 정의해주고 그 영역만의 특성을 만들어 줌으로써 가능하였다.

Base Photo/Etching에서도 앞서의 다른 영역에 대한 Photo/Etching과 마찬가지로 Base 영역을 정의해 주기 위해 PR Track에서 산화막위에 PR을 입히고(PR Coating), Aligner에서 Mask를 이용, 빛을 쪼여(Exposure) PR을 감광시키며 감광된 부분의 PR을 벗겨낸다(Develop). 다음에 이 부분의 산화막을 제거해 내고(Etching)PR을 벗겨내는 일련의 과정이다.

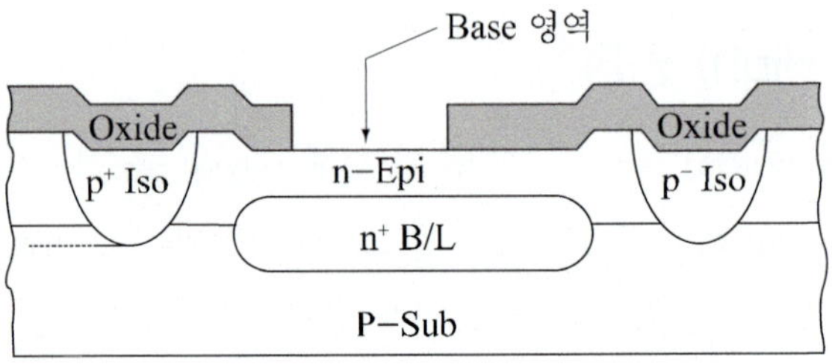

그림 10−51 Base Photo/Etching 후의 Wafer 단면

10.4.15 Base Diffusion

Transistor의 Base 영역과 Base 확산저항을 만들기 위해 p-type 불순물로 Boron을 확산시키는 공정이다. 공정의 진행과정은 다음과 같다.

(1) Deposition

먼저 Pre-Clean으로 Photo/Etching에서 완전히 제거되지 않은 Base 영역 표면의 PR 잔재와 Oxide 및 기타 불순물을 제거시킨 다음 불순물 확산영역에 대한 Thermal Deposition을 진행한다. 이 때 사용되는 불순물은 p-type의 Boron을 사용하는데 약 950 ℃의 Furnace 내에서 고체화합물의 형태인 BN Plate를 넣어 O_2에 의해 산화분리되는 화학반응을 이용해서 Boron을 침적시킨다. 여기서 Boron 원자는 Iso 공정에서와 마찬가지로 Si 및 O_2와의 결합형태인 BSG층을 형성시키며, 불순물이 침적된 상위층에는 Si-B 결정 결합 영역이 발생하게 된다.

(2) Glass 및 Si-B Remove

Silicon 위에 침적된 불순물 원자를 Silicon 내부로 확산시키기 전에 Deposition 과정에서 생성된 Glass층을 HF 용액에서 Wet Etch로 제거하고 Si-B 결합의 불안정한 상위층을 Plasma에 의한 Dry Etch로 제거해낸다.

(3) Diffusion

Deposition으로 침적된 불순물을 Epi층의 Base 영역으로 확산시키는 공정이다. 1,100℃의 확산로에서 O_2 가스를 주입하여 Oxide가 형성됨과 동시에 Wafer 표면의 불순물이 Silicon 내부로 확산되도록 한다.(이 때 Base 위의 산화막은 약 5,500Å 정도의 두께로 생성되어 불순물 원자가 위쪽으로 확산되는 것을 막아주고 Silicon 내부로만 확산되도록 한다.)

확산된 Base 영역의 Junction 깊이 $X_j = 2.6[\mu m]$ 정도이며 표면의 Sheet 저항인 $R_s = 200[\Omega/A]$ 정도가 된다.

Base 확산 후에 Wafer 표면의 Oxide 두께를 보면 Field 부분이 10,000Å, Iso 위가 5,700Å, Base 위가 약 5,500Å 정도가 된다.

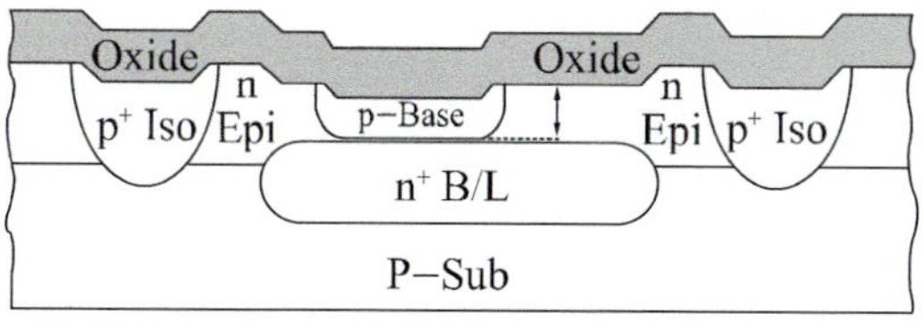

그림 10-52 Base Diffusion 후의 Wafer 단면

10.4.16 IR(Implanted Resistor) 공정

일반적으로 1[kΩ] 정도의 고저항 영역을 만들기 위한 불순물 Doping은 Ion-Implantation으로 진행하는데 이것은 Base 저항의 Deposition과 같은 Thermal Depo.의 방법으로는 저농도 불순물 분포의 균일성(Uniformity)을 얻을 수 없기 때문이다.

그러므로 이와 같은 고저항을 포함하는 소자를 제조할 때는 이 IR 공정을 추가하게 된다. IR 공정은 Base 확산의 확산 Source로 사용되었던 Boron 원자를 이온의 형태로 이용하는데 Base Depo, 후에 Glass 층을 제거하고 PR Coating을 한 다음 IR을 형성시킬 영역의 PR을 Develop하여 이 부분의 Oxide를 Etching한 후에 Implantor로 이온을 주입시키게 된다. 그런 다음에 PR을 제거하고 Base와 IR을 동시에 Drive-in 시키게 된다.

IR 공정이 추가되는 경우 Base 및 Base 확산저항을 만드는 공정의 진행순서는 다음과 같게 된다.

ⓐ Base Deposition

ⓑ Glass Remove

ⓒ Si-B Etch

ⓓ IR Photo/Etch (Do Not Stip of PR)

ⓔ Ion-Implantation

ⓕ PR Strip

ⓖ Base/IR Diffusion

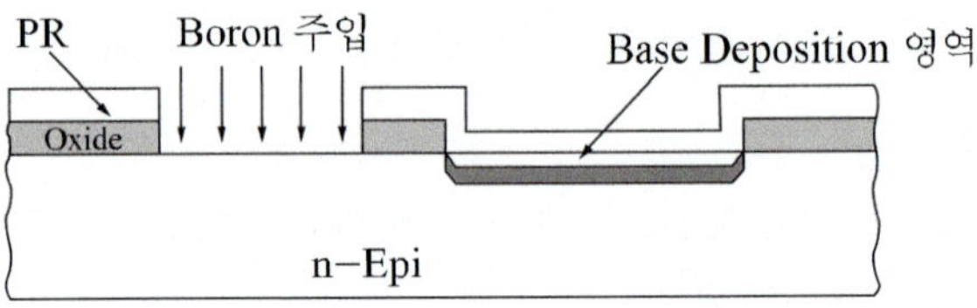

그림 10-53 Base Depo. 후의 IR 공정

10.4.17 Emitter/Collector Photo/Etch

Base/Resistor Diffusion시 성장된 산화막을 이용하여 Transistor의 Emitter와 Collector 영역을 정의하는 공정으로 이 두 영역은 n^+의 불순물인 Phosphorus를 사용하기 때문에 동시에 진행하게 된다. 이 영역을 정의하기 위해서는 앞의 각 단계에서와 마찬가지로 산화막 위에 PR을 입힌 다음 Emitter와 Collector의 Pattern이 그려진 Mask를 이용하여 해당부위를 Develop 하고 이 부분의 산화막을 Etching해 냄으로써 가능해진다.

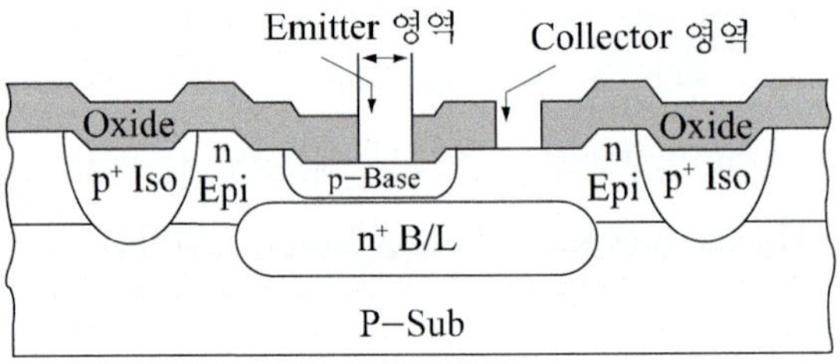

그림 10-54 Emitter/Collector 영역의 Photo/Etch

10.4.18 Emitter/Collector Diffusion

Photo/Etching으로 정의된 Transistor의 Emitter와 Collector영역을 형성시키기 위해 고농도의 n-type 불순물인 Phosphorus를 확산시키는 공정이다.

불순물을 침적시키는 Deposition은 액체상태의 화합물인 POCl를 Source로 이용하여 1,05

0℃의 Depo, Furace 내에서 Thermal-Deposition으로 진행하며 이 때 P와 O_2 및 Si이 결합한 형태의 혼합물인 PSG가 표면에 형성된다.

Emitter 영역을 n^+형으로 하는 이유는 Transistor의 전류증폭률을 크게 하기 위해서이며 n형 Epi층에 놓이게 되는 Collector 영역에서도 n형 불순물이 강하게 Doping된 n^+형으로 만들게 되는데 이것은 다음 공정인 알루미늄(Al) 증착시 이 영역이 P형으로 바뀌지 않게 하기 위해서이다. (약하게 Doping된 n형 반도체 영역에 Al을 증착시키면 P형인 Al에 의해 접합 부근이 P형을 바뀌어 기존의 n형 반도체 층과 pn 접합을 이루게 되므로 그 부분을 미리 n^+형으로 해두어 Al을 증착시킬 때 p형으로 바뀌지 않게 할 필요가 있다.)

Emitter/Collector Diffusion 시에는 Depo. 과정에서 생성된 PSG Layer를 제거하지 않고 Drive-in을 진행하는데 이것은 PSG Layer의 Gethering 효과와 Metal Depo.시 Step Coverage를 양호하게 해주는 효과 및 소자위의 산화막을 두껍게 유지하여 산화막 위에 Metal을 입혔을 때 Metal-Oxide-Silicon의 형태인 MOS(Metal Oxide Semiconductor)구조를 이루어, 산화막의 두께가 얇을 경우에 발생하는 기생 Capacitor의 생성을 방지하는 효과 등을 위해 이 PSG Layer를 제거하지 않는 것이다.

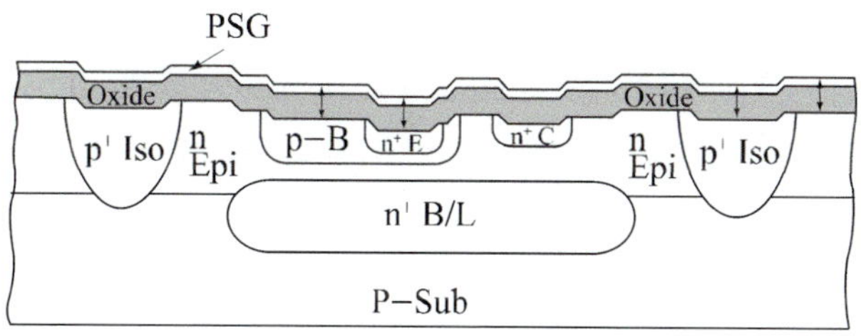

그림 10-55 Emitter/Collector Diffusion 후의 Wafer 단면

10.4.19 Tox(Thin Oxide)공정

이 공정은 Bipolar IC 내에 Capacitor를 만들기 위한 공정이다.

일반적으로 Bipolar IC 내에 Capacitor를 구성하는 방법으로는 PN Junction을 이용하는 방법과 여기서 다루게 되는 MOS 구조를 이용하는 공정이 있는데, 전자는 PN 접합에서 역 Bias일 때 발생되는 공간 전하 영역(Space Charge Region 또는 공핍층)을 이용하는 것으로 인가되는 Bias 전압의 크기에 따라 Capacitor의 용량값이 변화되어 용량값을 정확히 조정하기 어려운 단점이 있어 잘 사용되지 않고 있다.

아래 그림에 각각의 방법에 대한 Capacitor의 구조를 나타내었다.

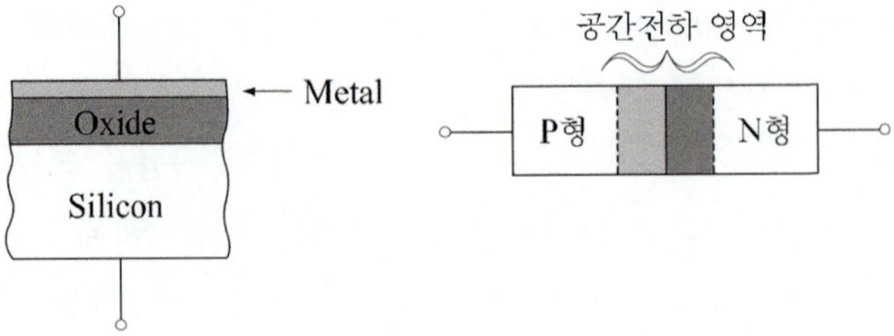

(a) MOS 구조(Oxide를 중간 절연층으로 사용한 것으로 Oxide의 두께와 넓이에 따라 Capacitor의 값을 조정할 수 있음)

(b) PN Junction구조(공간전하 영역을 절연층으로 사용하는 것으로 역 bias의 크기에 따라 Capacitor 값이 변화한다.)

그림 10-56 IC 속의 Capacitor

다음에 MOS 구조를 이용한 Capacitor의 형성방법을 공정순서에 따라 설명하였다.

(1) Semiconductor 영역의 n^+(Phosphorus) 확산

Emitter/Collector 영역에 n^+ 불순물인 Phosphorus를 확산시킬 때 Capacitor로 정의된 영역에 동시에 n^+ 불순물을 확산시킨다. 여기서 n^+ 불순물을 확산시키는 이유는 Collector 영역에 n^+ 불순물을 확산시키는 것과 마찬가지로 Metal Depo.시 P형 물질인 Al에 의해 Silicon 영역이 P형으로 바뀌어 불필요한 pn 접합이 형성되는 것을 방지하기 위한 것이다.

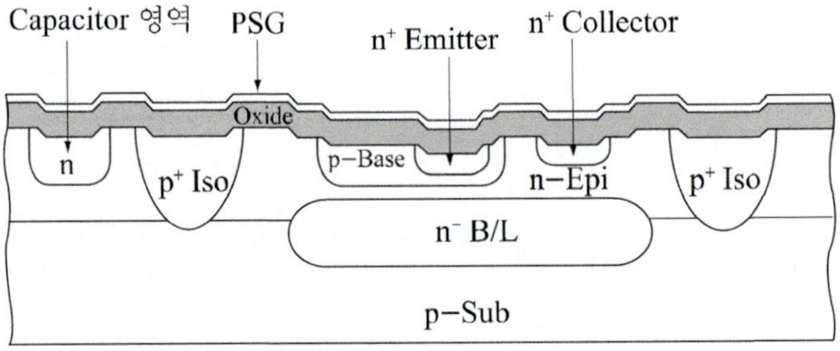

그림 10-57 Capacitor 영역의 n^+ 확산시 Wafer 단면

(2) Oxidation

Capacitor의 중간 절연층을 만들기 위해 n^+ 불순물을 확산시킨 영역 위에 Oxide를 형성하는 것으로 다음과 같은 두 가지 방법이 있다.

① Tox Photo/Etch

Emitter 확산시에 표면에 약 3,300Å은 PSG이며 그 밑의 약 1,500Å만에 순수한 Silicon Dioxide(SiO_2)로 구성되어 있다. 그러므로 1,500Å 정도의 두께로 만족되는 Capacitor 값을 얻을 수 있을 경우에는 원하는 두께의 Oxide만을 남기고 윗 부분을 Etch해 내는 방법이다. 이 방법은 기존의 Oxide를 사용함으로써 공정상 간편하다고 할 수 있으나 이 Oxide층은 질적인 측면에서 바람직하지 못한 경향이 있다.

② Tox Oxidation

Diffusion 과정에서 형성된 Oxide를 모두 제거해 내고 Oxidation Furnace 내에서 새로 Oxide Growing을 하는 방법으로 1,500Å 이상인 두께의 Oxide를 얻고자 할 때 사용한다.

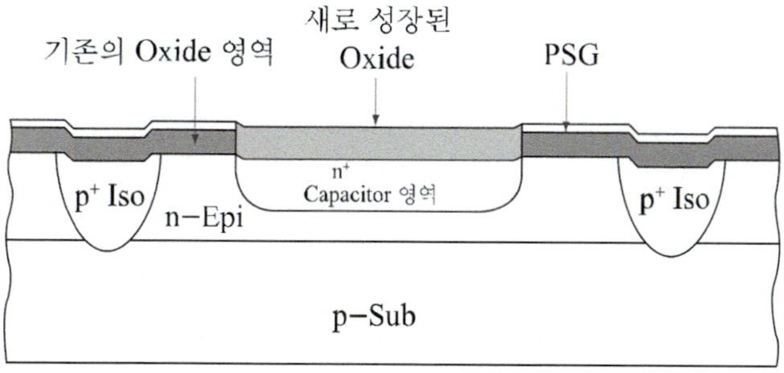

그림 10-58 Capacitor 영역의 Oxide 형성

(3) Metal 연결

Capacitor의 전극으로 될 부위를 Contact으로 연결하기 위해 이 부분을 Photo/Etch하여 Al Deposition을 하는 과정이며 Metal의 연결은 Oxide의 일부를 Etch하여 n^+영역과 접촉시키고 다른 하나는 Oxide에 연결하여 Capacitor의 두 전극을 형성한다.

MOS 구조를 이용한 완성된 형태의 Capacitor 구조를 아래 그림에 나타내었다.

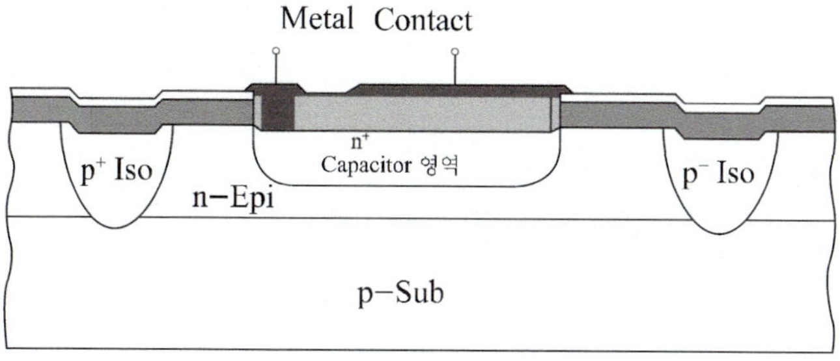

그림 10-59 MOS 구조의 Capacitor

10.4.20 Emitter/Collector Contact Photo/Etch

n^+ 불순물의 확산으로 Emitter/Collector 영역이 형성됨으로써 반도체 Wafer 위에 소자의 형성이 끝난 셈이다. 이제 원하는 회로를 연결시키기 위해 소자들 사이를 적당히 접속하고, 또 IC의 외부회로와 연결될 수 있도록 연결부위인 전극을 마련해 두어야 한다.

이 공정은 이와 같이 각 소자들 영역의 Silicon 표면과 금속배선을 연결하기 위한 접속부위를 정의하는 과정이다. 이 때 Emitter/Collector 영역의 Oxide 두께(3,300Å)와 Base 영역의 Oxide 두께(6,300Å)가 서로 다르기 때문에 Contact 부위의 Oxide Etch는 Emitter/Collector 영역을 먼저 진행하고 나중에 Base 영역의 Etch를 진행한다.

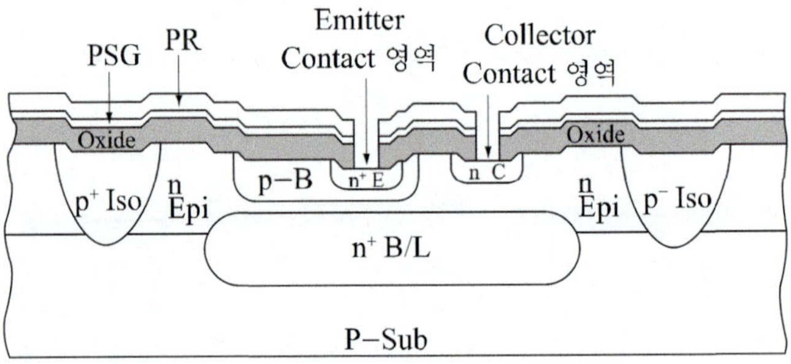

그림 10-60 Emitter Contact Photo/Etch

위의 그림 10-60의 상태에서 PR을 제거하지 않고 Base 영역의 Contact 부위를 열어주기 위해 다시 PR Coating을 하여 해당 영역을 Develop 하여 Oxide를 제거하는 과정이다. 다음에 Al Deposition을 위해 PR을 제거한다.

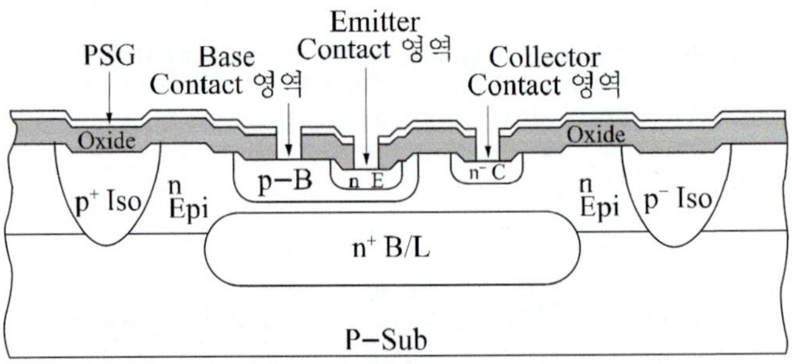

그림 10-61 Base Contact Photo/Etch

10.4.22 Al-1 Deposition(Metalization)

이 단계는 각 개별 소자들을 전기적으로 연결하기 위해 Aluminum 금속을 증착시키는 공정이다. 이와 같은 금속증착(Metalization) 방법에는 전자선증착(Electron Beam Evaporation) 법과 Sputtering 방법 등이 있다.

공정의 진행은 먼저 Wafer 표면의 불필요한 이물질을 제거하기 위해 Wet-station에서 HF 용액으로 Pre-cleaning을 한 다음 표면 결정질의 안정화 및 Metal-Silicon의 양호한 접착을 위해 수소분위기 안에서 15분 정도 Annealing을 실시한다.

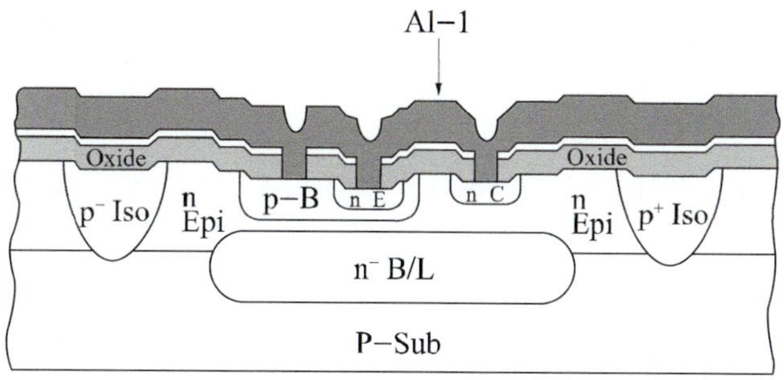

그림 10-62 Al-1 Deposition 후의 Wafer 단면

10.4.23 Al-1 Photo/Etch

Al-1 Mask를 이용하여 실제로 소자와의 전기적 연결에 사용되는 금속 부분만을 남기고 나머지 부분을 제거하기 위한 공정이다.

Aluminum Photo/Etch 공정도 앞의 단계에서 산화막을 Etch하는 방법과 마찬가지로 Metal 위에 PR을 입히고 Mask Align으로 선택된 부분의 PR을 Develop한 다음 이 부분의 Metal을 Etch하게 되는데, 현재 Bipolar Line에서는 습식식각(Wet Etch) 방법으로 Spray Etching System에서 Wafer를 회전시켜 Etch하는 Spin Etch 법을 사용하고 있다.

이 System은 Wafer가 자동적으로 하나씩 Polypropylene Rail 위에 올려져서 Etch, Rinse 및 Dry 동작을 수행하게 된다. Etch Chamber에는 보통의 Mixed Al Etch 용액을 뿌리는 Spray Nozzle이 달려 있으며 Al의 Etch는 $H_2PO_4 : HNO_2 : CH_2COOH : H_2O = 80 : 5 : 5 : 10$으로 하며 질산($HNO_2$)이 산화 Al을 형성하면 인산($H_2PO_4$)이 Etch를 하고 물($H_2O$)은 Etchant의 점성을 낮추기 위한 것이며, 초산(CH_2COOH)의 정확한 역할은 알려져 있지 않다. 다음에 PR Strpier S-502와 TCE(Trichloro Ethylene)용액을 이용 PR을 벗겨낸 다음, Al과 Silicon의 Ohmic Contact을 강화하기 위해 수소가스 분위기에서 Annealing을 한다.

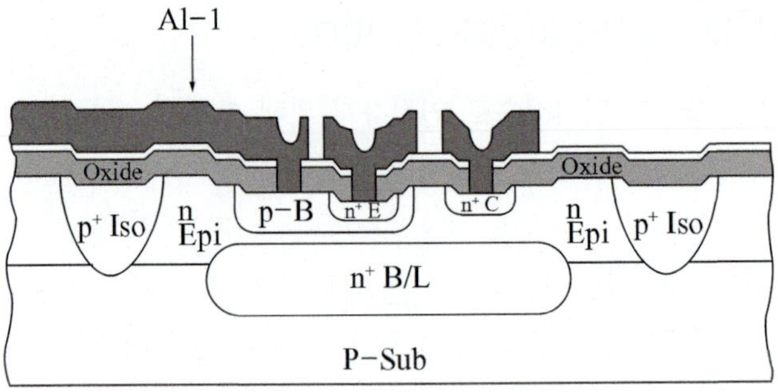

그림 10-63 Al-1 Photo/Etch 후의 Wafer 단면

10.4.24 PIQ-1 Deposition

PIQ-1 Deposition은 소자의 집적도를 높이기 위해 다층금속배선을 행할 때 Al-1 금속배선과 Al-2 금속배선을 서로 절연시키기 위해 사용되는 절연막(Insulator)을 입히는 과정으로 이 때 사용되는 절연막으로는 PIQ(Polyimide Isoindro Quinazoline)와 같은 고분자 화합물이나 APCVD를 이용한 Oxide 등이 있다.

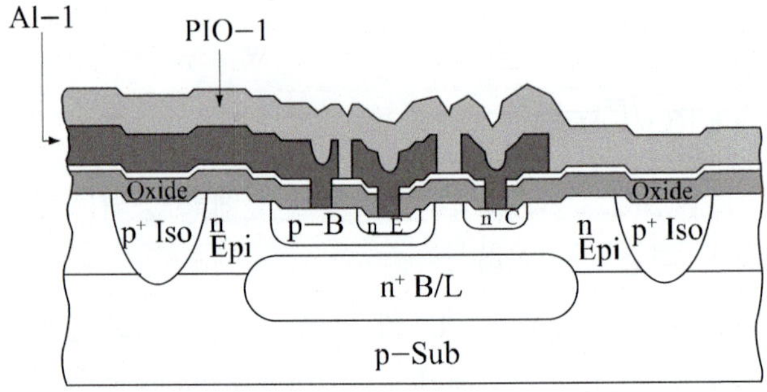

그림 10-64 PIQ-1 Deposition 후의 Wafer 단면

10.4.25 Via Hole(Through Hole) Photo/Etch

절연막(PIQ-1)을 통하여 Al-1 금속배선과 Al-2 금속배선을 서로 연결할 수 있도록 해당부위의 절연막을 제거하는 공정이다.

PIQ를 Etch하기 위한 PR Coating은 1차 PR Coating 후 Develop한 다음 같은 두께의 PR을 다시 Coating하여 원하는 두께의 PR막을 얻게 된다.

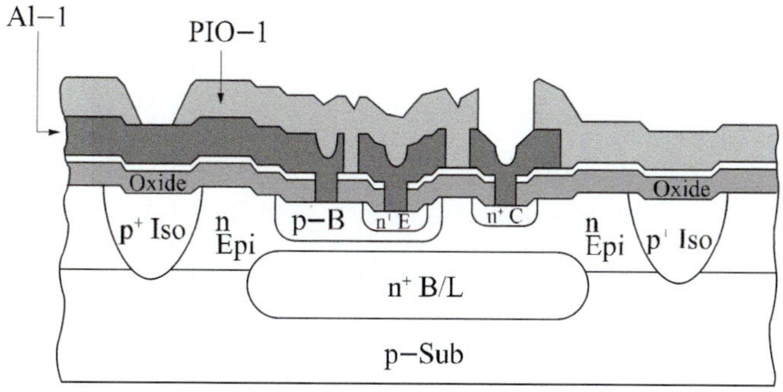

그림 10-65 Via Hole Photo/Etch

10.4.26 Al-2 Deposition

소자의 집적도를 높이기 위한 다층배선을 이루기 위해 두 번째 금속막을 증착시키는 공정이다.

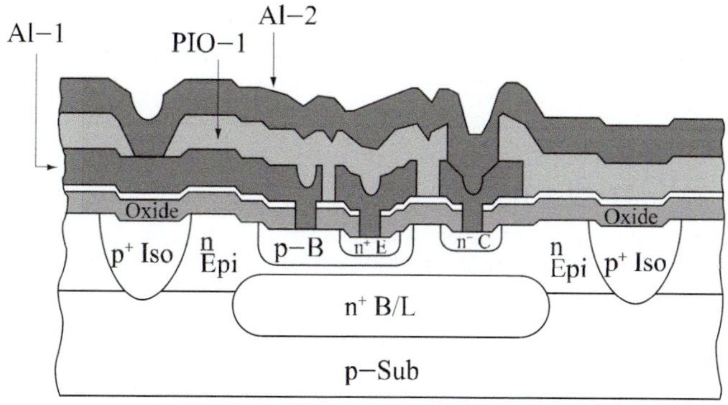

그림 10-66 Al-2 Deposition시 Wafer 단면

다층배선(Multilayer Wiring) 기술은 집적회로에서의 배선을 다층화하고 기판 내에 배치된 각 소자간의 결합을 다양화하여 고집적도의 소자를 형성시키는 기술이다. 다층 배선기술의 장점은 Chip위에 배선연결용 공간을 고려하지 않고 소자를 설계할 수 있기 때문에 집적도가 향상되며 Chip의 크기가 감소된다. 단점으로는 Lithography(사진 석판)공정의 복잡화 및 표면의 굴곡 등이다.

Al-2 Deposition을 하기 위해서는 Sulfamic Acid로 Al-1의 표면처리를 한 다음 순수한 Al 표면을 얻기 위해 Al Dip Etch를 해준 다음 Al-2 Deposition을 실시한다.

10.4.27 Al-2 Photo/Etch

Al-2 금속배선을 정의하는 공정으로 전기적 연결에 사용되는 부분만을 남기고 나머지 부분을 Etch로 제거해 낸다. 이때 Al 속에 포함되어 있던 Silicon은 표면에 그대로 남게 되는데 이 Silicon 잔재를 제거하게 되며, Al-1과 Al-2의 접촉도를 향상시키고 최소한의 저항으로 접촉이 이루어질 수 있도록 N_2 분위기에서 Annealing을 실시한다.

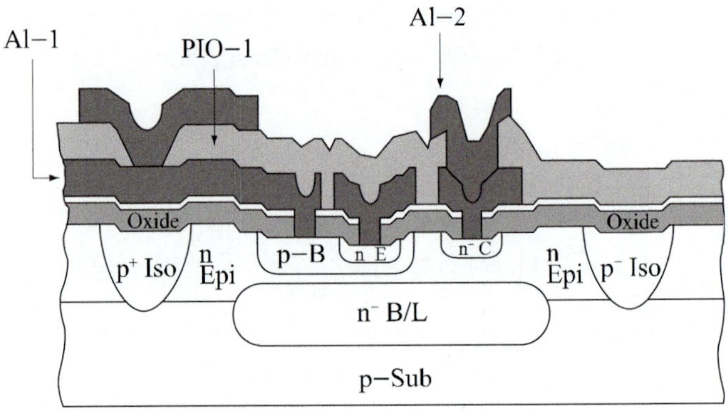

그림 10.67 Al−2 Photo/Etch 후의 Wafer 단면

10.4.28 PIQ-2 Deposition

제조된 소자가 외부로부터의 물리적(충격, Scratch 등), 화학적(수분, Na^+, K^+ 이온 등)인 침투로 인하여 손상되는 것을 방지하기 위하여 보호막(Passivation)으로써 PIQ를 증착하는 공정이다. 이와 같은 보호막으로서는 PIQ 외에 Deped Oxide 및 Nitride 등을 사용하기도 한다.

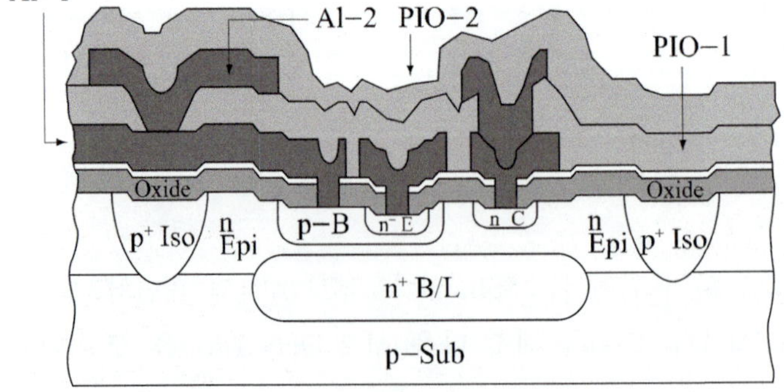

그림 10−68 PIQ−2 Deposition 후의 Wafer 단면

10.4.29 Pad Photo/Etch

Pad는 IC 내의 회로와 외부단자인 Package의 Lead Frame을 연결하는 부위로 이 부위를 보호막으로부터 노출시키기 위해 Pad Mask를 이용하여 해당 위치를 PIQ-2 막을 제거하는 공정이다.

이 과정이 완료됨으로써 실제 소자 가공이 끝난 셈이 된다.

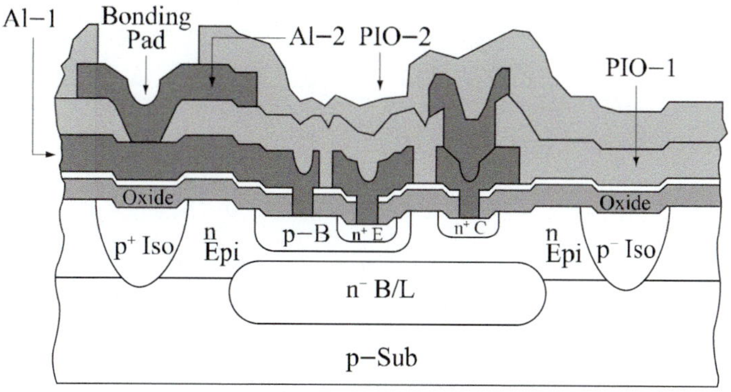

그림 10-69 Pad Photo/Etch 후의 Wafer 단면

10.4.30 Back Grind

일반적으로 공정진행에 필요한 Wafer의 두께는 직경 3[inch]의 경우 약 400[μm], 4[inch]의 경우 475[μm], 5[inch]의 경우 550[μm], 6[inch]의 경우 600[μm] 정도가 되어야 한다. 이것은 공정이 진행되는 동안 Wafer를 다루는데 있어서 안정성을 보장해 주는 강도 혹은 지지도를 위한 최소한의 요구조건인 것이다. 그러나 실제로 Wafer 위에 소자가 형성되는 부분은 10[μm] 내외이며, 나머지 부분은 Device 동작에 있어서 불필요한 부분으로, 전기전도에 대한 영향과 열전도에 나쁜 영향을 미치게 된다.

Back Side 공정(후면처리 공정)은 소자가공이 끝난 후에 이와 같이 필요 이상으로 두꺼운 Wafer의 뒷면을 일정한 두께로 깎아내어 Device의 전기 전도에 대한 저항을 줄이고 동작 시 열전도율을 향상시키기 위한 것이다.

Back Side 공정에는 Back Grinding과 Back Lapping이 있는데 Back Grinding은 Diamond Blade를 이용 Wafer 뒷면을 깎아내는 방법이며, Back Lapping은 Alumina(Al_2O_2), Diamond Paste 혹은 SiO_2, Slurry 등을 Wafer 밑면에 놓고 Wafer를 회전시켜 이때의 마찰로 갈아주는 방법으로 Back Grinding 방법에 비해 비교적 정밀하고, Wafer의 파괴없이 안전하게 공정을 진행할 수 있다.

이상으로 Bipolar 소자의 가공이 끝나게 되며, Fab에서 나온 한 장의 Wafer 상에는 LSI규모의 집적도를 가진 수백~수천 개의 Bipolar IC(Chip)를 포함하게 된다.

이제 이 IC가 원하는 특성에 맞게 제조되었는지를 검사하는 Test 단계를 거쳐 양품으로 판정되면 IC 제작의 최종 형태인 Package를 만들게 된다.

연 습 문 제

10–1 집적회로 제조공정에 대해서 설명하라.

10–2 집적회로 제작시 마스크의 역할에 대하여 설명하라.

10–3 LOCOS 공정에 대하여 설명하라.

10–4 CMOS 제작과정을 설명하라.

10–5 반도체 재료의 단결정 제작에 대하여 설명하라.

CHAPTER

11

특수 반도체 소자

이 장에서는 반도체 소자의 기초이론을 기반으로 한 특수 반도체 및 응용제품에 대하여 설명하였다. 특히, PIN 다이오드, 광다이오드, 레이저 다이오드, 발광 다이오드, 태양전지에 대하여 동작원리에 중점을 두어 소개하였다.

11.1 PIN 다이오드

PIN 다이오드란 순방향 전류에 의한 고주파 가변저항을 제어하는 소자로 구조적으로 P(Positive)-I(Intrinsic)-N(Negative) 구조를 가짐에 따라 PIN 다이오드로 명칭된다. 'I'는 진성(Intrinsic)의 머릿글자로서, 진성 반도체의 층 또는 영역을 의미하는 반도체 용어이다. 그런데 P형 반도체와 N형 반도체 사이에 진성반도체를 만드는 일은 불가능하기 때문에, 실제로는 PIN 다이오드 내의 P형과 N형 사이에 고유저항이 매우 높은 P형 또는 N형 영역이 추가된 형태로 만들어진다.

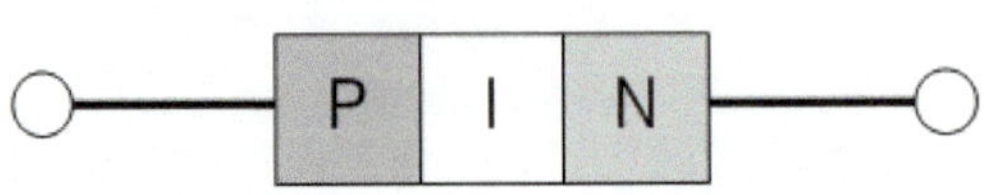

그림 11.1 PIN 다이오드

PIN 다이오드의 동작원리는 PIN 다이오드에 순방향 바이어스 인가시 전자 및 정공은 I층으로 유입됨에 따라 캐리어들의 재결합에 의한 순방향 전류를 형성하게 되고 결합하지 못한 캐리어들은 I층에 축적됨에 따라 도전율(Conductivity)을 증가시킨다. 즉 직렬저항(Series Resistance) R_s는 감소하게 된다.

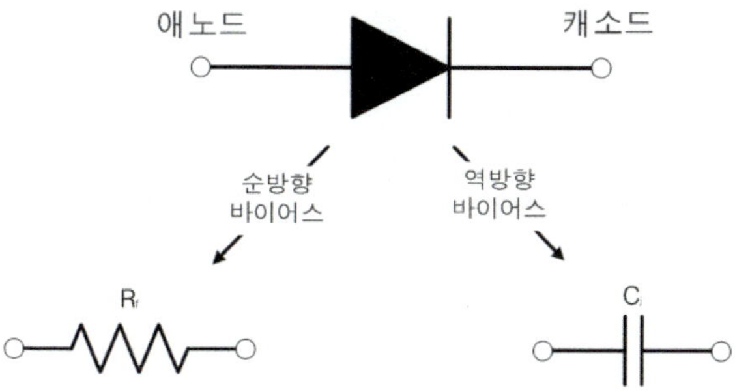

그림 11.2 PIN 다이오드 등가회로

PIN 다이오드의 중요한 파라미터는 단자간 용량 그리고 직렬저항이다. 그림 11.2에 등가회로를 나타낸다. 그림에서 알 수 있듯이 순방향 바이어스시 애노드 쪽이 캐소드보다 전위가 높은 경우에는 저항소자, 즉 순방향 바이어스일 때는 Rs만으로 낮은 임피던스가 되고 역방향 바이오스 시 캐소드 쪽이 애노드 보다 전위가 높은 경우에는 콘덴서 즉 역방향 바이어스 시에는 R_s에 C_j가 더해져서 높은 임피던스 상태(리액턴스 성분이 주를 이룸)가 된다.

여기서 바이어스 전류와 R_f 및 C_T 변화의 관계에 대하여 살펴보면 순방향 바이어스시 저항값 R_S는 순방향 바이어스 전류를 가변할 때, 그림 11.3과 같이 변화된다. 바이어스 전류를 충분히 흘리면 고주파신호에 대해 수Ω의 낮은 임피던스가 된다. 이것은 다이오드를 스위치로 이용했을 경우 ON인 상태로 됐다는 것과 마찬가지이다.

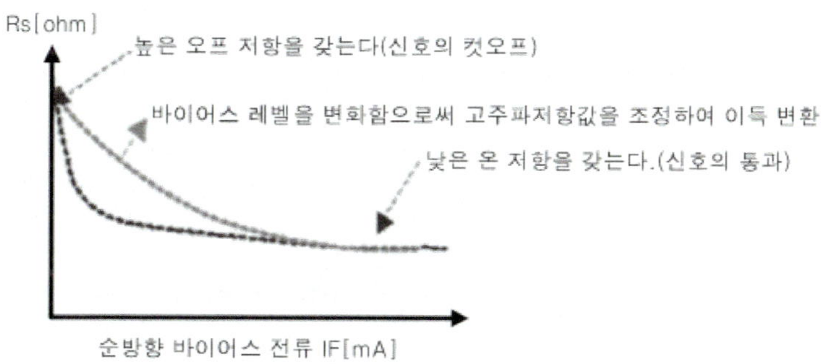

그림 11.3 PIN 다이오드 순방향 바이어스 전류와 Rf 관계

역방향 바이어스 시의 용량값 C_T는 그림 11.4와 같이 바이어스 전압에 의하지 않고 거의 일정한 값을 나타낸다 용량은 수 pF로 작은 값이다. 높은 주파수까지 높은 임피던스를 나타낸다는 것을 의미하고 있어 스위치 OFF 상태에 해당한다.

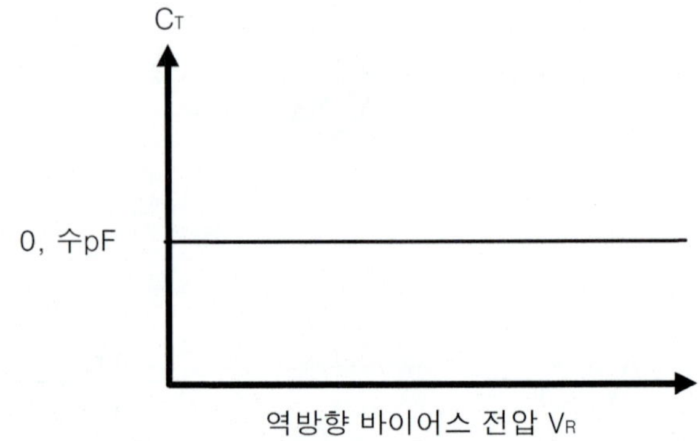

그림 11.4 PIN 다이오드 역방향 바이어스 전류와 C_T 관계

실제로 PIN 다이오드의 임피던스 변화를 살펴보면 그림 11.5, 11.6과 같다.

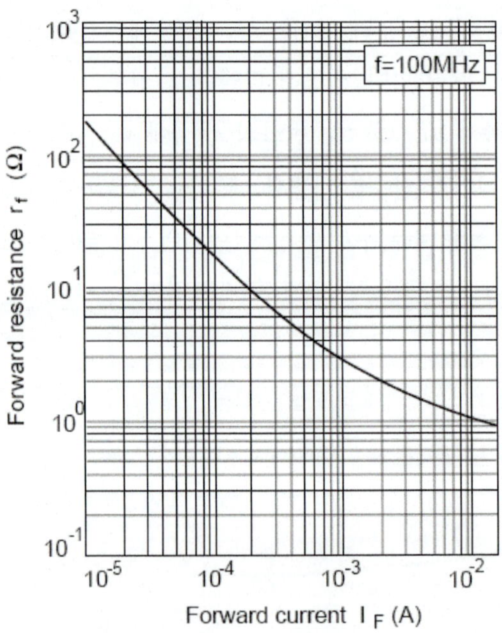

그림 11.5 HVC132 R_f–I_f 특성

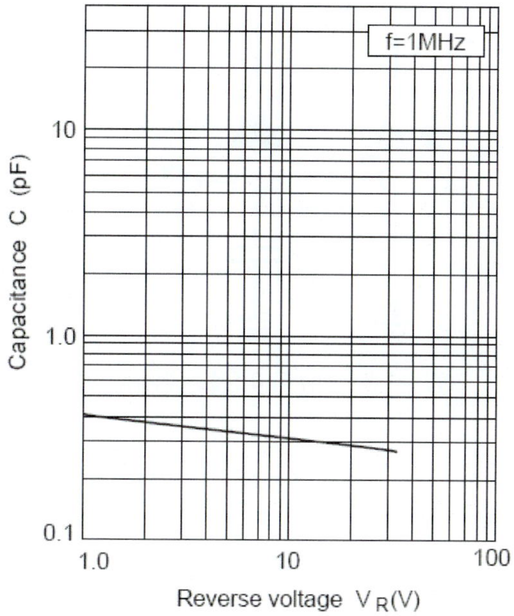

그림 11.6 HVC132 CT-VR 특성

마지막으로 PIN 다이오드 응용 동작은 Series 모드와 Shunt 모드의 동작이 있다.

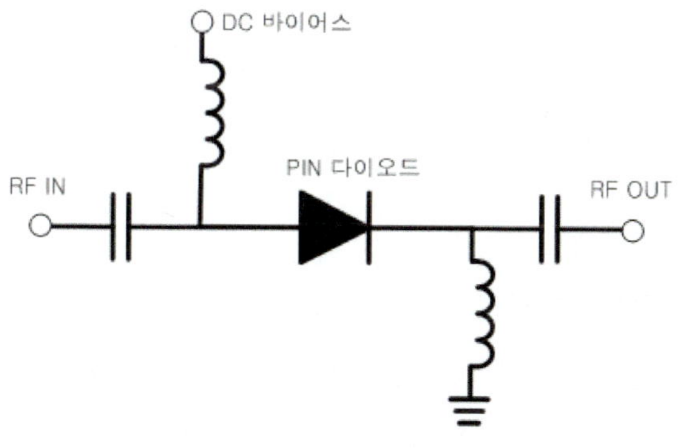

그림 11.7 PIN 다이오드 Series 모드

Series 모드는 입력과 출력 사이에 직렬로 PIN 다이오드를 삽입한 형식이다. DC 바이어스에 정(+)전압을 인가하면 PIN 다이오드의 애노드- 캐소드간 임피던스가 저하되고 입출력 사이는 ON 상태가 된다. 반대로 부(-)전압을 인가하면 PIN 다이오드는 소용량 콘덴서가 되기 때문에 애노드-캐소드간 임피던스가 높아져 입출력 사이는 OFF 상태가 된다.

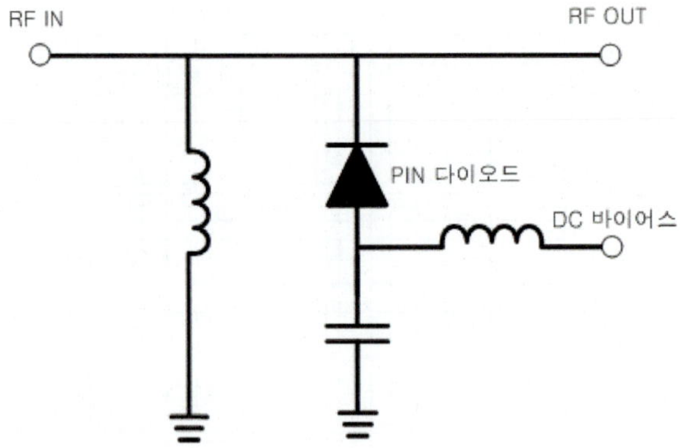

그림 11.8 PIN 다이오드 Shunt 모드

Shunt 모드는 입출력의 라인과 그라운드 사이에 PIN 다이오드를 삽입한 형식이다. DC 바이어스에 정(+) 전압을 인가하면 PIN 다이오드는 저저항으로 되어 고주파 신호에 대해 회로와 그라운드가 거의 쇼트된 상태가 된다. 때문에 이 스위치 회로에 들어온 고주파신호는 PIN 다이오드인 곳으로 거의 전부가 반사되고 다른 한쪽의 포트에는 미치지 않는다. 이러한 사항은 스위치의 OFF 상태에 해당한다. 또한 부(-) 전압을 인가하면 PIN 다이오드는 소용량 콘덴서와 같은 값이 되어 고 임피던스로 되고 고주파 신호에 대해 오픈에 가까운 상태가 된다. 포트간 고주파 신호의 왕래를 차단하는 일 없이 스위치 ON 상태가 된다.

11.2 광 다이오드

광 다이오드(빛 다이오드)란 광검출기 같은 기능이 있는 반도체 다이오드이다. 포토다이오드(photodiode)라고도 한다. 즉, 광다이오드는 빛을 전기신호로 변화하는 반도체 다이오드를 말하는 것으로 동작영역이 역 바이어스 영역으로 제한되는 반도체 PN 접합 디바이스 구조를 가지고 있고 광-전 변화된 출력신호는 전류 신호로 표현한다. 그리고 소자의 민감한 부분에 빛이 들어오도록 창이나 광섬유 연결 패키지가 있다. 또한 창 없이 자외선이나 엑스선을 검출하는 데도 사용된다.

광 트랜지스터는 접합형 트랜지스터과 구성이 같고 빛이 베이스-컬렉터 PN 접합에 도달할 수 있도록 투명한 케이스에 넣어져 있다. 광 트랜지스터는 광다이오드처럼 동작하지만, 빛에 더 민감하다. 왜냐하면 베이스-컬렉터 접합의 광자에 의하여 생성된 전자는 베이스에 주입되고, 이 전류는 트랜지스터 동작에 의하여 증폭되기 때문이다. 그러나 광 트랜지스터는 광다이오드

보다 반응속도가 느리다. 그림 11.9는 광 다이오드 도면 기호이다.

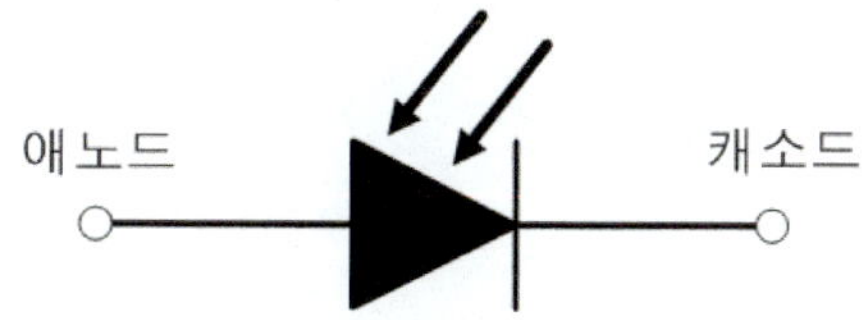

그림 11.9 광다이오드 도면 기호

광 다이오드의 동작원리는 광 다이오드는 투명창을 통해 외부로부터의 빛이 접합부에 닿을 수 있도록 한 것이다. 만일 반도체를 향해 입사하는 빛의 광자 에너지가 반도체의 밴드캡 에너지보다 크다면 반도체에서는 광 흡수가 일어나면 전자와 전공의 쌍이 생성되며 이 때, 반도체에 전압이 역 바이어스가 되면, 인가 전압에 따라 전계가 형성되어 전자 및 정공이 이동하게 되며 전류가 흐른다. 즉 역 바이어스 된 PN 접합소자로, PN 접합부가 광에 노출될 때 역 전류가 증가된다. 또한 공핍층내에서 전자-정공 캐리어들이 생성되면 각 캐리어는 인가 전계(역 바이어스)에 따라 서로 나누어진 뒤에 전류를 생성한다.

다시 말해서 충분한 광자 에너지의 빛이 다이오드를 타격하면 이동전자와 양의 전하 정공이 생겨서 전자가 활동한다. 만약 접합의 공핍층(depletion region)에서 흡수작용을 하면, 이런 캐리어는 공핍층의 세워진 필드에 의하여 흘려보내어 광전류를 생성한다. 광다이오드는 0 바이어스(광기전 방식)나 역 바이어스(광전도 방식)에서 사용할 수 있다. 0 바이어스에서는 다이오드에 빛이 내려오면 소자를 교차하게 전개된 전압을 발생시키며, 순 바이어스 방향으로 전류를 흐르게 한다. 이것을 광기전력 효과라고 부르고, 태양 전지에 사용되는 바이어스이다. 다이오드는 역 바이어스가 걸릴 때 일반적으로 매우 높은 전기저항을 지니고 있다. 이 저항은 접합부에 특정한 주파수의 빛이 비치면 감소된다. 그래서 역 바이어스 다이오드는 전류가 통과하는지 감시하여 탐지기로 사용할 수 있다. 이 효과 기반의 회로는 광기전력 효과 기반의 회로보다 빛에 더 민감하다. 전자사태 광다이오드는 비슷한 구조를 지녔지만, 더 높은 역 바이어스로 동작한다. 각각의 광캐리어가 광다이오드 내부 이득의 결과로 발생된 전자사태 항복(avalanche breakdown)으로 증폭이 가능하며, 효과적으로 소자의 반응성을 향상시킨다.

그림 11.10 광 다이오드 확대

광다이오드를 만드는 데 사용되는 재료는 특징을 결정하는데 중요하다. 왜냐하면 충분한 에너지가 있는 광자만이 중요한 광전류를 생성시키는 재료의 띠 간격을 교차하여 전자를 활동시키기 때문이다.

상용화된 광다이오드에 일반적으로 사용되는 재료들:

재료 : 파장 범위 (nm)
실리콘 : 190~1100
게르마늄 : 800~1700
인듐 갈륨 비소화물 : 800~2600
납 황화합물 : 〈1000~3500

큰 띠간격 때문에 실리콘 기반의 광다이오드는 게르마늄 기반의 광다이오드보다 낮은 잡음을 발생시키지만, 게르마늄 광다이오드는 대략 1μm보다 긴 파장에 항상 사용된다.

광다이오드의 중요한 기능 변수들은 다음과 같다.

① 반응성

급속한 빛세기로 생성된 광전류의 속도이다. 광전도 방식일 때는 일반적으로 A/W로 표시한다. 반응성은 양자 수량이나 급속한 광자로 생성된 광캐리어 수량의 속도로 표현되기 때문에 단위가 없다.

② 암전류

암전류는 광전도 방식으로 동작할 때는 입력되는 빛신호가 없어도 광다이오드를 지나간다. 암전류는 기본 반사능과 반도체 접합의 포화 전류에 의하여 생성된 광전류를 포함한다. 만약

광다이오드가 정확한 광학세기측정을 사용하려면 광전류는 반드시 교정해야하며, 광다이오드가 광통식 시스템에 사용될 때는 잡음의 원인이 되기도 한다.

③ 잡음등가력 (noise-equivalent power)

광전류 생성하기위한 최소입력 빛세기는 1헤르츠 대역폭에서 rms 잡음전류와 같다. NEP는 대략적으로 광다이오드에서 판독가능한 최소 입력전원이다.

광다이오드가 광통식 시스템에 사용될 때 이런 변수들은 특정 비트 에러율을 지니는 수신기에 요구되는 최소 입력전원인 광수신기의 민감도에 기여한다.

광다이오드를 사용하는 응용제품들은 PN 광다이오드에서 광전도체, 전하결합소자, 광전자배증관 튜브와 같은 다른 광검출기에 유사한 응용으로 사용된다. 광다이오드는 CD 재생기, 화재경보기, 비디오카세트리코더나 텔레비전의 리모콘 수신부와 같은 전자제품 소자에 사용된다. 카메라 빛 측정, (어두워지면 흐리게 발광하는) 시계 라디오와 가로등같은 다른 소비제품도 있으며, 어느 쪽이나 유용하게 사용할 수 있음에도 불구하고 광전도체는 광다이오드보다 자주 사용된다. 광다이오드는 과학이나 산업에서 빛세기의 정확한 측정에 사용된다. 일반적으로 광전도체보다 선형 반응성이 좋다. 또한 컴퓨터 단층촬영(섬광체와 같이)의 검출기나 표본(면역 측정)을 분석하는 장비같은 다양한 의료장비에 널리 사용된다. 혈관 모니터에도 사용된다. PIN 다이오드는 원래의 PN 접합 다이오드보다 더 빠르고 더 민감하다. 그래서 광통식과 빛조절기에 사용된다. PN 광다이오드는 매우 미세한 빛세기를 측정하는 데 사용하지 않는다. 대신에 높은 민감도가 요구되면 전자사태 광다이오드, 강화 전하결합소자, 광전자증관 튜브가 천문학, 분광학, 야간 촬상 소자와 레이저 거리 측정기 같은 응용제품에 사용된다.

11.3 레이저 다이오드

레이저 다이오드는 주로 광통신용 광원으로 많이 쓰이는 반도체 발광 소자로써, 발광다이오드에 비하여 출력이 크고 변조시 상한 주파수가 크며, 상당히 정교한 선폭을 갖는 광을 발생시키는 다이오드를 말한다. 또한 반도체 레이저 다이오드는 PN 접합 다이오드이다. 반도체 다이오드 레이저는 P형과 N형 반도체 층 사이에 레이저 작용을 하는 박막이 들어있다. 이 레이저는 활성층에 걸쳐 있는 P형층과 N형층으로 전류를 흘려 펌핑하게 된다. 활성층에서 레이저 작동에 필요한 전류밀도(threshold current density)는 보통 수천 A/cm^{2}이나 장치가 매우 작으므로 실제 필요한 전류는 보통 100mA 이하이다. 필요한 전가와 기계적인 성질을 달성하기 위하

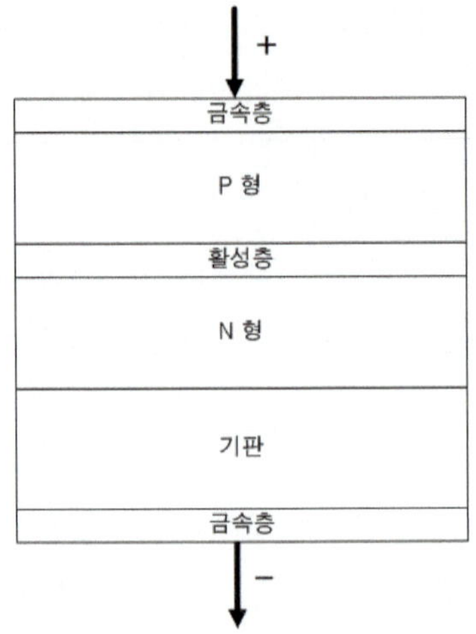

그림 11.11 레이저 다이오드 도면

여 실제 장치에서의 층수는 그림 11.11보다 많다. 레이저 다이오드는 약 30% 정도의 효율성을 가지며 활성층에서 높은 광학적 증폭을 보인다. 높은 증폭율로 인하여 활성층의 길이를 짧게 만들 수 있으며 대개 1mm 이하이다. 초기의 레이저 다이오드의 경우 활성층의 두께가 100~200 nm이었으나, 양자 우물 레이저(quantum well laser)의 경우 10 nm 정도이다. 레이저 발광원의 크기가 작음으로 인하여 상당한 회절효과를 나타내게 되고 따라서 출력 빔이 발산하여, 빛을 모으기 위해 렌즈 시스템을 도입한다. 또한 높은 증폭율의 결과로 레이저의 작동을 위하여 cavity mirrors가 필요하지 않다. 갈륨 비소(GaAs)의 경우 레이저 파장에서의 반도체 물질과 공기 사이의 큰 굴절율 차이로 인하여 약 30%의 빛이 경계면에서 반사하며 이 정도면 레이저 작동에 충분하게 된다. 이런 식으로 레이저를 만들면 그림에서 보이는 바와 같이 레이저는 양쪽 끝 부분에서 모두 나오게 되지만 한쪽에서 나오는 빛만 출력으로 사용하게 된다. 다른 쪽에서 나오는 빛은 적절한 광다이오드로 검출할 수 있어 이를 이용하여 레이저 출력을 살피거나 전기적인 피드백 회로를 구성하여 다이오드를 제어하여 안정된 출력을 얻을 수 있다. 레이저 다이오드의 활성층은 실리콘이나 게르마늄 등의 반도체 원소보다는 갈륨비소등의 화합물 반도체를 사용한다. 많은 경우 주기율표의 III족과 V족 원소의 화합물로 만든다. 예를 들어 갈륨비소는 갈륨(III족)과 비소(V족)의 이원소 화합물이다. 가시광선 영역의 레이저 출력을 보이는 다이오드에는 셀렌화아연 등의 경우처럼 주기율표상의 II족과 VI족의 원소로 만든다. 특정한 파장의 출력을 얻기 위하여 삼원소나 사원소 반도체 화합물도 만들어 사용하고 있다. 그림 11.11에서 보인 레이저를 이중 이종접합 구조를 가진다고 한다. 갈륨비소 레이저의 경우 갈륨비소 활성층이 갈륨 알루미늄 비소(GaAlAs) 삼원소 화합물의 P형층과 N형층 사이에 샌드위치 되어 있다. 이종접합이란 활성층의 갈륨비소와 연결되어 있는 갈륨알루미늄비소층이 다른 반도체 접합을 이루고 있음을 뜻한다. 모든 레이저 다이오드의 경우 빛의 발광 메카니즘은 활성층의 전자와 홀의 재결합과정이 관여한다.

레이저 다이오드의 동작원리는 직접 천이형 밴드구조를 갖는 반도체 P-N 접합에 순방향 전류를 흘려주면 전도대 전자와 가전자대 정공이 재결합되면서 그 에너지 차이에 해당하는 파장의 빛이 발생되고 2개의 평형한 거울면에 의해 반사시켜 빛이 왕복하면서 증폭되는 성질을 이용한 레이저로 전류를 빛으로 바꾸어주는 변환소자의 일종이다. 낮은 주입전류에서는 발광 다이오드처럼 동작하지만 문지방전류(Threshold Current)라고 하는 정해진 값 이상의 전류를 흘려주면 광출력이 급격히 증가하며(레이저 발진 시작) 레이저로 동작한다. 주입전류를 스위칭 하면 광출력도 스위칭되며, 그 속도가 10GHz 이상이 되는데 이 성질 때문에 광통신에 매우 유용하게 사용된다.

레이저 다이오드의 특징은 다른 레이저 디바이스와 비교하여 소형이고 경량이며 수명이 길며, 문지방 전압이 작아서 작은 전압을 이용해서 레이저를 발진시킬 수 있고 저 전류와 저 전력 동작에 의한 직접 여기가 가능하며 단위면적에서의 발광 파워가 크다. 레이저와 전자적인 소자를 한 개의 칩에 제작시키는 모놀리딕형 광전 IC회로의 구현이 가능하며 발진효율이 우수하고 파장선택범위가 넓다(0.33~28 μm). 또한 변조가 쉽고 유연성(Intensity)이 우수하며 유도방출의 원리로 빛을 생성한다. 전력 소비가 작다. 또한 파장 선택 범위가 넓다. 그리고 스펙트럼 폭이 좁고 미세하게 집광할 수 있다. 통상 1~5nm의 스펙트럼을 가지고 단일모드 광섬유용은 1nm 이하이다.

레이저 다이오드에 주로 사용되는 반도체 재료는 0.85μm 파장대의 갈륨알루미늄비소와 1.3μm, 1.55μm 파장대의 인듐갈륨비소인을 사용한다. 레이저 다이오드의 응용분야는 레이저 포인터, 바코드 스캐너, 광학 측정기, 장거리 TV 송신기, CDRW 드라이버, DVD-RW 드라이버, COMBO, DVD-R, DVD-RAM 등이 있다.

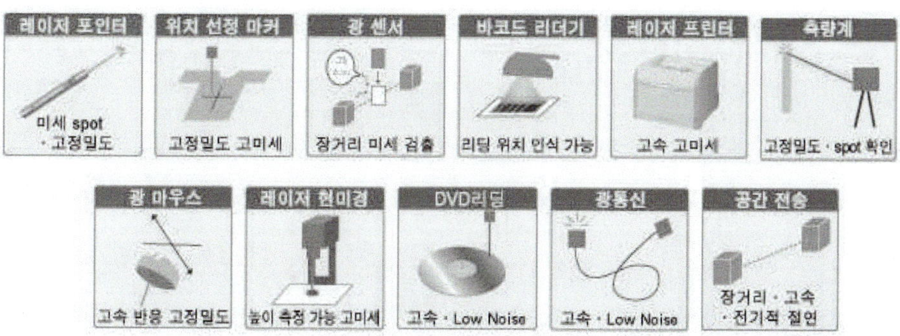

그림 11.12 레이저 다이오드 응용분야

11.4 발광 다이오드

발광다이오드는 화합물 반도체(예:GaP, GaAs)의 PN 접합 다이오드에 순방향 전압을 가했을 때 빛을 발생하는 현상을 이용한 반도체 소자이다. 발광 원리는 전계 발광 효과를 이용하고 있다. 또한 수명도 백열전구 보다 상당히 길다. 발광색은 사용되는 재료에 따라서 다르며 자외선 영역에서 가시광선, 적외선 영역까지 발광하는 것을 제조할 수 있다. 일리노이 대학의 닉 호로니악이 1962년 최초로 개발하였으며 오늘날까지 여러 가지 용도로 사용되었고 향후 형광등이 전구를 대체할 광원으로 기대되고 있다.

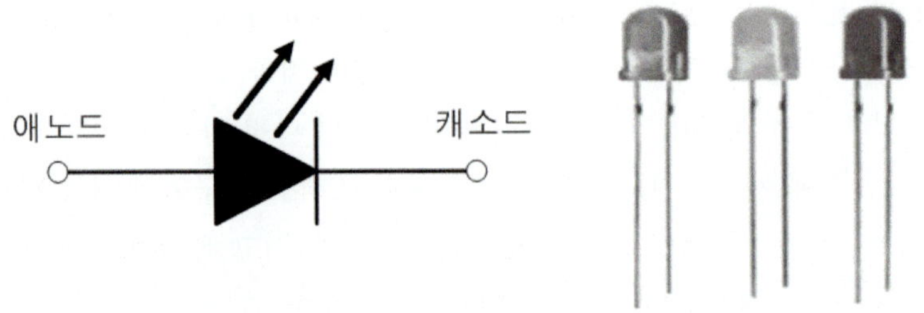

그림 11.13 발광다이오드 도면과 실제 모습

발광 다이오드의 동작원리는 그림 11.14와 같이 P형과 N형이 결합하게 되고 전류가 흐르게 된다. 그러면서 전자와 정공이 장치 내에서 재결합하게 되고, 그때 빛(광자)의 형태로 에너지를 방출하게 된다. 즉 P측에 +극, N측에 −극을 접속하면 P측의 정공은 N측에, N측의 전자는 P측으로 이동하여 PN 접합점에서 전자와 정공이 결합하면서 전자가 에너지를 방출하면서 빛으로 발광하는 원리이다. 반도체의 P-N 접합구조를 이용하여 주입된 소수캐리어(전자 또는 양공)를 만들어내고, 이들의 재결합에 의하여 발광시키는 것이다.

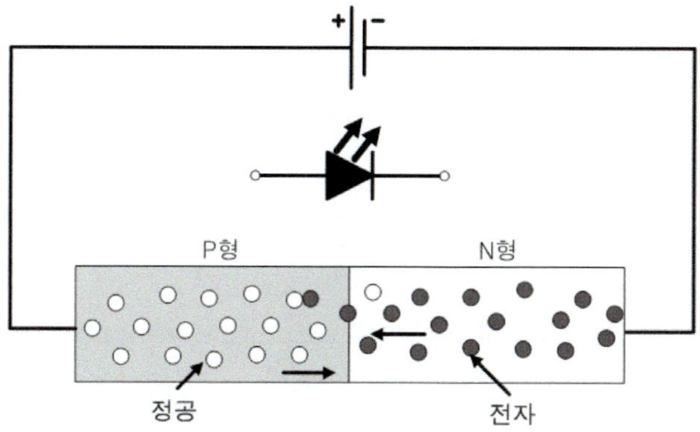

그림 11.14 발광다이오드 구조

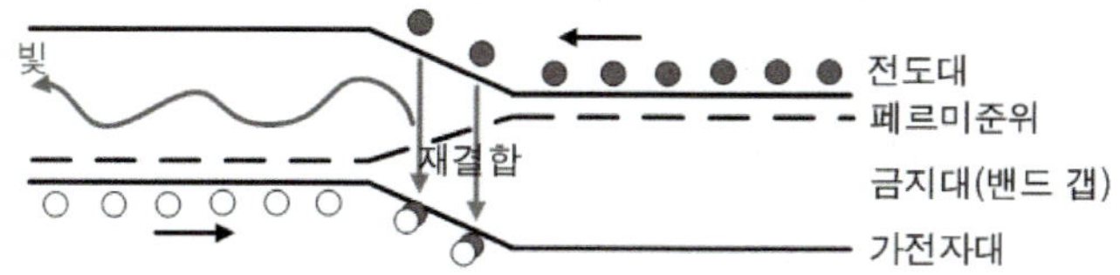

그림 11.15 발광다이오드의 밴드구조 모식도

발광 다이오드의 특성은 전기적 특성, 광학적 특성, 물리적 특성으로 구성되어 있다. 전기적 특성은 다른 일반적인 다이오드와 동일하게 극성을 가지고 있으며, 캐소드 음극에서 애노드(양극)로 정전압을 가해서 사용한다. 전압이 낮은 동안은 전압을 올려도 거의 전류가 흐르지 않고, 발광도 하지 않는다. 어느 전압 이상이 되면 전압 상승에 대하여 전류가 빠르게 흘러서, 전류량에 비례해서 빛이 발생된다. 이 전압을 순방향 강하전압이라고 하고, 일반적인 다이오드와 비교해서 발광 다이오드는 순방향 강하전압이 높다. 발광색에 따라 다르지만, 빨간색(610<λ<760), 오렌지색(590<λ<610), 노란색(570<λ<590), 초록색(500<λ<570)에서는 2.1V 정도이다. 빨간빛을 내지 않는 것은 1.4V 정도이다. 백색(Broad Spectrum)과 파란색(450<λ<500)은 3.5V 정도이다. 고출력 제품은 5V 전후인 것도 있다. 발광할 때 소비 전류는 표시등 용도에서는 수 mA~50 mA 정도이지만, 조명 용도에서는 소비 전력이 수W 단위의 대출력 발광 다이오드도 판매되고 있어 구동 전류가 1A를 넘는 제품도 있다. 역방향으로 전압을 가하는 경우의 내전압은 일반적인 실리콘 다이오드보다 더 낮고, 보통은 -5V 정도이며, 이것을 넘으면 소자가 파괴된다. 따라서, 정류 용도로 사용할 수 없다.

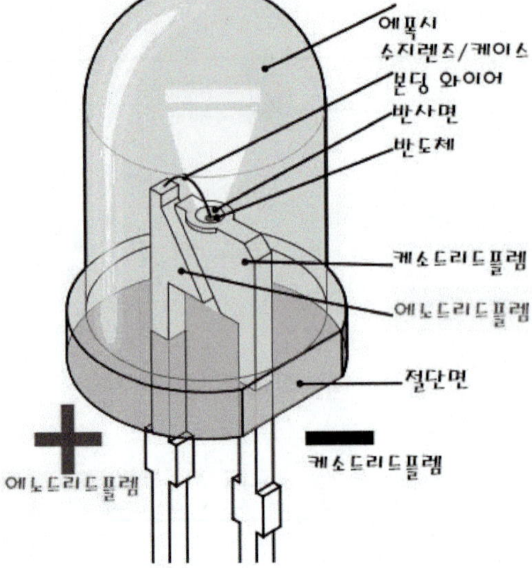

그림 11.16 발광다이오드의 기본구조

광학적 특성은 형광등이나 백열등같은 다른 대다수 광원과 다르게 불필요한 자외선이나 적외선을 포함하지 않는 빛을 간단하게 얻을 수 있다. 그렇기 때문에 자외선에 민감한 문화재나 예술 작품이나 열조사를 꺼리는 물건의 조명에 사용된다. 입력 전압에 대한 응답이 빨라서 통신에도 사용되고, 조명으로 사용할 경우는 점등하자마자 최대 빛의 세기를 얻을 수 있다 마지막으로 물리적인 특성은 구조가 간단하기 때문에 대량생산이 가능하고 저렴하다. 또한 전구처럼 필라멘트를 사용하지 않기 때문에 소형이며 진동에도 강하고 긴 수명을 가지고 있다.

발광되는 빛의 파장(색)은 PN 접합을 형성하는 소재의 띠 간격의 크기와 관련있다. 발광 다이오드는 근적외선이나 가시광선, 자외선에 이르는 파장에 대응하는 띠 간격을 가지는 반도체 재료가 이용된다. 일반적으로 발광 다이오드에는 발광재결합 확률이 높은 직접 천이형의 반도체가 적합하고, 일반적인 반도체 재료인 규소(실리콘)나 게르마늄 같은 간접 천이형 반도체에서는 전자나 정공이 재결합할 경우에 빛을 방출하기 어렵다. 그러나 노란색이나 황녹색에 오랫동안 사용되어온 GaAsP계나 GaP계는 도핑한 불순물 준위를 개입시켜 강한 발광을 하는 재료도 있어서 넓게 사용되고 있다. 아래의 소재를 사용하여 다양한 색의 발광 다이오드를 만들 수 있다.

- 알루미늄 갈륨 비소(AlGaAs) - 적외선, 빨간색
- 갈륨 비소 인(GaAsP) - 빨간색, 오렌지색, 노란색
- 인듐 질화 갈륨(InGaN)／질화 갈륨(GaN)／알루미늄 질화 갈륨(Al GaN) - 오렌지

색, 노란색) 녹색, 파란색, 보라색, 자외선

- 인화 갈륨(GaP) - 빨간색, 노란색, 녹색
- 셀렌화 아연(ZnSe) - 녹색, 파란색
- 알루미늄 인듐 갈륨 인(AlGaInP) - 오렌지색, 노란색, 녹색
- 다이아몬드(C) - 자외선
- 산화 아연(ZnO) - 근 자외선(개발중)
- 탄화 규소(SiC) 기판 - 파랑
- 사파이어(Al_2O_3) 기판 - 파랑
- 규소(Si) 기판 - 파랑(연구 단계)

또한 발광다이오드는 다양한 분야에 사용되고 있다. 그림 11.17과 같이 자동차 조명, 식물 성장 촉진, 표시등으로 다양한 분야에 이용되고 응용되고 있으며, 저전력 미래산업으로 각광받고 있다.

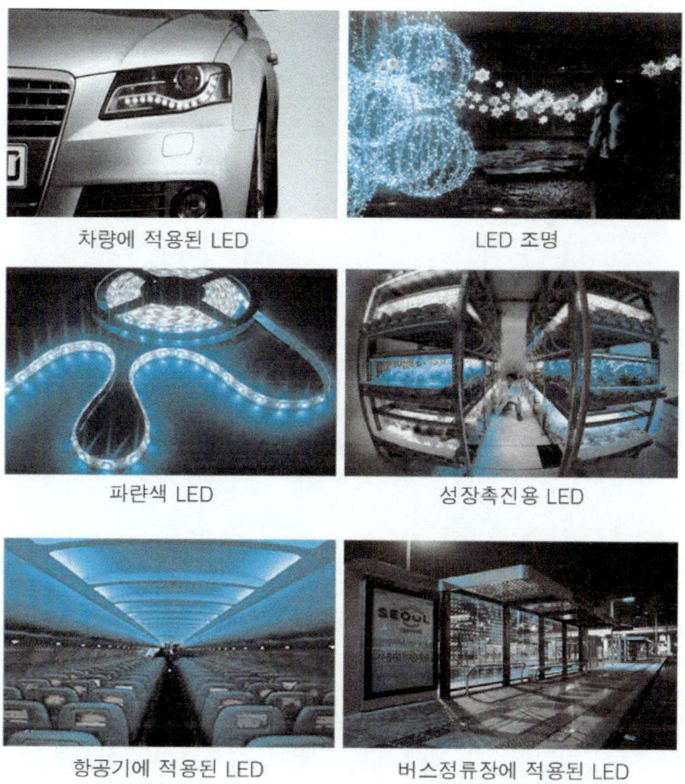

차량에 적용된 LED / LED 조명

파란색 LED / 성장촉진용 LED

항공기에 적용된 LED / 버스정류장에 적용된 LED

그림 11.17 발광다이오드의 다양한 응용분야

11.5 태양전지

태양 전지 또는 광전지는 태양 에너지를 전기 에너지로 변환할 수 있는 장치를 말한다. PN 접합면을 가지는 반도체 접합 영역에 금지대폭보다 큰 에너지의 빛이 조사되면 전자와 정공이 발생하여 접합영역에 형성된 내부전장이 전자는 N형 반도체로, 정공은 P형 반도체로 이동시켜 기전력이 발생한다. N형 반도체, P형 반도체 각각 부착된 전극이 부극과 정극이 되어 직류전류를 취하는 것이 가능해진다. 태양 전지 반도체의 재료로서는 실리콘뿐만이 아니라 갈륨비소, 카드뮴텔루르, 황화카드뮴, 인듐인 또는 이 재료들 사이의 복합체를 사용하고 있으나, 일반적으로 실리콘을 쓴다. 즉 PN 접합에 의한 태양전지의 발전원리는 태양전지에서 전기적 성질이 다른 N형의 반도체와 P형의 반도체를 접합시킨 구조를 하고 있으며 2개의 반도체 경계 부분을 PN접합이라 말한다. 이러한 태양전지에 태양빛이 닿으면 태양빛은 태양전지 속으로 흡수되며, 흡수된 태양빛이 가지고 있는 에너지에 의해 반도체내에서 정공(+)과 전자(-)의 전기를 갖는 입자(정공, 전자)가 발생하여 각각 자유롭게 태양전지 속을 움직이지만, 전자(-)는 N형 반도체쪽으로, 정공(+)은 P형 반도체쪽으로 모이게 되어 전위가 발생하게 되며 이 때문에 앞면과 뒷면에 붙여 만든 전극에 전구나 모터와 같은 부하를 연결하게 되면 전류가 흐르게 되는 데 이것이 태양전지의 PN접합에 의한 태양광발전의 원리라 할 수 있다.

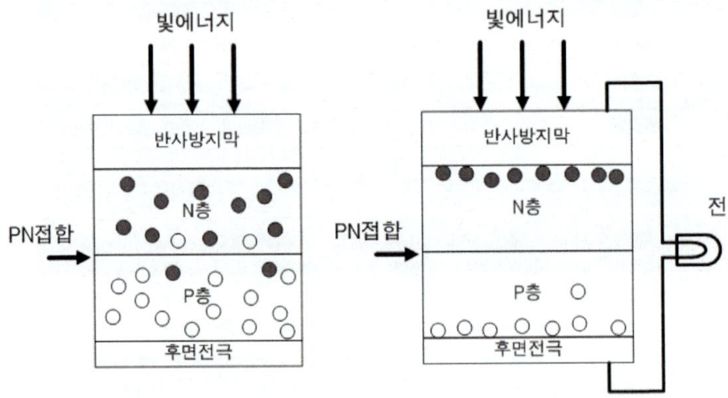

그림 11.18 태양전지의 모식도

태양전지는 실리콘 반도체를 재료로 사용하는 것과 화합물 반도체를 재료로 하는 것으로 크게 나눌 수 있다. 다시 실리콘 반도체에 의한 것은 결정계와 비결정계로 분류된다. 1980년대 이후 태양전지 제조에 가장 먼저 사용된 반도체 재료가 단결정 실리콘이다. 현재 태양전지 시장에서 차지하는 비중이 이후 많이 떨어지긴 하였지만 현재로서도 시장, 특히 대규모 발전시스템 분야에서 가장 널리 이용되고 있다. 이는 단결정 실리콘으로 만든 태양전지의 효율이 기타 재료로 만든 태양전지에 비해 변환효율이 높기 때문이다. 반면에 가격은 아직 높은데, 그 해결방안으로 보다 저급의 실리콘을 이용하는 방법, 대량생산 및 공정 개선에 의한 방법 등이 시도 또는 계획되고 있다. 다결정 실리콘 태양전지는 원재료로 저급의 실리콘 웨이퍼를 사용한다. 따라서 효율은 단결정 실리콘에 비해 낮은 반면 가격은 싸다. 그리고 이용분야도 주택용 시스템 등이 주 대상이다. 단결정 및 다결정 실리콘은 벌크 상태의 원재료로부터 태양전지를 만들기 때문에 원재료비가 비싸고, 공정 자체가 복잡하여 가격의 절감측면에서는 한계가 있을 수 밖에 없다. 이와 같은 문제점을 해결하기 위한 방안으로 기판의 두께를 혁신적으로 줄이는 기술, 또는 유리와 같이 값싼 기판위에 박막형태의 태양전지를 증착시키는 기술이 주목을 받고 있다. 기존의 박막 제조공정을 이용할 경우 보다 값싼 방법으로 태양전지의 대량생산이 가능하기 때문이다. 박막 태양전지 중 가장 처음으로 개발된 것은 비정질 실리콘으로 기존 결정질 실리콘 태양전지의 약 1/100에 해당하는 두께만으로도 태양전지의 제조가 가능하다. 하지만 결정질 실리콘 태양전지에 비하여 효율이 낮고, 특히 초기 빛에 노출될 경우 효율이 급격히 떨어지는 단점이 있다. 따라서 대규모 발전용으로는 사용되지 못하고, 시계, 라디오, 완구 등 소규모 가전제품의 전원용으로 주로 사용되고 있었는데, 최근 효율의 향상과 함께 초기 열화현상을 최소화할 수 있는 다중 접합 구조의 비정질 실리콘 태양전지의 개발과 함께 일부 전력용으로 이용이 되기 시작하였다. 뒤이어 출현한 박막 태양전지가 CdTe, CuInSe2계의 화합물반도체를 소재로 한 것이다. 비정질 실리콘에 비하여 효율이 높고, 또한 초기 열화현상이 없는 등 비교적 안정성이 높은 태양전지로 현재 CdTe는 대규모 전력용으로 사용하기 위한 실증시험 중에 있다. CuInSe2는 실험적으로 만든 박막 태양전지 중에서 가장 높은 변환효율을 기록하고 있는데, 아직까지 파일럿 생산단계로 대량생산단계에 까지는 이르지 못하고 있다. 이들 박막 태양전지는 전력용으로 사용되기까지는 앞으로도 더 많은 연구개발이 필요할 것으로 예상되고 있다. 다결정 박막 실리콘은 최근에 주목을 받기 시작하였는데, 부존량이 풍부한 실리콘을 원재료로 하고 있고, 또한 박막 태양전지 제조공정을 이용하여 대량생산을 통해 가격을 획기적으로 절감할 수 있다는 장점을 지니고 있다. 최근 일본의 Kaneka에서 제품을 생산하고 있지만, 아직 가격 측면에서 기존 결정질 실리콘 태양전지와 차이를 보이지 못하고 있다. GaAs, InP 등의 단결정으로부터 만든 화합물 태양전지는 결정질 실리콘 태양전지보다 더 높은 효율을 나타내는데, 가장 큰 단점은 가격이 매우 비싸다는 점이다. 따라서 그 용도도 지상 발전용보다는 우주선 등의 전원공급용에 국한되어 있는데, 가격도 지상용 태양전지의 수백 배에 이른다. 가격을 절감하여 지상용으로 사용하기 위해서는 값싼 기판위에 박막형태로 제조하여야 하는데, 아직까지 실용화 단계에 이르지 못하고 있다. 1990년대 초반부터는 100% 무기 반도체 대신 유무기 혼합 또는 순수 유기 태양전지가 주목받고 있다. 1991년 스위스 로잔 공과대학의 Gratzel 그룹에서 개발한 염료를 소재로 광합성 원리를 이용한 염료감응 광전기 화학 태양전지는 제조단가가 기존 실리콘 태양전지에 비해 현저히 낮아 가격 경쟁력이 우수하나 아직 소면적에서 최고 변환효율이 11% 내외이다. 얇고 가벼운 플라스틱 태양전지로서의 가능성을 지닌 유기분자형 태양전지 역시 최근 활발히 연구가 진행되고 있으나 최고 효율이 6% 내외로 매우 낮다.

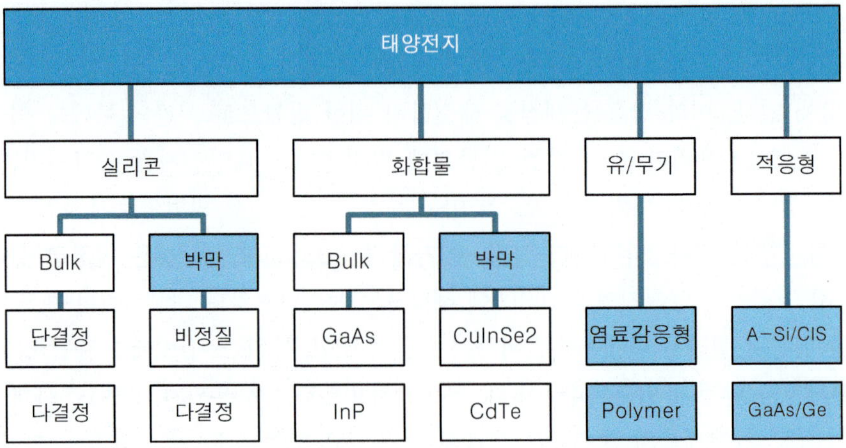

그림 11.19 태양전지의 재료

태양전지의 응용분야는 전력용으로 사용되는 태양광 발전, 주택에서 사용되는 태양광 건물, 태양전지를 차량위에 부착시켜 자동차를 움직이게 하는 태양광 자동차, 거의 태양전지에 의해 작동되는 인공위성 등이 있다.

연 습 문 제

11-1 PIN 다이오드에 대해서 설명하라.

11-2 광 다이오드의 동작원리에 대하여 설명하라.

11-3 레이저 다이오드에 대하여 설명하라.

11-4 발광다이오드에 대하여 설명하라.

11-5 태양전지에 대하여 설명하라.

APPENDIX

실험 01

접합 다이오드의 특성 실험 1

실습일자	반	조	학번	성명	비고

▣ 실험목적

▣ 실험부품

1. 저항 : 200[Ω], 10[kΩ]
2. 실리콘 다이오드 : 1N4004

▣ 실험회로도

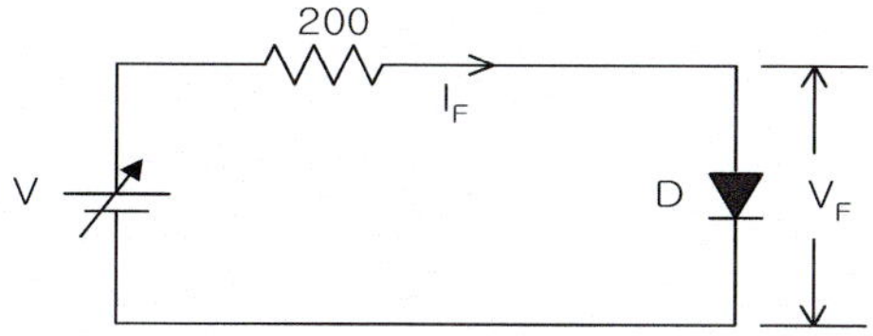

순방향 바이어스

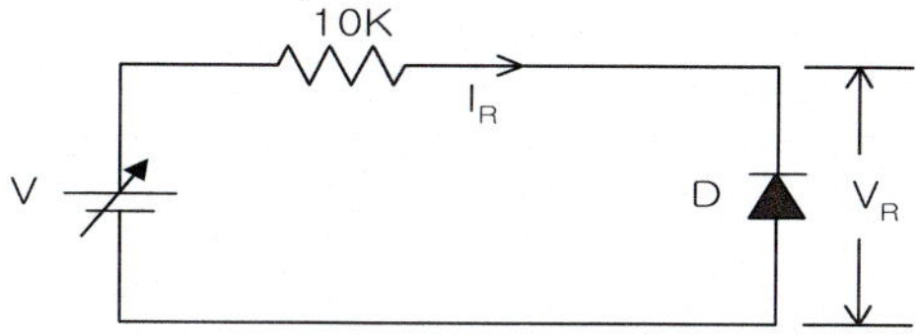

역방향 바이어스

▣ 실험 결과

1. 실리콘 다이오드 특성실험

순방향	V_F[V]	0	0.1	0.2	0.3	0.4	0.5	0.6	0.7	0.8	0.9	1.2
	I_F[mA]											
역방향	V_R[V]	0	5	10	15	20	25					
	I_R[μA]											

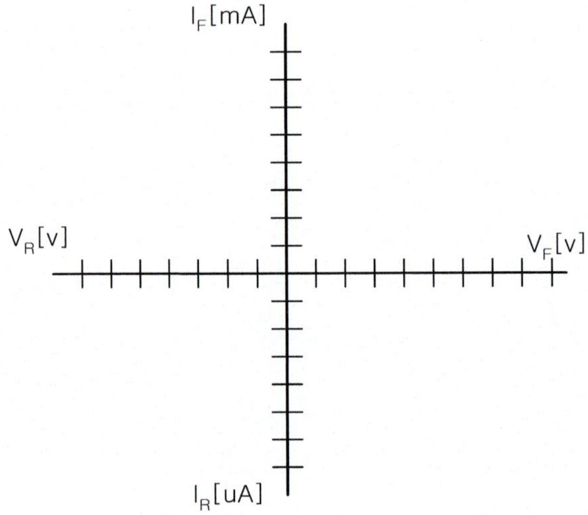

실리콘 다이오드 전압 전류 특성곡선

▣ 실험고찰

실험 02 접합 다이오드의 특성 실험 2

실습일자	반	조	학번	성명	비고

▣ 실험목적

▣ 실험부품

1. 저항 : 200[Ω], 10[kΩ]
2. 게르마늄 다이오드 : 1N60A

▣ 실험회로도

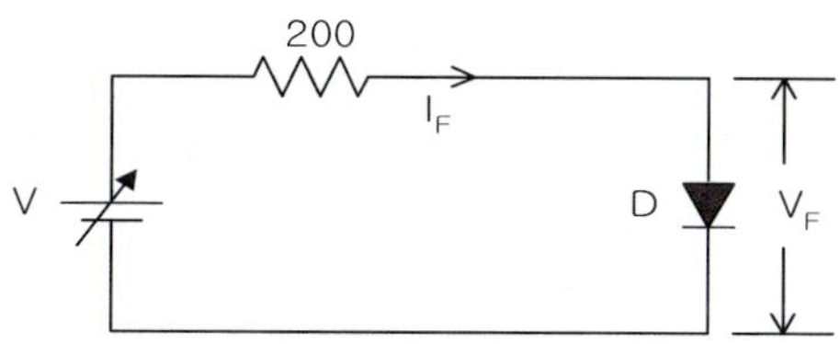

순방향 바이어스

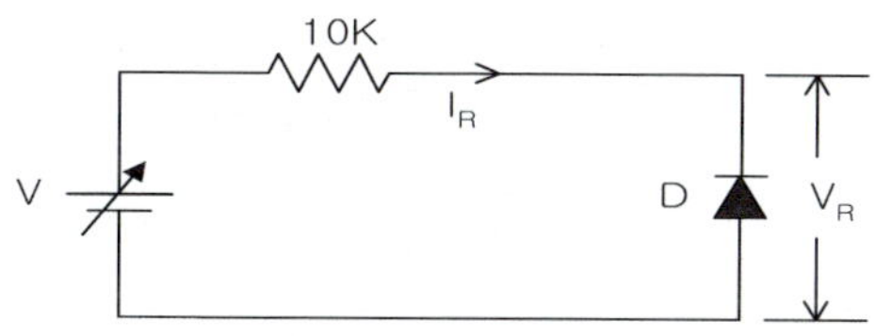

역방향 바이어스

▣ 실험 결과

1. 게르마늄 다이오드 특성실험

순방향	V_F[V]	0	0.1	0.2	0.3	0.4	0.5	0.6	0.7	0.8	0.9	1.2
	I_F[mA]											
역방향	V_R[V]	0	5	10	15	20	25					
	I_R[μA]											

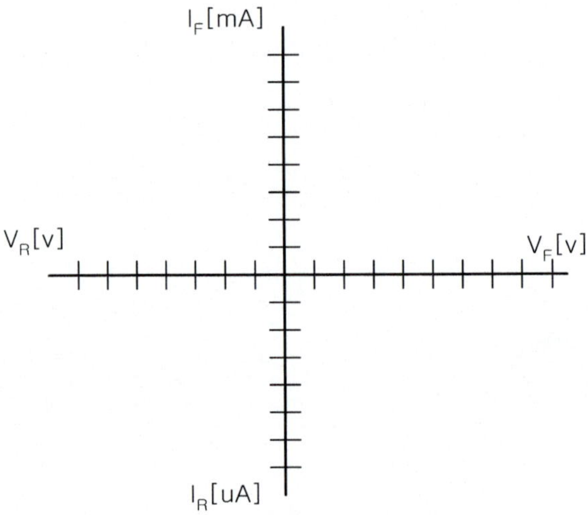

게르마늄 다이오드 전압 전류 특성곡선

▣ 실험고찰

실험 03

제너 다이오드의 특성 실험

실습일자	반	조	학번	성명	비고

▣ 실험목적

▣ 실험부품

1. 저항 : 470[Ω], 3.3[kΩ]
2. 트랜지스터 : 1[W], 5.1[V] : 1N4733

▣ 실험회로도

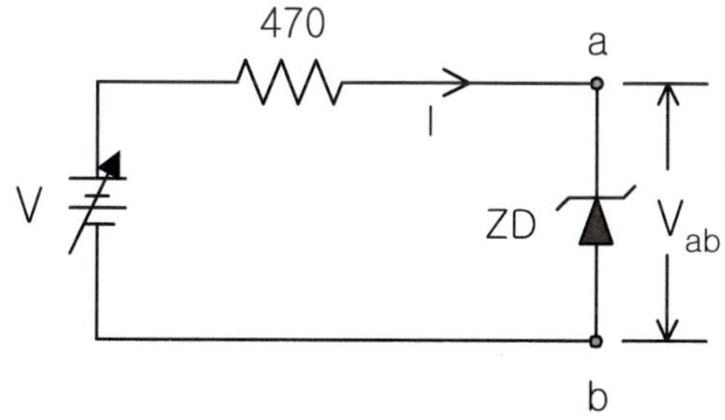

제너 다이오드의 역방향 특성

1. 전원 전압 V를 표 2.1에 주어진 대로 조정하면서, 조정된 V 값에 대하여 전류 I 와 V_{ab}를 측정하여 기록하시오.

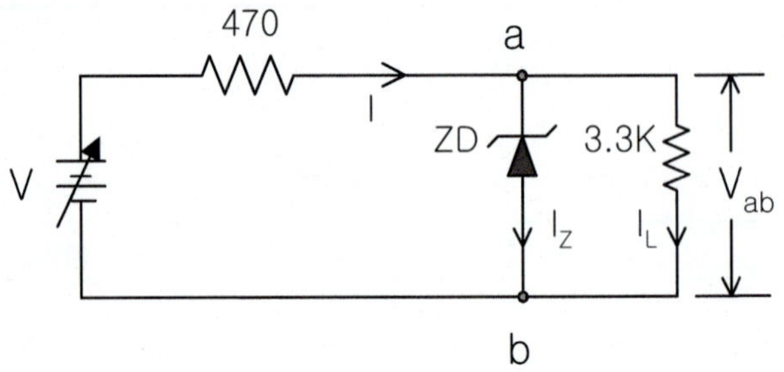

정전압 특성

2. 전원 전압을 서서히 증가시켜 다이오드 전류 (I_Z)가 20[mA]가 되게 조정한다.
3. 이때 전원 전압(V)와 부하 양단 전압(V_{ab}), 전체 전류(I)를 측정하여 표 2에 기록한다.
4. V_{ab}가 위에서 얻은 V_{ab}값의 ±0.1[V] 이내로 유지되는 V의 변화 범위를 결정하고 표 2에 기록하시오

▣ 실험 결과

표 1 제너 다이오드의 역방향 특성

V	0	0.5	1.0	1.5	2.0	3.0	3.5	4.0	4.5	5.0	6.0	6.5	7.0	8.0	9.0	10
V_{ab}																
I																
R_Z																

표 2 제너다이오드의 전압 조정 특성

	V_{ab}	I_Z[mA]	I[mA]	V
V_{ab}		20		
$V_{ab}+0.1$				
$V_{ab}-0.1$				

▣ 실험고찰

실험 04 터널 다이오드 특성 실험

실습일자	반	조	학번	성명	비고

▣ 실험목적

▣ 실험부품

1. 가변저항 : 2[kΩ]
2. 저항 : 100[Ω]
3. 터널 다이오드 : 1N2939

▣ 실험회로도

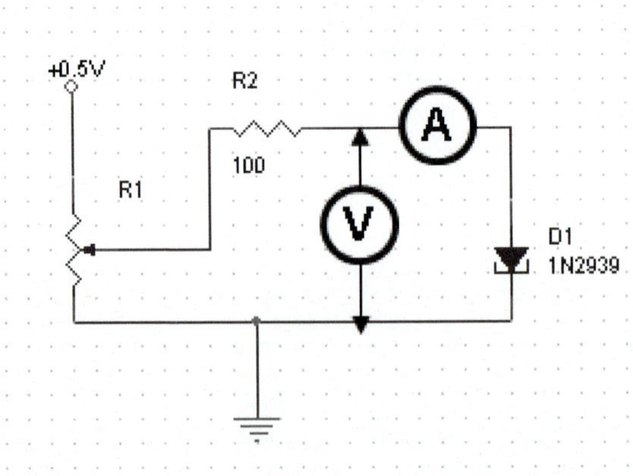

터널 다이오드 특성 측정

▣ 실험 결과

$E = 0.5[V]$								
V	0V	V	V	V	V	V	V	V
I_D								

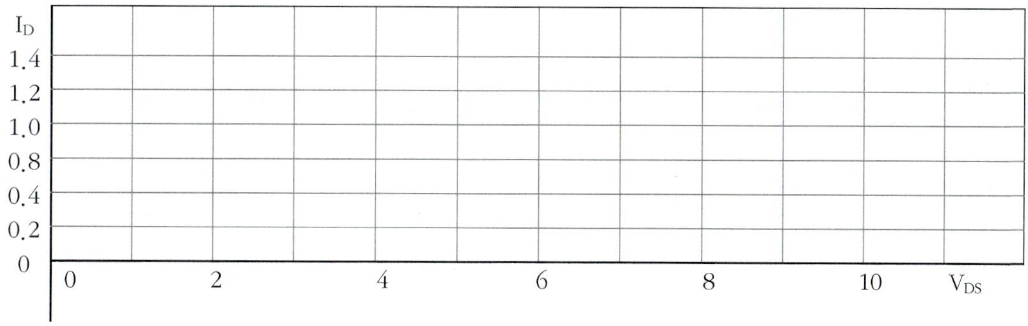

▣ 실험고찰

실험 05

광 다이오드의 특성 실험

실습일자	반	조	학번	성명	비고

▣ 실험목적

▣ 실험부품

1. 저항 : 300[Ω]
2. 다이오드 : 1S1588
3. 광다이오드 : 5V
4. 광 연결기 : 4N26
5. 꼬마전구

▣ 실험회로도

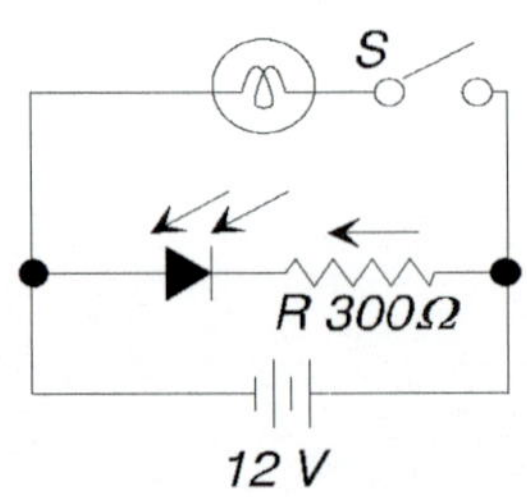

광 다이오드 특성 실험

1. 광다이오드의 어느 쪽이 P-type인지 확인한 후, 그림과 같이 회로를 구성하라. 꼬마전구의 빛이 광다이오드의 투명창으로 들어가게끔 서로 가까이서 마주보게 하라.
2. 스위치 S를 off하여 꼬마전구를 끄고 저항 R양단간의 전압 V_R을 측정하여 표 1에 기록하라. 이때의 전류 I와 다이오드의 저항 R_d를 계산하여 표 1에 기록하라.
3. 스위치 S를 on 하여 전구에 불이 켜진 경우 즉시 V_R을 측정하고 이때 전류 I와 다이오드의 저항 R_d를 계산하여 표 1에 기록하라.

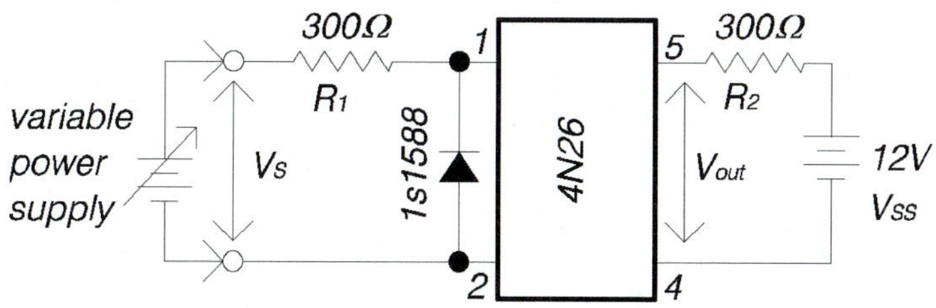

광 연결기 특성 실험회로

4. 가변 직류전원의 출력전압을 조절하여 V_S가 1[V]가 되게 하고 출력전압 V_{out}을 측정하여 표 2에 기록하라.
5. 표 2의 나머지 V_S 값이 되도록 가변 직류전원의 출력전압을 조절하고 각각에 대해 V_{out}을 측정하여 표 2를 완성하라.

▣ 실험 결과

표 1. 광다이오드 실험결과

S	V_R, V	$I = V_R/R$, mA	$R_d = (12V - V_R)/I$, Ω
OFF			
ON			

표 2. 광 연결기 실험결과

V_S, V	V_{out}, V
1	
2	
3	
4	
5	
6	
7	
8	
9	
10	

▣ 실험고찰

실험 06

발광 다이오드의 특성 실험

실습일자	반	조	학번	성명	비고

▣ 실험목적

▣ 실험부품

1. 저항 : 270[Ω]
2. LED : 적색 LED(TLR 114A)

▣ 실험회로도

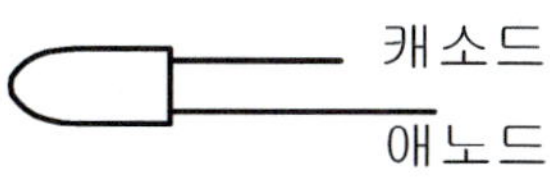

LED 캐소드, 애노드 구별

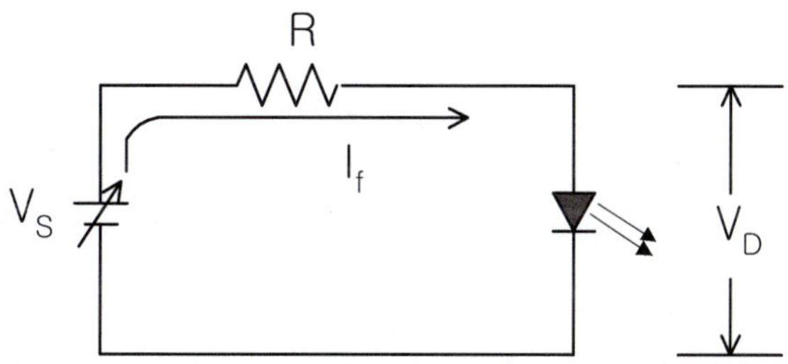

LED 실험회로

▣ 실험 결과

V_S	V_D	I_F	밝기
1			
2			
3			
5			
7			
10			

▣ 실험고찰

실험 07

스위칭 다이오드를 사용한 OR 실험

실습일자	반	조	학번	성명	비고

▣ 실험목적

▣ 실험부품

1. 저항 : 4.7[kΩ]
2. 다이오드 : 1N4149 × 2개
3. SW : 스위치 2개

▣ 실험회로도

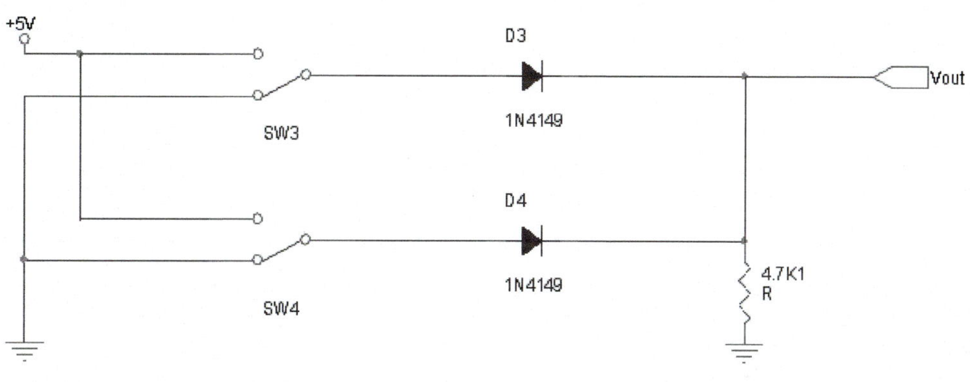

1. 다이오드를 사용한 OR 회로를 구성하고 입력데이터의 스위치 상태를 실험결과와 같이 변화시키면서 출력 상태를 표시하여라.

▣ 실험 결과

순서	SW1	SW2	Vout
1	0V	0V	
2	0V	5V	
3	5V	0V	
4	5V	5V	

▣ 실험고찰

실험 08 스위칭 다이오드를 사용한 3입력 OR 실험

실습일자	반	조	학번	성명	비고

▣ 실험목적

▣ 실험부품

1. 저항 : 4.7[kΩ]
2. 다이오드 : 1N4149 × 3개
3. SW : 스위치 3개

▣ 실험회로도

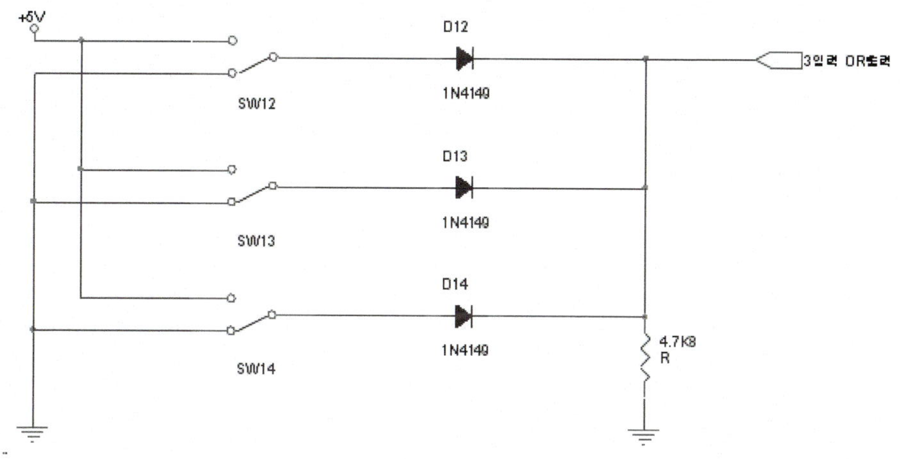

1. 다이오드를 사용한 3입력 OR 회로를 구성하고 입력데이터의 스위치 상태를 실험 결과와 같이 변화시키면서 출력 상태를 표시하여라.

▣ 실험 결과

순서	SW12	SW13	SW14	3입력 OR
1	0V	0V	0V	
2	0V	0V	5V	
3	0V	5V	0V	
4	0V	5V	5V	

순서	SW12	SW13	SW14	3입력 OR
5	5V	0V	0V	
6	5V	0V	5V	
7	5V	5V	0V	
8	5V	5V	5V	

▣ 실험고찰

실험 09 스위칭 다이오드를 사용한 AND 실험

실습일자	반	조	학번	성명	비고

▣ 실험목적

▣ 실험부품

1. 저항 : 4.7[kΩ]
2. 다이오드 : 1N4149 × 2개
3. SW : 스위치 2개

▣ 실험회로도

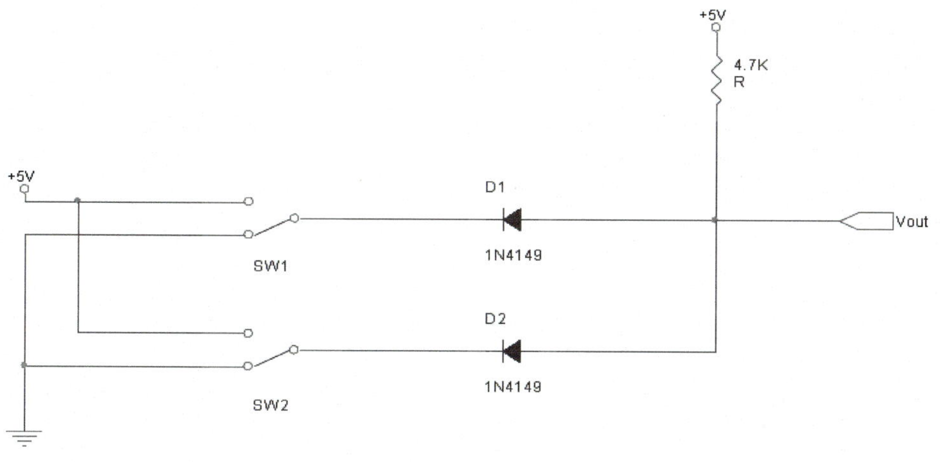

1. 다이오드를 사용한 AND 회로를 구성하고 입력데이터의 스위치 상태를 실험결과와 같이 변화시키면서 출력 상태를 표시하여라.

▣ 실험 결과

순서	SW1	SW2	Vout
1	0V	0V	
2	0V	5V	
3	5V	0V	
4	5V	5V	

▣ 실험고찰

실험 10 스위칭 다이오드를 사용한 3입력 AND 실험

실습일자	반	조	학번	성명	비고

▣ 실험목적

▣ 실험부품

1. 저항 : 4.7[kΩ]
2. 다이오드 : 1N4149 × 3개
3. SW : 스위치 3개

▣ 실험회로도

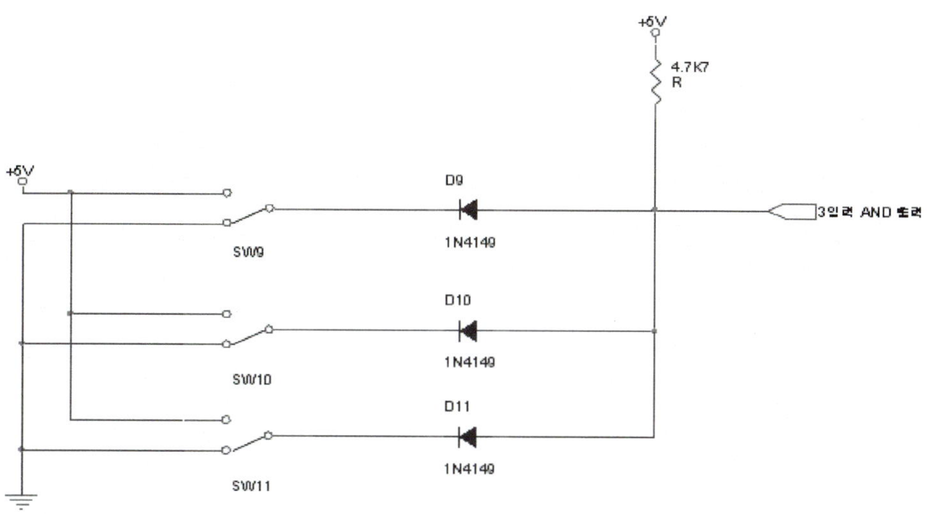

1. 다이오드를 사용한 3입력 AND 회로를 구성하고 입력데이터의 스위치 상태를 실험결과와 같이 변화시키면서 출력 상태를 표시하여라.

▣ 실험 결과

순서	SW9	SW10	SW11	3입력 AND
1	0V	0V	0V	
2	0V	0V	5V	
3	0V	5V	0V	
4	0V	5V	5V	

순서	SW9	SW10	SW11	3입력 AND
5	5V	0V	0V	
6	5V	0V	5V	
7	5V	5V	0V	
8	5V	5V	5V	

▣ 실험고찰

실험 11 바이폴라 트랜지스터의 특성 실험 1(PNP)

실습일자	반	조	학번	성명	비고

▣ 실험목적

▣ 실험부품

1. 저항 : 220[Ω], 1[kΩ]
2. 가변저항 : 5[kΩ]
3. 트랜지스터 : 2SA1015(PNP형)

▣ 실험회로도

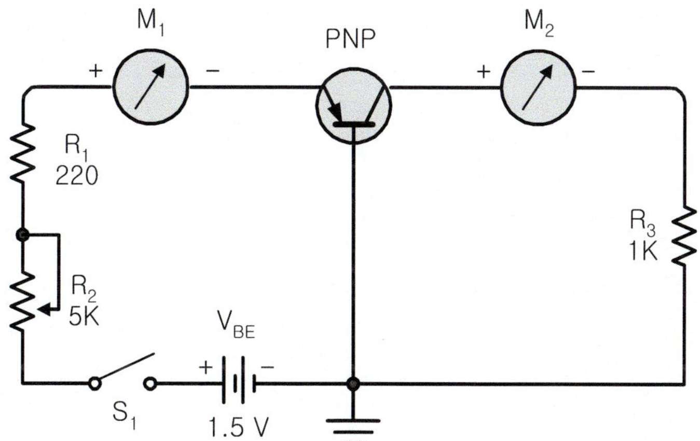

에미터-베이스회로에서 전류전압 측정

1. 스위치 S_1을 닫고 에미터 전류와 콜렉터 전류를 측정하고 또한 회로시험기로 에미터-베이스간 전압과 콜렉터 베이스간 전압을 측정하여 실험결과에 기록하시오(전압 극성도 표시)

▣ 실험 결과

PNP				
순서	에미터전류	에미터–베이스간 전압	콜렉터 전류	콜렉터–베이스간 전압
1				

▣ 실험고찰

실험 12 바이폴라 트랜지스터의 특성 실험 2(PNP)

실습일자	반	조	학번	성명	비고

▣ 실험목적

▣ 실험부품

1. 저항 : 220[Ω], 1[kΩ]
2. 가변저항 : 5[kΩ]
3. 트랜지스터 : 2SA1015(PNP형)

▣ 실험회로도

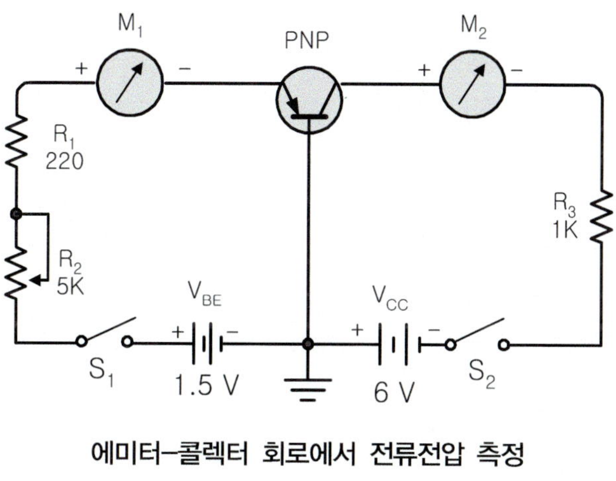

에미터-콜렉터 회로에서 전류전압 측정

1. 가변 저항 R_2의 값을 최대로 한 상태에서 S_1과 S_2를 닫고 에미터 전류, 콜렉터 전류, 에미터-베이스 간 전압, 콜렉터-베이스간 전압을 측정하여 실험결과에 기록하시오.
2. 가변 저항 R_2의 값을 최소로 하여 실험 순서 (2)를 반복하여 측정 결과를 기록하시오. (극성도 표시)

▣ 실험 결과

PNP				
순서	에미터전류	에미터-베이스간 전압	콜렉터 전류	콜렉터-베이스간 전압
1				
2				

▣ 실험고찰

실험 13

바이폴라 트랜지스터의 특성 실험 3(NPN)

실습일자	반	조	학번	성명	비고

▣ 실험목적

▣ 실험부품

1. 저항 : 220[Ω], 1[kΩ]
2. 가변저항 : 5[kΩ]
3. 트랜지스터 : 2SC1815(NPN형)

▣ 실험회로도

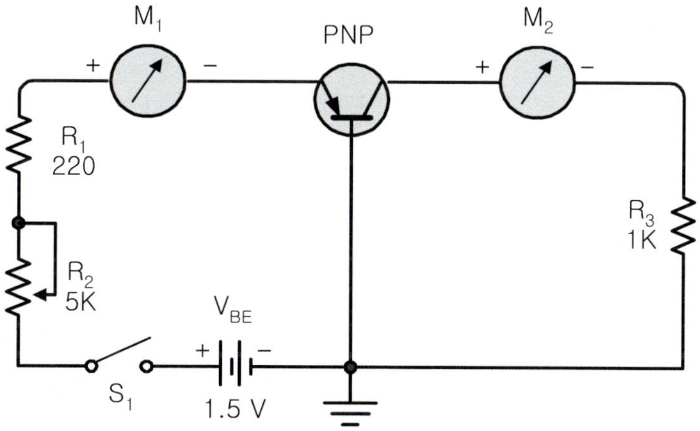

에미터-베이스회로에서 전류전압 측정

1. 스위치 S_1을 닫고 에미터 전류와 콜렉터 전류를 측정하고 또한 회로시험기로 에미터-베이스간 전압과 콜렉터 베이스간 전압을 측정하여 실험결과에 기록하시오(전압 극성도 표시)

▣ 실험 결과

NPN				
순서	에미터전류	에미터-베이스간 전압	콜렉터 전류	콜렉터-베이스간 전압
1	2.4mA	0.75V	0.6mA	0.75V

▣ 실험고찰

실험 14

바이폴라 트랜지스터의 특성 실험 4(NPN)

실습일자	반	조	학번	성명	비고

▣ 실험목적

▣ 실험부품

1. 저항 : 220[Ω], 1[kΩ]
2. 가변저항 : 5[kΩ]
3. 트랜지스터 : 2SC1815(NPN형)

▣ 실험회로도

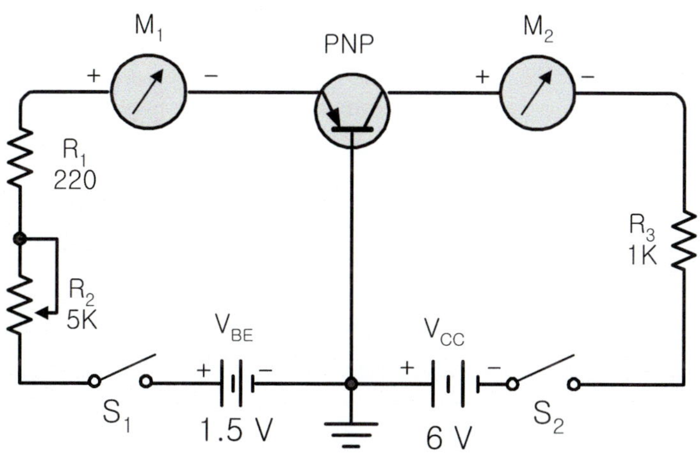

에미터-콜렉터 회로에서 전류전압 측정

1. 가변 저항 R_2의 값을 최대로 한 상태에서 S_1과 S_2를 닫고 에미터 전류, 콜렉터 전류, 에미터-베이스간 전압, 콜렉터-베이스간 전압을 측정하여 실험결과에 기록하시오.
2. 가변 저항 R_2의 값을 최소로 하여 실험 순서 (2)를 반복하여 측정 결과를 기록하시오. (극성도 표시)

▣ 실험 결과

NPN				
순서	에미터전류	에미터-베이스간 전압	콜렉터 전류	콜렉터-베이스간 전압
1	0.3mA	0.6V	0V	0.6V
2	2.25mA	0.75V	0V	0.75V

▣ 실험고찰

실험 15 트랜지스터를 사용한 인버터

실습일자	반	조	학번	성명	비고

▣ 실험목적

▣ 실험부품

1. 저항 : 1[kΩ], 4.7[kΩ]
2. 트랜지스터 : 2SC1815(NPN형)

▣ 실험회로도

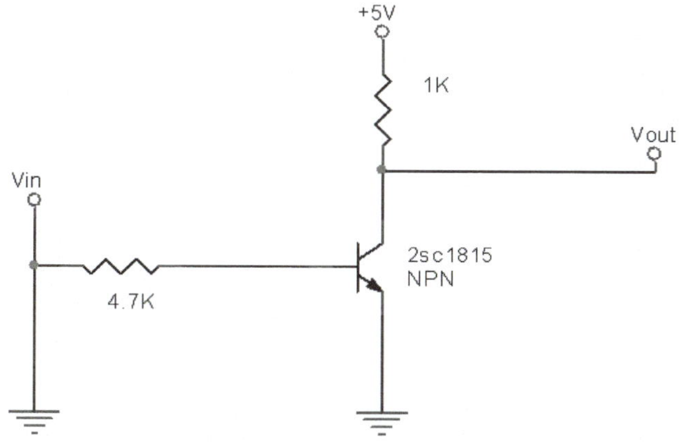

1. Vin에 0V 또는 5V를 주어서 Vout의 출력값을 실험 결과에 적는다.

▣ 실험 결과

순서	Vin	Vout
1	0V	
2	5V	

▣ 실험고찰

실험 16 다이오드와 트랜지스터를 사용한 NAND 실험

실습일자	반	조	학번	성명	비고

▣ 실험목적

▣ 실험부품

1. 저항 : 1[kΩ], 4.7[kΩ] × 2개
2. 다이오드 : 1N4149 × 2개
3. 트랜지스터 : 2N2222(NPN)
3. SW : 스위치 2개

▣ 실험회로도

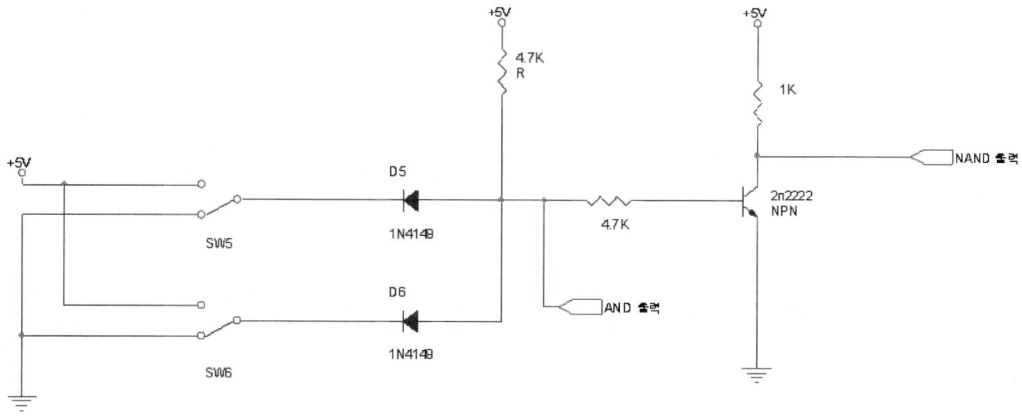

1. 다이오드와 트랜지스터를 사용한 NAND 회로를 구성하고 입력데이터의 스위치 상태를 실험결과와 같이 변화시키면서 출력 상태를 표시하여라.

▣ 실험 결과

순서	SW5	SW6	AND 출력	NAND 출력
1	0V	0V		
2	0V	5V		
3	5V	0V		
4	5V	5V		

▣ 실험고찰

실험 17

다이오드와 트랜지스터를 사용한 3입력 AND 실험

실습일자	반	조	학번	성명	비고

▣ 실험목적

▣ 실험부품

1. 저항 : 1[kΩ], 4.7[kΩ] × 2개
2. 다이오드 : 1N4149 × 3개
3. 트랜지스터 : 2N2222
4. SW : 스위치 3개

▣ 실험회로도

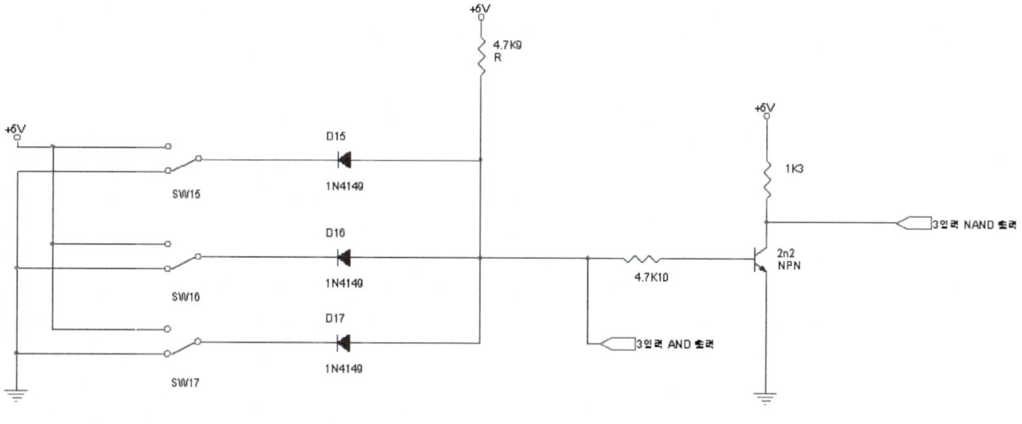

1. 다이오드와 트랜지스터를 사용한 3입력 NAND 회로를 구성하고 입력데이터의 스위치 상태를 실험결과와 같이 변화시키면서 출력 상태를 표시하여라.

▣ 실험 결과

순서	SW9	SW10	SW11	3입력AND	3입력NAND
1	0V	0V	0V		
2	0V	0V	5V		
3	0V	5V	0V		
4	0V	5V	5V		

순서	SW9	SW10	SW11	3입력AND	3입력NAND
5	5V	0V	0V		
6	5V	0V	5V		
7	5V	5V	0V		
8	5V	5V	5V		

▣ 실험고찰

실험 18 다이오드와 트랜지스터를 사용한 NOR 실험

실습일자	반	조	학번	성명	비고

▣ 실험목적

▣ 실험부품

1. 저항 : 1[kΩ], 4.7[kΩ] × 2개
2. 다이오드 : 1N4149 × 2개
3. 트랜지스터 : 2N2222(NPN)
3. SW : 스위치 2개

▣ 실험회로도

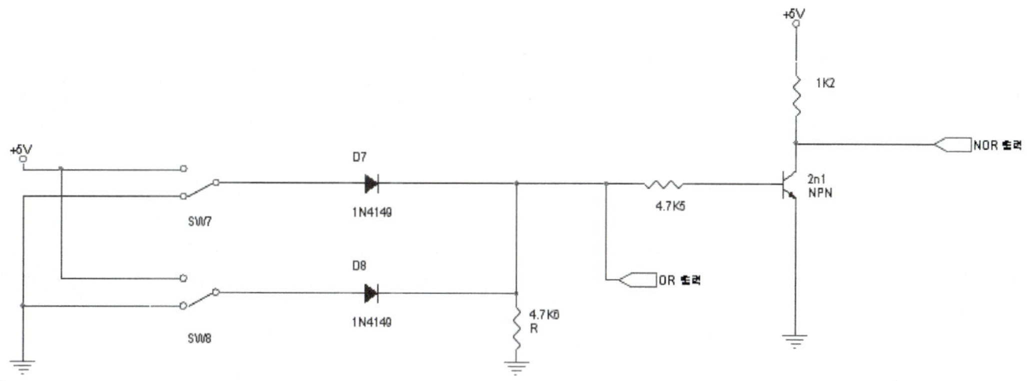

1. 다이오드와 트랜지스터를 사용한 NOR 회로를 구성하고 입력데이터의 스위치 상태를 실험 결과와 같이 변화시키면서 출력 상태를 표시하여라.

▣ 실험 결과

순서	SW7	SW8	OR 출력	NOR 출력
1	0V	0V		
2	0V	5V		
3	5V	0V		
4	5V	5V		

▣ 실험고찰

실험 19 다이오드와 트랜지스터를 사용한 3입력 OR 실험

실습일자	반	조	학번	성명	비고

▣ 실험목적

▣ 실험부품

1. 저항 : 1[kΩ], 4.7[kΩ] × 2개
2. 다이오드 : 1N4149 × 3개
3. 트랜지스터 : 2N2222
3. SW : 스위치 3개

▣ 실험회로도

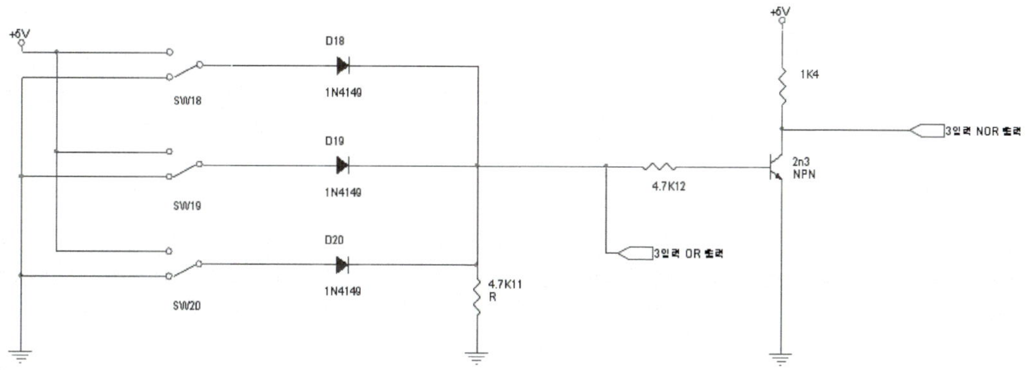

1. 다이오드와 트랜지스터를 사용한 3입력 NOR 회로를 구성하고 입력데이터의 스위치 상태를 실험결과와 같이 변화시키면서 출력 상태를 표시하여라.

▣ 실험 결과

순서	SW9	SW10	SW11	3입력OR	3입력NOR
1	0V	0V	0V		
2	0V	0V	5V		
3	0V	5V	0V		
4	0V	5V	5V		

순서	SW9	SW10	SW11	3입력OR	3입력NOR
5	5V	0V	0V		
6	5V	0V	5V		
7	5V	5V	0V		
8	5V	5V	5V		

▣ 실험고찰

실험 20 JFET 특성실험

실습일자	반	조	학번	성명	비고

▣ 실험목적

▣ 실험부품

1. 가변저항 : 10[kΩ] × 2
2. JFET : 2N5951 또는 2N5458

▣ 실험회로도

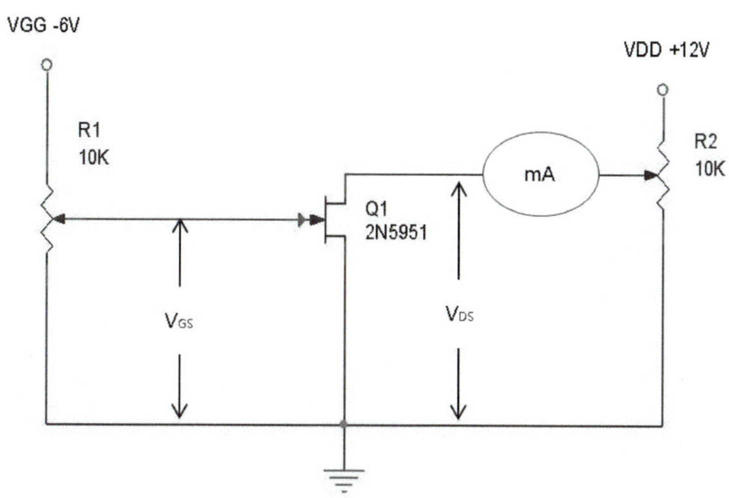

JFET 특성 측정

▣ 실험 결과

V_{GS} = 0V								
V_{DS}	12V	6V	4V	3V	2V	1V	0.5V	0V
I_D								
V_{GS} = -1V								
I_D								
V_{GS} = -2V								
I_D								
V_{GS} = -3V								
I_D								

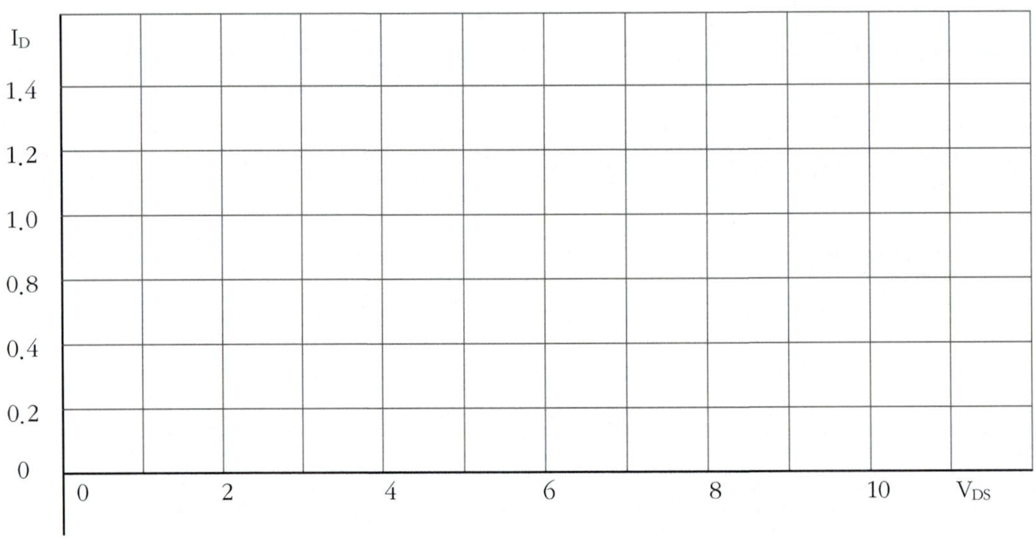

▣ 실험고찰

실험 21 N채널 MOSFET 특성 실험

실습일자	반	조	학번	성명	비고

▣ 실험목적

▣ 실험부품

1. SW × 2
2. MOSFET : IRF150

▣ 실험회로도

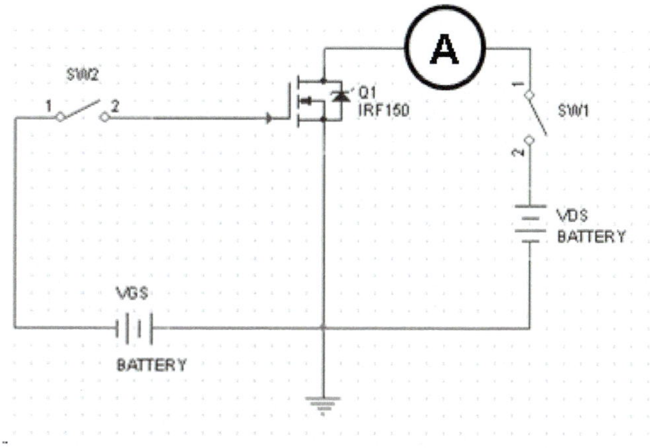

N 채널 MOSFET 특성 측정

▣ 실험 결과

V_{GS} = -0.9V								
V_{DS}	12V	6V	4V	3V	2V	1V	0.5V	0V
I_D								
V_{GS} = -0.6V								
I_D								
V_{GS} = -0.3V								
I_D								
V_{GS} = 0V								
I_D								
V_{GS} = 0.3V								
I_D								
V_{GS} = 0.6V								
I_D								
V_{GS} = 0.9V								
I_D								

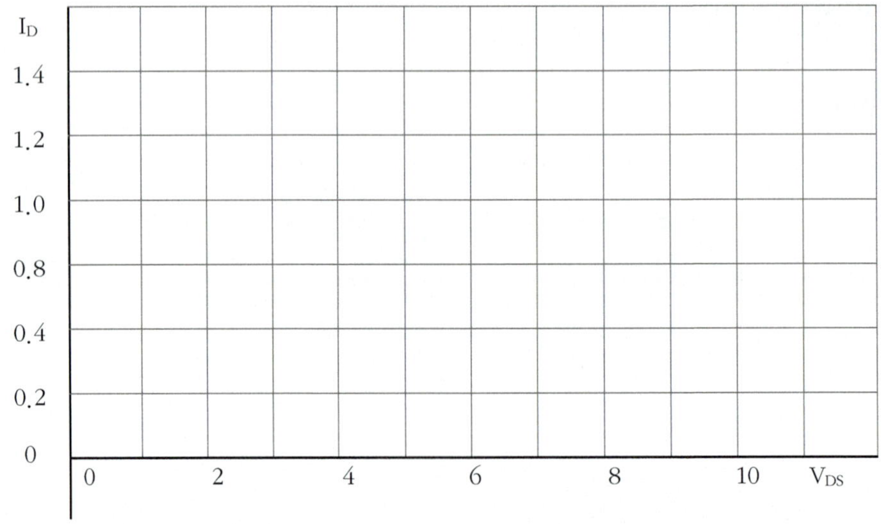

▣ 실험고찰

실험 22 CMOS FET 인버터 스위칭 회로

실습일자	반	조	학번	성명	비고

▣ 실험목적

▣ 실험부품

1. p채널 MOSFET : IRF9510
2. n채널 MOSFET : IRF150

▣ 실험회로도

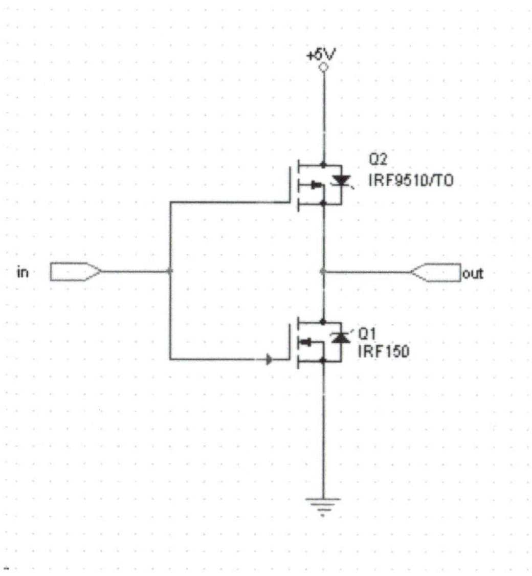

1. Vin에 0V 또는 5V를 주어서 Vout의 출력값을 실험 결과에 기록한다.

▣ 실험 결과

순서	Vin	Vout
1	0V	
2	5V	

▣ 실험고찰

실험 23 N채널 MOSFET를 사용한 인버터

실습일자	반	조	학번	성명	비고

▣ 실험목적

▣ 실험부품

1. n채널 MOSFET : IRF150 × 2

▣ 실험회로도

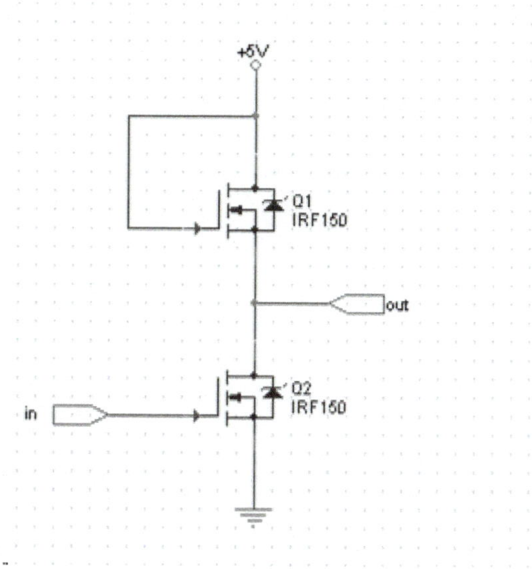

1. Vin에 0V 또는 5V를 주어서 Vout의 출력값을 실험 결과에 적는다.

▣ 실험 결과

순서	Vin	Vout
1	0V	
2	5V	

▣ 실험고찰

1. 기본 물리상수, 단위의 환산 및 그리이스 문자

(1) 물리상수

상　　수	표시 기호	상 수 값
전자의 전하	e	1.602×10^{-19}[C]
전자의 정지질량	m_0	9.108×10^{-31}[kg]
전자의 비전하	e/m_0	1.759×10^{11}[C/kg]
진공에서의 광속도	c	2.998×10^{8}[m/sec]
자유공간의 유전율	ϵ_0	$\dfrac{1}{36\pi\times10^9}=8.85\times10^{-12}$[C²/N-m³]
자유공간의 투자율	μ_0	$4\pi\times10^{-7}=1.26\times10^{-6}$[N/amp²]
Planck의 상수	h	6.625×10^{-34}[J-sec]
Boltzmann의 상수	k	1.380×10^{-23}[J/K] = 8.62×10^{-5}[eV]
기체상수	R	8.317×10[J/˚K mol]
Avogadro의 상수	N_A	6.025×10^{23}[mol]
원자량당 원자질량	e/k	11600[˚K/V]
양자의 질량	m_p	1.67×10^{-27}[kg]

(2) 단위의 환산

1 ampere(A)	= 1 C/sec	mega(M)	= $\times10^{6}$
1 angstrom unit(Å)	= 10^{-10} m	1 meter(m)	= 39.37 in
1 atmosphere pressure	= 760 mmHg	micron(μ)	= $\times10^{-6}$
1 coulomb(C)	= 1 A-sec	1 micron	= 10^{-6} m
1 electron volt(eV)	= 1.60×10^{-19} J	1 mil	= 10^{-3} in
1 farad(F)	= 1 C/V	1 mile	= 5,280 ft
1 foot(ft)	= 0.305 m		= 1.609 km
1 gram-calorie	= 4.185 J	milii(m)	= $\times10^{-3}$
giga(G)	= $\times10^{9}$	nano(n)	= $\times10^{-9}$
1 henry(H)	= 1 V-sec/A	1 newton(N)	= 1 kg-m/sec²
1 hertz(Hz)	= 1 cycle/sec	Permeability of free	
1 inch(in)	= 2.54 cm	space(μ0)	= $4\pi\times10^{-7}$ H/m
1 joule(J)	= 10^{7} ergs	Permittivity of free	
	= 1 W-sec	space(ϵ0)	= $(36\pi\times10^{9})^{-1}$ F/m
	= 6.25×10^{18} eV	pico(p)	= $\times10^{-12}$
	= 1 N-m	1 pound(lb)	= 453.6 g
	= C-V	1 tesla(T)	= 1 Wb/m²
kilo(k)	= $\times10^{3}$	1 ton	= 2,000 lb
1 kilogram(kg)	= 2.205 lb	1 volt(V)	= 1 W/A
1 kilometer(km)	= 0.622 mile	1 watt(W)	= 1 J/sec
1 lumen	= 0.0016 W (at 0.55μ)	1 weber(Wb)	= 1 V-sec
1 lumen per square foot	= 1 ft-candle	1 weber per square	
		meter(Wb/m²)	= 10^{4} gauss

(3) 그리이스 분자

문자	소문자	대문자	문자	소문자	대문자
Alpha	α	A	Nu	ν	N
Beta	β	B	Xi	ξ	Ξ
Gamma	γ	Γ	Omicron	o	O
Delta	δ	Δ	Pi	π	Π
Epsilon	ε	E	Pho	ρ	P
Zeta	ζ	Z	Sigma	σ	Σ
Eta	η	H	Tau	τ	T
Theta	θ	Θ	Upsilon	υ	Υ
Iota	ι	I	Phi	φ	Φ
Kappa	κ	K	Chi	χ	X
Lambda	λ	Λ	Psi	ψ	Ψ
Mu	μ	M	Omega	ω	Ω

2. 반도체 웨이퍼 제조방법

오늘날 대부분의 집적회로 제조의 재료로 실리콘(Silicon ; Si) 반도체가 출발물질이 되고 있는데, 이것은 반도체 재료로서 다음과 같은 점들이 요구되기 때문이다.

① 낮은 원자번호의 원소일 것(Si의 원자번호는 14임) - 강도문제
② 순수한 단결정의 생성이 용이할 것.
③ 불순물 첨가로 PN접합이 쉽게 만들어질 것.
④ 전기적인 절연산화물(Silicon Dioxide ; SiO_2)을 형성하기 쉬울 것.

Transistor가 발명된 이래 처음 10년(1950년대) 동안은 게르마늄(Ge)을 응용한 기술이 주동적이었다. 그러나 1960년 이후에는 Si의 제조기술의 발전에 따라 Si을 응용하는 쪽이 주동적 위치를 차지해오고 있다. Si소자는 여러 가지 점에서 Ge소자보다 우수하며, 특히 IC에 있어서는 Si이 유일한 재료이다.

(1) Silicon 정제

1) 화학적 방법

Si는 산화물 또는 다른 여러 가지 화합물의 형태로 지구상에 널리 존재하고 있으며, 그 양은 산소(O_2) 다음으로 많다. 대규모 Silicon 제조공정에서는 가장 얻기 쉬운 실리카(SiO_2)를 원료로 하며, 이것을 전기로 내에서 탄소(C)와 함께 가열하여 환원시킨다.

$$SiO_2 + 2C \rightarrow Si + 2CO_2$$

이렇게 해서 얻어진 실리콘은 순도가 93~98%로써 이 실리콘을 공업용(또는 합금용) 실리콘이라고 부른다. 이 공업용 실리콘을 재료로 하여 순도가 더욱 높은 것을 얻게 되는데, 여기에는 여러 가지 화학적 방법을 사용할 수 있다. 이들 가운데 흔히 사용되고 있는 것의 하나는 일단 염소화하여 $SiCl_4$를 만든 다음 아연(Zn)을 환원제로 이용하는 화학반응법이다. 여기서 $SiCl_4$의 형태로 하는 것은 여러 가지 다른 성분과 분리시켜 순수한 $SiCl_4$를 쉽게 얻을 수 있기 때문이다.

$$SiCl_4 + 2Zn \rightarrow Si + 2ZnCl_4$$

이러한 방법으로 순도가 4 nine(99.99%) 정도의 실리콘이 얻어진다.

2) 대역정제(Zone Refining)

반도체 재료로 사용할 실리콘은 순도가 대단히 높은 12 nine 정도가 요구된다. 그러나 화학적인 방법만으로는 많아야 5 nine(99.999%) 정도 밖에 얻을 수 없다. 그러므로 물리화학적인 방법으로 순도를 높이게 되는데 그 원리를 아래 그림 a.1에 나타내었다.

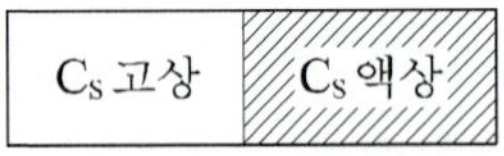

(a) 대역정제의 원리

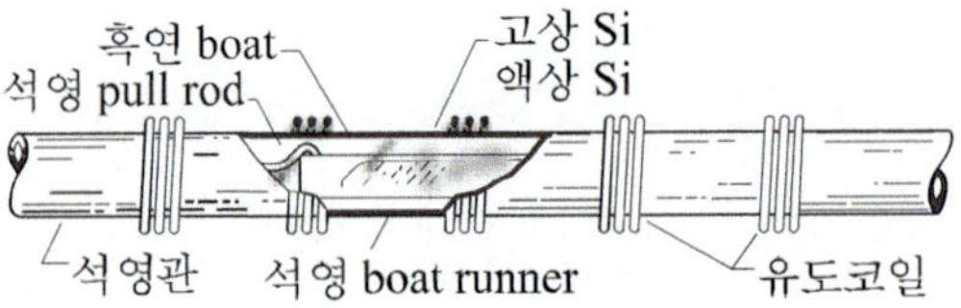

(b) 대역정제장치

그림 a.1 대역정제

여기서 정제의 원리는 액체상태의 Si이 고체상태로 변화하는 과정에서 불순물이 제거되는 현상을 이용한 것으로 Si을 일단 용해시킨 다음 한쪽 끝에서부터 서서히 온도를 낮추어가면 Si이 굳어지기 시작한다. 이때 굳어져 가는 Si속에 포함되는 불순물 농도 CS는 액체상태 안의 불순물 농도 CL과 일정한 비율을 유지하려는 성질이 있으며, 일반적으로 CS<CL이다. 그러므로 불순물은 굳어져가는 Si에서 액상 Si 안으로 옮겨가게 된다. 이러한 현상을 편절(Segregation)이라 하는데, CS/CL을 편절계수라고 하며 그 값은 불순물의 종류에 따라 다르다.

대역정제 장치는 그림 a.1의 (b)와 같은 Si Ingot(막대)을 흑연으로 만든 Boat 위에 올려놓고 왼쪽으로 서서히(약 2mm/min) 이동시키면 유도코일의 위치에 왔을 때 일단 용해되고 이 자리를 지나면서 다시 굳어진다.

그러므로 용해상태가 Si 막대의 왼쪽 끝에서 오른쪽으로 이동하는 셈이 되어 불순물은 오른쪽 끝에 모이게 된다. 이리하여 10~15개의 유도코일을 지나게 한 다음 막대의 오른쪽 끝부분을 잘라버리면 나머지 부분에 10 nine 정도의 순도를 갖는 Si를 얻게 된다.

(2) 단결정의 성장

지금까지의 과정에서 얻은 Si은 충분히 높은 순도를 갖고 있기는 하나 반도체 재료로서는 아직 불충분하다. 왜냐하면 여기서 얻어진 것은 작은 단결정(Single Crystal)들이 불규칙적으로 모여서 된 다결정질(Polycrystal)의 것이며 재료 전체가 하나의 완전한 결정을 이루고 있지 않기 때문이다. 이러한 것은 다음과 같은 바람직하지 못한 효과를 나타낸다.

① 캐리어(전자 및 정공)의 이동도가 감소한다.
② 재결합이 심하게 일어난다.
③ 따라서 과잉캐리어의 수명이 짧아진다.

그러므로 이러한 단결정 사이의 불완전한 경계면을 제거하고 재료 전체가 하나의 완전한 단결정을 이루도록 할 필요가 있다.

반도체 재료의 단결정을 만드는 방법으로는

① Bridgman법
② 수평 Bridgman법
③ CZ법(Czochralski의 인상법)
④ FZ법(Floating Zone : 부유대역용해)
⑤ 기상(氣相) 성장법
⑥ Epitaxial법
⑦ 고압 Flux법

등이 있으며, Si 단결정을 만드는 가장 일반적인 방법은 쵸크랄스키(Czochralski)의 인상법(Pulling Method)으로 이 장치는 아래 그림과 같다.

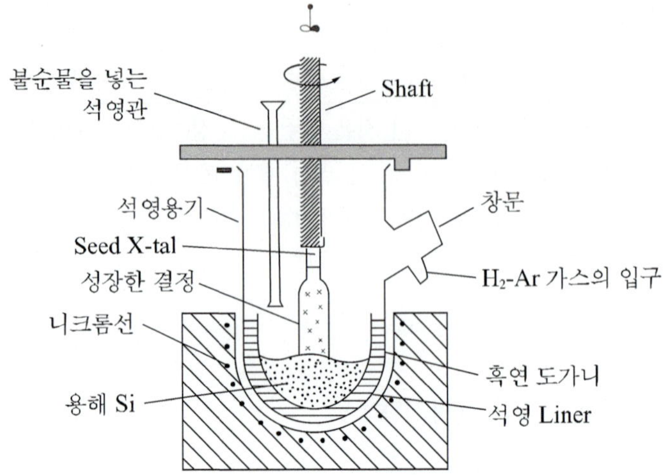

그림 a.2 인상법에 의한 단결정 성장

이 장치에 의한 단결정 성장 방법은 먼저 다결정질의 Si을 용해시킨 다음 온도를 낮추어 녹는점보다 조금 높은 온도를 유지해 둔다.

용해로 위의 Pulling head에 미리 준비한 종결정(Seed Crystal : 결정성장의 씨앗으로 될 단결정)을 붙여 이것을 Si 용액에 접촉시킨다. 이 때 Si 용액의 온도는 종결정이 용해하지 않으며 또 용해된 Si이 굳어지지 않는 정도로 적당히 되어 있어야 한다.

Pulling head를 약 10rpm 정도로 회전시키면서 서서히(75mm/hr 정도로) 끌어올리면 종결정이 성장되면서 큰 단결정이 얻어진다. 끌어올릴 때 회전시키는 것은 용액에 약간의 자극(Stirring action)을 주기 위해서이다. 산소와 같은 해로운 불순물이 결정 안으로 섞여 들어가지 않도록 하기 위해서 H_2 또는 Ar가스 속에서 성장시킨다. 이렇게 해서 얻은 결정의 크기는 보통 지름이 5～20 cm(Wafer size에 따라 다름), 길이가 25cm 정도이다.

(3) n형 및 p형 반도체의 제조

그림 a.2의 단결정 성장장치는 p형 및 n형 반도체를 만드는 데에도 그대로 이용된다. 이것은 Si 용액에 미리 적당한 양의 불순물(억셉터 또는 도우너)을 넣어두거나 작업도중에 임의의 불순물을 넣으면 된다. 또한 처음에 p형 반도체를 끌어올리다가 중간부터 n형 반도체를 되도록 할 수도 있다.

1) 단결정봉으로부터의 Wafer 제조

성장장치로 얻어진 큰 단결정의 모양은 그림 a.3과 같다.

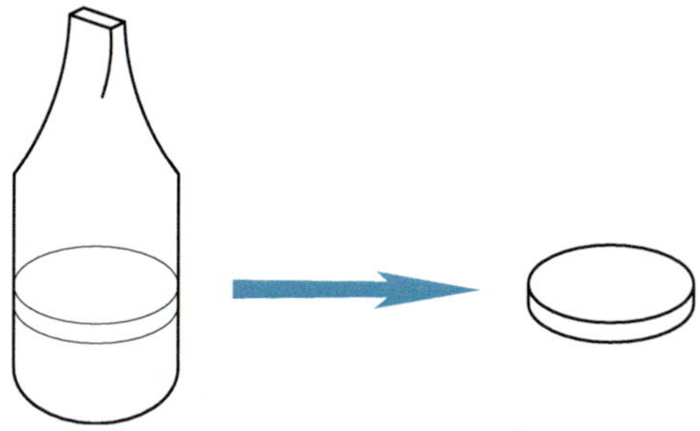

그림 a,3 인상법으로 만들어진 단결정봉 및 Wafer

인상법으로 만들어진 큰 단결정은 위의 그림과 같이 원통형의 모양으로 되어 있으며 지름은 2~10inch, 길이는 50cm 정도이다. X선 기술로 결정구조를 검사한 다음에 결정면을 따라 다이아몬드톱으로 절단하면 얇은 반도체 원판이 얻어진다. 이것은 Wafer라 한다. Wafer의 두께는 0.3~0.5mm 정도이며 이 Wafer가 IC를 제조할 때 기판으로 되는 것이다.

다이아몬드톱으로 절단된 Wafer의 표면은 결정조직이 파손되어 일그러져 있다. 이와 같이 결정조직이 파손된 것은 캐리어의 이동도 및 재결합 등에 큰 영향을 주므로 전기적 성질에 현저한 영향을 미치게 되며, 공정시에 확산의 불균일을 초래하고, 또한 Wafer 단면에의 Epitaxial층 성장, 절연막 형성, Photo/Etching 등을 행하는 경우에 나쁜 영향을 주게 된다. 따라서, 이러한 가공변형층을 제거하기 위해 Carborundum 또는 Alumina Al_2O_3) 등의 미립자를 연마제로 하여 표면을 거울과 같이 연마한다. 다음에 표면에 부착된 산화막 및 불순물을 제거하기 위해 화학약품으로 Etching 해준다.

이것으로 반도체 Wafer가 완성되는 셈이며, 완성된 Wafer의 두께는 0.3~0.7mm 정도이다.

2) Wafer의 조건

① 작업과장에서 손상되지 않을 정도로 기계적으로 강해야 한다.

② 수천 개의 IC Chip을 만든 후에 개개의 Chip을 베어낼 수 있을 정도로 얇게 되어 있어야 한다.

③ 기판의 저항율은 비교적 높은 편이다. 이것은 가판표면에 형성되는 PN 접합의 항복 전압을 높이고, 또 접합용량을 작게 하기 위해서 필요하다. 기판의 저항율은 10 ohm cm불순물 농도 1.4×10^{13}ea/cm^3) 정도로 택하여진다.

3) Wafer의 구분

결정성장법으로 만들어진 Wafer는 좌표 (x, y, z)의 원점을 기준으로 하여 Si 결정의 성장 방향과 불순물의 형태에 따라 그림 a.4와 같이 표시한다.

일반적으로 Bipolar 소자의 경우 p-type(1 1 1)의 Wafer를 사용하며 MOS소자 제조시는 n-type(1 0 0)의 Wafer를 사용한다.

그림 a.5에는 소자가공이 끝난 Wafer의 부분에 대한 명칭을 나타내었다.

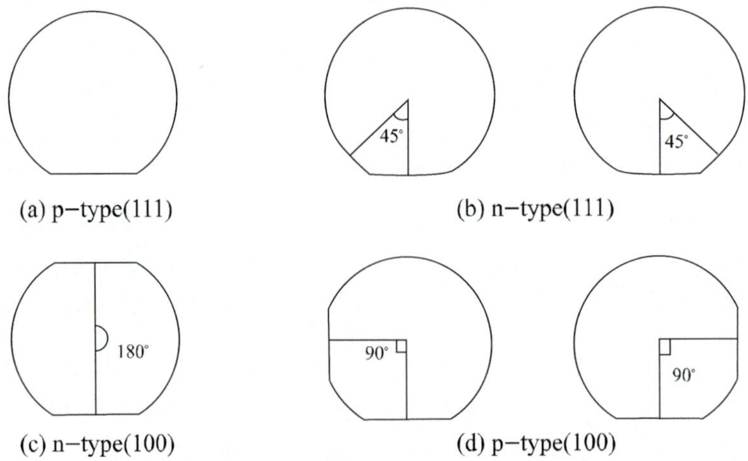

그림 a.4 Wafer의 형태에 따른 구분

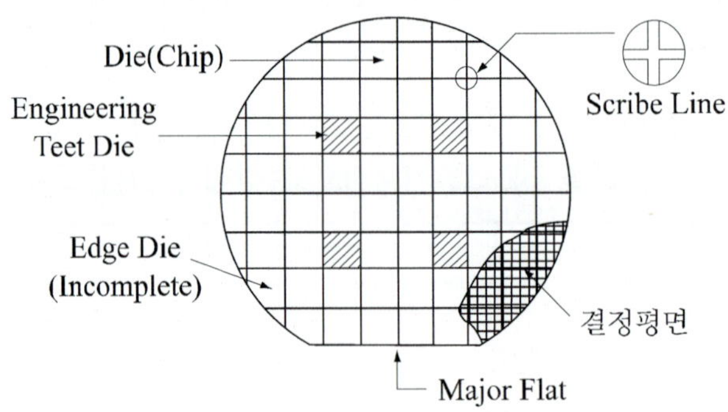

그림 a.5 Wafer 각 부분의 명칭

3. 반도체 용어 해설

Acceptor

3가지 원자, 즉 3개의 가전자(價電子 ; Valence electron)를 가지고 있는 원자를 게르마늄(Ge)이나 실리콘(Si)과 같이 다이아몬드 결정구조로 공유결합을 하는 반도체 결정 속에 불순물로서 미량 혼입하면 3가의 원자는 반도체 원자로부터 전자 1개를 취하여 완전한 결정구조의 공유결합을 이루려는 성질로 인해 반도체 물질은 P형으로 된다. 즉, 3가의 불순물 원자는 상온 정도의 에너지로 가전자를 빼앗아 (-)이론으로 되고 가전자를 빼앗긴 반도체 원자에는 정공(Hole)이 남아 전체적인 반도체 물질은 정공이 다수로 존재하는 P형이 되는 것이다.
이와 같이 불순물로서 혼입되었을 때 자신이 (-)이온으로 되어 정공을 만들어내는 원자를 "전자를 받아들이는 것"이라는 의미에서 억셉터라고 부른다. 이와 같은 불순물 원자에는 원소주기율표 상의 III족 원자인 알루미늄(Al), 인듐(In), 갈륨(Ga), 브론(B) 등이 있다.

Acetic Acid(CH_3COOH_3)

무색, 휘발성 기체로 달콤한 냄새가 나며, 허용농도는 1000 ppm, 인화점 43℃의 성질을 갖고 있는 화합물이다. 반도체 공정에서 표면 Cleaning 또는 HNO_3, HF 등과 함께 Poly Back Etch(Wafer 뒷면의 Poly층을 제거하는 공정) 등에서 Uniformity 등을 좋게 하는 완충 용액으로 사용된다.

Active Element : 능동소자

전자부품을 능동소자와 수동소자로 나누어 생각하는 경우가 있는데, 능동소자는 비선형(Nonlinear 혹은 비직선) 특성을 이용하는 소자로 대표적인 것으로는 진공관, 트랜지스터, FET, 다이오드 등이 있다.

ADC : Analog to Digital Converter

아날로그 신호를 입력으로 가하여 디지털 신호를 출력으로 꺼내는 회로를 말한다. 자연계의 물리량, 즉 전압, 시간, 변위, 속도, 압력 등은 아날로그량이다. 그러나 정보 처리 시스템, 이를테면 전자계산기 등에서는 디지털량을 처리하는 편이 용이하게 된다. 그러므로 아날로그량을 디지털량으로 변환할 필요가 생겼으며, 이것은 아날로그량을 아날로그량 그대로 처리하는 것보다 A-D 변환 → 디지털 처리 → D-A 변환으로 하는 편이 정확도가 높아지고 또 취급도 용이하기 때문이다.

Aging : 에이징

반도체 제품의 제조 직후에 미리 어느 정도 노화상태로 만들어 초기의 불량 발생의 부담을 사용자 측에 주지 않기 위한 것이다. 에이징에는 전압, 전류를 이용한 전력 에이징과 고온상태에서 행하는 열에이징이 있다.

Aligner

Align하는 장비를 Align 방식에 따라 Stepper, Contact Aligner, Proximity Aligner, Projection Printer 등이 있다.

Alignment

Mask의 상(Image)을 Wafer 위에 옮기기 위해 상호 정확한 위치에 맞추는 직업.

Alignment Mark

반복되는 Align 공정에서 정확한 Align을 위하여 표시된 기준점을 말한다.

Alloy : 합금

두 종류 이상의 금속이 용융하여 혼합되는 현상 또는 그 결과로 얻어진 혼합 금속을 말한다. 반도체 공정에 있어서 합금 과정은 N형인 Ge 위에 In의 입자를 얹어 고온에서 용해시키는 것과 같은 과정으로 진행되며, 이때 반도체 물질과 불순물 입자는 Ohm성 접촉을 이루는데 이러한 형식으로 이루어진 PN 접합을 합금접합이외에 결정을 성장시키는 과정에서 점차로 불순물을 투ㅎ입하는 성장접합(Growing Junction), 고온에서 불순물을 기체상태로부터 확산하는 확산 접합(Diffused Junction), 전도 형태가 다른 반도체를 점차로 에피택셜(Epitaxial) 성장시키는 에피택셜접합, 불순물 원자를 이온화한 다음 고전계로 가속하여 반도체에 주입하는 이온 주입법 등이 있다.

Aluminum(Al) : 알루미늄

원자번호 13인 III족 원소로 반도체 기술에서 소자 간의 연결을 위해 가장 자주 사용되는 금속원소이다. 이것은 진공증착(Vacuum Evaporation)이나 Sputtering 방법을 이용하여 흡착시킨다.

Aluminum Target

99.999%의 고순도의 Al에 약 1%의 Si이 함유된 원판 형태의 Target으로 5 inch wafer의 경우 직경 7.25 inch(184 mm), 무게 880g 정도의 것을 사용하며, 6 inch wafer의 경우 직경 10.4 inch(263 mm), 무게 120g의 것을 사용한다.

이것은 Chip 안에서 소자 간의 도선 연결을 위한 Metal Layer를 형성시키기 위해 사용하는 것으로 Sputtering 장비에서 높은 전압에 의해 이온화된 아르곤(Ar) 가스가 Al Target을 때려 이때 분리되어 나온 Al이 Wafer 표면에 부착되어 Metal Layer를 형성하게 된다.

Ammonia(NH_3)

부식성, 독성, 무색, 심한 자극적인 냄새, 가연성 등의 성질을 갖는 가스로 Silicon Nitride와 같은 부전도성(절연성) 박막형성과 CVD를 이용 Passivation Layer 등을 형성하며 Plasma CVD에서는 Nitride Deposition의 Nitrogen(질소) Source로 사용된다.

Ammonium Fluoride(NH_4F)

깨끗한 수성용액으로 무취, 부식성, 독성, 허용농도 16.5 ppm, 비가연성의 성질을 갖고 있다. 반도체 공정에서 HF와 섞어 B.O.E(Buffered Oxide Etch) 용액을 만들어 Oxide Etch 시 Etch Rate 등을 조정하여 Uniformity(균일성) 등을 좋게 하는 완충용액으로 사용된다.

Ammonium Hydroxide(NH_4OH)

자극적인 암모니아 냄새가 나는 색깔이 없는 액체로 부식성, 허용농도 25 ppm, 비가연성의 성질을 갖는다. Wafer 표면의 유기물 제거 등 Cleaning Chemical로 사용되며 Metal Etch 용액의 일부가 되기도 한다.

Analog IC

디지털 IC에 반대되는 말로서 아날로그 신호를 취급하는 집적회로를 말한다. 아날로그 IC를 특성에 따라서 분류하면 선형 동작만을 대상으로 한 Linear IC와 비선형 동작을 하는 Nonlinear IC로 나누어진다. 그러나 Linear IC라는 말은 디지털 IC에 대비해서 사용하는 경우가 많으며, 이 경우에는 아날로그 IC와 같은 용어로 사용된다.

Analog Memory :

아날로그량을 기억하는 메모리를 말한다. 기술적으로 디지털 메모리보다 어려운 점이 많으므로 현재로는 만족한 정도의 아날로그 메모리는 나와 있지 않다. 따라서 메모리라고 하면 일반적으로 디지털 메모리를 가리킨다.

Angle Lab

접합층의 깊이를 측정할 때 그 크기를 확대하기 위한 방법으로, 수직 방향에 대해서 어떤 각도를 갖도록 반도체 물질을 잘라내는 것을 말함.

Anneal

고온에서 진행되는 공정으로 Wafer의 응력을 풀거나 결정 구조를 균일하게 정렬시켜 소자 표면의 영향력을 줄이기 위한 과정이다.

Anode Oxidation : 양극 산화

실리콘을 NMA(N-Methyl-Acetamide) 등의 전해액에 담그고 Si를 양극, 백금 전극을 음극으로 하여 산화막(SiO_2)을 형성시키는 방법이다. 양극 산화의 특징은 저온 산화에 비해 더욱 낮은 온도에서 산화막 형성이 가능하며, 산화반응이 SiO_2의 표면에서 일어난다는 점이다. 이들 특징을 이용하여 Al을 양극 산화해서 MOS FET의 패시베이션, IC의 다층 배선에 이용하고 있다.

Antimony(Sb) : 안티몬

원자번호 51의 V족 원소로 반도체에서 N형 불순물로 이용되며, Bipolar IC 제조 공정에서 매립층(Buried Layer) 확산에 쓰인다.

Argon(Ar) : 아르곤

원자번호 18인 0족 불활성 원소로 산소와 취환하며, 무색, 무취, 비가연성의 성질을 갖는다.
반도체 공정에서 Particle 등의 오염이 심각하게 영향을 미치는 Sputtering 및 Ion Implant의 Carrier gas로 사용되며 MOS Device의 Annealing gas로 또는 Plasma Etching 등에 사용된다.

Array Logic

플립 플롭(F/F), NAND, NOR, 다이오드 등의 논리 회로(Logic Circuit)를 어레이 모양으로 배열한 것으로 반복 구조에 의해서 원하는 논리를 실현하는 Device이다. 어레이 조직은 반도체 IC의 집적도의 증대와 더불어 필요하게 된 것으로 메이커가 요구하는 획일성(소품종 다량생산)과 수요자가 요구하는 다양성(다품종)의 서로 모순된 요구를 충족하기 위해 등장한 것이다.

Arsenic(As) : 비소

원자번호 33의 V족 원소로 반도체에서 N형 불순물로 이용된다.
또한 갈륨(Ga)과 결합한 GaAs의 형태인 화합반도체 재료로 널리 쓰인다.

Arsenic Solid Source

Arsine(AsH_3) Gas를 약 31g 정도의 고체형태로 만든 것으로 99.999%의 순도를 지닌 고체로 380℃에서 기화한다. 이것은 Implantation 공정에서 AsH_3와 마찬가지로 N형 불순물을 Doping 하는데 사용된다.

ASIC : Application Socific IC ; 특정용도용 IC

표준화되어 있지 않고 특정 사용자(Customer)의 주문에 의해 제작되는 IC로서 반 주문형(Semi -custom)과 완전 주문형(Full-custom) IC의 총칭이다. ASIC이라는 단어는 미국의 Dataquest(전자정보 관련회사)에서 처음 명명한 말로 대표적인 제품으로는 Gate Array와 Standard Cell이 있다.

Assembly : 조립

소자의 가공이 끝난 Chip(or Die ; Pellet)을 Wafer 상태에서 하나씩 잘라내어 외부에 노출되지 않게 하고 set에 적용하기 쉽도록 일정한 형태로 Package를 씌우는 과정을 말한다.

Atomic Nucleus : 원자핵

물질의 궁극은 원자이며, 모든 물질은 원자가 여러 가지로 조합하여 구성된 것이라고 생각할 수 있는데, 이 원자의 구조를 관찰해 보면 양(+)의 전하를 딘 중심부와 음의 전하를 갖고 몇 개의 궤도로 나뉘어서 그 주위를 돌고 있는 전자로 구성되어 있다.
원자의 중심부는 다시 양의 전하를 떤 양자와 전하를 띠지 않은 중성자, 중간자 등으로 구성되어 있는데, 원자의 질량의 대부분을 차지하고 있는 양자, 중성자가 뭉쳐서 전자가 회전하는 중심이 되므로 이것을 원자핵이라 부른다.

Atomic Number : 원번호

현재까지 알려진 원자는 100여종 정도인데 이것을 가벼운 것부터 순서로 배열하여 번호를 붙인 것으로, 이 번호는 또한 그 원자가 갖는 전자의 수와 일치한다. 반도체 재료로 널리 쓰이는 실리콘(Si)은 14, 게르마늄(Ge)은 32로 되어 있어, 실리콘은 14개의 전자를, 게르마늄은 32개의 전자를 지닌 원자라는 것을 뜻한다.

Avalanche Breakdown : 전자사태(沙汰) 파괴

PN접합에서 역방향 전압을 가했을 때 역방향 전압의 증가에 따라 공간 전하 영역의 전계강도 증가로 역방향 전류가 급격히 증가하는 현상을 말한다.

Back Grind

일반적으로 공정 진행에 있어서 Wafer의 강도 혹은 지지도를 위해 필요한 Wafer의 두께는 5 inch Wafer의 경우 약 550㎛ 6 inch의 경우 600㎛ 정도가 되어야 하는데, 실제로 Wafer에 소자가 형성되는 깊이는 10㎛ 내외이며 나머지 부분은 Device 동작에 불필요한 부분으로, 전기전도나 열전도에 나쁜 영향을 미치게 된다. 그러므로 Wafer 위에 소자 가공을 마친 후에 이러한 불필요한 부위를 깎아내게 되는데 이러한 Back Side 공정에는 Back Grind와 Back Lapping이 있으며 Back Grinding은 Diamond 칼날을 이용하여 Wafer의 뒷면을 깎아내는 공정이다.
Back Side 공정 후에 남게 되는 Wafer의 두께는 MOS Memory 소자의 경우 약 300㎛ 정도를 유지하게 된다.

Back Lap

Wafer에 소자가공을 마친 후 필요 이상으로 두꺼운 Wafer의 뒷면을 일정한 두께로 깎아내는 공정으로

Device의 전기전도에 대한 저항을 줄이고 소자의 동작 시 열전도율을 향상시키기 위한 것이다. 최근에는 Metal Etch 등에서 수분과 Plasma Chamber 내의 오염을 방지하여 순도를 높이고, Etching의 정도를 높이는 데까지 확대되고 있다.

Back Metalization

소자의 열 방출 효율을 높이고 Assembly 시 Chip의 전기적 접착도를 향상시키기 위해 Back Grinding이 끝난 Wafer의 뒷면에 Gold(Au), Nickel(Ni), Chromium(Cr) 등의 금속막을 입히는데 이 과정을 Back Metalization이라 한다. 보통 Gold를 진공증착이나 Sputtering으로 0.1~0.4 ㎛ 정도로 Deposition한다.

Backward Current : 역방향 전류

PN접합에 역방향 전압, 즉 P형 쪽에 -, N형 쪽에 +의 전압을 걸었을 때 흐르는 전류를 말한다. PN접합에서는 P쪽에 정공, N쪽에 전자를 다수 캐리어로 가지고 있어 역방향 전압을 가했을 때 접합부에 생긴 전기적 2중 층이 전위장벽으로 되어 다수 캐리어의 이동을 막는다. 그러므로 역방향 전압을 걸었을 때 다수 캐리어에 의한 전류의 흐름은 발생하지 않게 되며, P족의 전자, N쪽의 정공인 소수 캐리어의 전장에 의한 이동만이 역방향 전류를 형성하게 된다.

Bake

Wafer에 열을 가하여 굽는 것을 말하며 Soft Bake, Hard Bake, Post Bake가 있으며 그 이유는 Etch나 Mask Align 시 P/R의 접착도를 크게 하기 위한 것이다.

① Soft Bake : Wafer에 P/R(Photoresist)을 도포하고 나서 115℃로 굽는 것.
② Hard Bake : Etch 공정 이전에 130~140℃로 Bake Oven에서 굽는다.
③ Post Bake : P/R이 도포된 Wafer를 Aligner로 Expose(노광)한 다음 110℃에 굽는다.

BB Ratio : Book to Bill Ratio(반도체 수주 대 출하 비율)

반도체 시장의 수요와 공급의 실상을 나타내는 지표로서 그 값이 1.0일 때 수요와 공급의 균형을 나타내며 1.0보다 작을 때 공급 과잉으로 가격하락을 초래하며 1.0 이상일 때는 공급 부족을 나타내어 가격 상승을 가져온다.

Beam lead

반도체 칩의 기계적 또는 전기적 접촉을 위해 칩의 외부로 나오는 금속 리드를 말하며 보통 금(Gold)을 이용한다.

Bi-MOS : Bipolar+MOS

Bipolar와 MOS를 조합하여 동일 Chip 위에 집적시켜 만든 제품이나 그 기술을 말한다.

Bipolar : 바이폴라

바이(Bi)는 2, 폴라(Polar)는 폴라리티(Polarity), 즉 극성을 뜻하므로 바이폴라는 쌍극성 또는 2 극성이라는 뜻으로 소자의 동작에 다수 캐리어와 수수 캐리어, 즉 전자와 정공의 양쪽이 관여하고 있는 것을 바이폴라라고 한다. 바이폴라의 가장 좋은 예가 보통의 트랜지스터인 접합형 트랜지스터로서 전자와 정공 양쪽의 동작으로 트랜지스터 작용이 얻어진다.

Bipolar Transistor

트랜지스터의 동작에 전자와 정공을 동시에 이용하는 트랜지스터를 말하며 이것에 대응하는 말에 유니폴라 트랜지스터(Unipolar Transistor)가 있는데, 이것은 전자 또는 정공 중의 어느 한 쪽만을 이용하는 트랜지스터로 MOS 트랜지스터가 대표적인 예이다.

BLIP : Beam Leaded Interconnected Packing

다층 배선기판을 이용한 Chip 실장 방식으로 세라믹 기판 위에 Chip이 들어갈 위치를 마련하여 Chip을 올려놓고 그 위에 빔 리드가 칩의 본딩 패드에 본딩한다. 이 방식은 다수의 Chip을 정확히 배치함으로써 멀티 팁 IC의 실장을 가능하게 한다.

Boat : 보트

고온 공정이나 습식 공정에서 Wafer를 실어 이동시키고 지지할 수 있도록 만들어진 기구로 석영이나 테프론 혹은 플라스틱으로 만들어지며, Wafer가 한 장씩 세워지도록 홈이 파져있다.

Boat Holder : 보트 받침대

Boat가 외부와 닿지 않도록 받쳐주는 것으로 수정(Quarty)이나 Polysilicon으로 되어 있다.

Boat Puller : 보트 예인기

일정한 속도로 Wafer와 함께 로(爐 ; Furnace)에 넣거나 빼는 기계 장치.

B.O.E : Buffered Oxide Etchant(=NH4F+HF)

NH_4F(Ammonium Fluoride)와 HF(Hydrofluoric Acid)가 혼합된 화학물질로 Oxide Etch에 사용된다. Etch 시에 HF는 Oxide Etch에 직접 관여하며 NH_4F는 Etch Rate를 조정하여 Uniformity를 좋게 하는 완충용액의 역할을 한다.

BOH : Beginning On Hand(기초제공)

매 기간(月, 週, 日)이 시작될 당시 공정 보유 중인 Wafer 수량.

Bonding Pad

반도체 Chip(Die)의 내부회로와 외부의 회로를 연결하기 위해 도선(Wire)을 연결하게 되는데, 이때 Chip 위의 접착(Bonding) 부위에 알루미늄 등의 금속 증착 피막을 입힌다. 이 접착 부위를 본딩 패드라고 하며 사각형의 구조를 갖는다.

Boron(B) : 붕소

원자번호 5인 Ⅲ족 원소로 반도체 물질에서 P형 불순물의 역할을 한다. 표준적인 Bipolar 집적 회로 공정에서 Isolation(절연)과 Base 영역확산 시 확산 Source로 사용된다.

Boron Trichloride(Bcl3)

부식성, 독성, 무색, 염산과 같은 냄새, 비가연성 등의 성질을 갖는 가스로 종전에는 Implantation에서 P형 Doping 물질로 사용되었으나 최근에는 Metal Etch 등에서 수분과 Plasma Chamber 내의 오염을 방지하여 순도를 높이고, Etching의 정도를 높이는 데까지 확대되고 있다.

B.P.S.G. : Borophosphorsilicate Glass

PSG나 BSG의 단점을 보완하기 위해 사용되는 Passivation 막으로 보다 낮은 온도에서 공정이 가능하며, 부식에 강하고 APCVD로 막 형성 시 Process Parameter 조절이 용이한 특징을 갖고 있다.

Bread Board

어떤 회로를 IC화하기 전에 개별부품을 사용하여 목적하는 IC회로와 동등한 기능을 갖는 회로를 만들어 그 IC회로의 모의설계를 하는 것을 브레드 보드라 한다. 이것은 반도체 IC 제작에 있어서 기생소자의 영향, 열적효과, 온도 특성 등을 의사회로(Simulated Circuit)로 검토, 확인하는 방법으로 유효하게 이용된다.

Breakdown Voltage

PN접합 다이오드에 과도한 역방향 전압을 가했을 때 어느 한계를 넘으면 역방향 전류가 급격히 증가하게 되는데 이 현상을 Breakdown 또는 접합의 항복이라고 하며 이 한계 전압을 브레이크 다운 전압이라 한다. 반도 소자에 이 전압을 초과하는 전압을 가하면 소자가 파괴된다.

BSG : Boro-Silicate Glass

반도체 표면의 안정화 등에 사용되는 실리케이트 유리의 일종으로 Boron(붕소 ; B)과 Silicon(실리콘 ; Si)이 결합된 유리질의 혼합물이다.

이 물질의 생성은 Thermal Diffusion(고온확산) 과정, 고주파 Sputtering, CVD법 등이 있다.

BT Test : Bias and Temperature Test

고온에서 바이러스를 건 상태에서 반도체 소자를 시험하는 것으로, 고온 수명 시험과 상온에서의 전력 수명시험(동작시험)의 결과가 좋아도 고온에서 바이러스를 건 상태로 시험하면 열화를 나타내는 것이 있으므로 신뢰도 평가의 한 방법으로 BT 시험이 채택되고 있다.

BTL : Bell Telephone Laboratories

미국의 벨 전화연구소를 말하며 미국의 반도체 분야에서 주도적인 역할을 하고 있다. 초기의 트랜지스터 기술은 거의 모두가 여기서 개발되었다.

Bubller

D.I. Wafer(순수한 물)를 흘러넘치게 하면서 Nitrogen(질소)이 바닥으로부터 분출되어 Wafer의 표면을 헹구어 세척해 주는 장치.

Buffer

화학반응에 있어서 실제로 반응하는 이온의 수를 일정하게 유지시켜 산이나 용제의 화학반응 상태의 급격한 변화를 막아주는 첨가물(논리회로에서의 버퍼는 한 논리회로와 다른 논리회로를 연결할 때 그 직접결합에 의한 나쁜 영향을 피하기 위해 중간에 삽입하는 회로를 말한다).

Buried Layer

Bipolar 트랜지스터 제조 시에 에피층을 키우기 전에 P형 기판에 N^+영역을 확산시켜 소자전류의 흐름에 낮은 직렬 저항을 갖도록 매립층을 형성시키게 되는데 이 층을 Buried Layer Doping 물질로는 안티몬(Sb)이나 비소(As)를 사용한다.

Burn-In

반도체 제품의 모체 로트 속에 일부 혼합되어 있는 불량품을 제거하기 위해 고온 보관, 전력 에이징, 온도싸이클링 등을 하는 작업을 말하는 것으로 Debugging이나 Screening과 비슷한 의미의 용어이다.

CAD : Computer Aided Design

Computer를 이용하여 복잡한 제품을 설계하는 것을 말한다.
IC System의 설계규모가 거대화되고 복잡화해짐에 따라 빠른 시간 내에 원하는 기능의 IC를 개발하기 위해서 CAD에 의한 IC 설계는 필수적으로 되었다. 이러한 CAD의 이용은 설계의 오류를 최소화하고 설계변경을 용이하게 하며, 설계 검증 및 Test에 소요되는 시간을 절약해 준다.

Carbon Tetrafluoride(CF_4)

비활성, 무색, 무취, 비가연성의 gas로 Oxide, Nitride, 용해되지 않는 Metal 및 Metal Silicide를 Etching 하는 데 사용한다.

CCD : Charge Coupled Device(전자결합 소자)

빛 등에 의해 유기된 Carrier를 전송시켜 아날로그 신호로 꺼내는 기능을 지닌 소자로 1970년에 BTL의 Boyle 등에 의해 발표된 소자이다. 자기 주사기능과 기억 기능을 겸비한 간단한 MOS 구조를 말한다.

Channel

전계효과 트랜지스터(FET)의 Gate 아래 부분인 Source와 Drain 사이에 형성된 다수 Carrier의 통로를 말하며 전류가 흐르는 길이 된다. Fet에서는 이 채널의 형태에 따라 전류의 흐름이 달라지는데 이것은 Gate에 가한 전압으로 제어한다.

Chip

Wafer 상에 소자 가공이 끝난 상태에서 개개의 IC를 이루는 작은 조각을 말하며 Die 또는 Pellet 등과 같은 의미로 쓰인다. 소자 가공이 끝난 Wafer 상에는 이러한 Chip이 수백~수천 개가 포함된다.

Chlorine(Cl_2)

부식성, 독성, 진한 연녹색, 맵고 자극적인 냄새, 비가연성의 성질을 갖는 기체로 Aluminum이나 Silicon의 Etching에 사용되며, 또 Oxidation 공정 과정이나 Metal의 오염을 방지하기 위하여 첨가제로 사용되기도 한다.

CMOS : Complementary MOS

P-Channel형과 N-Channel형의 두 MOS 트랜지스터를 하나의 회로로 구성하여 단위 트랜지스터의 기능을 발휘하게 한 상보형 IC 회로로, CMOD IC는 고속, 저전력 등의 특징을 갖고 있어 최근에 각광을 받고 있다.

Coater

Wafer에 감광액(Photoresist)을 입히는 장비로 Coating 상태의 Uniformity를 좋게 하기 위해 고속회전을 통해 감광막을 입힌다.

Compatible IC

혼성집적회로의 일종으로 반도체 집적회로의 표면 절연막을 기판으로 하여 박막 또는 후막 수동 소자를 직접화해서 만든 집적 회로를 말한다.

Conduction Band : 전도대(傳導帶)

결정이 갖는 전자의 에너지 상태를 에너지대 구조로 표시했을 때 가장 에너지 값이 작은, 즉 맨 위에 있는 에너지대로, 수용 가능한 전자가 충만되어 있지 않은 상태에 있다. 이와 같이 충만되어 있지 않은 상태의 에너지대에 있는 전자가 전기 전도에 기여하기 때문에 이러한 이름이 붙였다.

Conduction Electron : 전도전자

전기전도에 기여하는 전자를 말한다. 전계를 가했을 때 움직일 수 있는 전자가 전기를 운반하기 때문에 전도 전자는 자유 전자라고 생각해도 된다. 결정 구조면에서 생각할 때 움직일 수 있는 전자는 결정격자로부터 떨어진 전자이며, 이것은 에너지를 받아서 결정격자로부터 튀어나왔거나 또는 결정격자의 일부를 형성하고 있는 도너 원자로부터 공급된 것이다. 이 상태를 에너지대 이론으로 표현하면 전도전자는 전도대에 있는 전자이며, 이것은 금지대를 뛰어넘을 수 있는 에너지를 받아서 충만대로부터 올라왔거나 또는 전도대보다 약간 아래에 있는 도너 레벨에서 올라온 것에 해당한다.

Conductivity Type : 전도형

반도체에서 전기전도의 캐리어로는 전자와 정공이 있는데, 어느 쪽이 주로 캐리어의 역할을 하느냐에 따라 3가지의 전도형태로 나눌 수 있다. 순수 반도체에서는 전자와 정공의 같은 수가 전도에 기여하며 이러한 것을 I형 반도체라 한다. 그리고 불순물을 가한 반도체에서는 불순물에 따라 p형 반도체와 n형 반도체라 한다.

Conductor : 도체(導體)

일반적으로 전기가 통하는 물질을 도체, 그렇지 않은 것을 부도체 또는 절연체라고 한다. 전기가 통하는 정도는 물질에 따라서 큰 차이가 있으며, 비저항이 10^{-6}~10^{-4} Ω.cm 정도의 범위를 도체, 10^{-6} Ω.cm 정도 이상을 부도체라고 하며, 그 중간의 것을 반도체라고 한다.

Contact Potential : 접촉 전위차

일반적으로 두 종류의 금속을 접촉시키면 한 쪽에서 다른 쪽으로 전자가 이동하여 두 금속 간의 전위차가 생기는데 이 전위차를 접촉전위차라 한다. 접촉전위차는 1V 미만이며 전자의 이동이 무제한으로 계속되지 않는 것은 전자를 잃은 원자는 +이온이 되어 전자를 끌어당기는 힘을 미치기 때문이다.

Contamination : 오염

반도체 Wafer의 물리적, 화학적 특성에 악영향을 주는 물질의 총칭

Cooker Test

물을 담은 용기 속에 IC를 넣고 뚜껑을 밀폐하여 가열하는 시험으로 100~120℃ 정도에서 실시하는 고온, 고습 시험이다. 이 시험의 목적은 Package의 내습성을 확인하는 데 있다.

Covalent Bond : 공유결합

몇 개의 원자가 모여서 분자의 형태를 이룰 때, 양쪽 원자의 전자가 하나씩 쌍을 이루어 결합하게 되면 매우 안정되고 강한 결합력을 가지게 된다. 이러한 결합은, 상대방의 원자가 갖는 전자를 서로 공유하는 결합상태이므로 공유결합이라고 한다. 대표적인 반도체 물질인 실리콘 원자는 4개의 가전자를 4방향에 있는 원자들이 1개씩 공유하여 다이아몬드 격자라고 하는 견고한 결정을 형성하고 있다.

Critical Dimension

Mask의 형상을 Wafer에 옮기는 과정에서 Wafer에 재현된 Pattern의 최소 선폭을 말하는 것으로 정해진 CD값을 만족시켜야 원하는 Device를 구성할 수 있다.

Curve Tracer

소자의 특성을 파형으로 스크린에 나타내어 전기적인 Test를 할 수 있게 하는 장치.

CVD : Chemical Vapor Deposition

반도체 공정기술의 하나로 화학반응을 이용하여 기판(Wafer) 위에 단결정의 반도체막이나 절연막(SiO_2, Si_3, N_4, Bl_2O_3 등)을 성장시키는 방법이다.
CVD법에는 LPCVD, APCVD, PECVD 등이 있다.

DAC : Digital to Analog Converter

디지털 신호를 입력으로 하여 아날로그 신호를 출력으로 꺼내는 회로이다. 자연계의 물리량 형태가 전압, 시간, 속도, 변위, 온도, 압력 등 거의 모두가 아날로그량이기 때문에 내부적인 정보 처리는 디지털 시스템으로 하고 처리된 정보를 아날로그를 변환해서 취급하는 경우가 많다.

DCTL : Direct Coupled Transistor

트랜지스터를 사용한 논리회로 중 가장 간단한 형태로 NOR회로를 기본으로 구성된다.

Dember Effect

반도체의 일부에 빛을 쪼이면 빛이 닿은 곳과 닿지 않은 곳 사이에 기전력이 생기는 현상으로 이것은 반도체의 에너지 갭보다 큰 빛의 에너지에 의해 새로운 전자-정공쌍이 생성되어 빛이 닿지 않은 부분사이에 캐리어 농도 경사가 생겨 캐리어의 이동이 일어나기 때문이다. 이 현상은 1932년 Dember라는 사람이 발견하여 뎀버효과라고 부르게 되었다.

Depletion Layer : 공핍층

PN접합에 역방향 전압을 걸면 P측에 있는 정공과 N측에 있는 전자는 접합 부분에서 멀어져 양극쪽으로 이동하는데, 이때 접합부근의 캐리어 결핍영역을 말한다. 이 공핍층은 캐리어가 이동해 버리고 난 뒤에 N측에는 +이온이, P측에는 -이온이 남게 되어 전기적 2중층을 만들기 때문에 공간전하층(Space Charge Layer)이라고도 한다. 공핍층의 넓이는 PN접합에 가하는 역방향 전압의 크기에 비례한다.

Depletion Mode

전계효과 트랜지스터(FET) 중에서 채널을 약하게 하는 방향으로 게이트의 바이러스를 가하는 형태로 게이트 전압을 가하지 않은 상태에서도 이미 채널이 존재하여 드레인전류가 흐른다. 이와 반대로 채널을 증대시키는 방향으로 신호를 가하는 방법을 Enhancement Mode라 한다.

Deposition : 침적

확산로(Diffusion Furnace)에서 불순물을 확산시키기 위해 먼저 Wafer 표면에 달라붙도록 침적시켜 놓는 과정을 말한다.

Developer

Mask의 Pattern을 Wafer에 전사시킨 후 식각(Etching)하기 전에 사용되는 현상액으로, 알칼리성의 용액으로 피부나 눈으로부터 접촉을 피해야 한다.

Development : 현상

Wafer에 Mask를 Align 시킨 후에 빛을 쪼여 Mask의 Pattern에 따라 Wafer에 입혀진 PR을 제거해 내는 공정이다.

Device

능동적 기능, 비직선적 기능, 변환기능 등과 같은 특수한 기능을 가진 부품 또는 장치를 말한다. 이를테면 트랜지스터, 다이오드, 메모리 소자 등이 이것에 속한다.

D.I Water

De-ionized Wafer의 약자로 Ion화 되지 않은 순수한 물을 말한다.

Wafer 표면 세척용으로 쓰인다.

Diamond Lattice : 다이아몬드 격자(格子)

다이아몬드는 탄소(C)의 순수결정으로 이루어진 물질로 그 구조는 4개의 가전자(價電子 ; Valence Electron)를 가진 원자가 공유결합을 하여 결정을 이루었을 때의 특유한 형이며 다이아몬드 격자라고 한다.
게르마늄(Ge)이나 실리콘(Si)의 단결정도 이것과 같은 결정구조로 되어 있다.

Diborane(B_2H_3)

자극성, 독성, 무색, 썩은 냄새, 가연성 등의 성질이 있는 가스로 P형 불순물을 Doping할 때 Boron(붕소 ; B) Source로 사용된다.

Dichloro Silane(SiH_2Cl_2)

부식성, 독성, 무색, 질식할 것 같은 냄새, 심한 가연성으로 폭발성이 강한 성질의 가체로 LPCVD 공정에서 Polysilicon, Silicon Dioxide, Nitride의 Silicon Source로서 사용되며 Epitaxial Layer 형성에도 사용된다.

Die

소자가공이 완성된 Wafer 상의 각각의 IC Chip을 말한다. Chip, Pellet과 같은 의미의 용어이다.

Die Bonding

Package 제작을 위해 Lead Frame의 Paddle 위에 Die를 붙이는 것으로 Die Attach라고 부르기도 한다.

Dielectric : 절연체 또는 유전체

전압을 걸었을 때 전류를 흘리지 못하는 물질로 반도체 공정에 쓰이는 유전체는 실리콘 산화막(SiO_2)과 질화막(Si_3N_4) 등이 있다.

Dielectric Isolation : 절연층 분리

반도체 IC의 분리방법의 하나로서 소자간을 저항이 높은 절연물로 분리하는 것을 말한다. 절연재료로서는 2산화 규소(SiO_2), 질화 실리콘(Si_2N_4), 다결정 실리콘, 세라믹, 알루미나(Al_2O_3) 등이 있다. 절연층 분리의 특징은 PN접합 분리의 절연(10_6~10_3 ohm)에 비해 그 절연이 완전하며(10_6~10_3 ohm) 내압이 높고 분리용량이 작다는 점이다. 그러나 제조 공정이 복잡하므로 IC화가 어려운 면도 있다.

Diffusion

반도체 제조공정 중, 고온의 전기로 내에서 Wafer에 불순물을 확산시키는 과정, 이것은 반도체 층의 일부분에 대한 전도형태를 변화시키기 위한 공정이며 온도 및 시간과 밀접한 연관을 갖는다.

Digital IC

Digital 신호를 처리하는 IC로 Logic IC와 Memory IC로 구분된다. 최근 Digital IC는 ① 전자계산기의 LSI 화, ② LSI Memory, ③ One Chip LSI에 의한 Computer(Computer on a slice)의 실현에 개발의 초점을 두고 있다.

Digitizing

Mask 제작을 위해 설치된 도형의 좌표를 결정해 주는 것.

Diode : 다이오드

다이 일렉트로드(di-electrode)를 줄인 말로써 원래는 2극 소자 모두를 뜻하는 것이나 일반적으로 반도체의 2극 소자를 가리키는 경우가 많으며, 그중에서도 PN 접합 다이오드가 많으므로 흔히 다이오드라고 하면 PN 접합 다이오드를 의미하기도 한다. 즉, 다이오드는 전류를 한쪽 방향으로만 흐르게 하는 두 단자 소자이다.

DIP : Dual Inline Package

가장 보편적인 IC Package의 한 형태로써, 직육면체의 모양에 두 줄의 Lead가 양면으로 나와 구부러져 있다.

Discrete

집적회로(IC)에 반대되는 말로서 개별 전자 부품을 가리킨다.
예를 들어 트랜지스터, 다이오드, 저항, 콘덴서 등의 전자 부품은 각각 개별 부품으로서의 기능 밖에 가지고 있지 않으므로 이들은 모두 Discrete 부품이다. 이것에 대해 IC는 그 자체가 하나의 회로로서의 기능을 갖는다.

Does

Ion Implantation 등 충격에 의해서 반도체에 불순물을 주입하는 것을 Does라고 하며, 그 주입량을 Does량이라고 한다.

Donor

5가지의 원자, 즉 5개의 가전자를 갖는 원자가 4가의 반도체 원자(Si, Ge)와 결합할 때 공유결합에 참여하지 못하는 1개의 전자는 원자와의 결합력이 약하여 상은 정도의 열에너지로도 쉽게 이탈하여 자유전자로 되며 이때 반도체는 전자과잉의 N형 물질이 된다.
이와 같이 불순물로서 혼입되었을 때, 전자 하나를 낳고 자신을 +이온으로 되는 원자를 "전자를 주는 것"이라는 뜻에서 도너라고 부른다. 이러한 불순물 원자에는 V족 원자인 비소(As), 안티몬(Sb), 인(P) 등이 있다.

Donor Level

Donor 불순물이 함유된 반도체의 상태를 에너지대 구조로 나타내면 Donor 원자의 나머지 전자들에 의해서 전도대보다 조금 낮은 (Si의 경우 0.04 eV, Ge의 경우 0.01 eV)위치에 새로운 에너지대가 생기는데 이것을 Donor Level이라 한다. 이와 같이 도너에 의한 에너지 레벨은 전도대 바로 밑에 생기며, 상은 정도의 비교적 낮은 열 에너지로 도너 레벨의 전자가 전도대로 올라가 전기 전도에 기여할 수 있게 된다.

Doping

반도체의 전도형태를 바꿔주기 위해 P형 또는 N형 불순물은 확산이나 Ion Implantation에 의해서 주입하는 것을 말하며, 이때 주입되는 불순물을 Dopant라고 한다.

DOPOS : Doped Poly Silicon

고주파용 트랜지스터를 얻기 위한 기술로, 트랜지스터의 스위칭 속도를 높이기 위해서는 베이스의 확산 깊이를 극단적으로 얇게 하지 않으면 안 되는데, 그 결과 에미터 전극의 신뢰성에 지장을 준다. 그러므로 에미터 상에 불순물이 Doping된 다결정 실리콘(Polysilicon)을 CVD에 의해서 축적하고 이것을 에미터 영역의 확산 소스로서 이용한 것이다. 이때 Doping한 다결정 실리콘을 그대로 에미터 전극으로 사용한다.

Drain : 드레인

영어로 배수구라는 뜻이지만 반도체 용어로는 전계효과 트랜지스터(FET)의 전극의 하나를 말한다. 드레인은 전류가 흘러 들어가는 전극이며, 통상의 사용법인 소스 접지방식에서는 출력을 꺼내는 전극이 된다. 즉, 접합형 트랜지스터의 콜렉터에 해당하는 전극이라고 할 수 있다.

DRAM : Dynamic Random Access memory

반도체 메모리 중 MOS Transistor를 사용한 특유의 메모리 방식이 Dynamic Memory인데, 이것은 MOS Transistor의 게이트에 축적된 전하가 감쇠(방전)하는데 시간이 걸리는 점을 역으로 이용한 것이다.

또한 RAM이란 컴퓨터에서 정보의 기록과 호출이 자유로운 메모리를 말한다. DRAM은 콘덴서에서 전기를 축적시키는 형태로 정보를 기억, 호출하는 메모리이며, Condenser로부터 전기가 흘러버리기 때문에 항상 정보를 다시 입력하는 기억유지 동작(Refresh)이 필요하다. Cell의 크기가 작아 고집적화가 가능하며, 수시로 변하는 정보를 일시적으로 기억시켜 두는 데 적합하므로 컴퓨터의 Main Memory 등에 주로 사용된다.

Drive-In

Boron(B)이나 Phosphours(P) 등의 불순물을 Wafer 내부로 더 깊이 침투시키는 것을 말하며, Diffusion과 같은 의미의 용어이다.

DRO : Destructive Read-Out(파괴 판독)

메모리 소자에서 기억 내용을 판독할 때 판독 조작에 의해서 기록된 내용이 소멸되는 것을 말한다. 따라서 판독과 동시에 다시 같은 내용을 재기록하지 않으면 안 된다. 코어 메모리는 파괴 판독메모리이지만 IC 메모리나 Wire 메모리는 비파괴 판독(NDRO) 메모리이다.

Dry Oxide : 건식산화막

산소를 사용하여 성장시킨 실리콘 열 산화막

Dry process

반도체 제조 공정의 사진식각 기술(Phosolithography)에 있어서 종래부터 사용되어 온 Etching 용액에 의한 반도체 표면의 Etching에 대해서 최근에는 가스나 플라즈마, 이온 빔을 Etching에 이용하는 방법이 있다.
후자를 Dry Process라고 하며, 전자를 Wet Process라고 한다.

DTL : Diode Transistor Logic

다이오드의 AND 게이트와 트랜지스터의 NOT 회로를 조합한 논리회로.

DCTL : Direct Coupled Transistor

트랜지스터를 사용한 논리회로 중 가장 간단한 형태로 NOR회로를 기본으로 구성된다.

Dummy Wafer

생산 Wafer와 함께 투입되어 생산 Wafer의 제품 특성의 균일성을 도모하기 위해 쓰이는 Wafer

Dyed Photo Resist

PR의 3가지 주요성분에 염료(Dye)가 첨가되어 반사광을 흡수하는 역할을 한다. Metal 공정과 같이 반사율이 높은 Layer에 사용되는 감광액으로 고가이며, 6% Dye Concentration을 주로 사용한다.

E^2L : Emitter to Emitter Coupled Logic(E^2CL)

Hewlett Packard사에 의해서 발표된 것으로 ECL의 입출력 회로를 서로 바꾼 모양으로 되어 있다. 입력의 에미터 플로워로 논리를 수행하고 그 출력으로 트랜지스터의 스위칭을 한다. Open Collector 출력과 기생 용량의 영향이 적은 것이 특징이다.

Early's Effect : 어얼리 효과

트랜지스터의 콜렉터 전압을 변화시키면 그것에 따라서 공핍층의 두께가 변화하여 실효 베이스폭이 변화하게 된다. 이것에 의해서 콜렉터에서 에미터로의 전압궤환 현상과 콜렉터 출력저항의 감소현상이 일어나는데, 이 두가지를 총칭하여 어얼리 효과(Early's Effect) 또는 공핍층 확산 효과라고 한다.

EAROM : Electrically Alterable ROM

EPROM의 일종으로 전기적인 자극으로 정보의 내용을 바꿀 수 있는 ROM

ECL : Emitter Couple Logic

2개의 트랜지스터의 에미터가 결합된 논리소자로, 고속의 논리동작을 하는 회로이다. ECL은 고속성이라는 점에서는 가장 우수하지만 트랜지스터가 항상 동작하고 있기 때문에 전력소모가 크고 그것에 따라서 발열의 문제가 생기므로 IC화에 있어서 방열설계에 주의해야 한다.

ECTL : Emitter Coupled Transistor Logic

CML(Current Mode Logic)이라고도 불리는 논리회로로, 비포화 전환형 스위치 회로로서 몇 개의 게이트 트랜지스터가 차동 앰프와 같은 동작을 하며, 에미터에는 공통 저항이 접속되어 있다.

EDS : Electrical Die Sorting

소자 가공이 완료된 Chip을 Wafer 상태에서 그 전기적 특성을 검사하는 것으로, 뾰족한 Metal Probe를 소자의 Bonding Pad에 접속시켜 소자에 필요한 전압과 전류를 공급한 후 그 특성을 검사하여 만족되는 것을 제외한 불량인 Chip에 잉크를 떨어뜨려 표시한다.

Electric Double Layer : 전기적 2중층

PN 접합 부근에서는 P형 영역의 정공과 N형 영역의 전자가 서로 재결합하여 소멸되기 때문에 P쪽에는 정공을 잃은 음 이온이, N쪽에는 전자를 잃은 양 이온이 남아있게 되어 접합면에는 전위의 경사면이 생기는데, 이것을 전기적 2중층 또는 천이영역이라고 한다. 이와 같이 전기적 2중층이라는 전위 장벽이 있기 때문에 PN 접합에 전압을 가하지 않는 한 정공과 전자는 그 이상 반대쪽으로의 이동을 계속하지 못하게 된다.

Electric Field : 전계

전기를 띤 대전체 주위의 공간은 어떤 성질을 갖고 있어 이 공간 속에 다른 대전체를 놓으면 이것에 힘이 작용하게 된다. 이것은 대전체가 주위 공간에 전기력을 미친다고 생각되므로 이 공간을 전계(電界 ; Electric Field) 또는 전장(電場)이라고 한다. 전계의 세기는 전계 속에 단위 정(+)전하를 띤 대전체를 놓았을 때 그 대전체가 받는 힘으로 나타낸다.

Electron : 전자

원자의 핵 주위를 회전하는 하전입자로, 전하량 $e = 1.6 \times 10^{-13}$ C, 질량 $m = 9.11 \times 10^{-23}$ g의 미소한 입자이다.
원자와 원자의 결합은 이 전자들의 결합력에 의해 이루어지며, 가해진 전계에 의해 원자핵의 구속으로부터 벗어난 전자의 이동에 의해 금속이나 반도체의 전기 전도 현상이 일어난다. 전자는 전하를 가지고 있으므로 전계나 자계에 의해 운동의 영향을 받으며, 열에너지와 빛에너지에 의해 물질 외부로 방출되기도 한다.

Electron Beam Exposure : 전자 빔 노광

현미경과 같은 원리로 빛(자외선)을 이용하는 포토 에칭 기술이 한계점에 도달했기 때문에 파장이 짧은 전자 빔을 이용하는 기술로 감광성 수지(KPR 등)를 자외선에 노광시키는 대신에 전자 빔을 이용하는 기술이다. 전자 빔을 소형회로의 Pattern 형성에 응용하려는 연구는 1950년대 후반부터 시도되었지만 그 실용성이 인식되기 시작한 것은 1965년경부터였으며, 최근에는 전자 빔용 감광수지도 개발되고 있다.

Electron Tape

Back Grind 작업 시 척(Chuck)으로부터 가공된 Wafer의 소자 보호를 위하여 Wafer 앞면에 부착하는 Tape로, 200×200 mm의 Shect Tape과 200×10,000 mm의 Roll Tape이 있다.

Energy Band

독립된 원자에서 원자핵 주위를 돌고 있는 전자는 각각 정해진 에너지 값을 갖는데, 여러 개의 원자가 서로 밀집되어 있는 결정구조 하에서는 전자가 취할 ㅏ수 있는 에너지 상태는 정해진 하나의 값이 아니라 어떤 폭을 갖는 구조로 표현될 수 있다. 이러한 설을 에너지 밴드 이론(Energy Band Theory)이라고 부르며, 허용대와 허용대 사이에는 전자가 취할 수 없는 에너지 레벨, 즉 금지대가 존재한다. 에너지 레벨을 이와 같이 허용대, 금지대의 대(帶 ; Band)구조로 나눈 것을 에너지대 또는 에너지 밴드라고 한다.

Energy Gap

전자가 전기전도에 기여할 수 있는 에너지 레벨을 전도대(Conducting Band), 전도대 아래에 약간 떨어져 있으며 전기 전도에 기여할 수 없는 충만대(Full Band ; 존재 가능한 모든 궤도에 전자가 꽉 차있는 에너지대)라 하는데, 전도대와 충만대 사이의 전자가 존재할 수 없는, 즉 전자의 존재를 허용하지 않는 에너지 영역을 금지대(Forbidden Band)라 하며 이 금지대의 폭을 에너지 갭(Energy Gap)이라고 한다.

Enhancement Mode

전계효과 트랜지스터(FET)에서 채널을 증대시키는 방향으로 게이트 바이어스 전압을 거는 방법을 말한다. 그러므로 Enhancement 형 MOS FET는 0 바이러스 상태에서는 채널이 존재하지 않아 전류가 흐르지 않게 되며, 게이트에 Pinch-off 전압을 넘는 전압을 바이러스로 가하면 비로소 채널이 생기고 드레인 전류가 흐르게 된다.

EOH : Ending On Hand(기말 제공)

매기간(月, 週, 日)이 종료될 당시 공정 보유 중인 Wafer 수량

Epitaxial

Epitaxial이란 말은 그리스어의 Epi(Upon)와 Teinen(Arranged)에서 온 것으로 Arranged-on(상방배열)의 뜻을 갖는다. 즉, 기판(Substrate) 역할을 하는 단결정 Silicon Wafer 위에 가스상태의 반도체 결정을 석출시키면 Substrate의 결정축을 따라서 결정이 성장되는 현상을 말한다.

Bipolar IC 제조 시에는 이 Epi 층 내에 트랜지스터를 만들게 되며 이 트랜지스터는 내압이 높은 것을 만들어도 콜렉터 포화전압이 그다지 높아지지 않아 동작영역을 넓힐 수 있으므로 고주파 대전력용, 스위칭용 등에 적합하다.

Epoxy Plastic : 에폭시 수지(樹脂)

에폭시 수지는 2차 대전 후에 소개된 합성수지로 도료, 접착제, 식기 등의 플라스틱 제품뿐만 아니라 최근에는 반도체 제품의 Package 제작에 사용하기도 한다.

EPROM : Erasable Programmable ROM

자외선 조사 등에 의해 저장된 정보를 지우거나 재기억시킬 수 있는 기억소자로, 판독 전용 기억소자(ROM)의 일종이다.

Etch : 식각

Wafer 상의 특정지역의 물질을 화학반응을 통해 제거해 내는 공정으로 이때 사용되는 물질을 Etchant라고 한다.
Etch 방법에는 화학용액을 사용하는 Wet Etch와 가스나 플라즈마, 이온빔 등을 이용하는 Dry Etch가 있다.

Evaporation : 증착

고온의 열을 이용하여 Source의 물질을 증발시켜 Wafer에 증착시키는 공정으로, 금속을 단시간에 고온으로 가열하여 증발시키면 증발한 금속이 사방으로 튀어나가서 가까이에 있는 온도가 낮은 물체(Wafer)의 표면에 부착하여 얇은 금속막이 형성되는 원리를 이용한 것이다.
반도체 제조 공정에서는 E-beam이나 필라멘트 증착을 쓰는 것이 보통이며, 이 조작은 금속이 고온으로 산화해 버리기 때문에 진공 속에서 하게 되는데 이것을 진공증착(Vacuum Evaporation)이라고 한다.

Extrinsic Semiconductor : 불순물 반도체

순수반도체에 대비해서 쓰는 말로 순수반도체에 불순물을 포함시킨 P형 또는 N형 반도체를 말하며, 외인성반도체(外因性半導體)라고도 한다.

Fermi Energy

고체 내의 전자는 모든 전자가 같은 에너지의 값을 가지고 있는 것이 아니라 개개의 전자가 각각 다음 에너지 값을 가지게 된다. 이 전자가 갖는 에너지 상태는 Fermi-Dirac 분포라 불리는 확률분포를 한다. 이 분포는 물질의 종류와 온도에 따라서 달라지는데 전자의 점유 확률이 정확히 1/2로 되는 에너지 값을 Fermi Energy라고 하며, 이 에너지에 상당하는 에너지 레벨을 Fermi Level이라고 한다.

FET : Field Effect Transistor(전계효과 트랜지스터)

두 개의 전극(Source와 Drain) 사이의 전류가 흐르는 통로(Channel)의 도전율을 제3극인 Gate에 의해서 변화시켜 전류를 제어하는 트랜지스터로 다수 캐리어만이 트랜지스터의 동작에 기여하므로 Unipolar 트랜지스터라고도 한다. FET는 Gate 전극의 구조에 따라서 접합형 FET(JFET) 절연 게이트형 FET(IGFET 또는 MOS FET), 쇼트키 바리어형(SB FET)로 나누어진다.

Flat Package

집적회로 Package의 일정으로 밑면과 윗면이 평탄하고 평행으로 되어 있으며 단자(Lead)가 옆방향으로 평행하게 나와 있는 것을 말한다.
Flat Package는 가장 작은 IC 케이스이며 좁은 공간에 많은 IC를 실장하는데 접합한다. 이 케이스의 단점은 방열이 나쁘고, 또 너무 작아서 취급이 어렵다는 점이다.

Flat Zone

Wafer 둘레에서 직선으로 깎여져 있는 부분을 말하며, 그 깎여진 단면의 각도에 따라 Wafer의 전도형태와 단결정 성장 방향을 구별하게 된다.

Flip-Flop(F/F) : 플립 플롭

플립 플롭의 기본형은 2안정 멀티바이브레이터라고 불리는 것으로 2조의 트랜지스터 게이트가 있어 한쪽 게이트의 출력이 다른 쪽 게이트의 입력으로 되어 2개의 안정점을 가지고 있는 회로이다. 출력 상태는 각 게이트와 앞에 연결되는 제어회로에 의해서 제어되는데, 이 제어회로의 종류에 따라서 각종 논리 기능의 F/F이 얻어진다.

FMV : Fair market Value(공정 시장가격 혹은 해외 시장가격)

86년 7월 체결된 미·일 간의 반도체협정에 의해 설정된 제도로 265 K 이상의 DRAM과 EPROM에 대해서 적용되는 가격제도이다.
일본의 각 반도체 메이커가 제출하는 코스트에 관한 숫자를 근거로 美상무성이 각 사의 총코스트를 계산하고, 적정한 이익(8%)을 붙여 시장가격을 결정하게 되는데, 일본의 반도체 제품들은 미국 시장에 있어서 이 FMV 가격을 하회(下廻)하는 가격으로는 판매할 수 없게 된다.

Forward : 순방향

PN 접합의 P형 쪽에 +, N형 쪽에 -의 전답을 가하는 방향을 순방향이라고 하며, 보통의 PN 접합에서는 이 방향이 전류가 잘 흐르는 방향이므로 이와 같이 부른다. 또 이와 같은 극성으로 가한 전압을 순방향 전압, 이때 흐르는 전류를 순방향 전류라 한다.

Forward Recovery Time : 순방향 회복시간

트랜지스터가 다이오드에 순방향으로 펄스 전압을 가했을 때 순방향의 정상(定常) 전류가 흐르기까지의 시간을 말한다.

Four Point Prober : 4 탐침 측정기

Wafer의 Sheet 저항을 측정할 때 쓰이는 장비.

Free Electron

전자에는 원자핵과 강하게 결합되어 원자핵으로부터 떨어질 수 없는 것과 결합력이 약하여 약간의 에너지에 의해서도 쉽게 움직일 수 있는 것이 있다. 이 결합력이 약한 전자는 결정 격자의 구성에 관여하지 않고 결정 속에서 전계에 끌려 자유로이 움직일 수 있으므로 이것을 자유전자(Free Electron)라고 한다.

Full Band : 충만대(充滿帶)

전자는 에너지 레벨의 아래쪽에서부터 차례로 채워져 가서 맨 위의 에너지대는 일부가 비어있게 되기도 한다. 수용 가능한 전자수로 꽉 채워진 에너지대를 충만대(Full Band)라고 하며, 충만대의 전자는 원자핵에 강하게 결합되어 있어 전계를 걸어도 쉽게 이동할 수 없으므로 전기 전도의 역할을 하지 못한다.

Functional Device : 기능 디바이스

재래의 회로구성 기술에 의하지 않고 고체의 물성현상을 직접 유효하게 이용하여 전자현상 뿐만이 아닌 열, 빛, 기계진동 및 다른 물리 화학적 현상을 직접적으로 이용하여 원하는 신호 또는 에너지를 처리, 변환하는 현상을 목적으로 하는 기능을 갖게 한 디바이스이다.

Furnace : 로(爐)

Depositon, Drive-in, Oxidation, Alloy 등을 하는데 사용되는 것으로 저항 가열 장치와 온도 조절기를 갖추고 긴 원형의 Quartz Tube를 이용하여 450~1,200℃의 온도 범위에서 공정을 진행시킨다.

GaAs : Gallium Arsenide(갈륨 비소)

원소주기율표의 Ⅲ족에 속하는 갈륨(Gallium ; Ga)과 제Ⅴ족에 속하는 비소(Arsenic ; As)의 화합물로 반도체의 성질을 가지고 있어 화합물 반도체의 재료로 이용된다. 고주파대에서의 이득과 대역폭 특성이 양호하며 초고속 특성을 갖는 반도체 소자 제조 시에 Silicon 대신 사용된다.

Gate

① 전계효과 트랜지스터(FET)의 제어 전극에 해당하는 것으로 Bipolar 트랜지스터의 Base 단자에 해당하는 용어이다.

② Flip-Flop이나 Inventer와 같은 논리회로 트리거나, 입력신호를 넣는 회로로 논리회로의 Gate에는 AND, NOT, OR, NAND, NOR Gate 등이 있다.

GDI : Gold Diffusion Isolation(금확산 분리법)

N형 Silicon에 금(Gold)을 확산시킬 때 비저항이 높아지는 현상을 IC의 절연 분리에 응용한 것이다. 금확산을 한 Silicon은 완전한 절연물이 될 수 없으므로 Leak 전류 등의 문제점은 있지만 공정수가 적고 분리를 위한 특별한 영역이 필요 없으므로 집적도가 향상되는 등의 이점이 있다.

Germanium : 게르마늄

원자번호가 32인 IV족 원소(4가 원소)로 Silicon(Si)과 함께 가장 잘 알려진 반도체 재료이다. 1886년 독일의 화학자 윙클리에 의해 발견되어 그의 조국 독일의 이름을 따서 붙여진 이름이다.

Gettering

반도체 소자 제조공정 도중이나 시초재료인 Silicon Wafer에 어떤 처리를 행함으로써 결함이나 유해한 문질을 제거하여 비활성화 시키는 기술이다. 이 방법은 Silicon 기판에 대한 일종의 청정화 기술이며 표면처리나 Passivation 기술에 대응하는 기술이라고 말할 수 있다.

Gold Diffusion

트랜지스터의 스위칭 특성을 개선하기 위하여 캐리어의 Life Time Killer로 금을 확산하는 것을 말한다.

Gold Target

99.999%의 고순도이며, 직경 263 mm의 원판형태로 된 금(Gold)으로 Assembly 공정에서 Die Bonding 시에 Chip의 접착도를 위해서 Wafer 뒷면에 Gold Sputtering 장비를 이용하여 Gold를 입힐 때 쓰이는 것이다.

Gold Wire

99.999%의 고순도 금선(Gold Wire)으로 1 mm 굵기로 되어 있다. 이것은 Assembly 공정에서 Die Bonding 시 Chip(Die)의 접착을 위해서 Wafer의 뒷면에 Gold를 Doping할 때 쓰인다.

Grown Junction : 성장 접합

용융상태에서 단결정을 성장시키면서 불순물의 형태를 조절하여 만드는 PN 접합

GSI : Giant Scale Integration

일본의 Toshiba가 제창하고 있는 것으로 VLSI를 말한다.

Gunn Effect

N형 GaAs 결정의 양단에 Ohimic 접속을 하여 이 단자 간에 직류 전압을 가하고, 그 전계를 차츰 증가시켜 가면 전류와 전계의 관계는 직선에서 벗어나 구부러지기 시작하여, 전계가 3000 V/cm 정도의 한계 값을 넘으면 갑자기 전류가 진동하여 마이크로파를 발진하는 현상이 일어난다. 이것을 건 효과(Gunn Effect)라고 한다. 이 현상은 1963년 IBM사의 J. B. Gunn이 발명하여 건 효과라고 불리어지고 있으며, 건 효과의 응용에 있어서 가장 중요한 것에는 마이크로파 발진용 건 다이오드, LSA(Light

Activated Switch) 다이오드 등이 있다.

Hall Effect : 홀 효과

반도체 막대에 공간의 X 방향으로 전장이 작용하고 Z 방향으로 자장이 작용할 때 X 방향의 전장에 의해 Drift 운동을 하는 전자는 자장의 방향과 직각인 Y 축 방향으로 자장의 힘을 받아 Y 축에 모이게 되며, 반대로 -Y 축 방향에는 +의 전하가 분포하여 Y 축 방향에 전장이 발생하는 현상이 일어난다. 이러한 현상을 Hall 효과라고 한다.

Halocarbon-155(C_2DIF_3) : Chloropentafluoroethane

비활성, 무색, 비가연성의 화합물로 Poly Silicon과 Metal Silicide의 Etchant로 사용된다.

Halocarbon-116(C_2F_3) : Hexafluoroethane

비활성, 무색, 무취, 비가연성의 화합물로 Silicon Dioxide(SiO_2)의 Dry Etchant로 사용된다.

Halocarbon-116(CHF_3) : Trifluoromethane

비활성, 무색, 무취, 비가연성의 화합물로 Silicon Dioxide(SiO_2)의 빠르고 선택적인 Etch를 하는데 쓰인다. C_2F_3와 같이 Selectivity를 증가시키는 역할을 하여 다른 가스에 첨가되어 사용된다.

Hard Bake

Etch 공정 전에 PR을 Develop한 상태에서 Wafer를 130~140℃로 Bake Oven에서 굽는 과정으로 PR의 접착도를 향상시키기 위한 것이다.

Heat Sink : 방열판

반도체 제품에 있어서 열이 금물이므로 내부 온도가 허용 접합부 온도를 넘지 않도록 방열에 항상 신경을 써야 한다. 그러나 Power 소자나 정류소자 등에서는 동작 면적당 큰 전력을 소비하므로 반도체 소자의 케이스나 리드선으로 방출되는 열량만으로는 발생 열량을 충분히 발산시킬 수 없게 되어 소자의 내부 온도 상승으로 인한 열파괴를 초래한다. 이와 같은 것을 방지하기 위하여 반도체 소자의 케이스에 방열 면적이 큰 방열판(Heat Sink)을 달아줄 필요가 있다.

Helium(He) : 헬륨

원자번호 2인 0족의 비활성 기체로 무색, 무취, 가연성을 갖는 가스이다. 반도체 공정에서 Carrier Gas, Purge Gas, 전공상태를 만들기 위한 Blanketing Gas 등으로 사용되며, Plasma 공정에서는 PR을 굳게 하기 위한 열 전달체로 또는 희석액으로 사용된다.

Hermetic Seal : 기밀 봉지

반도체 Chip에 습기나 오염물질이 들어가지 않도록 밀폐한 Package 용기의 일종으로 트랜지스터나 정류기 등에서 볼 수 있는 금속 케이스가 그 예이다. 이것은 보통 철유리와 철 또는 니켈, 코발트의 합금을 사용한다.

HIC : Hybrid Integrated Circuit(혼성 집적회로)

세라믹 등의 기판 위에 하나 이상의 반도체 소자와 박막회로를 집적해 조립한 구조의 IC로, 둘 이상의 종류가 다른 집적회로의 조합으로 구성된 회로이다. HIC는 반도체 집적회로와 비교하여 설계가 용이하고 분리가 용이하므로 용량이나 저항의 값을 크게 바꿀 수 있으며 고전력과 초고속을 요구하는 소자에 적합하다. 또한 반도체 집적회로가 디지털 IC에 적합한 반면, HIC는 아날로그 IC에 적합하다.

HMDS : Hexamethyldisilazane

화학식은 $[(CH_3)_3Si]_2NH$로 물이나 알코올과 접촉했을 때 암모니아 가스를 발생하는 성질을 가지고 있다. HMDS는 Silicon이 함유된 화학물질로 Oxide, Nitride, PR 등의 접착도를 좋게 하는데 사용된다.

HMOS : High-Performance MOS

단위 소자의 크기를 줄임으로써 MOS IC의 속도를 증가시키는 고성능 MOS 소자를 말한다.

Hole : 정공(正孔)

반도체에서의 Hole이란 결정 속의 전자배열에서 전자가 빠져나간 빈 곳을 말하는 것으로 (-)의 전자가 빠져나감으로써 (+)의 전기를 띠게 된다. (+)의 Hole은 가까이에 있는 (-)의 전자를 끌어들여 중성으로 되려고 하기 때문에 전자와의 결합의 반복으로 인해 마치 정공이 이동하는 것처럼 생각할 수 있어 반도체는 금속과는 달리 전자뿐만 아니라 Hole의 이동에 의해 전류가 흐르는 성질을 갖게 된다. 전자보다 Hole이 많이 존재하는 반도체를 P형 반도체라 한다.

HTO : High Temperature Oxidation(고온 산화)

Silicon 표면 산화막(SiO_2)을 형성하는데 있어서 가장 많이 사용하는 방법의 하나로, 고온(1,000~1,200℃) 로(爐) 속에 Silicon Wafer를 넣고 여기에 산소, 수증기와 같은 산화성 가스를 보내서 Silicon Wafer 표면을 산화하여 SiO_2를 만드는 방법이다.

Hydrochloric Acid(HCl)

무색의 액체로 열을 가했을 때 약간 노란색을 띤 증기가 발생하며, 부식성, 인화성 등이 있는 화학물질이다.

용도는 HF로 Dip Etch한 후 발생하기 쉬운 Wafer 표면의 Metal Ion 제거 등에 사용되는 세척용액이다.

Hydrofluoric Acid(HF)

무색의 물과 비슷한 액체로 약간 자극적인 냄새가 난다. 부식성, 독성, 허용농도 3 ppm, 비가연성의 성질을 갖는다.

Silicon 산화막이나 Metal Layer 등의 Etching에 사용되며, NH_4F와 섞어 BOE(Buffered Oxide Etch) 용액을 만든다.

Hydrogen(H_2) : 수소 가스

Silicon Eptaxial 층 성장 등의 고온 반응에서 Carrier Gas로 이용된다.

Hydrogen Chloride(HCL)

기체상태의 염화수소로 부식성, 독성, 무색, 매우 자극적인 냄새, 비가연성의 성질을 가지며, 수소 가스를 형성하고 Ethylen과 접촉하여 점화한다.

Wafer 표면 Epi층을 형성하는 데 사용되는 중요한 가스이며, 또 Poly Deposition 전에 Silicon 표면의 막을 제거하는데 사용되기도 한다.

Hydrogen Peroxide(H_2O_2) : 과산화수소

무색의 액체이며 분해되기 쉽고 표백제 같은 냄새가 난다. 강산화제, 허용농도 1 ppm, 비가연성의 성질을 가지며, 반도체 제조 공정에서의 용도는 Silicon Etch 용액의 성분으로 사용되거나, Dry PR Strip 후 남을 우려가 있는 PR 잔재를 제거할 때 쓰이며, Wafer 표면의 유기물 제거 등의 세척용액으로 사용된다.

I^2L(IIL) : Intergrated Injection Logic

Bipolar LSI용 논리회로로서 기본회로는 Inverter용 NPN Vertical Transistor와 이것에 베이스 전류를 공급하는 PNP Lateral Transistor로 구성되어 있으며, Bipolar Transistor와 비교할 때 에미터와 콜렉터의 구조가 반대로 되어 있다. 이 소자의 특징은 ① 소자의 분리가 필요 없고, ② 부하 소자를 매우 소형으로 만들 수 있으며, ③ Mask의 수가 적게 든다는 것이다.

I^3L : Isoplanar Integrated Injection Logic

Iso-planar 기술로 I^2L을 만든 논리회로이다.

IC : Integrated Circuit(집적회로)

한 조각의 반도체 결정 속에 많은 트랜지스터, 다이오드, 캐패시터, 저항 등의 전자 소자를 만들어 넣고 이들을 상호 배선하여 하나의 호로로서의 기능을 갖게 한 것을 집적회로(Integrated Circuit ; IC)라고 한다. 즉, 집적회로는 산화, 확산, 사진식각, 박막증착 등의 기술을 이용해서 1 mm^2 정도의 Silicon 결정 속에 하나의 회로 기능을 종합하여 결합해 넣은 것이다.

IC Memory

종래의 자성체 메모리 대신에 Bipolar Transistor나 MOS Transistor로 Flip Flop을 구성하여 기본 메모리 셀(Cell)을 만든 IC 회로이다.
자성 메모리(코어 메모리, 와이어 메모리)는 S/N비가 나쁘고 소형화 및 Memory는 이러한 결점을 해소시킬 수 있으며, IC 기술의 발달에 따라 LSI, VLSI화 실현으로 그 집적도가 매우 향상되고 있다.

IEC

International Electrotechnical Commission(국제 전기표준회의) 전기에 관한 표준, 기준을 정하는 국제 회의체로 연 1회의 정기회의를 갖는다. 이 IEC 중 반도체에 관계가 있는 것은 TC 47이라는 분과회로서 반도체 소자 및 집적회로 분과회라고도 한다.

IEEE : The Institute of Electrical and Electronics Engineers

"I Triple E"라고도 불리는, 미국의 전자관계의 중심이 되는 학회.

IG FET : Insulated Gate FET

Gate의 금속과 반도체 사이에 절연층을 형성시킨 것으로, 대표적인 것이 MOS FET이다. 절연막으로는 SiO_2 외에 Si_3N_4, Al_2O_3 등이 사용된다.

Image Sensing Device : 촬상 장치

광학적인 화상을 전기적인 신호로 변환하는 장치

Impurity : 불순물

반도체에서 불순물이나 모체의 반도체 물질 속에 필요한 만큼의 양을 첨가하여 원하는 전도형과 저항성을 갖도록 하는 것으로 첨가되는 물질의 종류에 따라 P형 불순물과 N형 불순물로 나누며, 이 불순물이 첨가된 반도체를 불순물 반도체(Impurity Semiconductor 또는 Extrinsic Semiconductor)라고 한다.

Ingot

일반적으로 용융상태에서 고체로 굳어진 물질을 말하는 것으로, 반도체 단결정 성장에서 정제된 반도체 막대를 가리킨다.

Initial Failure : 초기불량

반도체 제품에서는 사용초기에 불량품 발생이 많으며 어느 정도 시간이 경과함에 따라 안정되어 불량 발생률이 적어진다. 고온 보관 전력시험 등의 수명 시험에서 시간 경과에 대한 실격률을 보면 최초에 실격률이 크고 이것은 시간에 따라서 안정되어 마침내는 일정률의 산발적 불량만이 나오게 된다. 또한 여기에서 시간이 더 경과하게 되면 노화기 또는 마모기라 불리우는 영역으로 들어가서 반대로 실격률이 증가해 간다.

이와 같이 최초의 부분에서 실격률이 일정한 안정영역에 들어가기까지의 기간에 발생하는 불량을 초기불량(Initial Failure)이라고 한다.

이 초기에 있어서의 특성 변화나 불량 발생은 에이징(Aging)을 실시함으로써 배재할 수 있다.

Inspection

Wafer의 이상여부를 현미경을 통해 검사하는 것으로 다음과 같은 것들이 있다.

① Incoming Inspection : 한 공정을 진행하기 전에 앞 공정에서 생길 수 있는 결함(Defect)의 유무를 검사하는 것.

② Inprocess Inspection : 공정주아에 결함(Defect)의 유무를 검사하는 것.

③ Outgoing Inspection : 공정을 마춴 뒤 결함(Defect)의 유무를 검사하는 것.

Insulator : 절연물

물질의 에너지대 구조에 있어서 충만대는 전자가 꽉 차있고 전도대와 충만대 사이의 에너지 갭이 매우 크며 금지대 내에 불순물 등에 의한 에너지 준위가 존재하지 않기 때문에 상온에서 전도대, 가전자대에 전기를 운반할 수 있는 캐리어가 존재하지 않아 전기가 통하지 않는 물질을 말한다. 일반적으로 비저항이 10^2 Ohm.cm 이상인 물질이다.

Ion : 이온

원자가 전자를 얻거나 잃은 상태를 말하며 원자가 전자를 얻게 되면 음(-)의 전하를 띠게 되고 전자를 잃게 되면 양(+)전하를 띤다.

음전하를 띠는 이온을 음이온, 양전하를 띠는 이온을 양이온이라 한다.

Ion Implantation : 이온주입

반도체 물질 내에 불순물을 첨가하여 전도형태를 바꾸어 주는 방법의 하나로, 침투시킬 불순물 원자를 이온화하여 이것에 고전계(50~500 KeV)를 걸어서 고체 속에 주입하는 방법을 말한다. 불순물 첨가방법에 있어서 확산(Diffusion)법은 1,000~1,200℃의 고온에서 장시간 침투시키는데 대해서 이온주입법은 저온에서 조작되고 또한 불순물 분포의 제어가 용이하므로 확산법의 단점을 보완하는 방법으로 유망하다.

Ionization Energy : 이온화 에너지

원자핵과 전자는 +, -의 전기력으로 결합되어 있으므로 원자로부터 전자를 떼어놓는 것, 즉 원자를 이온화하는데 필요한 에너지를 이온화 에너지(Ionization Energy)라고 한다. 전자의 궤도에서 핵으로부터 최외각 궤도에 존재하는 최외각 전자는 핵과의 결합력이 약하므로 외부에서 받는 에너지에 의해 쉽게 떨어져 나갈 수 있다.

Iso-Planar

Iso란 "같다" 또는 "동위"의 뜻으로 Planar 기술보다 평탄하게 형성시킬 수 있는 기술을 말한다. 이것은 Fairchild사가 개발한 공정기술로, Philips사가 개발한 LOCOS, SGS사가 개발한 Planox와 거의 같은 것이다. 이 기술은 Bipolar IC에 사용되는 경우에 종래의 PN 접합 분리와는 달리 산화막(SiO_2)을 소자분리용으로 사용하는 것이다.

IPA : Isopropyl Alchole($(CH_3)_2CHOH$)

무색의 액체로 알코올과 비슷한 냄새가 나며, 가연성, 허용농도 400 ppm, 인화점 12℃의 성질을 갖는다. 장비세척 및 R-502(Stripper) 공정 후 Wafer에 잔존해 있는 Solvent 등을 제거하기 위해 사용된다.

Isolation

반도체 집적회로에서는 하나의 Chip 속에 만들어지는 각각의 회로 소자를 서로 분리하여 전기적으로 독립된 상태로 만들어 놓을 필요가 있는데, 이것을 분리(Separation) 또는 고립(Isolation)이라 한다. 이와 같은 분리 방법에는 ① 멀티 칩 방식, ② PN 접합 분리 방식, ③ 절연층 분리 방식, ④ 공극(空隙)분리 방식 등이 있다.

JEDEC : Joint Electron Device Engineering Council

미국 EIA(Electronic Industries Association)의 산하 기관이며, 미국의 전자관 및 반도체 메이커들로 조직되어 있는 단체이다. 이 단체는 전자관 및 반도체 소자의 규격, 형명, 외형의 시험법, 정의 등 업계에 공통되는 문제에 대해서 조정하고 표준을 정하는 활동을 하고 있다.

JIS 형명

JIS(일본공업규격) 품명 또는 JIS 명칭이라고도 한다. 이 규격과 번호의 등록은 EIAJ(일본 전자 기계공업 협회)에서 하고 있으므로 EIAJ 형명으로 널리 알려져 있다.

Jitter

트랜지스터나 다이오드에서 PN 접합의 Breakdown 특성을 Curve Tracer로 관측했을 때 Breakdo에 들어가기 직전의 부근에서 불규칙적으로 변화하는 현상을 지터(Jitter)라고 한다. 트랜지스터나 다이오드가 정상적으로 만들어진 것이면 이 지터현상이 일어나는 경우가 드물지만 PN 접합부가 더럽혀져 있거나 습기가 묻어 있을 때 이 지터현상이 일어나므로 이와 같은 것은 신뢰성의 면에서도 성능이 떨어진다고 볼 수 있다.

Josephson Device : 조셉슨 소자

"두 초전도체가 얇은 절연막으로 절연되어 있을 때 양자 사이에 전위차가 없어도 직류전류가 흐르며, 바이어스를 걸면 전압에 비례한 주파수의 교류가 발생한다"는 이론을 1962년 Brian Josephson이 발표하여 이것을 조셉슨 효과라고 하는데 이 효과를 응용한 소자로는 표준발생기, 미소자속 전압, 전류 측정기, 마이크로파 발진기 등을 들 수 있다.

Junction : 접합

일반적으로 하나의 단결정 속에 물리적 특성이 다른 부분의 접합면이 있는 것을 접합(Junction)이라고 한다. 하나의 결정 속에 P형에서 N형으로 바뀌는 PN 접합이 대표적인 예로 이것은 물리적 특성으로서 P형, N형이라는 전도형태에 착안해서 나온 말이다.

Junction Transistor

PN 접합을 이용하여 NPN 또는 PNP의 세가지 층의 구조를 갖는 트랜지스터를 말한다. 이 접합형 트랜지스터는 쇼클레이(Shockley)의 발명에 의한 것으로 에미터, 베이스, 콜렉터로 구성된다.

Kilby's Patent : 킬비 특허

미국 Texas Instrument(TI)사의 특허로서, 미국 Fairchild사의 Planar 특허와 더불어 IC에 대한 기본적인 특허의 하나로 매우 중요시되고 있는 것이다. 이 특허는 실리콘 기판에 각종 전자 부품을 동시에 만들어 넣는 IC의 기본 구조를 나타내는 것으로서, IC 제조에 불가결한 것이다.

KPR : Kodak Photo Resist

미국 Eastman Kodak사가 만들고 있는 내산성 감광재료의 상품명이다.

KPR, KPL, KMER, KTFR 등의 감광재료는 확산형 계통의 트랜지스터 제조나 프린트 기판의 제조에 사용되며, Kodak사 외에 Shipley사에서도 이와 비슷한 제품을 만들어 내고 있다. 이들은 모두 어떤 범위의 파장의 빛이 닿으면 그 성질이 바뀌는 감광재료이다.

KPR은 키실렌과 같은 유기 약품에 녹지만 3,000~4,000 Å의 빛에 일정한 시간동안 감광시키면 성질이 변화하여 녹지 않는다.

Laminar Flow Station

먼지를 제거한 순수한 공기만 흐르게 되어 있는 작업 구역을 말하며, Filter를 통해 공기가 정화된다.

LANER : Light Activated Negative Resistance emitter

일본 Oki 전기에 의해서 개발된, 단일 소자로서 수광과 발광의 기능을 가진 반도체 소자이다. 보통의 발광 다이오드가 PN 접합인데 대해서 이 다이오드는 PNPN의 4층 구조로 되어 있다. GaAs와 GaAlAs에 의한 LANER가 있으며 그 특성은 부성저항 특성을 나타내므로 빛에 의한 구동 제어를 할 수 있다.

LASER : Light Amplification by Simulated Emission of Radiation

유도방출에 의한 빛의 증폭이라는 뜻의 용어로 1960년에 처음으로 실현되어 금세기에 있어서 가장 중요한 발명의 하나로 되어 있다.

보통의 빛은 파장이 고르지 않은 데 대하여 레이저는 파장과 위상이 고르다(이것을 Coherent한 빛이라 한다).

레이저의 특징은 가간섭성(可干涉性), 단광성(單光性), 지향성, 고강도 등을 들 수 있다.

Laser Scriber

반도체 Wafer로부터 가공이 완성된 Chip을 분리하는 장비를 말하는 것으로, 다이아몬드 포인트와 같은 것으로 가로세로로 선을 그려 분리하는 Diamond Scriber에 대해 레이저 광선으로 금을 긋는 장치이다. 레이저 스크라이버는 레이저 광선으로 태워서 Wafer에 깊은 홈을 내기 때문에 스크라이브선 밖으로 갈라질 염려가 없고, 스크라이브 속도가 다이아몬드 스크라이버의 4~5배나 빠르다.

Lateral Transistor

집적회로에서 PNP 트랜지스터를 구성하는 한 방법으로 N형 Epi층(NPN 트랜지스터에서는 콜렉터로 되는 부분)을 베이스로 하여 에미터와 콜렉터를 NPN 트랜지스터의 베이스를 확산할 때 만드는 방법이다.

횡방향 트랜지스터라고 부른다. 이 트랜지스터는 콜렉터와 에미터를 확산할 때의 Mask 치수의 정밀도 때문에 베이스 폭을 아주 작게 할 수 없으므로 hfe가 2~5배 정도밖에 얻어지지 않는 결점이 있다.

Lattice Deffect : 격자결함

고체의 결정은 그 결정을 구성하는 원자가 격자와 같이 질서 정연하게 배열되어 있는 것이 이상적인 상태이지만 실제로는 결정의 일부에 격자의 흐트러짐이 있는 것이 보통이다. 이 결정격자의 흐트러짐을 격자결함(Lattice Deffect)이라고 한다. 결정격자의 결함은 결정을 만들 때에 생긴 것이지만 일단 만들어진 결정이 열처리나 기계적 가공, 방사선의 조사(照射) 등을 받아도 이 결함이 생긴다. 격자결함은 캐리어의 Life Time을 단축시키거나 전기적 특성변화를 가져오므로 이러한 재료로 만든 반도체 소자는 그 특성에 나쁜 영향을 받는다.

LCD : Liquid Crystal Display

액정을 이용한 문자, 숫자의 표시장치로, 크게 DSM(Dynamic Scattering Mode)을 이용하는 것과 FEM(Field Effect Mode)을 이용하는 것 두 가지로 나눌 수 있다.

Lead Frame

반도체 IC의 조립(Assembly)은 머리빛 모양으로 형을 찍어서 정형한 금속 리본 위에 연속해서 조립해 나가는 방법을 사용하는데 이 금속 리본을 리드 프레임이라고 한다. 이것은 자동화된 조립공정에 적합하도록 만들어진 것이다. 리드 프레임에는 반도체 Chip을 붙이는 부분(Paddle), Wire Bonding을 하는 부분, 반도체 제품으로 완성되었을 때 외부 리드선으로 되는 부분이 포함된다. 리드 프레임의 재질은 철, 철-니켈, 코바, 인청동, 구리 등이며 Chip을 Mount Bonding 하기 위해 은 또는 금 도금을 한 것이 사용된다.

LED : Light Emitting Diode

전류가 통과할 때 빛을 발하는 반도체로 발광 다이오드라 한다.
갈륨 비소(GaAs), 갈륨 비소 인(GaAsP), 갈륨 인(GaP), 갈륨 알루미늄 비소(GaAlAs) 등의 Ⅲ-Ⅴ족 화합물 반도체에 의한 PN 접합 다이오드로, 수 mA~수 10mA의 순방향 전류를 흘리면 빛을 낸다.

LIC : Linear Integrated Circuit

입력의 크기에 따라 출력이 선형적으로 변화하는 집적회로로 아날로그 IC의 범주에 속한다.

Lint Free Paper : 방진 종이

일반적으로 사용되는 종이는 실제로 눈에 보이지 않는 많은 종이 분진을 내뿜고 있다. 이 먼지는 반도체 제조공정의 환경에 커다란 악영향을 끼치므로 먼지가 없는 특수종이를 사용해야 한다. 이 종이를 방진종이(Lint Free Paper)라 하며, 펄프가 아닌 특수 재질로 제조된다.

Lithography

반도체의 초소형화 제조기술에 쓰이는 기본적인 기술로 석판인쇄술이라고도 한다. 이와 같이 Wafer에 Mask의 패턴을 전사하는 기술은 빛(자외선)에 의해 미세 패턴을 형성하는 Photolithography와 전자빔에 의한 Electron Beam Lithography, X선에 의한 X-ray Lithography 등이 있다.

LOCOS : Local Oxidation of Silicon

Philips사에 의해서 개발된 부분산화 공정으로 Si_3N_4(Nitride)를 산화 마스크로 이용하여, MOS FET 제조시 Field 영역의 산화막을 성장시키는 기술이다.

Logging Station

Line 내의 기록 정리용 책상

Lot

제품생산을 위해 투입되어 완제품으로 제조될 때까지 같은 공정 조건하에서 진행되어지는 일련의 Wafer 묶음으로 25장 또는 50장을 1 Lot로 한다.

LPCVD : Low Pressure Chemical Vapor Deposition(저압 화학증착)

저압(200~700 mTorr)의 반응용기 내에 단순한 열에너지에 의한 화학반응을 이용 박막을 증착하는 방법으로, 증착막의 균일도 및 Step Coverage가 좋으며, 양질의 증착막을 한꺼번에 많은 양의 Wafer(50~200장) 위에 증착할 수 있으므로 생산원가를 낮출 수 있는 장점이 있다. LPCVD법으로 증착시키는 박막으로는 Poly Silicon, Nitride(Si_3N_4), Oxide(SiO_2) 등이 있다.

LSI : Large Scale Integration

대규모 집적회로라고 하는 것으로, 1개의 Chip 속에 논리회로의 기본 소자인 Gate가 100개 이상 또는 1,000개 이상의 전자 소자(트랜지스터, 다이오드, 저항, 캐패시터 등)가 집적된 회로를 말한다.

LTFR : Lot Tolerance Failure Rate

Lot 허용 고장률로, 이것 이상 나쁜 Lot는 합격시킬 수 없다는 최대의 고장률을 나타내는 것이다.

LTO : Low Temperature Oxidation(저온산화공정)

실리콘 산화막을 형성시키는 방법으로 1,000~1,200℃의 고온로 속에서 진행하는 고온 산화법이 오래전부터 사용되어 왔는데, 이것에 대해서 저온산화는 비교적 새로운 방법으로 실리콘의 할로겐화물 또는 수소 화합물을 열분해하여 실리콘 Wafer 표면에 산화 실리콘 피막을 퇴적해 가는 방법이다. 이것은 분해 온도가 700~900℃로 비교적 낮기 때문에 저온산화라 부른다. 이 방법은 반응 온도가 낮으므로 실리콘 Wafer의 열적 찌그러짐이 적고, 또 산화공정 중 일단 확산된 불순물이 다시 확산해 들어가서 농도의 분포를 흐트러지게 할 염려가 없다.

LTPD : Lot Tolerance Percent Defective

Lot 허용불량률로, 규정된 불량률(LTPD) 이상의 Lot에 대해서는 일정한 작은 값(10%) 이하에서 밖에 합격시킬 수 없다는 것을 확률적으로 보증하려는 것이다. 즉 LTPD로 표시된 퍼센트보다 불량률이 큰 Lot는 대부분을 불합격으로 하여 사용자의 수중에 들어가지 않도록 보증하려는 것이다.

Majority Carrier : 다수 캐리어

반도체 속에는 전기전도의 역할을 하는 캐리어로서 전자와 정공이 있으며 순수반도체에서 그 수는 같다. 그러나 불순물 반도체에서는 어느 한 쪽의 수가 월등히 많아진다. 즉 P형 반도체의 경우는 정공이 전자보다 많고, N형 반도체의 경우는 전자가 정공보다 많게 되는데, P형에서의 정공, N형에서의 전자를 다수 캐리어(Majority Carrier)라고 한다. 한편, P형에서의 전자, N형에서의 정공을 소수 캐리어(Minority Carrier)라고 한다.

Mask

IC 제작을 위해 각 Layer별 회로 패턴이 그려진 유리판으로 각 패턴은 빛을 막는 불투명 지역과 빛을 통과시키는 지역으로 표시되며, 이 마스크 상의 패턴을 Photolithography 공정에서 Wafer 위에 복사하여 반도체 소자를 제작한다.
유리원판 위의 마스크 재료는 이멀젼, 크롬, 산화철, 실리콘 등을 쓴다.

Metal

반도체 제조 공정에 사용되는 Metal은 소자 간의 전기적 연결을 위해 Metal Deposition 공정에 쓰이는 알루미늄(Al) Target과 Back Gold에 사용하는 Gold Wire 및 Gold Target 등이 있다.

Methanole(CH_3OH)

깨끗한 무색의 액체로 약간의 알코올 냄새가 나며, 가연성, 독성, 허용농도 200 ppm, 인화점 15℃의 성질을 갖는 화학물질이다. 용매의 일종으로 장비의 부품과 Wafer를 세척하는데 사용된다.

Microprocessor

Microcomputer의 CPU 부분의 약칭이며 반도체의 단일 Chip 또는 동일 Package 내에 조립된 것이 보통이며 경우에 따라서는 몇 개의 Chip에 그 기능을 분산시키는 수도 있다.
IC의 LSI, VLSI化와 더불어 Microproccess의 개념은 LSI를 중심으로 하는 Computer를 의미하는 데

사용하는 경우가 많다.

Monolithic IC

Monolithic이란 말은 mono(=single), lithic(=stone)의 합성어로 Single Stone, 즉 1개의 반도체 결정편으로 된 회로를 Monolithic IC라 한다. 초소형화 회로의 기술에는 이와 같이 1개의 조각으로 만들어진 Monolithic IC가 있고, 2개 이상의 Chip을 하나의 케이스에 조립해 넣는 멀티 칩 방식이 있다.

MOS : Metal Oxide Semiconductor

반도체 표면에 산화막을 형성하고 그 위에 금속도선을 붙인 구조를 말하며, 보통 MOS IC를 의미한다.

MOS FET : MOS Field Effect Transistor

전계효과 트랜지스터 중에서 절연막을 산화막(SiO_2)으로 형성시킨 절연 게이트형 FET의 대표적인 것이다. MOS FET는 게이트 전극의 전위에 의해서 소스-드레인 간을 흐르는 전류(채널 전류)를 제어한다.

MOS IC

증폭소자로서 보통의 접합형 트랜지스터를 사용하는 대신에 MOS FET를 사용한 IC를 말한다. MOS IC는 트랜지스터에 MOS형 FET를 사용하기 때문에 소자 간 절연이 매우 간단하고 집적도가 높아지는 장점이 있으며 스위칭 속도를 그다지 필요로 하지 않는 경우에는 Bipolar IC에 비해 경제적이다.

MSI : Medium Scale Integration

SSI(Small Scale Integration)와 LSI(Large Scale Integration)의 중간 규모의 집적도를 가진 집적회로로서 소자수 300~500 정도의 것을 말한다.

Multilayer Wiring

IC가 복잡화하여 LSI, VLSI로 됨에 따라 한 겹의 배선으로는 무리가 생기므로 절연층을 사이에 두고 금속 배선을 2중, 3중으로 하지 않으면 안 된다. 이러한 것을 다층 배선(Multilayer Wiring)이라고 한다.

N Channel

P형 기판에 확산영역을 형성한 절연 게이트형 FET에 있어서 소스, 드레인 사이를 흐르는 전류의 통로인 채널이 전자에 의해서 형성된 것을 N 채널이라고 하며, NMOS는 N 채널에 의한 MOS Transistor이다.

N-Type Semiconductor : N형 반도체

반도체에서는 전기전도에 기여하는 캐리어가 전자, 정공 및 그 양쪽 중 어느 것이 주체로 되는가에 따라서 3가지 전도형으로 나뉘는데, 그 중 전자(Electron)가 캐리어의 주체가 되는 반도체를 N형 반도체라고 한다.

N+

N plus라고 읽으며 N형 반도체에 있어서 도너(Donor) 불순물 농도가 특별히 높은 부분을 나타낼 때 쓰인다.

Nano Spec

감광막이나 박막의 두께를 측정하는 장비

Negative Resist

빛을 쪼인 지역은 남아 있고 빛이 차단된 부분이 현상 시 제거되는 PR.

Negative Resistance : 부성 저항

전압을 증가시켰을 때 전류가 감소하는 특성을 부성저항이라고 한다. 보통의 저항에 전압을 가하면 그것에 흐르는 전류가 전압의 증가와 더불어 증가하므로 보통의 저항과는 반대의 특성을 나타낸다.

Nitride(Si_2N_4) : 질화실리콘

반도체 표면을 습기나 불순물에 대해서 보호하기 위한 표면 안정화 방법의 하나로 질소화합물을 증착하거나 LOCOS 공정에서 Active 영역의 산화방지막으로 사용된다.

Nitride Acid(HNO_3)

황색을 띤 액체로 질식할 것 같은 냄새가 난다. 부식성, 비가연성, 허용농도 2 ppm의 성질을 갖고 있다. Metal Etch 용액의 일부가 되며 HF 등과 섞여 강력한 Silicon Etch 용액을 만든다.

Nitrogen(N_2)

질소가스로 비활성, 무색, 무취 비가연성 등의 성질이 있으며, 불순물의 유입 등을 방지하기 위해 사용되는 Carrier Gas 또는 Purge Gas로 쓰인다.

Nitrogen Trifluoride(NF_3)

독성, 무색, 무취, 비가연성의 가스로 Tungsten Silicide Deposition을 위한 Clean-up Etchant로 사용되며 Nitride Etching에도 사용되고 있다.

Nitrous Oxide(N_2O)

무색, 달콤한 냄새, 비가연성의 가스로 CVD 공정에서 중요한 Oxygen Source로 Oxynitride Layer 등을 형성하는데 사용된다.

NMOS : N-type MOS

음전하인 전자에 의해 Channel 전류가 형성되는 MOS 제품 또는 그 기술

NPN Transistor

에미터와 콜렉터가 N형 반도체이고 그 사이의 베이스가 P형으로 되어 있는 트랜지스터.

OCD : Ohka Coat Diffusion source

SiO_2를 액화시킨 용액으로 반도체 공정 시 경사가 심하거나 굴곡이 있는 부위에 Coating하여 경사를 완만하게 하거나 구조를 평탄화시킴으로써 제품의 품질(신뢰성)을 향상시키는데 이용되는 Spin on source의 일종.

Ohmic contact

보통의 금속과 금속의 접속점에서와 같이 전압, 전류 관계가 직선적인 접속을 말하는 것으로, 이 경우 통상 Ohm의 법칙이 성립하므로 이러한 이름이 붙여졌다.

Out Diffusion

반도체 물질 내로 불순물을 확산시킬 때 고체 속의 불순물이 확산하여 물질 바깥으로 나가 버리는 현상을 말한다.

Outer-Shell Electron : 최외각 전자

원자는 그 원자에 특유한 개수의 전자(원자번호와 일치한다)를 가지고 있으며, 이들은 원자핵 둘레를 몇 개의 궤도로 나뉘어서 돌고 있다. 이 궤도의 맨 바깥쪽 궤도에 있는 전자는 핵과의 결합력이 약하여 비교적 작은 에너지로도 떼어 놓을 수 있다. 이 전자를 최외각 전자(Outer-Shell Electron)라고 하며, 여러 가지 화학반응을 일으키는 역할을 한다.

Oxide Film

반도체 제조 기술의 진보에 있어서 산화막(보통 Silicon 산화막)은 본질적인 역할을 해왔다. 산화막은 불순물 확산의 마스크로, 반도체 표면의 보호막으로 사용되며, Silicon이 반도체 물질의 주도적 역할을 하게 된 이유 중의 하나도 Silicon이 산화막 형성에 용이하다는 것이다.

현재 가장 많이 사용되고 있는 것은 SiO_2이며 이것은 Silicon Wafer를 고온으로 산화하는 것만으로 쉽게 형성시킬 수 있다.

P Channel

N형 기판에 P형 확산영역을 형성한 MOS FET에 있어서 소스-드레인 간에 흐르는 전류의 통로인 채널이 정공에 의해서 형성되는 것을 말한다. PMOS는 P Channel에 의한 MOS FET이다.

P-type Semiconductor : P형 반도체

반도체에서는 전기전도에 기여하는 캐리어가 전자, 정공, 또는 그 양쪽 중 어느 것이 주체가 되느냐에 따라서 세 가지 전도형으로 나뉘는데, 그중 정공이 주체가 되는 반도체를 P형 반도체라 한다.

Package

반도체 IC를 Hermetic Seal 또는 Plastic Mould로 포장한 것을 말하며, IC의 최종 형태이다. Package는 반도체 표면을 외부의 습기나 불순물로부터 보호할 뿐만 아니라 내부의 Chip이나 가느다란 Lead선에 외부로부터 직접 인장력이 가해지는 것을 방지하는 역할을 한다. 또한 Power Device 등에서는, 접합부에 발생한 열을 효과적으로 발산시키기 위해 Package 설계를 적절히 하는 것이 중요하다.

Packing Density : 실장밀도

단위 체적 속에 실장되는 부품 또는 소자의 수를 말하는 것으로 부품밀도(Component Density), 소자밀도(Element Density)와 동의어이다.
집적회로 상호 간의 비교에는 집적도(Chip 당 게이트 또는 소자수)가 사용된다. 최근에는 집적화 기술의 발달에 따라 LSI, VLSI 등은 이미 부품이나 소자의 단위로 평가되는 것보다는 하나의 System 또는 Subsystem의 단위로 평가되는 경향이 있다.

Passivation

Wafer 표면을 외부의 오염으로부터 보호해주기 위해 산화막 및 질화막 등을 입혀주어 처리를 하는 것을 말한다.

Passive Element : 수동소자

입력과 출력 사이에 이득이 없는 회로 소자로서 콘덴서, 저항, 인덕턴스 등이 있다.

Pattern

반도체 소자의 배선 및 그들의 형태나 배치의 조합에 의해서 원하는 회로 기능을 구체화 시킨 평면

도형을 말한다.

PECVD : Plasma Enhanced Chemical Vapor Deposition

전장에 의해 높은 에너지를 얻은 전자가 중성상태의 가스분자와 충돌하여 가스분자를 분해하고 이 분해된 가스 원자가 기판(Wafer)에 부착되는 반응을 이용하여 박막을 증착하는 CVD법이다.
PECVD의 전원으로는 AC를 사용하고 플라즈마가 잘 유지되도록 고주파(100 KHz 이상의 RF)를 사용한다. 이와 같이 RF(Radio Frequency) 방전을 이용하는 이유는 DC 방전보다 효과적으로 플라즈마가 유지되며, 전극에 부도체를 놓아도 공정이 가능하기 때문이다.

Pellet

Package를 하지 않은 반도체 회로의 작은 조각으로 Chip이나 Die와 같은 의미의 말이다.

Pellicle

Photo Mask 공정에 사용하는 Mask나 Reticle에 공기 중의 먼지 등 오염물질이 닿지 않도록 얇고 완전 투명한 Nitrocellulose로 만든 보호막

PG : Pattern Generator

CAD System에 의해 Digitizing된 설계 정보를 Mask 위에 형상화시키는 기계 장치

Phosphine(PH_3)

독성, 무색, 심한 가연성, 썩은 생선 냄새, 산소와 접촉하면 폭발하는 등의 성질을 갖는 가스로, Epi 층 확산이나 Implantation에서 N형 불순물을 주입할 때 인(P)의 Source로 사용된다.

Phosphoric Acid(H_3PO_4)

무색의 액체이며 금속과 반응하여 수소 가스를 발생시킨다. 허용농도 0.25 ppm, 비가연성의 성질을 갖는다. Aluminum과 같은 Metal의 Etch 혼합물로 사용되거나 Silicon Nitride를 Etch하는 데 사용된다.

Phosphorus Oxychloride($POCl_3$)

무색의 액화상태의 화합물로 Silicon을 인(P)으로 Doping 시킬 때 그 원료로 쓰인다.

Photo Etching : 사진식각

Etching될 재료에 대해서 내성이 있는 재료, 즉 Photo Resist(PR)을 마스크로 이용하여 반도체, 산화막, 금속 등을 부분적으로 식각(Etching ; 약품으로 부식시켜 화학적으로 깎아내는 것)하는 방법이다. 이

기술이 실제적으로 적용된 것은 1957년경이며, 그 후 PR의 현저한 진보와 마스크 제작 기술의 진보에 따라 확산형 계통의 반도체 소자제조의 기본적인 기술이 되었다.

Photo Mask

일반적으로 Mask라고 말하는 것으로, Mask의 형상을 옮기는 데 빛을 이용하므로 Photo Mask라 부른다.

Pin Hole

도금이나 PR 도포(Coat) 등에서 표피층이 완전히 표면을 덮지 않고 부분적으로 바늘 구멍과 같이 작은 구멍이 나 있는 것을 말한다.
Pin Hole은 육안으로 볼 수 없는 미세한 것이지만 이것을 통해서 금속이 부식되는 경우가 있으므로 도금이나 Coating의 완전성을 Pin Hole의 다소로 비교할 수 있다.

Pinch-up Voltage

전계효과 트랜지스터(FET)에 있어서 채널이 닫혀져 있을 때, 즉 드레인 전류가 0으로 된 상태의 게이트 전압을 말한다.

PLA : Programmable Logic Array

사용자에 의해서 프로그램이 가능한 Address를 가진 ROM

Planar Transistor

베이스와 에미터를 확산기술로 만든 트랜지스터로 표면이 평탄하게 만들어지므로 Planar라는 이름이 붙여졌다. Planar 트랜지스터는 표면이 산화 실리콘의 피막으로 씌워져 있어 오염에 대해 안정하며, 불량이 적고 수명이 긴 장점이 있다.

Plasma Etching

건식 식각(Dry Etching) 기술의 하나로 밀봉된 반응관(Chamber) 안에서 고주파에 의해 플라즈마(이온화된 가스)를 발생시켜 반응시킴으로써 Etching을 하는 방법이다. 이 방법은 가로 방향의 Etching이 적어서 미세 Pattern의 가공에 적합하다. Silicon이나 Silicon 화합물의 경우에는 CF_4가 사용된다.

PMOS

전도 채널이 정공에 의해 형성되어 정공의 이동으로 전류가 흐르는 형태의 MOS FET 또는 이들을 조합한 MOS IC를 말한다.

PN Junction : PN 접합

P형 반도체와 N형 반도체가 얇은 경계층을 사이에 두고 인접해 있는 구조를 말하며, 트랜지스터나 다이오드의 기본 구조이다.

Poly Silicon : Polycrystalline Silicon(Poly ; 다결정 실리콘)

많은 결정들이 불규칙한 배열로 이루어진 실리콘으로 MOS FET에서 Gate 전극영역으로 이용된다.

Positive Resist

빛을 받지 않은 부분이 남고, 빛을 받은 부분이 현상(Develop)에서 제거되는 PR로 AZ-1350이 그 예이다.

Potential Barrier : 전위장벽

PN 접합의 경우 P형 쪽의 다수 캐리어인 정공은 N형 쪽으로 이동하고 N쪽의 다수 캐리어인 전자는 P형 쪽으로 이동하여 접합 부근에는 움직일 수 없는 공간전하가 생기게 된다. 이 공간전하는 P쪽에 음(-), N쪽에 양(+)이 되어 전장을 형성시키며 더 이상의 전자와 정공의 확산 이동을 막게 된다. 이와 같이 전기적 2중층에 의한 전위차를 전위자벽(Potential Barrier)라 한다.

Power IC

일반적으로 1W 이상의 전력을 취급할 수 있는 IC를 Power IC라 한다. Power IC의 용도는 음성출력용과 정전압 전원용 등을 들 수 있다.

PR : Photo Resist

Photo Etching에 의해서 반도체 표면 등을 Etching할 때 사용하는 감광성 수지를 말한다. 주성분은 고분자 화합물의 일종인 폴리 규화 비닐이며 이것은 자외선에 의해서 중합(2개 이상의 분자가 결합하여 고분자의 화합물을 만드는 것)이 되며 용제(트리 클렌 등)에서 녹지 않는다. IC의 정밀도를 결정하는 미세한 Pattern을 얻기 위해서 PR은 막이 얇고 균일하여야 하며, Pin Hole(바늘 구멍과 같은 미세한 구멍)이 없고 기재(Si, SiO_2 등)와의 밀착성이 좋으며, 내산성이 좋고 자외선 등에 대해서 감도가 좋아야 한다. 현재 사용되는 PR은 Kodak사의 KPR, KMER, KTFR, Shipley사의 AZ, 일본 후지약품의 FSR, 동경응화의 TPR, OMR 등이 있다. 이 중 AZ만이 Positive Type이고 나머지는 모두 Negative Type이다.

Prober

Probe(탐침)와 정밀한 송급장치를 조합한 것으로 IC를 Wafer 상태로 그 전지적 특성을 검사하기 위해서는 Bonding Pad 부분 또는 체크용 패턴 부분에 탐침을 세워서 측정하게 되는데 이때 측정하는 자동 측정장치를 말한다.

PROM : Programmable Read Only Memory

프로그램이 가능한 ROM으로 고정 마스크식 ROM에 대비해서 쓰는 말이다. 고정 마스크식 ROM(Mask ROM)은 제조과정에서 내용이 정해지지만 PROM은 제조 후에 사용자의 손에 의해서 정보의 기록이 가능하다는 점이 특징이다.

Protective Resist

일반적인 PR의 3가지 주요 성분 중 감광반응을 일으키는 Sensitizer가 제거된 Resist로, Electron Tape(Back Grind 작업 시 가공된 Wafer 내의 소자 보호를 위해 부착되는 Tape)에서 발생되는 정전기 및 그 Residue를 없애기 위하여 Taping 전에 Coating 하는 것.

PSG : Phospho-silicate Glass

Silicon 산화막(SiO_2)의 표면에 인(Phosphourus)을 확산할 경우 산화막의 표면은 인을 다량 포함하는 유리질의 층으로 바뀐다. 이 층을 인 유리(Phosphor Glass) 또는 인 실리케이트 유리(PSG ; Phosphorsilicate Glass)라고 한다. 인 유리는 수분이나 그 밖의 불순물을 흡착하는 성질이 있고 또 PR의 밀착성을 나빠지게 하므로 인 확산 후에 이것을 제거해 버리는 경우가 있으며, 또 Gettering 효과를 위해 남겨 놓는 경우도 있다.

Pulling Method : 인상법

반도체 단결정 제조에 있어서 응용한 반도체에 결정성장원이 되는 단결정 씨(Seed Crystal)를 내리고 이 씨에 단결정을 성장시키면서 서서히 끌어올리는 방법.

PVD : Physical Vapor Deposition

CVD(Chemical Vapor Deposition)에 대비해서 쓰는 말로 박막을 증착하는 과정에서 Sputtering 등의 물리적 증착법을 이용하는 기술을 총칭하는 말이다.

Quad Inline : QIL

Package의 Lead가 4열로 배열되어 있는 외형을 말한다.

Quartz : 석영

Silicon 산화물의 다른 이름으로 높은 내열성을 갖고 있어 확산 Tube 등의 반도체공정장치에 많이 쓰인다.

RAM : Random Access Memory

임의의 기억장소를 호출할 때 호출 시간이 그 직전에 호출된 기억장소에 관계없이 일정하게 되는, 즉 기억장소(Address)에 의해서 호출시간이 바뀌지 않는 기억소자이다.
Core Memory와 IC Memory가 이전에 속하며, 자기 테이프와 같이 정보가 축차적으로 호출되는 것을 SAM(Sequential Access Memory)이라고 하고 또 자기 드럼과 같이 기억 내용이 시간적으로 항상 순환하고 있어 특징된 시간을 지정해서 판독하는 것을 CAM(Cyclic Access Memory)라고 한다. 판독 방법에 따른 Memory의 분류를 아래에 나타내었다.

- MEMORY
  - RAM (Random Acess Memory)
    - RWM(Read Write Memory)
    - RMM(Read Mostly Memory)
    - EAROM(Electrically Alterable ROM)
    - ROM(Read Only Memory)
  - SAM(Sequential Access Memory)
  - CAM(Cyclic Access Memory)

Rectifier : 정류기

주로 Diode와 같은 반도체 소자를 이용하여 교류를 직류로 바꾸는 전기적 장치

Reticle

기본이 되는 모판 Mask로서 보통 Chip의 10배 크기로 제작되는 기본 Mask로 Master Mask를 제작하는데 사용된다.
또한 Align 및 Exposure의 방식에 따라 통상 Mask와 Reticle로 구분하는데 감광원판과 Wafer가 서로 수십 μm 떨어진 상태에서 1:1 배율로 Wafer에 주사하여 노광시키는 Proximity Type에 사용되는 것을 Mask라 하고, 광학 Lens를 이용하여 확대한 감광원판의상을 일정한 배율로 축소하여 Wafer에 주사하여 노광시키는 Stepper Type에 사용하는 것을 Reticle이라 한다.

Reverse Current : 역방향 전류

PN 접합에 역방향 전압 즉, P쪽에 -, N쪽에 +의 전압을 걸었을 때 흐르는 전류

ROM : Read Only Memory

판독 전용의 Memory로 기억 내용이 미리 정해져 있고, Computer의 조작으로 그 기억 내용을 지우거나 재기록하는 등 변경이 불가능한 Memory를 말한다.

Run

일련의 Wafer 묶음(25장 혹은 50장)이 생산을 위해 투입되어 제조 공정을 마칠 때까지 여러 과정을 같이 거치게 되는 단위로 Lot라는 의미로도 통용된다.

Run Sheet

한 Run의 모든 작업과정의 이력을 기록하는 일종의 문서.

Schottky Barrier

금속과 반도체의 접촉에 의해 반도체 표면에 형성되는 에너지 장벽을 말한다.

Seath : 덮개

금속 제품과 석영제품의 마찰로 인해 석영가루가 떨어지는 것을 방지하기 위해 금속제품에 씌우는 석영 덮개

Selective Diffusion : 선택 확산

Silicon에 불순물을 확산할 때 Silicon 표면과 Silicon Dioxide에 대한 확산 정수의 차이를 이용하여 원하는 부분에만 불순물을 확산시키는 방법이다. 이때 Silicon Dioxide의 일부분을 Etch하여 제거하고 Silicon 표면을 노출시켜 노출된 부분에만 선택적으로 확산이 이루어지도록 한다.

Semiconductor

물질 내에서의 전기 전도는 전하를 가진 캐리어인 전자가 고체 내를 이동함으로써 일어나는데, 고체 내에 이동 가능한 전자, 즉 캐리어가 많이 있으면 저항이 작아져 도체로 되며 금속의 경우가 이에 속한다. 또한 고체 내에 캐리어가 거의 없는 경우에는 저항이 크며, 이 물질은 부도체(절연체)로 된다. 반도체는 고체 내의 캐리어의 수가 도체와 부도체의 중간 정도인 물질로 비저항이 약 10^{-4} 10^{6} ohm.cm의 범위에 분포하고 있는 물질이다.

반도체에서의 전기전도는 전자와 정공에 의해서 이루어지며, 순수한 반도체 물질 내에 특정 불순물을 첨가하여 P형 및 N형으로 하여 그 전도형태 및 전도도를 높여 줄 수가 있다.

Sheet Resistance : 표면저항

반도체층의 저항을 측정할 때 물질 내부의 저항은 측정이 어려우므로 표면저항을 측정하여 전체의 저항 값을 계산하게 되는데 이때 4 Point Probe 등을 이용하여 측정되는 저항을 Sheet 저항이라 하며, 단위는 ohm/cm^2로 나타낸다.

SIC : Silicon Integrated Circuit

반도체 소자를 Silicon에 형성하고 배선한 집적회로를 말한다.

SIL : Single Inline Package

SIP라고도 표현되는 것으로 Package의 외형이 한 쪽 방향으로만 Lead가 나와 있는 형태의 것을 말한다.

Silicate Glass

반도체 표면의 안정화 등에 사용되는 것으로 대표적인 것에는 PSG(Phospho-Silicate Glass), BSG(Boro-Silicate Glass), ASG(Alumino-Silicate Glass)가 있다.

Silicon(Si)

원자번호 14인 IV족 원소로 게르마늄(Ge)과 더불어 반도체 제품에 널리 사용되는 반도체 재료이다. 지구상에는 산소에 이어 두 번째로 많이 존재하는 원소로 돌이나 모래의 주성분이며, Si 정제의 주원료는 규석이다. Ge 보다 실용화가 늦어졌으나, Si은 Ge에 비해 에너지 갭이 크기 때문에 이것을 사용한 반도체 제품은 고온에서 쓸 수 있고 고내압이며 PN 접합의 역전류가 적다는 등 많은 장점을 가지고 있다.

Silicon Dioxide(SiO_2)

Silicon이 산소와 결합한 산화막으로 보통 Oxide라 부른다.

Silicon Tetrachloride($SiCl_4$)

수소와 반응하여 Silicon과 염화수소(HCl)을 생성하는 가스로 부식성, 독성, 무색, 질식할 것 같은 냄새, 비가연성 등의 성질을 가지며, 두꺼운 Epi층 성장 및 Aluminum의 Plasma Etching에 사용된다.

Single Crystal : 단결정

하나의 물질로 되어 있는 것은 물론, 그것의 결정 구조가 결정축의 흐트러짐이 없이 규칙적으로 연속된 결정조직을 말한다.

Smock : 방진복

청정실(Clean Room) 내에서 입는 작업복을 말하며, 먼지를 일으키지 않으며 작업복 내의 먼지가 밖으로 나오지 못하도록 제작되어 있다.

Soldcrbility Test : 납 부착도 시험

전자 부품의 대부분은 배선할 때 납땜 방법을 사용한다. 그러므로 IC를 기기에 조립하여 배선할 때 외부 리드선을 납이 잘 붙도록 하기 위해서 리드선에 납, 주석, 금, 은 등의 도금 처리를 하게 되는데 이러한 납 도금 상태를 조사하는 것을 말한다.

Solid State Circuit

전자관 기술에 상대되는 말로 반도체 집적회로, 박막 집적회로, 혼성 집적회로, 기능 디바이스 등 고체 물질을 이용하여 만든 소자나 그 회로를 말한다.

Source

① Gate 및 Drain과 함께 FET의 세 영역(전극) 중의 하나
② 반도체 공정에서 사용되는 갖가지 원소들을 이용하기 위해 사용되는 화합물의 형태.

Spin Drier : 회전 건조기

Wafer를 빠른 속도로 회전시켜 주면서 뜨거운 가스를 불어 넣어 세척 후에 Wafer에 묻어 있는 물기를 말려주는 장비이다.

Sputtering

반도체 물질 위에 원하는 박막을 적층시키는 방법 중의 하나로, 진공 속의 2개의 전극에 직류전압을 가하고 아르곤(Ar) 가스 등을 주입하면 Ar이 이온화 되면서 음극으로 가속되어 충돌에 의해 음극에 준비된 Target의 원자를 떼어내면 이 방출된 원자가 양극에 있는 기판에 부착되는 원리를 이용한 것이다.

SSI : Small Scale Integration

소규모 집적회로로 LSI나 MSI에 대비해서 쓰이는 말이며 소자의 집적도가 100개 이하 또는 논리회로의 게이트가 10개 이하인 집적회로이다.

Static Memory

IC Memory(RAM)는 대별하여 Bipolar Transistor를 구성 요소로 한 것과 MOS FET를 구성 요소로 한 것으로 분류된다. 이들에 있어서 Memory 기구로서 정상적인 직류 바이어스 회로를 가진 Flip Flop의 ON, OFF에 따라서 Write-in(기록)한 신호를 기억시켜 두는 방식을 Static Memory라 하며, MOS FET의 게이트 용량에 충전된 전압으로 기억을 유지하는 방식을 Dynamic Memory라 한다. Static 방식은 일단 ,Write-in한 정보는 전원을 끊지 않는 한 소멸되지 않고 유지되는 것에 대해서 Dynamic 방식에서는 게이트 용량의 전하는 Leak 전류에 의한 방전으로 소멸되기 때문에 수 ms의 주기로 Rewrite-in(재기록),

즉 Refresh의 조작을 반복함으로써 기억을 유지하는 것이다.
Static Memory는 하나의 Memory Cell을 구성하기 위한 소자 수가 Dynamic Memory에 비해서 많으므로 기억 용량이 큰 IC Memory는 Dynamic 방식이 유리하다고 할 수 있다.

Stepper

사진 노광장치의 일종으로 Reticle의 Pattern을 광학 Lens를 이용 Wafer 위에 축소 노광하여 전사하는 방식을 이용한다.

Stripper

Masking 공정 후에 Wafer에 남아 있는 PR이나 질화막 등을 제거하는데 사용되는 Chemical

Sub-mask

부원판 Mask로 Master mask를 보존하기 위하여, 또는 다량의 작업용 Mask(Working Mask)를 제작하기 위하여 복사하여 제작된 Mask를 말한다.

Substrate

기판이라는 뜻이며 반도체 Wafer를 말한다.

Sulfer Hexafluoride(SF_6)

비활성, 무색, 무취, 비가연성이고 폭발성을 갖는 가스로 Silicon의 Implantation Source, Epitaxial 성장, Poly Silicon 증착 등 여러 가지 용도로 쓰인다.

Surface Passivation : 표면 안정화

일반적으로 PN 접합 표면은 습기나 불순물에 대해서 매우 민감하여 극히 미량의 수분이 묻어 있어도 문제가 되므로 이 PN 접합 표면을 습기나 불순물에 대해서 둔감하게, 즉 불활성(Passive)으로 하는 방법을 표면 안정화(Surface Passivation) 또는 표면 불활성화라고 한다.
표면 안정화의 대표적인 것은 산화 실리콘(SiO_2)막과 질화 실리콘(Si_2N_4) 등을 이용하는 방법이 있다.

Susceptor

Epi 성장이나 질화막 성장 등의 고온 공정에서 Wafer를 고정하는 납작한 물질로 보통 흑연으로 만든다.

TC Bonding : Thermo Compression Bonding

열 압착을 이용하여 Die Bonding을 하는 방법으로, 특히 열압착법 중 Wedge 법의 Bonding을 TC

Bonding이라고 부르는 일이 많다.

TCE : Trichloro Ethylene(C_2HCl_3)

용매의 일종으로 Wafer 세척에 이용된다.

Temperature Cycling Test : 온도 사이클 시험

기기의 온도 변화에 대하여 이것에 사용되는 반도체 소자가 충분히 견딜 수 있는지를 확인하는 시험으로 통상 규격화되어 있는 보존온도의 상한 값을 고온측 및 저온측으로 하고 이 사이의 온도 사이클로 구성하는 재료 및 구조가 열팽창, 수축에 의한 기계적 찌그러짐으로 균열되거나 벗겨지지 않는가를 확인하는 시험이다.

Thermal Oxide : 열 산화막

반도체 공정에서 Silicon을 고온(1,000~1,200℃)에서 산소에 노출시켜 열적으로 형성한 산화막으로, 접합면에 있어서 이온 불순물이나 결함이 없는 순수한 산화막을 얻을 수 있다.

Thermocouple

확산로(Diffusion Furnace)와 반응로(Reactor) 내의 온도를 측정하는 장치로 두선을 한 점에 용융시켜 만든다. 이것은 열이 두 물질 사이의 온도에 비례하는 전압을 일으키는 현상을 이용한 것이다.

Thick Film : 후막

세라믹 등의 기판 위에 잉크 모양의 페이스트를 칠하거나 인쇄한 후 소결함으로써 얻어지는 막으로 그 두께가 1 ㎛ 정도 이상인 것

Thin Film : 박막

기판 상에 진공증착, 이온 Sputtering 또는 기상 반응 등에 의해서 얻어지는 막으로 그 두께는 단원자층, 단분자층의 두께를 가진 것으로부터 약 5 ㎛의 것 까지 있다.

Torr

기압의 단위로 1 mmHg에 해당하며, 대기압=1기압=760 Torr이다.

Transistor

반도체 소자로 만든 증폭소자를 일반적으로 트랜지스터(Transistor)라고 하는데, Transistor는 Tranfer Signal Through a Varistor의 약어이다. 최초에 만들어진 것이 점접촉형 트랜지스터이며, 그후 PNP

또는 NPN 접합을 ―가진 트랜지스터와 전계효과 트랜지스터(FET)가 등장하였다.

TTL : Transistor(Coupled) Transistor Logic

트랜지스터를 서로 연결하여 구성한 논리회로이다.

Tweezer

Wafer 집게, Vacuum(진공)을 이용한 Vacuum Tweezer도 있다.

Unipolar

주 반송자(Majority Carrier) 한 가지에 의해서만 전류가 형성되는 소자를 말하며, 이러한 소자로는 FET가 있다.

Uni-bipolar Transistor

하나의 Chip 속에 Unipolar 소자와 Bipolar 소자를 함께 조립하여 트랜지스터 작용을 시킨 회로를 말한다.

UV Light

자외선(Ultra Violet Light)으로 적외선에 비해 파장이 짧고 Energy Density가 큰 특징이 있어 Photolithography 공정에 이용된다.

Vacuum Evaporation : 진공증착

금속을 단시간에 고온으로 가열하여 증발시키면 증발한 금속원자가 사방으로 튀어서 그 가까이에 있는 온도가 낮은 물체의 표면에 부착하여 얇은 금속막이 형성된다. 이 조작은 금속이 고온으로 산화해버리기 때문에 진공 속에서 실시하게 되며 이것을 진공증착(Vacuum Evaporation)이라 한다. 이 장치는 냉각수의 파이프를 감은 철제의 벨 자아(Bell Jar ; 종 모양으로 생긴 유리 용기) 속에서 진공펌프로 공기를 완전히 뺀 후 증착원으로 되는 금속편을 텅스텐 필라멘트에 얹어 놓고 외부로부터 전류를 흘려서 필라멘트를 가열하여 증착 금속을 비산시킨다.

보통 증착을 하는 금속은 금, 백금, 알루미늄, 탄탈, 니크롬 등이며 그 두께는 1 ㎛ 이하의 박막이다.

Valance Electron : 가전자

원자핵의 둘레를 돌고 있는 전자들은 몇 개의 정해진 궤도만을 가지게 된다. 원자가 존재하는 궤도 중 핵에 가까이 있는 전자는 전기력에 의해서 원자핵과 강하게 결합되어 있으므로 이것을 떼어 놓으려면 막대 한 에너지가 필요하지만, 맨 바깥 궤도에 존재하는 최외각 전자는 결합력이 약하므로 약간의 에너지만으로 떼어놓을 수 있다. 또한 최외각 전자는 다른 원자의 영향을 받기 쉬우며, 두 원자가 접근했을 때 전자의 궤도가 서로 바뀌어서 두 원자 사이를 돌거나 원자핵으로부터 이탈하여 화학적 변화 또는 화학적 결합의 역할을 하게 된다. 이와 같이 최외각 전자가 화학적 결합의 가늠이 되는 원자가를 결정하기 때문에 이 최외각 전자를 가전자라고 부른다.

Vertical Transistor

Lateral(가로 방향) Transistor에 대비되는 말로, 보통의 Bipolar Transistor를 가리킨다. 이것은 PNP 또는 NPN의 접합 구조가 수직 방향으로 이루어진 데서 온 말이다.

Yield

생산성을 나타내는 지수로, 매 공정에서 처리된 총 Wafer 또는 Chip의 수량 중 양품으로 생산된 수량의 비를 백분율로 나타낸 것이며, 수율이라고 표현하기도 한다. 반도체 IC 생산에 있어서 적용되는 Yield의 종류는 Wafer Fab, Yield, EDS Yield, Final Test Yield, Assembly Yield가 있으며, 이들이 누적된 최종 Yield를 Cum.(Cumulative) Yield로 나타낸다.

찾아보기

저자와의
협의에 의해
인지 생략

기초 반도체공학

6판 3쇄 2026년 1월 20일

저 자	윤현민 / 이윤섭
발행인	송광헌
발행처	**복두(더)**
주 소	서울특별시 영등포구 경인로82길 3-4 센터플러스 807호 (우) 07371
전 화	(02) 2164-2580
FAX	(02) 2164-2584
등 록	1993. 11. 22. 제 10-902 호

정가 : 29,000원

ISBN : 979-11-6675-427-2 93560

한국과학기술출판협회 회원사